建设工程废标、标无效认定与风险对策

陈津生　主编

U0322496

中国建筑工业出版社

图书在版编目（CIP）数据

建设工程废标、标无效认定与风险对策/陈津生主
编. —北京：中国建筑工业出版社，2013.3
ISBN 978-7-112-15069-4

Ⅰ.①建…　Ⅱ.①陈…　Ⅲ.①建筑工程-招标-风险
管理②建筑工程-投标-风险管理　Ⅳ.①TU723

中国版本图书馆 CIP 数据核字（2013）第 012330 号

编写本书目的：旨在宣传《中华人民共和国招标投标法实施条例》，
普及招标投标法律基本知识，增强当事人各方对招标投标风险的识别能
力，提高招标投标效率，降低招标投标成本。本书内容：对废标以及标无
效的概念进行初探，对废标、标无效的认定条件、产生原因以及风险对策
等进行阐述，并提供了一些常见废标、标无效法律纠纷案例，供读者参
考。本书可供建设工程领域企业、建设单位、招标代理机构、评标人员、
公证机构、行政监督管理部门、大专院校的有关人员阅读；也可作为建设
工程领域普及招标投标法律知识培训的参考教材。

*　　　　*　　　　*

责任编辑：岳建光　张伯熙
责任设计：赵明霞
责任校对：陈晶晶　王雪竹

建设工程废标、标无效认定与风险对策
陈津生　主编
*
中国建筑工业出版社出版、发行（北京西郊百万庄）
各地新华书店、建筑书店经销
北京红光制版公司制版
北京市书林印刷有限公司印刷
*

开本：787×1092 毫米　1/16　印张：19¾　字数：476 千字
2013 年 4 月第一版　　2013 年 4 月第一次印刷
定价：**45.00** 元
ISBN 978-7-112-15069-4
（23155）

前　言

通俗地讲，所谓"废标"就是指在招标投标活动中，因标书不符合招标投标法或招标文件的规定被淘汰出局的法律后果；所谓"标无效"则是指招标、投标、评标、中标失去法律效力结果的总称。

在我国现阶段，承揽工程建设项目的主要形式就是通过招投标方式，参加工程招投标活动是众多承包商获得项目的重要渠道之一。承包商是以承揽项目来实现企业利润的，为了获得一项工程项目，往往需要投入大量人力、物力。在投标前期，要宣传自己的企业，要与招标人进行技术上的交流、感情上的沟通；在投标阶段要费尽心思编制投标文件，包括：填报投标价格、制订施工方案以满足招标方的技术要求、作出承诺使企业更具有竞争力而一举中标，并借此实现本企业的利益。就招标方而言，在招标活动中，需要编制招标文件、委托代理机构、颁布招标公告、进行资格审查等一系列工作，使工程项目能够在计划的时间内找出最佳的合作伙伴，这同样也需要付出极大心血和努力。

在招标投标活动中，出现废标、标无效的情况，无论对招标人、承包商，还是对代理机构来说，都是一件十分惋惜的事情，因为它至少有三大害处：一是使各方前一阶段所作出的努力和劳动白费，每一方都发生了一定的人力、物力损失，无形增加了招标成本；二是延长了招标时间，本来可以结束的工作，却不得不重新进行，进而导致招标效率的下降，影响工程的经济收益；三是使造成废标、标无效的责任方大伤信誉，以至失去再参加投标的资格，甚至受到相应的处罚。为此，要普及法律知识，剖析废标、标无效现象，研究法律认定条件，分析产生的原因，并探讨风险防范对策，这对于减少招投标法律纠纷，降低招投标成本，提高招投标效率，有效规避废标、标无效风险，无疑具有十分重要的意义。

本书对废标、标无效基本概念，认定条件，产生原因以及风险防范措施作一初步探讨，抛砖引玉，以期引起建设工程招投标当事人各方的重视，从而进一步提高防范废标、标无效风险的能力。参加本书编写的有：陈津生、王慎柳、田玉蓉、杨红、陈凯，全书由陈津生负责统稿。在编写过程中，作者参考了一些专家学者的论文并引用了一些案例、判例，在此一一表示感谢；本书在部分章节中引入了少量政府采购领域的内容和案例，目的是有利于读者对两法❶内容的辨识和建设工程领域招投标经验的借鉴。由于编写时间较紧，作者水平有限，难免有不妥之处，望读者给予批评指正，以利再版时予以补充、更正，从而更好地满足广大读者学习的需要。

2012 年 10 月 1 日

---

❶　这里的两法指的是《中华人民共和国招标投标法》和《中华人民共和国政府采购法》编者注。

目　　录

第1篇 概 念 篇

1 废标、标无效概述

1.1 废标概念的探讨

现行法律、法规及规章没有对"废标"的概念做一明确定义及系统规定，为此，在招投标实践中，因"废标"产生的法律纠纷层出不穷，给相关行政监督部门以及司法机关出了不少难题。当前，在我国建设工程事业健康、持续、稳定发展的形势下，开展对废标问题的讨论，对于维护建设市场秩序，降低招投标成本，提高招标效率都具有十分重要的现实意义。本章将根据有关法律、法规、规章和招投标实践，就废标概念作一初步探讨。

1.1.1 两种不同的界定

1. "废标"一词的最早出处。2000年1月1日开始施行的《中华人民共和国招标投标法》（主席令第21号，以下简称《招标投标法》）通篇内容并未出现"废标"一词，只是在部分条款中出现了"否决投标"之类的用语。2003年1月1日《中华人民共和国政府采购法》（主席令第68号，以下简称《政府采购法》）开始施行，该法首先采用"废标"的概念，并对其作了明确的界定。根据《政府采购法》第36条、第37条规定，"废标"是指整个招投标程序的终止。

2. 赋予两种不同的含义。在《招标投标法》、《政府采购法》颁布实施之后，2003年4月1日七部委颁布《评标专家和评标专家库管理暂行办法》（国发改委29号令）、2003年5月1日七部委颁布的《工程建设项目施工招标投标办法》（七部委30号令）和2004年12月1日商务部颁布的《机电产品国际招标投标实施办法》（商务部2004年13号令）开始施行。《评标专家和评标专家库管理暂行办法》第20条、第21条、第22条、第23条以及《工程建设项目施工招标投标办法》第19条、第37条、第50条以及《机电产品国标招标投标实施办法》第21条、第36条、第37条的规定，都将"废标"定义为单个投标文件在评标程序中被认定不符合条件并被剥夺继续进入评审程序资格的情形。2004年9月11日起施行的作为《政府采购法》的配套法规，即财政部颁布的《政府采购货物和服务招标投标管理办法》（财政部令第18号）第43条，则仍然沿袭了《政府采购法》体系，将"废标"赋予整个招投标程序终止的涵义。两法律体系对"废标"定义的口径似乎不一致，导致人们对《招标投标法》和《政府采购法》对废标定义以及内涵与外延的理解似乎是截然不同的两个法律概念。

3. 产生不同含义的原因。造成上述结果的原因可能来自两个方面：一是由于两部大法所规范的领域各有不同（当然也有交叉），形成两种解释，出现相互矛盾或冲突的地方也不足为奇；二是由于《招标投标法》指认各部委分管各领域的招投标工作，而各部委法规制定者对废标一词的理解不一，并导致各法规对废标一词的界定不一，于是出现了上述问题。招投标法与政府采购法两法体系对"废标"不同的定义如图 1-1 所示，现行法律、法规对"废标"定义的比较如表 1-1 所示。

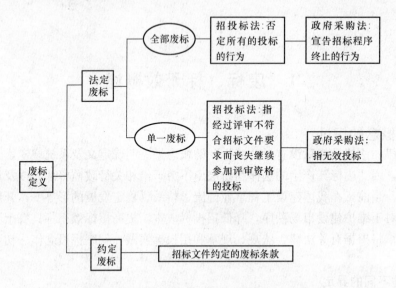

图 1-1　两法体系对"废标"定义的示意图

现行各种法律、法规对"废标"定义的比较表　　　　　　　　　　　　　表 1-1

项目	政府采购领域	工程招标和国际机电招标领域
废标涵义	废标是指由于出现法定情形，招标人宣告招标程序终止的行为，实际上就是招标活动行为的失败	废标是指经过评标委员会评审不符合招标文件要求因而丧失了继续参加评审程序资格的标书
导致废标的主要因素	符合专业条件的供应商或者对招标文件作实质响应的供应商不足 3 家；影响采购公正的违法、违规行为的；投标人的报价均超过了采购预算，采购人不能支付因重大变故，采购任务取消；招标文件存在不合理条款，招标公告时间及程序不符合规定的	如果开标后，发现投标文件有种种实质性问题，例如：没有法定代表人授权；没有授权人签字；投标文件有效期不足；投标保证金数额不足或者日期不足或者内容不符合要求；技术、商务的关键条款不满足招标文件；交货期或者完工时间不符合要求等，对该投标予以废弃
废标后的处理	一旦废标，整个正在进行招标采购活动的必须立即停止。废标后，除采购任务取消情形外，必须重新组织招标；如果采用其他采购方式的，必须获得设区的市、自治州以上政府采购监督管理部门批准，方可进行	评标委员会对所有投标作废标处理的或者评标委员会对一部分投标作废标处理或否决投标后，其他有效投标不足 3 个使得投标明显缺乏竞争，决定否决全部投标的，招标人应当重新招标
约定废标	《政府采购货物和服务招标投标管理办法》（财政部令第 18 号）第 18 条：招标采购单位应当根据招标项目的特点和需求编制招标文件。招标文件包括：评标方法、评标标准和废标条款	《工程建设项目货物招标投标办法》（七部委 27 号令）：招标文件明确规定可以废标的其他情形；《机电产品国际招标投标实施办法》（商务部令 2009 年第 13 号）第 36 条第 8 款：投标文件符合招标文件中规定废标的其他商务条款的
模糊点	《政府采购货物和服务招标投标管理办法》（财政部令第 18 号）第 56、57 条关于无效投标处理的规定，将废标与无效标的概念相互混淆	《工程建设项目勘察设计招标投标办法》（八部委 2 号令）中，关于废标与被否决的规定，没有将否决投标与废标区分开

1.1.2 概念的初步辨析

1. 不同的认识观点

通过比较可以发现，不同法律、法规、规章的制定者对废标的理解不尽相同，从而直接导致了招投标实践中对废标的误读，也使学者、实务工作者对废标的理解五花八门、仁者见仁、智者见智。对废标的定义，有几种代表性的观点如下：

（1）有人认为，可将废标分为项目废标和单个投标人废标，项目废标，只要不被取消就需要重新招标，单个投标人的废标则不影响其他投标人，并不需要重新招标。

（2）有人认为，单个投标人废标应叫无效投标或无效标；废标特指整个投标过程，部分招标代理机构习惯于说把某投标商废了，实际是将废标与无效标概念的混淆。这种认识观点，在政府采购界较为具有代表性。

（3）也有人认为，要具体问题具体分析，招标项目不同，废标与无效标的具体含义也不同。持这种观点的人认为，《政府采购法》、《招标投标法》、《机电产品国际招标投标实施办法》等法律法规对废标的规定有别，应根据相应从事的行业、状况而使用相应的概念。

（4）还有人认为，"废标"一方面是指被废弃的投标，指经过评标委员会初评认定投标文件不符合招标文件要求，因而丧失继续参加评审资格的投标；另一方面则是指经过评标委员会评审，将无效的投标废弃。这一观点可能代表了大多数人的思维习惯。

2. 对两法废标条款的分析

（1）两法对"重新招标"的法律口径基本一致。行业人士普遍认为，《政府采购法》赋予废标的法律定义，实际上是指招标采购活动难以按照正常招标采购程序进行，发生了业界所谓的"流标"状况。该法第36条规定，在招标采购中，出现下列情形之一的，应予废标：

1）符合专业条件的供应商或者对招标文件作实质响应的供应商不足3家的；

2）出现影响采购公正的违法违规行为的；

3）投标人报价均超过了采购预算，采购人不能支付的；

4）因重大变故，采购任务取消的。

上述废标情形一旦出现，其结果是招标采购活动流产，后续程序只能是将废标的理由通知所有投标人，并宣告本次招标活动终止。至于如何实现采购目标，则按照《政府采购法》第37条规定、"除采购任务取消的情形外，应当重新组织招标。"

《招标投标法》对废标没有专门的文字表述。但第28条规定："投标人少于3个的，招标人应当依照本法重新招标。"第42条规定：评标委员会经评审，认为所有投标都不符合招标文件要求的，可以否决所有投标。"依法必须招标的项目所有投标被否决的，招标人应当依照本法重新招标。"上述两种情形一旦出现，对应当依法重新组织招标的法律规定而言，可以理解为两法对应当重新组织招标的法律口径是基本一致的。

（2）两法对无效投标与废标的内涵与外延口径基本一致。如果我们从研究废标的角度出发，《招标投标法》法律体系并没有将上述应当依法重新组织招标的情形定义为废标，且对废标另有特定的法律定义。根据《招标投标法》而颁布实施的《评标专家和评标专家库管理暂行办法》第20、21、23、25条列举了作为废标的情形：

1）评标委员会发现投标人以他人的名义投标、串通投标、以行贿手段谋取中标或者以其他弄虚作假方式投标的；

2）评标委员会发现投标人的报价明显低于其他投标报价或者在设有标底时明显低于标底，使得其投标报价可能低于其个别成本的，应当要求该投标人作出书面说明并提供相关证明材料，投标人不能合理说明或者不能提供相关证明材料的；

3）投标人资格条件不符合国家有关规定和招标文件要求的，或者拒不按照要求对投标文件进行澄清、说明或者补正的；

4）评标委员会应当审查每一投标文件是否对招标文件提出的所有实质性要求和条件作出响应。未能在实质上响应的投标；

5）出现重大偏差的。

《工程建设项目施工招标投标办法》也列举了"作废标处理"的若干情形。其中第 19 条规定："经资格后审不合格的投标人的投标应作废标处理。"第 50 条规定，投标文件有下列情形之一的按废标处理：

1）无单位盖章并无法定代表人或法定代表人授权的代理人签字或盖章的；

2）未按规定格式填写，内容不全或关键字迹模糊、无法辨认的；

3）投标人递交两份或多份内容不同的投标文件，或在 1 份投标文件中对同一招标项目报有两个或多个报价，且未声明哪一个有效的；

4）投标人名称或组织结构与资格预审时不一致的；

5）未按照招标文件要求提交投标保证金的；

6）联合体投标未附联合体各方共同投标协议的。

2012 年 2 月 1 日开始施行的《中华人民共和国招标投标法实施条例》（国务院令第 613 号，以下简称招投标法实施条例）在第 34、36、37、38、51 条中，虽未出现"废标"的措辞。但其条款实质是与《工程建设项目货物招标投标办法》、《工程建设项目施工招标投标办法》相一致的。《评标专家和评标专家库管理暂行办法》与《工程建设项目施工招标投标办法》均明确出现上述情形之一的，投标人的投标或者投标文件应作废标处理，招标人的招标活动仍将按照招标文件规定的程序继续进行。因此，应该说《招标投标法》体系对废标的定义是指部分投标文件作"废标"或称之为"无效投标"的文件，而并非《政府采购法》所指的该次招标采购活动终止。

财政部依据《政府采购法》颁布实施的《政府采购货物和服务招标投标管理办法》第 31 条规定："在招标文件要求提交投标文件的截止时间之后送达的投标文件，为无效投标文件。"第 56 条规定，投标文件属下列情况之一的，应当在资格性、符合性检查时按照无效投标处理：

1）应交未交投标保证金的；

2）未按照招标文件规定要求密封、签署、盖章的；

3）不具备招标文件中规定资格要求的；

4）不符合法律、法规和招标文件中规定的其他实质性要求的。

上述所称的"无效投标"或"无效投标文件"与《工程建设项目施工招标投标办法》第 19 条和第 57 条中"作为废标处理"情形的内涵与外延口径是基本一致的。

（3）对两法废标条款初步辨析的结论：综上所述可以看出《政府采购法》中的废标是指该次招标采购活动作废，其依法应当招标的项目必须重新依法组织招标，相当于《招标投标法》中的"应当依法重新招标"。《招标投标法》中的废标是指部分投标人的投标或投标文件按"废标"处理，相当于《政府采购法》中的"无效投标"或"无效投标文件"，不等于《政府采购法》中的该次招标采购活动废标。

3. 对废标概念的理解

总的来说，认为废标概念是针对投标文件而不是针对整个招投标活动的观点是符合大部分人的意见以及招投标实践情况的，作者也认同这种观点（废标是指在评标程序中，因不符合相关法律、法规、规章规定或不符合招标文件规定而被认定丧失继续进入评审程序资格的投标文件）。

1.1.3　与其他概念区别

探讨废标的概念，还涉及其他一些法律、法规中出现的概念，如"被拒标"、"无效标"、"合格标"、"否决投标"、"重新招标"等。搞清它们的准确涵义，对厘清废标的概念是非常必要的。

1. 废标与无效标、合格标

有效、无效是一个法律上的概念和用语，是指投标是否具有法律效力。业界对什么是有效标和无效标存在两种认识：

（1）有人认为，以开标时的唱标为分界，凡是被拆封、被唱了的投标都是有效标，凡是未被拆封、未被唱的投标都是无效标。换言之，凡是招标人和招标代理机构接受的都应该是有效的投标；对于无效标，招标人和招标代理机构应该拒绝。

（2）有人认为，有效标是指基本符合招标文件要求的投标文件，通过评标委员会评审的，应该是有效标，但有效标不一定是合格标。无效标则是指未通过评标委员会评审的投标文件，也就是说没有对招标文件做出实质性响应的投标。

业内人士一般赞成第一种观点。认为所谓有效标是指基本符合招标文件要求的投标文件，通过评标委员会评审的标。换句话说，凡是入围的标，应该是有效标。有效标与无效标应该是对应的概念。可以这样认为：以评标委员会的初步评审为分界，凡是通过评标委员会初步评审的，就是有效标，凡是未通过初步评审的就是无效标，无效标就是废标。然而有效标不一定是合格标，合格、不合格属于技术层面的用语和措辞，是另外一个层面的问题；有效、无效则是法律层面的用语和措辞。这就如同我们到政府机关办事，通过政府大楼门卫盘查能进入大楼是一回事，但是进入后能否找到人、问题能否解决则是另外一回事。

2. "废标"与"被拒标"、"被受理标"

"被拒绝标"简称"被拒标"，按照《工程建设项目施工招投标办法》规定，有两种情形招标人可以拒绝其投标：

（1）延误送达条款：未按照规定时间将投标文件送达指定地点的投标；

（2）未密封条款：投标文件没按照招标人的要求密封的。

也有专家认为，国际上，普遍要求的是递交密封的投标文件。这是为了保证招标投标的公开、公平和公正，主要是对投标文件的关键部分特别是价格等条款保密，以利于充分地竞争。依据《招标投标法》第28、29、34、35、36、37条、《政府采购法》第36条，在开标唱标前被拒收的，法定情形只有1种即在招标文件要求提交投标文件的截止时间后送达的投标文件，招标人应当拒收。

2011年12月颁布的《招投标法实施条例》第36条给出三种情形：（1）未通过资格预审的申请人提交的投标文件；（2）以及逾期送达；（3）不按照招标文件要求密封的投标文件。符合上述3种情形之一的，招标人应当拒收。该实施条例第36条增加了一条："未通过资格预审的申请人提交的投标文件应该拒收。"因此，拒收条款实际上是3条。

由此看来，凡是延误送达、投标文件未密封或未通过资格预审的申请人提交的投标文件，招标人或招标代理机构可以拒绝接收其标书，该投标称为"被拒标"。如果没有发生上述3种情形，招标人或招标代理机构接收的标书，我们则称其为"被受理标"。"被受理标"不见得是"有效标"，也可能是无效标即废标。法律上还有"拒收"、"有权拒绝"、"不予受理"的措辞。上述措辞都与"被拒标"为同义语。为叙述方便，本书作者将"被拒标"纳入"废标"的范畴加以讨论。

3. "废标"与"否决其投标"、"否决所有标"

（1）否决其投标。人们常常将"废标"与"否决其投标"视为同一概念的不同表述，其实两者是有所不同的。"否决其投标"比"废标"的内涵要广泛得多。"废标"肯定"被否决"，但"被否决"的标不一定是"废标"。例如，1）《评标委员会和评标方法暂行规定》（六部委12号令）第22条："投标人资格条件不符合国家有关规定和招标文件要求的，或者拒不按照要求对投标文件进行澄清、说明或者补正的，评标委员会可以否决其投标。"对上述两种情形，我们不适宜说其是"废标"。用"否决投标"或者"投标无效"更较为合适。2）第27条规定因有效投标不足3家使得投标明显缺乏竞争的，评标委员会可以否决全部投标。其中少于3家的标书不都是废标，但在被否决之列。

（2）否决所有标。依据法律、法规、规章规定，有两种情形可以"否决所有标"。一是评标委员会经评审，认为所有投标都不符合招标文件要求的，可以否决所有投标。依法必须进行招标的项目所有投标被否决的，招标人应当依照招标投标法重新招标。二是否决不合格投标或者界定为废标后，因有效投标不足3个使得投标明显缺乏竞争的，评标委员会可以"否决全部投标"。由此可见，对单个投标人而言，不论其投标是否有效、合格，都有可能发生全部投标被否决的风险，即虽然自己的投标符合法律和招标文件的规定，但却无法中标。对于招标人而言，其上述两种情况的结果都是相同的，即所有的标都被依法否决，当次招标结束，招标人承担着招标失败的风险。

4. "废标"与"重新招标"

重新招标是指一个招标项目发生了违反法定情况，无法继续进行评标、推荐中标候选人，当次招标结束后，如何处理项目招标的一种选择方式。所谓法定情况，包括到达投标截止时间投标人少于3个、评标中所有投标被否决或其他法定情况。应注意的是相关部门的规章对不同项目的重新招标法定情况作了具体的规定。可见，废标是一种法律后果，而重新招标则是一种处理项目招标全部否决的选择方式。

5. "废标"与"落标"、"流标"

（1）落标、流标不是法律名词，而是业内流行的一种通俗叫法。废标与落标的概念不同，两者分别产生于招标活动的不同阶段。按照法律规定，招标一般经过招标、投标、开标、评标、定标的不同阶段。评标委员会作出废标的决定一般在初步评审阶段做出，经过初步评审，投标书被认定为有效标之后，评标委员会再进行评估、定标，经过评估、定标阶段而不能中标的标书不能称为废标，应称为落标。落标产生于招标活动的定标阶段。

（2）废标与流标两者涵义也不同。如前所述，所谓废标是指在评审环节被淘汰的投标文件，是针对单个招标书而言的。而业界所称的流标概念是指在招投标活动中，由于有效投标人不足3家或对招标文件实质性响应的不足3家，按照法律规定，不得不重新组织招标的现象。流标是针对整个招投标活动中止而言的，流标是否定所有标的一种通俗说法，实际上是一种招标的失败，与《政府采购法》中所说的废标概念是同一种涵义。被拒标、废标、有效标、合格标的示意图见图1-2所示。

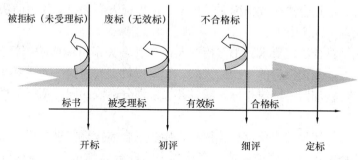

图1-2 被拒标、废标、有效标、合格标示意图

1.2 标无效的基本含义

1.2.1 什么是标无效

本书所称"标无效"是指在招投标活动中，由于招投标行为主体违反法律、法规、规章或招标文件规定，造成招标无效、评标无效、投标无效、中标无效这些法律后果的总称。

1. 招标无效。所谓"招标无效"是指招标人（或代理机构）在招投标活动中的行为不合法定，使本次招标活动失去法律效力。招标无效的法定情形主要包括：

（1）招标人资格不合法定。不属于招标投标法规定的法人和其他组织进行的招标，将导致招标无效。

（2）招标程序不合法定。例如，应当公开招标而不公开招标的；未在指定的媒介发布招标公告的；不具备招标条件而进行招标的；应当履行核准手续而未履行的；不按项目审批部门核准内容进行招标等，情节严重的将导致招标无效。

（3）招标文件内容不合法定。招标文件内容含有违反法律规定的条款，例如，不按项目审批部门核准内容进行招标的、设置影响招投标公平性条款的等。

（4）招标人行为不合法定。招标人向他人透露已获取招标文件的潜在投标人的名称、数量或者可能影响公平竞争的有关招标投标的其他情况，或者泄露标底的，招标代理机构泄露与招标投标活动有关的应当保密的情况和资料，或者与招标人、投标人串通损害国家利益、社会公共利益或者他人合法权益的。

2. 评标无效。所谓"评标无效"是指评标委员会或其成员由于违反法律规定，导致其评标结果失去法律效力。评标无效的情形主要包括：

（1）评标委员会组建和组成人员不合法定。例如，评标委员会的组建及人员组成不符合法定要求的评标无效，应当依法重新进行评标或者重新进行招标。

（2）评标标准和方法不合法定。例如，招标文件没有确定评标标准和方法、标准和方法含有倾向、排斥投标人内容且影响评标结果等。

（3）评标专家行为不合法定。例如，评标委员会成员私下接触投标人、收受利害关系人的财物或者其他好处或评标委员会成员和参与评标的有关工作人员透露对投标文件的评审和比较、中标候选人的推荐情况以及与评标有关的其他情况等。

3. 投标无效。"投标无效"是指评审委员会在评标过程中，发现参标人投标、状态发生变化或自身行为不符合法律或招标文件规定，使投标人失去投标权力的法律后果。投标无效主要表现在以下几个方面：

（1）参标人不符合法定要求。①与招标人存在利害关系可能影响招标公正性的法人、其他组织或者个人，参加投标的，投标无效；②单位负责人为同一人或者存在控股、管理关系的不同单位，参加同一标段投标，或者参加未划分标段的同一招标项目投标的，均为投标无效。

（2）联合投标体违反法定要求。①招标人接受联合体投标并进行资格预审的，联合体应当在提交资格预审申请文件前组成。资格预审后联合体增减、更换成员的，其投标无效；②联合体各方在同一招标项目中以自己名义单独投标或者参加其他联合体投标的，相关投标无效。

（3）独立投标人预审后单位发生变化的。投标人发生合并、分立、破产等重大变化，未能及时书面告知招标人的，投标人不再具备资格预审文件、招标文件规定的资格条件或者其投标影响招标公正性的，其投标无效。

（4）存在其他的违法行为的。①在评标过程中，发现投标人相互串通投标或者与招标人串通投标的，投标无效；②在评标过程中，投标人向招标人或者评标委员会成员行贿谋取中标的，投标无效；③在评标过程中，发现投标人借用他人名义投标或弄虚作假的，投标无效。

4. 中标无效。"中标无效"是指招标、投标人的行为违法，导致中标结果失去法律效力的后果。中标无效的情形可以分为两类：

（1）违法行为直接导致中标无效：即无论此行为影响到中标结果没有，只要出现此种违法行为，则中标一律无效。例如，①投标人相互串通投标或者与招标人串通投标的；②投标人以向招标人或者评标委员会成员行贿的手段谋取中标的；③投标人以他人名义投标或者以其他方式弄虚作假，骗取中标的；④招标人在评标委员会依法推荐的中标候选人以外确定中标人的；⑤依法必须进行招标的项目在所有投标被评标委员会否决后自行确定中标人的等。

（2）只有在违法行为影响了中标结果时，中标才无效：即只有此种违法行为影响到中标结果（中标人是受益者），才认定为中标无效。例如，①招标代理机构违反法定，泄露应当保密的与招标投标活动有关的情况和资料的，或者与招标人、投标人串通损害国家利益、社会公共利益或者他人合法权益的；②依法必须进行招标的项目的招标人向他人透露已获取招标文件的潜在投标人的名称、数量或者可能影响公平竞争的有关招标投标的其他情况的，或者泄露标底的；③依法必须进行招标的项目、招标人违反法规，与投标人就投标价格、投标方案等实质性内容进行谈判的等。

1.2.2 标无效与无效标

标无效与无效标的概念应该是有区别的。从语言角度上来说，标无效中的"无效"属于动词，表示标书失去了法律效力的结果。无效标（或称无效投标）中的无效属于形容词，表示是无效的投标（或称废标）。显然，严格地讲两者是不能做同义语处理的，应该将两者加以区别开来，两概念存在以下几点区别：

1. 引发原因不同。标无效主要是指由于招投标各方存在不合法定的行为或状态，导致招投标各方主体的预期结果（招标、评标、投标、中标结果）失去法律效力的情形。而"无效标"主要限于投标人所编制的投标文件由于违反法定或招标文件的规定，不能进入下一个评标程序，而被评标委员会宣布作废的情形。

2. 涉及范围不同。标无效主要是由于标书因素外的行为而引发的无效情形，且涉及行为主体是多方位的，包括招标人、代理机构、评标委员会、投标人各主体由于其行为违反法定或招标文件规定而产生的无效法律后果。而无效标仅仅涉及投标人所编制的标书存在问题，及由此产生的无效法律后果。

3. 认定主体不同。一般来讲，标无效（除投标无效外）是由行政监督部门加以认定的，而无效标经过评审委员会就可以认定。

1.2.3 投标无效和无效投标

现行法律、法规、规章对"投标无效"与"无效投标"的概念并未区分，而是加以混同使用的，将两者视为同义语。"投标无效"的措辞最早出现在 2004 年 11 月 1 日商务部颁布的《机电产品国际招标投标实施办法》中，该办法第 58 条规定：招标人对必须进行招标的项目不招标或化整为零以及以其他任何方式规避国际招标的，对招标人与投标人相互串通、搞虚假招标投标的；修正、更改已经备案的招标文件未报相应主管部门备案的等 8 种行为之一的，该行为影响到评标结果的公正性的，当次投标无效。

《机电产品国际招标投标实施办法》第 60 条规定："招标机构如泄漏应当保密的与招标投标活动有关情况和资料的；未按本办法评标规则评标或者评标结果不真实反映招标文件、投标文件实际情况的；与招标人、投标人相互串通、搞虚假招标投标的；修正、更改已经备案的招标文件未报相应主管部门备案的等 8 种行为之一的，该行为影响到整个招标公正性的，当次招标无效。"与其他法律法规有关条款相比较，就其行为类型上来看，《机电产品国际招标投标实施办法》并未将"投标无效"与"无效投标"加以区别使用。

2012 年 2 月 1 日开始施行的《招投标法实施条例》第 34、35 条将与招标人存在利害关系可能影响招标公正性的法人、其他组织或者个人参加投标和单位负责人为同一人或者存在控股、管理关系的不同单位，参加同一标段投标或者未划分标段的同一招标项目投标的两种投标行为，判定为"投标均无效"。第 37 条规定：资格预审后联合体增减、更换成员的或联合体各方在同一招标项目中以自己名义单独投标或者参加其他联合体投标的两种行为，判定措辞为"相关投标均无效。"第 38 条规定：投标人发生合并、分立、破产等重大变化的，投标人不再具备资格预审文件、招标文件规定的资格条件或者其投标影响招标公正性的，判定措辞为"其投标无效"。

从《招投标法实施条例》所列的五种"投标无效"的条款具体内容看，应属于其他法规中所称"无效投标"（即"废标"）的范畴，可见《招投标法实施条例》也是将"投标无效"与"无效投标"的概念视为同一。严格地讲,应该将"无效投标"与"投标无效"两个概念加以区分。对两者做如下的界定:凡只涉及投标文件因违反法定或招标文件规定而引发投标文件失去法律效力的情形应归属为"无效投标"(也就是我们所讲的"废标")范畴。除此之外,其他原因所引发的使投标失去法律效力的情形均属于"投标无效"范畴。包括:参标人关系、投标人状态变化、参标人行为不合法定等原因造成投标失去法律效力的情形。

1.3 探讨意义与依据

1.3.1 探讨的现实意义

1. 有利于实现招投标活动的三公原则。废标、标无效条款的设立是招标投标交易方式严肃性和公正性的具体体现。招标的一次性报标制度使废标、标无效现象在所难免,它体现了招标公开、公平、公正和平等竞争的原则,如果没有对重大偏差的投标文件确认为废标、没有对违法行为确认为标无效的过程,就没有整个招标的权威性。

但是,由于行业的多样性和复杂性以及法律法规制定者考虑角度不同,目前招标投标法律法规还存在不完善的地方,例如条款抽象、概括,缺乏具体可操作性,甚至在某些方面出现相互冲突或矛盾,人们对同一条款理解不同,从而引发大量的法律纠纷。这些都影响了招标投标市场的有效秩序和招标投标三公原则的落实。探讨废标、标无效问题,对于正确理解有关法律条文,维护公平原则具有促进作用。

2. 有利于增强投标人的抗风险能力。废标、标无效这类风险是客观存在的,其产生的原因是多方面的,对废标而言,可能是时间紧迫逾期送达、粗心大意标书未予密封,也可能是工作马虎忘记签字或盖章,或者缺乏认真态度字迹无法辨认等等。同样,标无效发生的原因也是多方面的,包括行为人违法招标、投标、评标操作程序、假用他人名义、借用他人资质、相互串标、量身招标等违法行为。但无论何种原因造成的废标、标无效,究其根源,不外乎行为人法律观念淡薄,对法律法规的有关条款缺乏全面、深入、细致的了解,法律水平不高等原因。为此,深入学习、理解、掌握有关废标、标无效法律条款,对于提高行为人的抗风险能力,及规避废标、无效标风险,具有十分重要的现实意义。

3. 有利于提高招标投标工作效率。当前在招投标实践中,由于废标、标无效而引发的法律纠纷十分普遍,几乎每一个招标项目都会出现大小不同的法律纠纷。这些纠纷的解决无形中增加了招投标双方的成本,浪费了各方的资源,以致延误了工期,使计划中的工程预期不能实现。通过对废标、标无效问题的探讨,可以提高行为人对废标、标无效的法律认知,从而减少废标、标无效的发生率,并节约时间,减少成本,提高招投标工作效率,为建筑工程招投标圆满完成提供保障。

1.3.2 废标、标无效法律依据

1. 《中华人民共和国招标投标法》(第21号令)

自 2000 年 1 月 1 日起施行的《招投标法》是招标投标领域的基本法。一切有关招标投标的法规、规章和规范性文件都必须与《招标投标法》相一致。本法适用于在中华人民共和国境内进行的工程建设项目招标、投标活动,并规定:项目的勘察、设计、施工、监

理以及与工程建设有关的重要设备、材料等的采购，必须进行招标。

《招标投标法》设6章共68条，将违法或不规范招投标行为分成了六种中标无效的情形、四种可以改正的情形和两种重新招标的情形。其中第50、52、53、54、55、57条，规定了违反规则的六种中标无效情形以及应承担的法律责任。第49、51、57、59条，规定了"招标人以不合理的条件限制或者排斥潜在投标人的，对潜在投标人实行歧视待遇的，强制要求投标人组成联合体共同投标的，或者限制投标人之间竞争的"等五种违反规定行为可以改正的情形。第42、64条规定了两种重新招标的情形：（1）依法必须进行招标的项目所有投标被否决的，招标人应当依照本法重新招标；（2）违反本法规定，中标无效的，应当依照本法规定的中标条件从其余投标人中重新确定中标人或者依照本法重新进行招标。

2.《评标委员会和评标方法暂行规定》（第12号令）

自2001年8月1日施行的七部委《评标委员会和评标方法暂行规定》规定了适用于依法必须招标项目的评标活动，共设立7章62条。本规定以《招标投标法》为依据，对《招标投标法》在若干方面做了补充、细化和完善：一是招投标法对"低于成本报价"叙述较为笼统，该规定对此进行了细化，提高了对低于成本报价废标认定的操作性；二是为避免招标人对候选中标人选择的随意性，对中标候选人排序问题进行了规范。

同时，依据《招标投标法》，《评标委员会和评标方法暂行规定》规定了在评标过程中3种无效行为的情形和两种"否定所有标"的情形。第20条："投标人以他人的名义投标、串通投标、以行贿手段谋取中标或者以其他弄虚作假方式投标的，按照废标处理。"第21条："发现投标人的报价明显低于其他投标报价或者在设有标底时明显低于标底的，按照废标处理。"第23条："未能在实质上响应投标的，做废标处理。"第27条对未做实质响应的认定列举了7项无效行为表现，规定如发现重大偏差的，应该按照废标处理。

两种"否定所有标"的情形。第22条："投标人资格条件不符合国家有关规定和招标文件要求的，或者拒不按照要求对投标文件进行澄清、说明或者补正的，评标委员会可以否决其投标。"第27条："因有效投标不足3个使得投标明显缺乏竞争的，评标委员会可以否决全部投标。"

3.《评标专家和评标专家库管理暂行办法》（第29号令）

由原国家发展计划委员会于2003年2月22日以（七部委第29号令）形式颁布的《评标专家和评标专家库管理暂行办法》适用于评标专家的资格认定、入库及评标专家库的组建、使用、管理活动。

本暂行办法第15条规定，评标专家的禁止性行为，包括以下五项内容：（1）私下接触投标人；（2）收受利害关系人的财物或者其他好处；（3）向他人透露对投标文件的评审和比较、中标候选人的推荐以及与评标有关的其他情况；（4）不能客观公正履行职责；（5）无正当理由，拒不参加评标活动。上述所列评标专家（在评标期间即评标委员会成员）的禁止性行为与具体的评标活动相联系时，就必然会影响到评标与定标的公正和公平，当此类行为影响评标结果时，有关的行政监督机关有权宣布评标无效，并进而施之以相应的行政处罚。

4.《工程建设项目施工招标投标办法》（第30号令）

自2003年5月1日起施行的七部委制定的《工程建设项目施工招标投标办法》是

《招标投标法》的配套法规，适用于在中华人民共和国境内进行的工程施工招标投标活动。凡工程建设项目符合原国家计委（现称国家发改委）制定的《工程建设项目招标范围和规模标准规定》（第 3 号令）规定的范围和标准的，必须通过招标选择施工单位。

《工程建设项目施工招标投标办法》共设立 6 章 92 条，在《招标投标法》的基础上，以具体列举的方式，进一步将招标投标活动中的违法或不规范招投标行为加以细化，并对每一种无效行为均规定了不同的法律后果。涉及废标的条款为第 19、37、38、43、50 条，其中第 50 条明确规定不予受理的有两种情形，及做废标处理的 6 种情形。涉及标无效的条款为第 69、71、73、74、75、79、80 条，其中第 73 条明确规定招标无效行为的十种情形；第 79 条规定了评标无效行为的五种情形。

5.《房屋建筑和市政基础设施工程施工招标投标管理办法》（建设部令第 89 号）

为了规范房屋建筑和市政基础设施工程施工招标投标活动，维护招标投标当事人的合法权益，依据《建筑法》、《招标投标法》等法律、行政法规，制定该办法，自 2001 年 6 月 1 日起施行。该办法适用于在中华人民共和国境内从事房屋建筑和市政基础设施工程施工的招标投标活动，实施对房屋建筑和市政基础设施工程施工招标投标活动的监督管理。该办法所称房屋建筑工程，是指各类房屋建筑及其附属设施和与其配套的线路、管道、设备安装工程及室内外装修工程。所称市政基础设施工程，是指城市道路、公共交通、供水、排水、燃气、热力、园林、环卫、污水处理、垃圾处理、防洪、地下公共设施及附属设施的土建、管道、设备安装工程。

原建设部（现称住建部）于 1992 年 12 月 30 日颁布的《工程建设施工招标投标管理办法》（建设部令第 23 号）中曾将违法或不规范招投标行为归纳为标书"未密款"、"逾期送达"、"投标人未参加开标会议"等五种情形，其法律后果均系施以"宣布作废"处理。《房屋建筑和市政基础设施工程施工招标投标管理办法》颁布后，该办法同时废止。《房屋建筑和市政基础设施工程施工招标投标管理办法》中没有使用废标的概念，在第 28 条规定了被拒绝标内容，即在招标文件要求提交投标文件的截止时间后送达的投标文件，为无效的投标文件，招标人应当拒收。关于无效投标，列举了五项无效行为，即第 35 条：投标文件未按照招标文件的要求予以密封的，投标文件中的投标函未加盖投标人的企业及企业法定代表人印章的，或者企业法定代表人委托代理人没有合法、有效的委托书（原件）及委托代理人印章的；投标文件的关键内容字迹模糊、无法辨认的……。否决所有标规定有一条即第 40 条：评标委员会经评审，认为所有投标文件都不符合招标文件要求的，可以否决所有投标。

6.《工程建设项目勘察设计招标投标办法》（七部委第 2 号令）

为规范工程建设项目勘察设计招标投标活动，提高投资效益，保证工程质量，根据招标投标法制定了勘察设计招标投标办法，《工程建设项目勘察设计招标投标办法》自 2003 年 8 月 1 日起施行。该办法适用在中华人民共和国境内进行工程建设项目勘察设计招标投标活动。工程建设项目符合《工程建设项目招标范围和规模标准规定》规定的范围和标准的，必须依据本办法进行招标。

《工程建设勘察设计招标投标办法》设立 6 章共 60 条，其中涉及废标或否决标条款分为两类：一类是投标文件原因造成废标或否决标的条款；另一类是由于投标人无效行为产生的废标或否决标条款（即本书所归类的投标无效范畴）。投标文件产生废标（或称无效标）的即第 36 条：未按要求密封的、未加盖投标人公章，也未经法定代表人或者其授权代表签字的、投标报价不符合国家颁布的勘察设计取费标准或者低于成本恶性竞争的、未响应招标文件的实质性要求和条件的等五项。投标人行为产生废标或否决标条款即第 37 条：未按招标文件要求提供投标保证金、与其他投标人相互串通报价，或者与招标人串通投标的、以他人名义投标，或者以其他方式弄虚作假等六项。在该办法中，未将废标与否定投标加以区分。

7.《工程建设项目货物招标投标办法》（七部委第 27 号令）

自 2005 年 3 月 1 日起施行的《工程建设项目货物招标投标办法》适用于在中华人民共和国境内依法必须进行招标的工程建设项目货物招标投标活动。所称货物，是指与工程建设项目有关的重要设备、材料等。工程建设项目符合《工程建设项目招标范围和规模标准规定》规定的范围和标准的，必须通过招标选择货物供应单位。

《工程建设项目货物招标投标办法》设立 6 章共 64 条，涉及废标的条款为第 20、27、32、38、41 条，涉及不予受理条款为第 43 条。该办法对于废标条款的设定有以下特点：

（1）明确了对投标人资格审查分为资格预审和资格后审。对招投标法有关规定进行了细化，并对资格预审和资格后审的定义、资格审查的内容和审查办法等作了详细规定。第 20 条：对资格后审不合格的投标人，评标委员会应当对其投标作废标处理。第 41 条则列举了初审后按废标处理的 9 种情形。

（2）根据货物招标的实际情况，对有关投标人同时投标进行限制。第 32 条：法定代表人为同一个人的两个及两个以上法人，母公司、全资子公司及其控股公司，都不得在同一货物招标中同时投标；一个制造商对同一品牌同一型号的货物，仅能委托一个代理商参加投标，否则应做废标处理。这样规定，主要是为了防止投标人之间相互串通投标报价。其他废标条款规定与其他办法则相类似。同时，该办法第 43 条规定了两条不予受理的情形，即"逾期送达"和"未按要求密封"。

8.《中华人民共和国招标投标法实施条例》（第 613 号令）

2012 年开始实施的《中华人民共和国招标投标法实施条例》共分 7 章 85 条。该条例对《招标投标法》进行了细化、创新，同时将与《政府采购法》相互冲突的地方进行了衔接处理。

（1）关于两法的适用范围。《招标投标法》和《政府采购法》在制定过程中，已经从调整范围、规范内容的侧重点等方面进行了衔接。实践中所反映的问题，主要有两个方面：在制度层面，与政府采购工程有关的货物和服务的招投标活动应当适用哪一部法律，缺乏明确规定；在执行层面，不适当地扩大两部法律的适用范围——要么将一些本不属于工程的采购纳入《招标投标法》调整范围，要么将工程招投标活动纳入《政府采购法》规定的集中采购。为进一步理顺两法关系，《招标投标法实施条例》从 3 个方面作了规定。

1）参照《政府采购法》对工程的定义，《招标投标法实施条例》第 2 条第 2 款规定："前款所称工程，是指建设工程，包括建筑物和构筑物的新建、改建、扩建及其相关的装修、拆除、修缮等。"《建设工程质量管理条例》（国务院令第 279 号）和《建设工程安全生产管理条例》（国务院令第 393 号）规定："建设工程是指土木工程、建筑工程、线路管道和设备安装工程及装修工程。"通过以上定义，可以避免对工程做扩大化理解，进而防止不适当地将政府采购货物和服务纳入《招标投标法》的调整范围。

2）明确了工程建设项目的内涵和外延

《招标投标法实施条例》第2条第1款规定："招标投标法第3条所称工程建设项目，是指工程以及与工程建设有关的货物、服务。"该条第二款规定："前款所称与工程建设有关的货物，是指构成工程不可分割组成部分，且为实现工程基本功能所必需的设备、材料等；所称与工程建设有关的服务，是指为完成工程所需的勘察、设计、监理等服务。"据此规定，与政府采购工程建设有关的货物和服务的招投标活动，也应当适用《招标投标法》。

3）明确了《招标投标法》和《政府采购法》间一般法与特别法的关系

《招标投标法实施条例》第84条规定："政府采购的法律、行政法规对政府采购货物、服务的招投标活动另有规定的，从其规定。"这一规定，解决了两法有关招投标的规定不一致时适用哪一部法律的问题。

（2）关于无效行为的规定。《招标投标法实施条例》中涉及无效行为的，认定投标无效行为四种、否决投标行为7种、认定中标无效行为两种；同时，分两类对投标人相互串通行为进行了规定，认定"属于投标人相互串通行为"的有5种、"视为投标人相互串通行为"的有6种，对投标人与招标人相互串通行为规定有6种，共17种。

1）投标无效行为。第34条："与招标人存在利害关系可能影响招标公正性的法人、其他组织或者个人，不得参加投标。""单位负责人为同一人或者存在控股、管理关系的不同单位，不得参加同一标段投标或者未划分标段的同一招标项目投标。"违反前两款规定的，相关投标均无效。

第37条："招标人接受联合体投标并进行资格预审的，联合体应当在提交资格预审申请文件前组成。""资格预审后联合体增减、更换成员的，其投标无效。""联合体各方在同一招标项目中以自己名义单独投标或者参加其他联合体投标的，相关投标均无效。"

第38条："投标人发生合并、分立、破产等重大变化的，应当及时书面告知招标人。""投标人不再具备资格预审文件、招标文件规定的资格条件或者其投标影响招标公正性的，其投标无效。"

2）中标无效行为。第67条："投标人相互串通投标或者与招标人串通投标的，投标人向招标人或者评标委员会成员行贿谋取中标的，中标无效。"

3）属于否决其投标的行为。第51条："投标文件未经投标单位盖章和单位负责人签字；投标联合体没有提交共同投标协议；投标人不符合国家或者招标文件规定的资格条件；同一投标人提交两个以上不同的投标文件或者投标报价，但招标文件要求提交备选投标的除外；投标报价低于成本或者高于招标文件设定的最高投标限价；投标文件没有对招标文件的实质性要求和条件作出响应；投标人有串通投标、弄虚作假、行贿等违法行为。"有上述情形之一，评标委员会即可否决其投标。

4）属于投标人相互串通行为。第39条："投标人之间协商投标报价等投标文件的实质性内容；投标人之间约定中标人；投标人之间约定部分投标人放弃投标或者中标；属于同一集团、协会、商会等组织成员的投标人按照该组织要求协同投标；投标人之间为谋取中标或者排斥特定投标人而采取的其他联合行动"。这5种行为被界定为属于投标人相互串通投标。

5）视为投标人相互串通行为。第40条规定："不同投标人的投标文件由同一单位或者个人编制；不同投标人委托同一单位或者个人办理投标事宜；不同投标人的投标文件载明的项目管理成员为同一人；不同投标人的投标文件异常一致或者投标报价呈规律性差异；不同投标人的投标文件相互混装；不同投标人的投标保证金从同一单位或者个人的账户转出"等6种情况将被视为投标人相互串通投标。

6）投标人与招标人相互串通行为。第41条："招标人在开标前开启投标文件并将有关信息泄露给其他投标人；招标人直接或者间接向投标人泄露标底、评标委员会成员等信息；招标人明示或者暗示投标人压低或者抬高投标报价；招标人授意投标人撤换、修改投标文件；招标人明示或者暗示投标人为特定投标人中标提供方便；招标人与投标人为谋求特定投标人中标而采取的其他串通行为"等六种行为被界定为属于招标人与投标人串通投标。

（3）关于对无效行为的处罚。《招标投标法实施条例》进一步充实细化了相关法律责任，规定有上述行为的，中标无效，没收违法所得，处以罚款；对违法情节严重的投标人取消其一定期限内的投标资格，直至吊销其营业执照；构成犯罪的，依法追究刑事责任。

2 废标的认定条件

2.1 法定废标条件

2.1.1 法定废标条件

法定废标条件顾名思义，就是法律明确规定的，一旦发生即可认定废标的事项。依据现行有关法律法规，归纳起来主要有以下几种情形：

1. 逾期送达条款

《招标投标法》第 28 条规定："投标人应当在招标文件要求提交投标文件的截止时间前，将投标文件送达投标地点。""在招标文件要求提交投标文件的截止时间后送达的投标文件，招标人应当拒收。"此外，《工程建设项目施工招标投标办法》第 38 条、《房屋建筑和市政基础设施工程施工招标投标管理办法》第 28 条、《工程建设项目货物招标投标办法》第 34 条、《招标投标法实施条例》第 36 条、《机电产品国际招标投标实施办法》第 30 条以及《政府采购法》体例系列中的《政府采购货物和服务招标投标管理办法》第 31 条，无一例外都设有逾期送达废标条款。

2. 未密封条款

投标文件密封检查的目的是为了验证投标文件的内容是否被泄露，保证投标人之间的相对独立性，从而确保招标活动公平、公正、公开原则的落实。《招标投标法》和《政府采购法》对此并没有具体条款进行表述。

在现行招投标法规中，未密封废标条款最早见于 2001 年 6 月 1 日施行的《房屋建筑和市政基础设施工程施工招标投标管理办法》中第 35 条："投标文件未按照招标文件的要求予以密封的，应当作为无效投标文件，不得进入评标。"在 2003 年 5 月 1 日开始施行的《工程建设项目施工招标投标办法》基本援引了此项规定，其中第 50 条规定："未按招标文件要求密封的，招标人不予受理。"应当作为无效投标文件处理，不得进入评标。之后，在 2003 年 8 月 1 日施行的《工程建设项目勘察设计招标投标办法》第 36 条、2004 年 9 月 1 日施行的财政部《政府采购货物和服务招标投标管理办法》第 31 条第 1 款、2005 年 3 月 1 日起施行的《工程建设项目货物招标投标办法》第 41 条都引入"未密封条款"。2012 年 2 月施行的《招标投标法实施条例》第 36 条规定："未通过资格预审的申请人提交的投标文件，以及逾期送达或者不按照招标文件要求密封的投标文件，招标人应当拒收。"同时还规定："招标人应当如实记载投标文件的送达时间和密封情况，并存档备查。"

3. 资格不合格条款

《招标投标法》第 26 条规定："投标人应当具备承担招标项目的能力；国家有关规定对投标人资格条件或者招标文件对投标人资格条件有规定的，投标人应当具备规定的资格条件。"同时，《工程建设项目施工招标投标办法》第 17 条规定："招投标的资格审查分为资格预审和资格后审。"资格预审，是指在投标前对潜在投标人进行的资格审查。资格后审，是指在开标后对投标人进行的资格审查。资格后审一般在评标过程中的初步评审开始时进行。进行资格预审的，一般不再进行资格后审，但招标文件另有规定的除外。资格后审不合格废标条款的法律规定主要见于《工程建设项目施工招标投标办法》第19条、《工程建设项目货物招标投标办法》第20条、《招标投标法实施条例》第36条。

各法律法规对独立投标人和联合体投标资格条件规定的表述如表2-1、表2-2所示。

各法律法规对独立投标人资格条件的表述　　　　　　　　　　表2-1

序号	条　款　内　容	条　文　出　处
1	投标人是响应招标、参加投标竞争的法人或者其他组织。依法招标的科研项目允许个人参加投标的，投标的个人适用本法有关投标人的规定	《招标投标法》第25条
	投标人应当具备承担招标项目的能力；国家有关规定对投标人资格条件或者招标文件对投标人资格条件有规定的，投标人应当具备规定的资格条件	《招标投标法》第26条
2	投标人是响应招标、参加投标竞争的法人或者其他组织。招标人的任何不具独立法人资格的附属机构（单位），或者为招标项目的前期准备或者监理工作提供设计、咨询服务的任何法人及其任何附属机构（单位），都无资格参加该招标项目的投标	《工程建设项目施工招标投标办法》第35条
3	投标人是响应招标、参加投标竞争的法人或者其他组织 　在其本国注册登记，从事建筑、工程服务的国外设计企业参加投标的，必须符合中华人民共和国缔结或者参加的国际条约、协定中所作的市场准入承诺以及有关勘察设计市场准入的管理规定 　投标人应当符合国家规定的资质条件	《工程建设项目勘察设计招标投标办法》第21条
4	施工招标的投标人是响应施工招标、参与投标竞争的施工企业 　投标人应当具备相应的施工企业资质，并在工程业绩、技术能力、项目经理资格条件、财务状况等方面满足招标文件提出的要求	《房屋建筑和市政基础设施工程施工招标投标管理办法》第23条

各法律法规对联合体投标资格条件的表述　　　　　　　　　　表2-2

序号	条　款　内　容	条　文　出　处
1	两个以上法人或者其他组织可以组成一个联合体，以一个投标人的身份共同投标 　联合体各方均应当具备承担招标项目的相应能力；国家有关规定或者招标文件对投标人资格条件有规定的，联合体各方均应当具备规定的相应资格条件。由同一专业的单位组成联合体，按照资质等级较低的单位确定资质等级 　联合体各方应当签订共同投标协议，明确约定各方拟承担的工作和责任，并将共同投标协议连同投标文件一并提交招标人 　联合体中标的各方应当共同与招标人签订合同，就中标项目向招标人承担连带责任 　招标人不得强制投标人组成联合体共同投标，不得限制投标人之间的竞争	《招标投标法》第31条
2	两个以上法人或者其他组织可以组成一个联合体，以一个投标人的身份共同投标 　联合体各方签订共同投标协议后，不得再以自己名义单独投标，也不得组成新的联合体或参加其他联合体在同一项目中投标	《工程建设项目施工招标投标办法》第42条
	联合体参加资格预审并获得通过的，其组成的任何变化都必须在提交投标文件截止之日前征得招标人的同意。如果变化后的联合体削弱了竞争，含有事先未经过资格预审或者资格预审不合格的法人或者其他组织，或者使联合体的资质降到资格预审文件中规定的最低标准以下，招标人有权拒绝	《工程建设项目施工招标投标办法》第43条

序号	条 款 内 容	条 文 出 处
2	联合体各方必须指定牵头人,授权其代表所有联合体成员负责投标和合同实施阶段的主办、协调工作,并应当向招标人提交由所有联合体成员法定代表人签署的授权书	《工程建设项目施工招标投标办法》第44条
	联合体投标的,应当以联合体各方或者联合体中牵头人的名义提交投标保证金。以联合体中牵头人名义提交的投标保证金,对联合体各成员具有约束力	《工程建设项目施工招标投标办法》第45条
3	两个以上法人或者其他组织可以组成一个联合体,以一个投标人的身份共同投标 联合体各方签订共同投标协议后,不得再以自己名义单独投标,也不得组成或参加其他联合体在同一项目中投标;否则作废标处理	《工程建设项目货物招标投标办法》第38条
	联合体各方应当在招标人进行资格预审时,向招标人提出组成联合体的申请。没有提出联合体申请的,资格预审完成后,不得组成联合体投标 招标人不得强制资格预审合格的投标人组成联合体	《工程建设项目货物招标投标办法》第39条
4	两个以上施工企业可以组成一个联合体,签订共同投标协议,以一个投标人的身份共同投标。联合体各方均应当具备承担招标工程的相应资质条件。相同专业的施工企业组成的联合体,按照资质等级低的施工企业的业务许可范围承揽工程 招标人不得强制投标人组成联合体共同投标,不得限制投标人之间的竞争	《房屋建筑和市政基础设施工程施工招标投标管理办法》第30条
5	以联合体形式投标的,联合体各方应签订共同投标协议,连同投标文件一并提交招标人 联合体各方不得再单独以自己名义,或者参加另外的联合体投同一个标	《工程建设项目勘察设计招标投标办法》第27条
	联合体中标的,应指定牵头人或代表,授权其代表所有联合体成员与招标人签订合同,负责整个合同实施阶段的协调工作。但是,需要向招标人提交由所有联合体成员法定代表人签署的授权委托书	《工程建设项目勘察设计招标投标办法》第28条

注:概括地说:"一个身份、协议分工、共同签约、连带责任"。这里的资质等级较低指的不仅仅是同一专业,而且是按照协议分工承担的不同专业。

4. 无签字或盖章条款

招标文件中一般都设有签字和盖章的要求。例如,投标函需有法定代表人或其委托代理人签字并加盖单位公章。以下资料复印件均需加盖单位公章:企业营业执照、企业资质证书、安全生产许可证、项目经理注册建筑师资质证书以及《法定代表人授权书》中"法定代表人签字栏"。法律规定要求投标文件需要签字、盖章的目的主要是为了明确投标主体与责任人,避免日后发生法律纠纷。

(1)《工程建设项目施工招标投标办法》第50条规定:"投标文件中,无单位盖章并无法定代表人或法定代表人授权的代理人签字或盖章的,由评标委员会初审后按废标处理。"这里要求的是签字或盖章。《工程建设项目勘察设计招标投标办法》第36条则描述为需要有单位印章和法定代表人或者其授权代表签字。

(2)《工程建设项目货物招标投标办法》第41条规定:"无单位盖章并无法定代表人

或法定代表人授权的代理人签字或盖章的，无法定代表人出具的授权委托书的，由评标委员会初审后按废标处理。"

（3）《房屋建筑和市政基础设施工程施工招标投标管理办法》第35条规定："在开标时，投标文件中的投标函未加盖投标人的企业及企业法定代表人印章的，或者企业法定代表人委托代理人没有合法、有效的委托书（原件）及委托代理人印章的，应当作为无效投标文件，不得进入评标。"包括：单位和法人代表人印章、委托代理人的印章。

（4）《招标投标法实施条例》第51条规定："投标文件未经投标单位盖章和单位负责人签字的，评标委员会应当否决其投标。"上述各法规、规章虽然措辞表述不尽相同，但就其实质内容讲都是一样的。

但应注意的是有下列情形之一的，则不能被认定为废标：1）只有单位的盖章而没有法人代表或法人代表授权的代理人的盖章；2）只有单位盖章而没有法人代表或法人代表授权的代理人的签字；3）只有法人代表或法人代表授权的代理人的盖章，而没有单位盖章；4）只有法人代表或法人代表授权的代理人的签字，而没有单位盖章的。

5. 字迹无法辨认条款

（1）不同领域的招投标法规、规章对此废标条款表述有所不同。例如，《房屋建筑和市政基础设施工程施工招标投标管理办法》第35条表述为："在开标时，投标文件出现关键内容字迹模糊、无法辨认的，应当作为无效投标文件，不得进入评标。"前提条件是"关键内容"出现字迹模糊、无法辨认的作为废标条件。

（2）《工程建设项目施工招标投标办法》第50条与《工程建设项目货物招标投标办法》第41条，与《房屋建筑和市政基础设施工程施工招标投标管理办法》第35条具有相同的表述："未按规定的格式填写，内容不全或关键字迹模糊、无法辨认的；由评标委员会初审后按废标处理。"这里增加了两项情形，一是"没有按照格式填写的"；二是"内容不全的"。

（3）《工程建设项目勘察设计招标投标办法》、《评标委员会和评标方法暂行规定》并未出现字迹无法辨认条款。

综上所述，无法辨认条款共有3种情形，即未按照格式填写的、内容不全的或关键字迹模糊无法辨认的，有其情形之一的，均可作为废标处理。

6. 提交多份投标文件条款

（1）《工程建设项目施工招标投标办法》第50条和《工程建设项目货物招标投标办法》第41条对此废标条款具有相同的表述："投标人递交两份或多份内容不同的投标文件，或在一份投标文件中对同一招标项目（货物）报有两个或多个报价，且未声明哪一个有效（或且未声明哪一个为最终报价的），由评标委员会初审后按废标处理，按招标文件规定提交备选投标方案的除外。"再次增加了一个条件即"且未声明哪一个有效或且未声明哪一个为最终报价的"，评委会初审后才可按照废标处理。

（2）《招标投标法实施条例》第51条的表述：同一投标人提交两个以上不同的投标文件或者投标报价，评标委员会应当否决其投标，但招标文件要求提交备选投标的除外。

（3）《房屋建筑和市政基础设施工程施工招标投标管理办法》和《工程建设项目勘察设计招标投标办法》对此未设立对应条款。

7. 未按要求提交保证金条款

(1) 法律对保证金条款的表述。招标投标是一项严肃的法律活动，投标人的投标是一种要约行为．投标人作为要约人，向招标人〔受要约人〕递交投标文件之后，即意味着向招标人发出了要约。在投标文件递交截止时间至招标人确定中标人的这段时间内，投标人不能要求退出竞标或者修改投标文件；而一旦招标人发出中标通知书，作出承诺，则合同即告成立，中标的投标人必须接受，并受到约束。否则，投标人就要承担合同订立过程中的缔约过失责任，受到投标保证金被招标人没收的处分，这实际上是对投标人违背诚实信用原则的一种惩罚。所以，投标保证金能够对投标人的投标行为产生约束作用，这是投标保证金最基本的功能。为此，招投标各种法规、规章都规定，招标人有权要求投标人提交投标保证金，未提交投标保证金的按照废标处理。

1)《工程建设项目施工招标投标办法》第37条、《房屋建筑和市政基础设施工程施工招标投标管理办法》第35条、《工程建设项目勘察设计招标投标办法》第37条、《工程建设项目货物招标投标办法》第27条、《招标投标法实施条例》第26条都规定："投标人未按照要求提交投标保证金的，按照废标处理。"

2)《工程建设项目施工招标投标办法》第37条规定："招标人可以在招标文件中要求投标人提交投标保证金。""投标保证金除现金外，可以是银行出具的银行保函、保兑支票、银行汇票或现金支票"。"投标保证金一般不得超过投标总价的2%，但最高不得超过80万元人民币。""投标保证金有效期应当超出投标有效期30天。"

3)《房屋建筑与市政基础设施施工招投标办法》第27条规定："招标人可以在招标文件中要求投标人提交投标担保。""投标担保可以采用投标保函或者投标保证金的方式。投标保证金可以使用支票、银行汇票等，一般不得超过投标总价的2%，最高不得超过50万元。""投标人应当按照招标文件要求的方式和金额，将投标保函或者投标保证金随投标文件提交招标人。"

4)《工程建设项目勘察设计投标办法》第24条规定："招标文件要求投标人提交投标保证金的，投标人保证金数额规定，保证金数额一般不超过勘察设计费投标报价的2%，最多不超过10万元人民币。"投标保证金有效期应当与投标有效期一致。

5)《工程建设项目货物招标投标办法》第27条规定："招标人可以在招标文件中要求投标人以自己的名义提交投标保证金。""投标保证金除现金外，可以是银行出具的银行保函、保兑支票、银行汇票或现金支票，也可以是招标人认可的其他合法担保形式。""投标保证金一般不得超过投标总价的2%，但最高不得超过80万元人民币。"

6)《招标投标法实施条例》第26条规定："投标保证金不得超过招标项目估算价的2%。""投标保证金有效期应当与投标有效期一致。""依法必须进行招标的项目的境内投标单位，以现金或者支票形式提交的投标保证金应当从其基本账户转出。"

(2) 保函有效期与投标有效期。保函有效期与投标有效期是两个不同的概念。有以下区别：

1) 投标有效期是以递交投标文件的截止时间为起点，以招标文件中规定的时间为终点（例如60天）的一段时间。在这段时间内，投标人必须对其递交的投标文件负责，受其约束。而在投标有效期开始生效之前（即递交投标文件截止时间之前），投标人（潜在投标人）可以自主决定是否投标、对投标文件进行补充修改，甚至撤回已递交的投标文件；在投标有效期届满之后，投标人可以拒绝招标人的中标通知而不受任何约束或惩罚。

如果在招标投标过程中出现特殊情况，在招标文件规定的投标有效期内，招标人无法完成评标并与中标人签订合同，则在原投标有效期期满之前招标人可以以书面形式要求所有投标人延长投标有效期。投标人同意延长的，不得要求或被允许修改其投标文件，但应当相应延长其投标保证金的有效期；投标人拒绝延长的，其投标在原投标有效期期满之后失效，投标人有权收回其投标保证金。

2）投标保证金本身也有一个有效期的问题。如银行一般都会在投标保函中明确该保函在什么时间内保持有效，当然投标保证金的有效期必须大于、等于投标有效期。我国的招标投标法律规定：投标保证金有效期应当与投标有效期一致。见《招标投标法实施条例》第 26 条、《工程建设项目勘察设计招标投标办法》第 24 条。但《工程建设项目施工招标投标办法》第 37 条则规定投标保证金有效期应当超出投标有效期 30 天。似乎两者不太一致，那么，我们应如何解读上述条款呢？

上述规定可以解读在投标有效期内完成评标定标，以及发出中标通知书；发出中标通知书后，30 日内签订合同，投标保证金有效期结束。所以投标保证金有效期超出投标有效期 30 天。发出中标通知书后，投标有效期结束，如果中标人主张自己的投标已经过期，不与招标人签订合同或者招标人主张中标人的投标已经过期，不与中标人签订合同，都适用《招标投标法》第 45 条规定："中标通知书对招标人和中标人具有法律效力。""中标通知书发出后，招标人改变中标结果的，或者中标人放弃中标项目的，应当依法承担法律责任。"来约束招标人和中标人。所以《工程建设项目施工招标投标办法》第 37 条规定并无法律漏洞。《招标投标法实施条例》第 26 条与《工程建设项目施工招标投标办法》第 37 条间的图解，分别如图 2-1、图 2-2 所示。

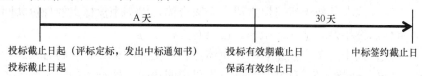

图 2-1　投标保函有效期应当与投标有效期一致

注：如投标有效期截止日至中标签约截止日有签约纠纷，招标人可以直接没收其保证金。

图 2-2　投标保函有效期应当超出投标有效期 30 天

法律规定，投标人不按招标文件要求提交投标保证金的，该投标文件作废标处理。招标投标各类法律法规对投标保函金额的规定以及要求如表 2-3 所示。

招标投标法律、法规对投标保函金额以及要求的规定　　　　　　　　表 2-3

文件号	原建设部令第 89 号	七部委局第 30 号令	八部委 2 号令	七部委 27 号令	国务院令第 613 号
文件名称	房屋建筑和市政基础设施工程施工招标投标管理办法	工程建设项目施工招标投标办法	工程建设项目勘察设计招标投标办法	工程建设项目货物招标投标办法	招标投标法实施条例

文件号	原建设部令第89号	七部委局第30号令	八部委2号令	七部委27号令	国务院令第613号
施行日期	2001 年 6 月 1 日	2003 年 5 月 1 日	2003 年 8 月 1 日	2005 年 3 月 1 日	2012年2月1日
保证金金额	一般不得超过投标总价的2%，最高不得超过50万元	一般不得超过投标总价的2%，最高不得超过80万元人民币	一般不超过勘察设计费投标报价的2%，最多不超过10万元人民币	一般不得超过投标总价的2%，最高不得超过80万元人民币	不得超过招标项目估算价的2%
保证金有效期	—	保证金有效期应当超出投标有效期30天	—	保证金有效期应当与投标有效期一致	保证金有效期应当与投标有效期一致
保证金支付方式	可以采用投标保函或者投标保证金的方式。投标保证金可以使用支票、银行汇票等	出具的银行保函、保兑支票、银行汇票、现金支票与提供现金	—	投标保证金除现金外，可以是银行出具的银行保函、保兑支票、银行汇票或现金支票，也可以是招标人认可的其他合法担保形式	依法必须进行招标的项目的境内投标单位，以现金或者支票形式提交的投标保证金应当从其基本账户转出

8. 未附联合体协议条款

（1）联合体的性质。联合体投标指的是某承包单位为了承揽不适于自己单独承包的工程项目而与其他单位联合，以一个投标人的身份去投标的行为。《招标投标法》第31条规定：两个以上法人或者其他组织可以组成一个联合体，以一个投标人的身份共同投标。也就是说，联合体虽然不是一个法人组织，但是对外投标应以所有组成联合体各方的共同的名义进行，不能以其中一个主体或者两个主体［多个主体的情况下］的名义进行，即"联合体各方""共同与招标人签订合同"。这里需要说明的是，联合体的组成属于各方自愿的共同的一致的法律行为，联合体内部之间权利、义务、责任的承担等问题则需要依据联合体各方订立的协议为依据，就中标项目向招标人承担连带责任。

（2）有关废标法律规定。《招标投标法》第31条规定："联合体各方应当签订共同投标协议，明确约定各方拟承担的工作和责任并将共同投标协议连同投标文件一并提交招标人。""联合体中标的联合体各方应当共同与招标人签订合同，就中标项目向招标人承担连带责任。"招投标法律、法规、规章规定，投标文件未附联合体各方共同投标协议的，按照废标处理。例如，《工程建设项目施工招标投标办法》第50条、《房屋建筑和市政基础设施工程施工招标投标管理办法》第35条、《工程建设项目勘察设计招标投标办法》第36条、《工程建设项目货物招标投标办法》第41条均规定："联合体投标未附联合体各方共同投标协议的，招标人不予受理、或作废标处理或被否决，或作为无效投标文件，不得进入评标。"

9. 明显低于其他投标报价条款

在推行工程量清单招标和建设工程招标市场竞争的激烈形势下，工程投标报价低于成本价中标的现象，在一些工程项目招投标中屡见不鲜，企业以低于成本价投标报价中标后，必然会想尽一切办法，弥补报价上的损失，赚取最大额度的利润，这为工程质量埋下了诸多隐患。为此，《招标投标法》第 33 条："投标人不得以低于成本的报价竞标"，第 41 条规定："能够满足招标文件的实质性要求，并且经评审的投标价格最低；但是投标价格低于成本的除外。"

从第 33、41 条可以看出投标人以低于成本的报价竞标是一种违法行为，投标价格低于成本的不能够中标。如何衡量低于成本价格？招投标法没有进一步说明。对此，《评标委员会和评标方法暂行规定》给出了操作性规定，第 21 条："在评标过程中，评标委员会发现投标人的报价明显低于其他投标报价或者在设有标底时明显低于标底，使得其投标报价可能低于其个别成本的，应当要求该投标人作出书面说明并提供相关证明材料。""投标人不能合理说明或者不能提供相关证明材料的，由评标委员会认定该投标人以低于成本报价竞标，其投标应作废标处理。"

其他法规、规章对此作了类似的规定，例如《工程建设项目勘察设计招标投标办法》第 36 条 规定："……投标报价不符合国家颁布的勘察设计取费标准，或者低于成本恶性竞争的；应作废标处理或被否决。"《工程建设项目货物招标投标办法》第 44 条规定："技术简单或技术规格、性能、制作工艺要求统一的货物，一般采用经评审的最低投标价法进行评标。""技术复杂或技术规格、性能、制作工艺要求难以统一的货物，一般采用综合评估法进行评标。""最低投标价不得低于成本。"《房屋建筑和市政基础设施工程施工招标投标管理办法》第 43 条规定："设有标底的，投标报价低于标底合理幅度的；不设标底的，投标报价明显低于其他投标报价，有可能低于其企业成本的，评标委员会可以要求投标人作出书面说明并提供相关材料。""经评标委员会论证，认定该投标人的报价低于其企业成本的，不能推荐为中标候选人或者中标人。"

10. 高于文件设定最高投标限价条款

（1）最高限价概念。所谓最高限价，是招标人在工程项目招标中，按照标底编制的原则设定的最高投标报价。关于"最高投标限价"我国各地的称谓并不统一。在北京、云南称为"拦标价"，在厦门称为"预算控制价"，在黑龙江称为"招标控制价"。住房和城乡建设部发布的《建设工程工程量清单计价规范》（GB 50500—2008）则称为"招标控制价"。尽管提法不一，而且要求也不完全一致，但其基本含义大致相同，即指招标人设定的某次招标的投标上限价格。

在建设工程项目招标中，招标人为防止招标响应人在投标时报价过高，导致高价中标，于是设立"最高限价"，让高于最高限价的投标为废标，在保证质量的前提下，维护自身的经济利益。从实施的效果来看，设立最高限价确实限制了高价中标，使有些蓄意采用围标、串标等非法手段预谋中标的投标人失去了价值，能够有效遏制违法违规行为的发生。

（2）有关废标法律条款。早在 2005 年，原建设部《关于加强房屋建筑和市政基础设施工程项目施工招标投标行政监督工作的若干意见》（建市［2005］208 号）中就要求："提倡在工程项目的施工招标中设立对投标报价的最高限价，以预防和遏制串通投标和哄抬标价的行为。"

《招标投标法实施条例》第 27、51 条规定："招标人设有最高投标限价的，应当在招标文件中明确最高投标限价或者最高投标限价的计算方法，并规定如果投标报价高于最高投标限价，其投标将作废标处理。"因此，投标人在投标时应特别关注招标文件中是否有最高投标限价。如果设有最高限价，应注意不能超过该最高限价。否则，如果投标人的投标报价超过该上限价格，将按照法律规定，作废标处理。

11. 未作出实质性响应条款

（1）未作实质性响应概念。未作出实质性响应条款即投标文件未能作出实质性响应的条款。招标与投标实质上是一种交易的行为，只不过这种交易完全遵循着公开、公平和公正的原则，按照法律规定的程序和要求进行，这与传统的交易相比，无论从交易管理思想还是交易方式上都有很大的不同。对于招标方来说，所有要求和条件完全体现在招标文件之中，这些要求和条件就是评标委员会衡量投标方能否中标的依据，除此之外不允许有额外的要求和条件。而对于投标方来说，必须完全按照招标文件的要求来编写投标文件，如果投标方没有按照招标文件的要求对招标文件提出的要求和条件作出响应，或者作出的响应不完全，或者对某些重要方面和关键条款没有作出响应，或者这种响应与招标文件的要求存在重大偏差，这些都可能导致投标方投标失败。这里所谓"实质性"要求和响应，是指投标文件所提供的有关资格证明文件、提交的投标保证金、技术规范、合同条款等要与招标文件要求的条款、条件和规格相符，并且没有重大偏差。

（2）未作实质性响应条款。有关法律、主管部门制定的规章对不响应实质性要求和条件的投标作为废标处理作出了若干具体规定：

1）《招标投标法》第27条规定："投标人应当按照招标文件的要求编制投标文件。""投标文件应当对招标文件提出的实质性要求和条件作出响应。"

2）《工程建设项目施工招标投标办法》第52条规定："投标文件不响应招标文件的实质性要求和条件的，招标人应当拒绝，并不允许投标人通过修正或撤销其不符合要求的差异或保留，使之成为具有响应性的投标。"

3）《评标委员会和评标方法暂行规定》第23条、《工程建设项目勘察设计招标投标办法》第36条、《工程建设项目货物招标投标办法》第43条、《招标投标法实施条例》第51条均规定：投标文件没有对招标文件的实质性要求和条件作出响应，评标委员会应作废标处理或否决其投标。

12. 拒不按照评标委员会的要求澄清问题的

《评标委员会和评标方法暂行规定》第22条规定："投标人资格条件不符合国家有关规定和招标文件要求的，或者拒不按照要求对投标文件进行澄清、说明或者补正的，评标委员会可以否决其投标。"

2.1.2 法定废标条款分类

1. 形式性废标条款：涉及投标文件密封、标记、装订、签字、盖章、送达地点、送达时间、文件格式、字迹等废标条款就属于形式性废标条款。

2. 实质性废标条款：涉及投标保证金、资格审查、投标报价、投标承诺、联合体协议等条款，则属于实质性废标条款。

鉴于招标的主要目的是帮助业主选择质量高、信誉好、价格低、工期合理的承包商，重点是衡量承包商的综合实力和施工管理水平，因此，在招标文件条款的设立中除必要的形式条款外，应着重设立实质性条款，这样可以避免有实力的投标单位由于细小的疏忽而造成投标文件的形式无效，也可以让业主有更多的选择范围来选择承包商。

2.1.3 细微偏差与重大偏差

1. "细微偏差"的涵义。在招投标实践中，分歧较大的在于"细微偏差"与"重大偏差"的判定上。细微偏差并不导致投标废标，而一旦被判定为重大偏差，将会导致投标被认定为废标或被拒绝。根据《评标委员会和评标方法暂行规定》第26条规定，赋予"细微偏差"的具体涵义是：细微偏差是指投标文件在实质上响应招标文件要求，但在个别地方存在漏项或者提供了不完整的技术信息和数据等情况，并且补正这些遗漏或者不完整不会对其他投标人造成不公平的结果。细微偏差不影响投标文件的有效性。

下列情况可将投标文件的差错或缺陷归为"细微偏差"：

（1）形式上的而不是实质性的，属于非实质性的缺陷，可以对缺陷进行更正，或者允许缺陷的存在，不会对其他投标人造成任何损害；

（2）缺陷对价格、质量、工程量或工期的影响，同整个合同主要条款相比是微不足道的；

（3）缺陷不会对招标文件的法律效力构成影响，此类缺陷就可以认定为细微偏差。对于细微缺陷或违规，招标人可以给投标人一次更正机会。在判断是否属于"细微偏差"时，一个重要的依据就是违规行为是否给投标人带来了实质性利益，而其他投标人则未获其利。认定细微偏差的原则是他未对其他投标人产生影响，未使自身投标地位发生改变。

2. "重大偏差"的涵义。《评标委员会和评标方法暂行规定》第25条中对"重大偏差"予以了界定。但其中第7款："不符合招标文件中规定的其他实质性要求。投标文件有上述情形之一的，为未能对招标文件作出实质性响应，并按本规定第23条规定作废标处理。招标文件对重大偏差另有规定的，从其规定。"这一规定为业主或招标代理人留下很大的发挥空间，极易导致招标文件中将一些原本属于细微偏差范围内的条款，被一些不良业主或招标代理机构利用，增加了投标的难度和认定为"废标"的可能。

法定废标主要条款汇总如表2-4所示。

法定废标主要条款汇总表   表2-4

序号	法定废标条件	条 文 出 处
1	在招标文件要求提交投标文件的截止时间后送达的投标文件，为无效的投标文件，招标人应当拒收	《工程建设项目施工招标投标办法》第38条 《房屋建筑和市政基础设施工程施工招标投标管理办法》第28条 《招标投标法实施条例》第36条
2	经资格后审不合格的投标人的投标应作废标处理	《招标投标法》第26条 《工程建设项目施工招标投标办法》第19条 《工程建设项目货物招标投标办法》第20条 《招标投标法实施条例》第36条
3	投标文件未按照招标文件的要求予以密封的，招标人不予受理	《工程建设项目施工招标投标办法》第50条 《招标投标法实施条例》第36条 《房屋建筑和市政基础设施工程施工招标投标管理办法》第35条 《工程建设项目货物招标投标办法》第41条
4	无单位盖章并无法定代表人或法定代表人授权的代理人签字或盖章的，由评标委员会初审后按废标处理	《工程建设项目施工招标投标办法》第50条 《招标投标法实施条例》第51条 《房屋建筑和市政基础设施工程施工招标投标管理办法》第35条 《工程建设项目勘察设计招标投标办法》第36条

序号	法定废标条件	条 文 出 处
5	未按规定的格式填写，内容不全或关键字迹模糊、无法辨认的，由评标委员会初审后按废标处理	《工程建设项目施工招标投标办法》第50条 《房屋建筑和市政基础设施工程施工招标投标管理办法》第35条
6	投标人递交两份或多份内容不同的投标文件，或在一份投标文件中对同一招标项目报有两个或多个报价，且未声明哪一个有效的，由评标委员会初审后按废标处理	《工程建设项目施工招标投标办法》第50条 《招标投标法实施条例》第51条
7	投标人不按招标文件要求提交投标保证金的，该投标文件将被拒绝，作废标处理	《工程建设项目施工招标投标办法》第37条 《房屋建筑和市政基础设施工程施工招标投标管理办法》第35条 《工程建设项目勘察设计招标投标办法》第37条
8	联合体投标未附联合体各方共同投标协议的，由评标委员会初审后按废标处理	《工程建设项目施工招标投标办法》第50条 《房屋建筑和市政基础设施工程施工招标投标管理办法》第35条 《工程建设项目勘察设计招标投标办法》第36条 《招标投标法实施条例》第51条
9	评标委员会发现投标人的报价明显低于其他投标报价或者在设有标底时明显低于标底，使得其投标报价可能低于其个别成本的，应当要求该投标人作出书面说明并提供相关证明材料。投标人不能合理说明或者不能提供相关证明材料的，由评标委员会认定该投标人以低于成本报价竞标，其投标应作废标处理	《评标委员会和评标方法暂行规定》第21条 《工程建设项目勘察设计招标投标办法》第37条
10	投标报价低于成本或者高于招标文件设定的最高投标限价的，评标委员会应当否决其投标	《招标投标法实施条例》第51条
11	投标人拒不按照要求对投标文件进行澄清、说明或者补正的，评标委员会可以否决其投标 投标人资格条件不符合国家有关规定和招标文件要求的，或者拒不按照要求对投标文件进行澄清、说明或者补正的，评标委员会可以否决其投标	《评标委员会和评标方法暂行规定》第22条 《评标委员会和评标方法暂行规定》第23条 《工程建设项目勘察设计招标投标办法》第37条 《招标投标法》第26条 《评标委员会和评标方法暂行规定》第22条
12	评标委员会应当审查每一投标文件是否对招标文件提出的所有实质性要求和条件作出响应。未能在实质上响应的投标，应作废标处理	《评标委员会和评标方法暂行规定》第23条 《工程建设项目勘察设计招标投标办法》第37条 《招标投标法实施条例》第51条 《工程建设项目施工招标投标办法》第52条

2.2 约定废标条件

约定废标条款是指经过当事人双方在不影响法律强制性规定的情况下，经过协商取得双方同意，一旦发生即可认定废标的事项。他是双方真实意思表示的体现。约定废标条款可以弥补法律空白，让招投标结合自身实际情况，从而使招投标更加合理、更加规范。

每个建设工程项目本身具有一定的特殊性，因此其招标文件往往会具体规定特殊的废标情形，不可能罗列清楚。但发改委等九部委要求 2008 年 5 月 1 日开始在政府投资项目中试行的《标准施工招标文件》（九部委 56 号令）、《行业施工标准招标文件》（2010 年版）、《简明标准施工招标文件》（2012 年版）和《标准设计施工招标文件》（2012 年版）中对于废标情形的约定可以作为一个参考。

2.2.1 标准施工招标文件列示

《标准施工招标文件》适用于一定规模以上，且设计和施工不是由同一承包商承担的工程施工招标。其将评标分为初步评标和详细评标，初步评标又细分为形式评审、资格评审、响应性评审、施工组织设计和项目管理机构评审四项内容，在招标人须知和评标办法中分别约定了相应的废标情形，条款概括如下：

1. 投标人不按要求提交投标保证金的，其投标文件作废标处理。

2. 投标文件的正本与副本应分开包装，加贴封条，并在封套的封口处加盖投标人单位章，未达到要求的，招标人不予受理。

3. 投标文件的封套上应清楚地标记"正本"或"副本"字样，封套上应写明的其他内容见投标人须知前附表，未达到要求的，招标人不予受理。

4. 逾期送达的或者未送达指定地点的投标文件，招标人不予受理。

5. 评标委员会对投标文件进行初步评审，在形式评审、响应性评审、施工组织设计和项目管理机构评审中有一项不符合评审标准的，作废标处理。

6. 投标人资格预审申请文件的内容发生重大变化时，评标委员会依资格评审标准对其更新资料进行评审，不符合标准的，作废标处理。

7. 评标委员会在初审中，投标人不具有独立法人资格的附属机构（单位）；为本标段前期准备提供设计或咨询服务的，但设计施工总承包的除外；为本标段的监理人；为本标段的代建人；……在最近 3 年内有骗取中标或严重违约或重大工程质量问题的。投标人有上述情形之一的，其投标作废标处理；

8. 有串通投标或弄虚作假或有其他违法行为的，作废标处理。

9. 未按评标委员会要求澄清、说明或补正的，作废标处理。

10. 投标报价有算术错误的，评标委员会按以下原则对投标报价进行修正，修正的价格经投标人书面确认后具有约束力。投标人不接受修正价格的，其投标作废标处理。

11. 评标委员会发现投标人的报价明显低于其他投标报价，或者在设有标底时明显低于标底，使得其投标报价可能低于其成本的，其投标作废标处理。

《标准施工招标文件》约定废标条件汇总见表 2-5。

《标准施工招标文件》约定废标条件汇总表　　　　　　　　　　表 2-5

序号	废 标 条 件
1	投标人不按要求提交投标保证金的，其投标文件作废标处理
2	投标文件的正本与副本应分开包装，加贴封条，并在封套的封口处加盖投标人单位章。否则招标人不予受理
3	投标文件的封套上应清楚地标记"正本"或"副本"字样，封套上应写明的其他内容见投标人须知前附表。否则招标人不予受理

序号	废 标 条 件
4	逾期送达的或者未送达指定地点的投标文件,招标人不予受理
5	评标委员会对形式评审(投标人名称投标函签字盖章、投标文件格式联合体投标人、报价唯一……);响应性评审(投标内容、工期、工程质量、投标有效期、投标保证金、权利义务、已标价工程量清单、技术标准和要求);施工组织设计和项目管理机构评审(施工方案与技术措施、质量管理体系与措施、安全管理体系与措施、环境保护管理体系与措施、工程进度计划与措施、资源配备计划、技术负责人、其他主要人员、施工设备、试验、检测仪器设备……);投标文件进行初步评审。有一项不符合评审标准的,作废标处理
6	当投标人资格预审申请文件的内容发生重大变化时,评标委员会依据资格评审标准对其更新资料进行评审,不符合标准的作废标处理
7	为投标人不具有独立法人资格的附属机构(单位);为本标段前期准备提供设计或咨询服务的,但设计施工总承包的除外;为本标段的监理人;为本标段的代建人;为本标段提供招标代理服务的;与本标段的监理人或代建人或招标代理机构同为一个法定代表人的;与本标段的监理人或代建人或招标代理机构相互控股或参股的;与本标段的监理人或代建人或招标代理机构相互任职或工作的;被责令停业的;被暂停或取消投标资格的;财产被接管或冻结的;在最近三年内有骗取中标或严重违约或重大工程质量问题的,有以上情形之一的,其投标作废标处理
8	投标人有串通投标或弄虚作假的、有其他违法行为的,其投标作废标处理
9	投标人不按评标委员会要求澄清、说明或补正的,其投标作废标处理
10	投标报价有算术错误的,评标委员会按以下原则对投标报价进行修正,修正的价格经投标人书面确认后具有约束力。投标人不接受修正价格的,其投标作废标处理
11	评标委员会发现投标人的报价明显低于其他投标报价,或者在设有标底时明显低于标底,使得其投标报价可能低于其成本的,应当要求该投标人作出书面说明并提供相应的证明材料。投标人不能合理说明或者不能提供相应证明材料的,由评标委员会认定该投标人以低于成本报价竞标,其投标作废标处理

2.2.2 其他标准文件列示

1. 《行业标准招标文件》约定废标条款

住宅与城乡建设部依据《标准施工招标文件》而制定颁布的《房屋建筑和市政工程标准施工招标文件》(简称《行业标准施工招标文件》是《标准施工招标文件》的配套文件,此招标文件适用于一定规模以上,且设计和施工不是由同一承包人承担的房屋建筑和市政工程的施工招标,《行业标准招标文件》附件 B 废标条件。其所集中列示的废标条件,是对标准招标文件所规定的废标条件进行了总结和补充,关于其废标列示条款补充为两条:

(1) 招标人邀请所有投标人的法定代表人或其委托代理人参加开标会。投标人的法定代表人或其委托代理人应当按时参加开标会,并在招标人按开标程序进行点名时,向招标人提交法定代表人身份证明文件或法定代表人授权委托书,出示本人身份证,以证明其出席,否则,其投标文件按废标处理。

(2) 报价文件(投标函除外)未经有资格的工程造价专业人员签字并加盖执业专用章的;其投标文件按废标处理。

2. 《简明标准施工招标文件》(2012 年版、发改法规〔2011〕3018 号)约定废标条件

《简明标准施工招标文件》适用于工期不超过 12 个月、技术相对简单、且设计和施工不是由同一承包人承担的小型项目施工招标。其废标条款要求与标准施工招标文件基本相同。

3.《标准设计施工总承包招标文件》（2012 年版、发改法规〔2011〕3018 号）约定废标条件

《标准设计施工总承包招标文件》（适用于设计施工一体化的总承包招标。其废标条款要求与行业标准施工招标文件基本相同。

2.3 其他约定废标

1. 经过各方签字确认的开标会记录，显示投标人法定代表人未参加开标会议，又未指定代理人〔以法定代表人授权委托书为准〕或虽参加开标会议但无规定的授权委托书和能够证明其身份的证件的；

2. 投标价格超出"拦标价"的〔或者超出招标文件规定的"最高限价"的〕；

3. 投标文件中拟派项目班子主要成员〔包括项目经理、项目技术负责人、现场经理等〕与投标人在资格预审阶段所递交的资格预审申请文件中拟派项目班子主要成员不符，且未能在招标文件规定的投标截止时间之前获得招标人书面同意的；

4. 纳入投标价格中的暂定金额、以项目为单位设立的暂估价、预备费、材料购置费等非竞争性费用金额与招标文件的规定不一致的；

5. 安全防护、文明施工、环境保护、临时设施的措施费用低于适用的规定标准的；

6. 技术标"暗标"部分，不符合招标文件规定的"暗标"编制要求的；

7. 投标人拒绝按本办法的规定进行补正的细微偏差超过 5 项〔含 5 项〕的〔少于 5 项时的处理方式一般是根据《评标委员会和评标方法暂行规定》的有关规定，在招标文件中约定一个折减相应项目评分的办法〕；

8. 根据招标文件中采用"必须"、"不得"等强制性措辞的要求而设立的其他废标条件。

3 标无效的认定条件

3.1 招标无效认定

3.1.1 招标无效法律依据

"招标无效"是指招标人由于违反法律、法规、规章，导致其投标不具备法律效力的后果。招标无效包括招标主体无效、招标程序无效、招标内容无效及招标行为无效导致的招标无效法律后果。主要法规依据有：

1. 《招标投标法》第 8 条规定："招标人是依照本法规定提出招标项目、进行招标的法人或者其他组织。"第 9 条规定："招标项目按照国家有关规定需要履行项目审批手续的，应当先履行审批手续，取得批准。""招标人应当有进行招标项目的相应资金或者资金来源已经落实，并应当在招标文件中如实载明。"招标人主体不合法定，当然招标无效。

2. 《工程建设项目施工招标投标办法》第 73 条规定："未在指定的媒介上发布招标公告的"、"应当公开招标而不公开招标的"等 10 种行为，在情节严重的情况下可认定为招标无效，并规定认定招标无效时，应当重新进行招标。同时，《工程建设项目勘察设计招标投标办法》第 50 条以及《工程建设项目货物招标投标办法》第 55 条也都作了近乎相同的规定。

3. 商务部颁布的《机电产品国际招标投标实施办法》第 58 条对"招标无效"规定为："招标人与投标人相互串通、搞虚假招标投标的；修正、更改已经备案的招标文件未报相应主管部门备案的"等 8 种情形之一。该办法第 60 条规定："招标代理机构泄漏应当保密的与招标投标活动有关情况和资料的、未按本办法评标规则评标或者评标结果不真实反映招标文件、投标文件实际情况的"等八种情形之一的，该行为影响到评标结果的公正性，则"当次招标无效"。

3.1.2 招标主体不合法定

《招标投标法》第 8 条规定："招标人是依照本法规定提出招标项目、进行招标的法人或者其他组织。"如何正确理解"其他组织"的概念对判断是否是合法招标人起到至关重要的作用。

1. 对招标人概念的理解

(1) 法人的定义。法人是一种享有民事主体资格的组织，它和自然人一样，同属于民事主体的范围，法人是具有民事权利能力和民事行为能力，依法独立享有民事权利和承担民事义务的组织，是民事主体中的重要组成部分。

(2) 对"其他组织"的理解。《合同法》（主席令第 15 号）第 2 条规定："本法所称合同是平等主体的自然人，法人、其他组织之间订立、变更、终止民事权利义务关系的协议。"据此，可以判断"其他组织"是指界于自然人和法人之间的作为法律主体的组织，包括非法人单位、非法人组织、非法人团体。实践中，其他组织的范围问题，我们可以参照最高人民法院印发《关于适用〈中华人民共和国民事诉讼法〉若干问题的意见》（法发〔1992〕22 号）第 40 条规定的提到"其他组织"的含义。该意见第 40 条规定，民事诉讼法第 49 条规定的其他组织是指合法成立、有一定的组织机构和财产，但又不具备法人资格的组织，包括：

1）依法登记领取营业执照的私营独资企业、合伙组织；2）依法登记领取营业执照的合伙型联营企业；3）依法登记领取我国营业执照的中外合作经营企业、外资企业；4）经民政部门核准登记领取社会团体登记证的社会团体；5）法人依法设立并领取营业执照的分支机构；6）中国人民银行、各专业银行设在各地的分支机构；7）中国人民保险公司设在各地的分支机构；8）经核准登记领取营业执照的乡镇、街道、村办企业；9）符合本条规定条件的其他组织。以上的其他组织均可以成为合法的招标人。

（3）"其他组织"应满足的条件。《招标投标法》中的"其他组织"招标人应满足以下条件：1）依法成立的（依法登记的）；2）有一定组织机构和财产的；《招标投标法》第 9 条第 2 款规定："招标人应当有进行招标项目的相应资金或者资金来源已经落实，并且在招标文件中如实载明。"3）能够独立对外承担责任。

应该注意的是，《招标投标法》第 12 条第 2 款规定："招标人具有编制招标文件和组织评标能力的，可以自行办理招标事宜。"该条款条件不构成否认招标人的理由，该条款只是强调招标的形式，是指委托招标还是自行招标，而不是招标人应当具备编制招标文件和组织评标的能力。所以，既使招标人不具备第 12 条第 2 款的条件，也是不影响其可以成为合法的招标人。

依据《招标投标法》第 9 条第 1 款："招标项目按照国家有关规定需要履行项目审批手续的，应当先履行审批手续，取得批准。"无论是法人或其他组织，要成为合格的投标人，首先应按照国家有关规定，先履行审批手续，这是项目获得批准的条件。根据以上分析，我们基本可以判断一个合法的招标人的外在形式和内在要求。因此，建设工程招标中招标人如存在不符合《招标投标法》第 8、9 条规定的招标行为，将直接导致招标无效。

2. 对招标代理人概念理解

严格意义上讲，招标代理机构应该属于招标人的范畴，招标代理机构是依招标人的委托进行代理招标，它在招标人的委托权限内行事。《招标投标法》第 12 条规定："招标人可以委托招标代理机构办理招标事宜。"《招标投标法》第 13 条规定："招标代理机构是依法设立、从事招标代理业务并提供相关服务的社会中介组织。"

但是招标代理机构应当具备一定的条件，如依法成立、有营业场所和相应资金；有编制招标文件和评标能力、具有作为评标委员会成员人选的技术、经济等方面的专家库，即要符合《招标投标法》第 13 条的规定。《招标投标法实施条例》第 11 条规定："招标代理机构的资格依照法律和国务院的规定由有关部门认定。""国务院住房城乡建设、商务、发展改革、工业和信息化等部门，按照规定的职责分工对招标代理机构依法实施监督管理。"该条例第 12 条规定："招标代理机构应当拥有一定数量的取得招标职业资格的专业人员。"取得招标职业资格的具体办法由国务院人力资源和社会保障部会同国务院发展改革委员会制定。该条例第 13 条规定："招标代理机构在其资格许可和招标人委托的范围内开展招标代理业务，任何单位和个人不得非法干涉。"

招标代理机构是招标人的代理人，又是招标的重要参与者，招标代理机构不符合条件，则导致招标无效。

实务中，应审查招标代理机构与招标人签订的招标代理合同，招标代理委托书，以及是否有建设行政主管部门颁发的《工程招标代理机构资格证书》或者《工程招标代理机构资格暂定证书》，是否有违反《工程建设项目招标代理机构认定办法》（原建设部令第154号）的规定，如不符合要求则可以认为不具备招标代理机构主体要件，不合法律规定的招标代理人接受委托招标，将导致招标无效。

法律、法规、规章关于招标人、招标代理人主体资格条款汇总表分别如表3-1、表3-2所示。

法律、法规、规章关于招标人资格无效主要条款汇总表 表3-1

分类	条　款　内　容	条文出处
定义	招标人是依照本法规定提出招标项目、进行招标的法人或者其他组织	《招标投标法》第8条
	工程施工招标人是依法提出施工招标项目、进行招标的法人或者其他组织	《工程建设项目施工招标投标办法》第7条
	工程建设项目招标人是依法提出招标项目、进行招标的法人或者其他组织。总承包中标人共同招标时，也为招标人	《工程建设项目货物招标投标办法》第7条
条件	招标项目按照国家有关规定需要履行项目审批手续的，应当先履行审批手续，取得批准。招标人应当有进行招标项目的相应资金或者资金来源已经落实，并应当在招标文件中如实载明	《招标投标法》第9条
	依法必须招标的工程建设项目，应当具备下列条件才能进行施工招标：①招标人已经依法成立；②初步设计及概算应当履行审批手续的，已经批准；③招标范围、招标方式和招标组织形式等应当履行核准手续的，已经核准；④有相应资金或资金来源已经落实；⑤有招标所需的设计图纸及技术资料	《工程建设项目施工招标投标办法》第8条
	依法必须招标的工程建设项目，应当具备下列条件才能进行货物招标：①招标人已经依法成立；②按照国家有关规定应当履行项目审批、核准或者备案手续的，已经审批、核准或者备案；③有相应资金或者资金来源已经落实；④能够提出货物的使用与技术要求	《工程建设项目货物招标投标办法》第8条
	依法必须进行招标的工程建设项目，按国家有关投资项目审批管理规定，凡应报送项目审批部门审批的，招标人应当在报送的可行性研究报告中将货物招标范围、招标方式（公开招标或邀请招标）、招标组织形式（自行招标或委托招标）等有关招标内容报项目审批部门核准。项目审批部门应当将核准招标内容的意见抄送有关行政监督部门 企业投资项目申请政府安排财政性资金的，前款招标内容由资金申请报告审批部门依法在批复中确定	《工程建设项目货物招标投标办法》第9条
	依法必须进行勘察设计招标的工程建设项目，在招标时应当具备下列条件：①按照国家有关规定需要履行项目审批手续的，已履行审批手续，取得批准。②勘察设计所需资金已经落实。③所必需的勘察设计基础资料已经收集完成。④法律法规规定的其他条件	《工程建设项目勘察设计招标投标办法》第9条
	工程施工招标应当具备下列条件：①按照国家有关规定需要履行项目审批手续的，已经履行审批手续；②工程资金或者资金来源已经落实；③有满足施工招标需要的设计文件及其他技术资料；④法律、法规、规章规定的其他条件	《房屋建筑和市政基础设施工程施工招标投标管理办法》第8条

分类	条 款 内 容	条文出处
定义	招标代理机构是依法设立、具有独立法人资格，从事招标代理业务并提供相关服务的社会中介组织	《招标投标法》第 13 条
条件	招标代理机构应当具备下列条件：①有从事招标代理业务的营业场所和相应资金；②有能够编制招标文件和组织评标的相应专业力量；③有符合本法第 37 条第 3 款规定条件、可以作为评标委员会成员人选的技术、经济等方面的专家库。	《招标投标法》第 13 条
	申请工程招标代理资格的机构应当具备下列条件： ①是依法设立的中介组织，具有独立法人资格；②与行政机关和其他国家机关没有行政隶属关系或者其他利益关系；③有固定的营业场所和开展工程招标代理业务所需设施及办公条件；④有健全的组织机构和内部管理的规章制度；⑤具备编制招标文件和组织评标的相应专业力量；⑥具有可以作为评标委员会成员人选的技术、经济等方面的专家库；⑦法律、行政法规规定的其他条件	《工程建设项目招标代理机构资格认定办法》第 8 条
	工程招标代理机构资格分为甲级、乙级和暂定级。代理机构应具有建设行政主管部门颁发的《工程招标代理机构资格证书》或者《工程招标代理机构资格暂定证书》	《工程建设项目招标代理机构资格认定办法》第 5 条
	招标代理机构的资格依照法律和国务院的规定由有关部门认定；国务院住房城乡建设、商务、发展改革、工业和信息化等部门，按照规定的职责分工对招标代理机构依法实施监督管理	《招标投标法实施条例》第 11 条
	招标代理机构应当拥有一定数量的取得招标职业资格的专业人士。取得招标职业资格的具体办法由国务院人力资源社会保障部门会同国务院发展改革部门制定	《招标投标法实施条例》第 12 条

3.1.3 招标程序不合法定

1. 应当公开招标而不公开招标的。强制招标是指法律规定某些类型的工程建设项目，凡是达到一定规模和造价数额的，必须通过招标进行，否则建设单位要承担法律责任。法律之所以将工程建设项目作为强制招标的重点，是因为当前工程建设领域发生的问题较多，在人民群众中产生了很坏的影响。这其中很重要的一个因素，就是招标投标制度推行不力，程序不规范，并由此滋生了大量的腐败行为。

《招标投标办法》第 3 条规定，在中华人民共和国境内进行的大型基础设施、公用事业等关系社会公共利益、公众安全的项目、全部或者部分使用国有资金投资或者国家融资的项目或使用国际组织或者外国政府贷款、援助资金的项目，包括项目的勘察、设计、施工、监理以及与工程建设有关的重要设备、材料等的采购，必须进行招标。同时，《工程建设项目施工招标投标办法》第 73 条、《工程建设项目勘察设计招标投标办法》第 50 条、《工程建设项目货物招标投标办法》第 55 条均规定：应公开招标而不公开招标的，情节严重的，招标无效。

2. 不具备招标条件而进行招标的。在招标程序开始前应完成的准备工作和应满足的有关条件，主要包括两项内容：一是履行审批手续，二是落实资金来源。依法必须进行招标的项目，根据国家有关规定需要立项审批。该审批工作应当在招标前完成。一般由发改委主管部门审批。招标人应当有进行招标项目的相应资金或者有确定的资金来源，这是招标人对项目进行招标并最终完成该项目的物质保证。招标项目所需的资金是否落实，不仅关系到招标项目能否顺利实施，而且对投标人利益关系重大。为此法律规定，工程建设项目招标投标前没有履行审批手续的或未落实资金而进行的招标投标的，招标无效。

3. 应当履行核准手续而未履行的。《工程建设项目施工招标投标办法》第73条、《工程建设项目货物招标投标办法》第55条均规定：招标人或者招标代理机构，应当履行核准手续而未履行，情节严重的，招标无效。《工程建设项目施工招标投标办法》第6条："各级发展改革、经贸、建设、铁道、交通、信息产业、水利、外经贸、民航等部门依照国务院办公厅印发《关于国务院有关部门实施招标投标活动行政监督的职责分工意见的通知》（国办发〔2000〕34号）（第三条规定：工业（含内贸）、水利、交通、铁道、民航、信息产业等行业和产业项目的招标投标活动的监督执法，分别由经贸、水利、交通、铁道、民航、信息产业等行政主管部门负责；各类房屋建筑及其附属设施的建造和与其配套的线路、管道、设备的安装项目和市政工程项目的招标投标活动的监督执法，由建设行政主管部门负责；进口机电设备采购项目的招标投标活动的监督执法，由外经贸行政主管部门负责）和各地规定的职责分工，对招标投标活动实施监督，依法查处工程施工招标投标活动中的违法行为。"招标项目审批后，招标人或代理机构应向相应行政主管部门核准备案。

4. 截标后接收投标文件的。法律将此情形认定为招标无效，目的是为了防止招标人或者投标人利用提交投标文件的截止时间以后与开标时间之前的一段时间间隔做手脚，进行暗箱操作。比如，有些投标人可能会利用这段时间与招标人或招标代理机构串通，对投标文件的实质性内容进行更改等。主要法律法规依据有：

（1）《招标投标法》第28条："在招标文件要求提交投标文件的截止时间后送达的投标文件，招标人应当拒收。"

（2）《招标投标法实施条例》第36条规定："未通过资格预审的申请人提交的投标文件，以及逾期送达或者不按照招标文件要求密封的投标文件，招标人应当拒收。"

（3）《工程建设项目施工招标投标法》第73条规定："对于招标人或代理机构在提交投标文件截止时间后接收投标文件的，招标无效。"

（4）《工程建设项目货物招标投标办法》第55条规定："招标人或者招标代理机构，"在提交投标文件截止时间后接收投标文件的，且情节严重的，应当依法重新招标。

提交投标文件的截止时间与开标时间应相一致，将开标时间规定为提交投标文件截止时间的同一时间。关于开标的具体时间，实践中可能会有两种情况，如果开标地点与接受投标文件的地点相一致，则开标时间与提交投标文件的截止时间应一致；如果开标地点与提交投标文件的地点不一致，则开标时间与提交投标文件的截止时间应有一合理的间隔。我国法律关于开标时间的规定，与国际通行作法大体是一致的。如联合国示范法规定：开标时间应为招标文件中规定作为投标截止日期的时间。世界银行采购指南规定：开标时间应该和招标通告中规定的截标时间相一致或随后马上宣布。其中"马上"的含义可理解为需留出合理的时间把投标书运到公开开标的地点。

5. 应当发布招标公告而不发布的。发布招标公告，是招标人"邀约"广而告之的有效载体，是保证潜在投标人获取招标信息的有效方式，招标公告的发布应当充分公开，任何单位和个人不得非法限制招标公告的发布地点和发布范围。主要法律法规依据有：

（1）《招标投标法》第 16 条规定："招标人采用公开招标方式的，应当发布招标公告……"。

（2）《招标投标法实施条例》第 15 条规定："公开招标的项目，应当依照招标投标法和本条例的规定发布招标公告、编制招标文件。""招标人采用资格预审办法对潜在投标人进行资格审查的，应当发布资格预审公告、编制资格预审文件。"

（3）《工程建设项目施工招标投标方法》第 13 条规定："采用公开招标方式的，招标人应当发布招标公告，邀请不特定的法人或者其他组织投标。"

（4）《工程建设项目货物招标投标办法》第 12 条规定："采用公开招标方式的，招标人应当发布招标公告。"

依法必须进行招标的项目的资格预审公告和招标公告，应当在国务院发展改革部门依法指定的媒介发布。在不同媒介发布的同一招标项目的资格预审公告或者招标公告的内容应当一致。指定媒介发布依法必须进行招标的项目的境内资格预审公告、招标公告，不得收取费用。按照法律、法规规定，应当发布招标公告而不发布的，招标无效。

6. 未在指定的媒介发布招标公告的。招标公告在指定的媒体发布的条款是为了避免招标人缩小公告范围或在影响弱的媒体发布，出现走形式私下内定的情况，保证信息具有广泛性、公开性和所有投标人获取信息的对等性，确保投标人公平获取信息的合法权益。保证招标的三公原则落实。主要法律法规依据有：

（1）《招标公告发布暂行办法》（原国家计委 4 号令）第 3、4 条规定：国家发展计划委员会（现国家发展改革委员会）根据国务院授权，按照相对集中、适度竞争、受众分布合理的原则，指定发布依法必须招标项目招标公告的报纸、信息网络等媒介，并对招标公告发布活动进行监督。指定媒介的名单由国家发展改革委员会另行公告。

（2）《房屋建筑和市政基础设施招标投标办法》第 14 条规定："依法必须进行施工公开招标的工程项目，应当在国家或者地方指定的报刊、信息网络或者其他媒介上发布招标公告，并同时在中国工程建设和建筑业信息网上发布招标公告。"

（3）《工程建设项目施工招标投标办法》第 13 条规定："依法必须进行施工招标项目的招标公告，应当在国家指定的报刊和信息网络上发布。"

（4）《工程建设项目货物招标投标办法》第 12 条规定："依法必须进行货物招标的招标公告，应当在国家指定的报刊或者信息网络上发布。"

（5）《房屋建筑和市政基础设施工程施工招标投标管理办法》第 14 条规定："依法必须进行招标的项目的资格预审公告和招标公告，应当在国务院发展改革部门依法指定的媒介发布。"在不同媒介发布的同一招标项目的资格预审公告或者招标公告的内容应当一致。

7. 未经批准采用邀请招标方式的。邀请招标，是指招标人以投标邀请书的方式邀请特定的法人或其他组织投标。由于邀请方式公开性低于公开方式，为规避招标人逃避公开招标，法律规定邀请招标的项目必须经过批准，不得擅自决定。主要法律法规依据有：

（1）《招标投标法》第 11 条规定："国务院发展计划部门（现国务院发展改革部门）确定的国家重点项目和省、自治区、直辖市人民政府确定的地方重点项目不适宜公开招标的，经国务院发展计划部门（现国务院发展改革部门）或者省、自治区、直辖市人民政府批准，可以进行邀请招标。"

（2）《工程建设项目施工招标投标办法》第11条规定：……国家重点建设项目的邀请招标，应当经国务院发展计划部门（现国务院发展改革部门）批准；地方重点建设项目的邀请招标，应当经各省、自治区、直辖市人民政府批准。

（3）《工程建设项目货物招标投标办法》第11条规定："国家重点建设项目货物的邀请招标，应当经国务院发展改革部门批准；地方重点建设项目货物的邀请招标，应当经省、自治区、直辖市人民政府批准。"

（4）《招标投标法实施条例》第7条："按照国家有关规定需要履行项目审批、核准手续的依法必须进行招标的项目，其招标范围、招标方式、招标组织形式应当报项目审批、核准部门审批、核准。""项目审批、核准部门应当及时将审批、核准确定的招标范围、招标方式、招标组织形式通报有关行政监督部门。"按照法律、法规规定，未经批准采用邀请招标方式的，招标无效。

8. 邀请招标不依法发出投标邀请书的。邀请招标也称有限竞争性招标或选择性招标、限制性招标。邀请招标是指招标单位不发布招标信息，根据招标内容确定一批承包商，作为邀请投标对象，并将招标公告直接送往这批承包商，而其他承包商无从知道招标信息的一种法定招标方式。这种招标方式与公开招标方式的不同之处，在于它允许招标人向有限数目的特定法人或其他组织（承包商或供应商）发出投标邀请书，而不必发布招标公告。

有些招标单位或委托代理人在"邀请招标"中，不按照法律、法规办事，从部门利益出发，搞"暗箱操作"；招标单位人委托代理机构工作人员谋取私利，内定承包商，另邀请几家承包商作陪衬；实施地方保护主义，限制外地合格的承包商参与投标，作为规避公开招标的手段。按照法律、法规规定采用邀请招标方式的，招标人应当向3家以上具备承担施工招标项目能力、资信良好的特定法人或者其他组织发出投标邀请书，不依法发出投标邀请书且情节严重的，招标无效。主要法律法规依据有：

（1）《招标投标法》第17条："招标人采用邀请招标方式的，应当向3个以上具备承担招标项目能力、资信良好的特定法人或者其他组织发出投标邀请书。"

（2）《工程建设项目施工招标投标办法》第13条："采用邀请招标方式的，招标人应当向3家以上具备承担施工招标项目能力、资信良好的特定法人或者其他组织发出投标邀请书。"

（3）《工程建设项目货物招标投标办法》第12条："采用邀请招标方式的，招标人应当向3家以上具备货物供应能力、资信良好的特定法人或者其他组织发出投标邀请书。"

（4）《房屋建筑和市政基础设施工程施工招标投标管理办法》第15条："招标人采用邀请招标方式的，应当向3个以上符合资质条件的施工企业发出投标邀请书。"

9. 文件出售时间少于5个工作日的。"招标文件或者资格预审文件出售之日不得少于5个工作日"的规定，其主要目的是为了招标文件更具有公开性和广泛性，为潜在投标者取得招标文件在时间上给以更多的保障，避免因为时间短，潜在投标者失去投标的机会，这样有利于吸引更多的有力竞争者投标。同时，避免招标单位缩短招标文件发售时间，达到虚假招标的目的。主要法律法规依据有：

（1）《工程建设项目施工招标投标办法》第15条、《工程建设项目货物招标投标办法》第14条、《工程建设项目勘察设计招标投标办法》第12条均明确规定："招标人应当按招标公告或者投标邀请书规定的时间、地点出售招标文件或资格预审文件。自招标文件或者资格预审文件出售之日起至停止出售之日止，最短不得少于5个工作日。"

（2）《招标投标法实施条例》第16条："招标人应当按照资格预审公告、招标公告或者投标邀请书规定的时间、地点发售资格预审文件或者招标文件，资格预审文件或者招标文件的发售期不得少于5日。"应注意的是"5个工作日"而不含休息日。

10. 出售文件至截标时间少于20日的。投标人编制投标文件需要一定的时间，招标人应该给投标人编制投标文件所需要的合理时间。如果从招标文件开始发出之日起至招标文件规定的投标人提交投标文件截止之日止的时间过短，可能会有一些投标人因为来不及编制投标文件而不得不放弃参加投标竞争，这对保证投标竞争的广泛性显然是不利的。但这一时间也不能过长，否则会拖延招标的进程，有损招标人的利益。主要法律法规依据有：

（1）《招标投标法》第24条："招标人应当确定投标人编制投标文件所需要的合理时间；但是，依法必须进行招标的项目，自招标文件开始发出之日起至投标人提交投标文件截止之日止最短不得少于20日。"

（2）《工程建设项目施工招标投标办法》第31条："招标人应当确定投标人编制投标文件所需要的合理时间；但是，依法必须进行招标的项目，自招标文件开始发出之日起至投标人提交投标文件截止之日止，最短不得少于20日。"

（3）《工程建设项目货物招标投标办法》第30条："招标人应当确定投标人编制投标文件所需的合理时间。依法必须进行招标的货物，自招标文件开始发出之日起至投标人提交投标文件截止之日止，最短不得少于20日。"

（4）《工程建设项目勘察设计招标投标办法》第19条："招标人应当确定潜在投标人编制投标文件所需要的合理时间。""依法必须进行勘察设计招标的项目，自招标文件开始发出之日起至投标人提交投标文件截止之日止，最短不得少于20日。"该办法第50条第7款："自招标文件开始发出之日起至提交投标文件截止之日止，时间少于20日；情节严重的，招标无效。"

由于招标项目的性质不同、规模大小不同、复杂程度不同，因此，投标人编制投标文件所需的合理时间也不同，法律不可能作出具体的统一规定，需要由招标人根据其招标项目的具体情况在招标文件中作出合理规定。从保证法定强制招标项目投标竞争的广泛性出发，法律对各类法定强制招标项目的投标人编制投标文件的最短时间作了规定，即自招标文件开始发出之日起至投标人提交投标文件截止之日止，最短不得少于20日。招标人在招标文件中规定的此项时间，可以超过20日，但不得少于20日。这里还需要注意的是，这段时间的起算是从第1份招标文件开始发出之日起，而不是指向每一个投标人发出招标文件之日起。

该项条款规定的由招标人确定的投标人编制投标文件的最短时间，只适用于依法必须进行招标的项目。不属于法定强制招标的项目，而是由采购人自愿选择招标采购方式的，则不受本条规定的限制，招标人确定的投标人编制投标文件的时间，既可以多于20天，也可以少于20天。对于依法必须进行招标的项目，少于20日的，情节严重的，招标无效。

11. 不按照法定要求重新招标的。法律法规要求重新招标的情形有以下几种情形：

（1）资格预审合格的潜在投标人不足 3 家的。（2）在投标截止时间前提交投标文件的投标人少于 3 家的。（3）所有投标均被作废标处理或被否决的。（4）评标委员会否决不合格投标或者界定为废标后，因有效投标不足 3 家使得投标明显缺乏竞争力的。（5）同意延长投标有效期的投标人少于 3 个的，招标人应当重新招标。少于 3 家的后，由于缺少投标人之间的竞争力再进行招标必将影响中标质量，对与出现上述情况之一后，仍进行招标的，法律规定招标无效。《工程建设项目施工招标投标办法》第 73 条、《工程建设项目货物招标投标办法》第 55 条均规定："投标人数量不符合法定要求不重新招标的，招标无效。"

12. 不对异议作出答复且影响中标结果的。提出异议是投标人对招标投标活动实施监督的权利，是保障招标投标三公原则落实的重要法律措施。有些招标人或招标代理机构对于投标人提出的异议置之不理、拖延答复时间或掩盖事实真相，企图蒙混过关，使投标人的合法权益得不到保障。为此，《招标投标法实施条例》第 77 条规定："招标人不按照规定对异议作出答复，继续进行招标投标活动的，由有关行政监督部门责令改正，拒不改正或者不能改正并影响中标结果的，应当依法重新招标或者评标。"

上述 1. 至 12. 款主要是从程序上来审查招标是否有效，工程项目招标程序如不符合上述要求，情节严重的，招标无效。出现上述情形一般是在发出招标公告至投标截止日之前的阶段，依据民法理论，招标公告属于要约邀请，投标书属于要约，投标截止到日前的要约阶段，合同还没有成立，还不能通过诉讼或者仲裁的方式认定招标无效；从招标投标法的立法本意上者，通过公开、公平、公正的招标来选择最优的投标人，这是招标投标法的立法本意。投标截止到日前，为保证各投标人的公平竞争，确保各投标人获取投标信息的平等，将这一阶段进行行政监督符合招标投标实际要求，对不符合上述要求的招标，投标人可以要求行政监督部门认定招标无效。

3.1.4 招标内容不合法定

1. 不按项目审批部门核准内容进行招标的

按照《工程建设项目可行性研究报告增加招标投标内容和核准招标事项的暂行规定》（发改委令第 9 号）的规定，凡应报送项目审批部门审批的，招标人必须在报送的可行性研究报告中将招标范围、招标方式、招标组织形式等有关招标内容报项目审批部门核准。项目审批部门在批准项目可行性研究报告时，应根据法律、法规权限，对项目建设单位招标范围、招标组织形式、招标方式等内容提出核准和不予核准的意见，对核准后改变招标范围、招标组织形式、招标方式等内容的，应报审批部门进行再次核准，对于弄虚作假的，依法处理。同时，《工程建设项目施工招标投标办法》第 10 条、《工程建设项目货物招标投标办法》第 9 条等均规定："依法必须进行施工招标的工程建设项目，按工程建设项目审批管理规定，凡应报送项目审批部门审批的，招标人必须在报送的可行性研究报告中将招标范围、招标方式、招标组织形式等有关招标内容报项目审批部门核准。"不按项目审批部门核准内容进行招标的，按招标无效处理。

2. 设置影响招标投标公平性条款的

招标文件的编制条款不合法定。例如，预审文件、招标文件对中标条件描绘不清、前后不一致、在预审文件、招标文件中有意或无意加入许多隐性废标条件；或设置一些带有歧视性、有碍公平竞争的条件等等。主要法律法规依据有：

（1）《招标投标法》第18条："招标人不得以不合理的条件限制或者排斥潜在投标人，不得对潜在投标人实行歧视待遇。"第20条："招标文件不得要求或者标明特定的生产供应者以及含有倾向或者排斥潜在投标人的其他内容。"

（2）《招标投标法实施条例》第23条："招标人编制的资格预审文件、招标文件的内容违反法律、行政法规的强制性规定，违反公开、公平、公正和诚实信用原则，影响资格预审结果或者潜在投标人投标的，依法必须进行招标的项目的招标人应当在修改资格预审文件或者招标文件后重新招标。"

（3）《工程建设项目施工招标投标办法》第20条："资格审查时，招标人不得以不合理的条件限制、排斥潜在投标人或者投标人，不得对潜在投标人或者投标人实行歧视待遇。"该办法第26条规定："招标文件规定的各项技术标准应符合国家强制性标准。""招标文件中规定的各项技术标准均不得要求或标明某一特定的专利、商标、名称、设计、原产地或生产供应者，不得含有倾向或者排斥潜在投标人的其他内容。"凡违反上述法律规定，又拒不改正的，招标无效。

关于招标程序、内容不合法定的法律、法规、规章条款汇总如表3-3所示。

法律、法规、规章关于招标程序、内容不合法定条款汇总　　　　表3-3

序号	分类	法 律 条 款	条文出处
1	审批、核准	不具备招标条件而进行招标的；情节严重的，招标无效。认定为招标无效的，应当重新招标	《工程建设项目施工招标投标办法》第73条 《工程建设项目勘察设计招标投标办法》第50条 《工程建设项目货物招标投标办法》第55条
		应当履行核准手续而未履行的；情节严重的，招标无效。被认定为招标无效的，应当重新招标	《工程建设项目施工招标投标办法》第73条 《工程建设项目货物招标投标办法》第55条
		未经批准采用邀请招标方式的；情节严重的，招标无效	《工程建设项目勘察设计招标投标办法》第50条
2	文件接收、数量	投标人应当在招标文件要求提交投标文件的截止时间前，将投标文件送达投标地点。招标人收到投标文件后，应当签收保存，不得开启。……在招标文件要求提交投标文件的截止时间后送达的投标文件，招标人应当拒收	《招标投标法》第28条 《招标投标法实施条例》第36条 《评标专家和评标专家库管理暂行办法》第27条 《工程建设项目施工招标投标办法》第38条
		投标人少于3个或者所有投标被否决的，招标人应当依法重新招标	《招标投标法》第28条 《评标委员会和评标方法暂行规定》第27条 《工程建设项目施工招标投标办法》第38条
		在提交投标文件截止时间后接收投标文件的；情节严重的，招标无效。被认定为招标无效的，应当重新招标	《工程建设项目施工招标投标办法》第73条 《工程建设项目货物招标投标办法》第55条

序号	分类	法　律　条　款	条文出处
3	公告与文件	未在指定的媒介发布招标公告的；情节严重的，招标无效。认定为招标无效的，应当重新招标	《工程建设项目施工招标投标办法》第73条 《工程建设项目勘察设计招标投标办法》第50条 《工程建设项目货物招标投标办法》第55条
		自招标文件或资格预审文件出售之日起至停止出售之日止，少于5个工作日的；情节严重的，招标无效。认定为招标无效的，应当重新招标	《工程建设项目施工招标投标办法》第73条 《工程建设项目勘察设计招标投标办法》第50条
		依法必须招标的项目，自招标文件开始发出之日起至提交投标文件截止之日止，少于20日的；情节严重的，招标无效。认定为招标无效的，应当重新招标	《工程建设项目施工招标投标办法》第73条 《工程建设项目勘察设计招标投标办法》第50条 《工程建设项目货物招标投标办法》第55条
		邀请招标不依法发出投标邀请书的；情节严重的，招标无效。认定为招标无效的，应当重新招标	《工程建设项目施工招标投标办法》第73条 《工程建设项目货物招标投标办法》第55条
		应当公开招标而不公开招标的；情节严重的，招标无效。认定为招标无效的，应当重新招标	《工程建设项目施工招标投标办法》第73条 《工程建设项目勘察设计招标投标办法》第50条 《工程建设项目货物招标投标办法》第55条
	文件内容	不按项目审批部门核准内容进行招标的；情节严重的，招标无效。被认定为招标无效的，应当重新招标	《工程建设项目施工招标投标办法》第73条 《工程建设项目货物招标投标办法》第55条
		招标人不得以不合理的条件限制或者排斥潜在投标人，不得对潜在投标人实行歧视待遇	《招标投标法》第18条 《招标投标法实施条例》第23条 《工程建设项目施工招标投标办法》第20条
4	异议答复	招标人不按照规定对异议作出答复，继续进行招标投标活动的，由有关行政监督部门责令改正，拒不改正或者不能改正并影响中标结果的，招标无效，应当依法重新招标或者评标	《招标投标法实施条例》第77条

3.1.5　招标人行为不合法定

1.《招标投标法》第22、43、50、51、52条，《招标投标法实施条例》第41、65，《工程建设项目招标代理机构资格认定办法》第25条等规定，招标人在招标过程中有以下行为，情节严重的，招标无效：

（1）在确定中标人前，招标人与投标人就投标价格、投标方案等实质性内容进行谈判。

（2）招标人以不合理的条件限制或者排斥潜在投标人的，对潜在投标人实行歧视待遇的，强制要求投标人组成联合体共同投标的，或者限制投标人之间竞争。

（3）依法必须进行招标的项目的招标人向他人透露已获取招标文件的潜在投标人的名称、数量或者可能影响公平竞争的有关招标投标的其他情况的，或者泄露标底。

（4）招标人与投标人串通投标。

（5）招标代理机构泄露应当保密的与招标投标活动有关的情况和资料的。

（6）招标代理机构与招标人、投标人串通损害国家利益、社会公共利益或者他人合法权益的。

（7）招标代理机构在所代理的招标项目中投标、代理投标或者向该项目投标人提供咨询的。

（8）招标代理机构接受委托编制标底的中介机构参加受托编制标底项目的投标或者为该项目的投标人编制投标文件、提供咨询的。

（9）招标代理机构与所代理招标工程的招标投标人有隶属关系、合作经营关系以及其他利益关系的。

（10）法律、法规和规章禁止的其他行为。

2.《机电产品国际招标投标实施办法》第58条规定，招标人对必须进行招标的项目不招标或化整为零以及以其他任何方式规避国际招标的，责令其限期改正；有下列行为之一的，应给予警告；该行为影响到评标结果的公正性的，当次招标无效：

（1）招标人与投标人相互串通、搞虚假招标投标的；（2）修正、更改已经备案的招标文件未报相应主管部门备案的；（3）招标活动开始后，在评标结果生效之前与投标人就投标价格、投标方案等实质性内容进行谈判或签订供货合同的；（4）以不正当手段干扰招标、投标和评标工作的；（5）拒不接受已经生效的评标结果的；（6）招标人不履行与中标人签订的供货合同的；（7）泄漏应当保密的与招标投标活动有关的情况和内容的。

该办法第60条，招标机构有下列行为之一的，予以警告；情节严重的，依照《招标投标法》的有关规定，暂停或取消其招标资格；该行为影响到整个招标公正性的，当次招标无效：

（1）泄漏应当保密的与招标投标活动有关情况和资料的；（2）未按本办法评标规则评标或者评标结果不真实反映招标文件、投标文件实际情况的；（3）与招标人、投标人相互串通、搞虚假招标投标的；（4）修正、更改已经备案的招标文件未报相应主管部门备案的；（5）擅自变更中标结果的；（6）未报相应的主管部门备案，擅自使用综合评价法的；（7）在招标网上公示的内容与评标报告不符的；（8）其他违反《中华人民共和国招标投标法》和本办法的行为。

3.2 评标无效认定

3.2.1 评标无效法律依据

"评标无效"是指评委会及其成员由于违反法律、法规、规章，从而导致评标结果失去法律效力的情况发生。评标无效包括组建无效、标准方法无效和评委行为无效。主要法律法规依据有：

1.《工程建设项目施工招标投标办法》第79条将"使用招标文件没有确定的评标标

准和方法的"、"评标标准和方法含有倾向或者排斥投标人的内容，妨碍或者限制投标人之间竞争，且影响评标结果的"、"评标委员会及其成员在评标过程中有违法行为，且影响评标结果的"等五种情形界定为评标无效行为，并规定其法律后果为依法重新进行评标或重新进行招标。

2.《评标专家和评标专家库管理暂行办法》第15条规定：评标专家的禁止性行为包括私下接触投标人的、收受利害关系人的财物或者其他好处的等五项内容。

3.《招标投标法实施条例》第71条，对《评标专家和评标专家库管理暂行办法》、《工程建设项目施工招标投标办法》的有关评审委员会成员禁止性行为进行了总结、完善和补充。第71条规定了8种禁止性行为：包括应当回避而不回避、擅离职守、不按照招标文件规定的评标标准和方法评标等行为。

同时，《招标投标法实施条例》第48、70条对评标无效有关条款进行了完善和细化。第48条："……评标过程中，评标委员会成员有回避事由、擅离职守或者因健康等原因不能继续评标的，应当及时更换。被更换的评标委员会成员作出的评审结论无效，由更换后的评标委员会成员重新进行评审。"第48条属于成员评审无效的规定。

第70条："依法必须进行招标的项目的招标人不按照规定组建评标委员会，或者确定、更换评标委员会成员违反招标投标法和本条例规定的，由有关行政监督部门责令改正，可以处10万元以下的罚款，对单位直接负责的主管人员和其他直接责任人员依法给予处分；违法确定或者更换的评标委员会成员作出的评审结论无效，依法重新进行评审。"第70条弥补了招标投标活动中由于评标委员会组建不合法，导致评标结果失去公平、公正、公开原则的漏洞。

3.2.2 评委会组建不合法定

1. 主要法律法规依据

（1）《工程建设项目施工招标投标办法》第79条："评标委员会的组建及人员组成不符合法定要求的评标无效，应当依法重新进行评标或者重新进行招标。"

（2）《工程建设项目货物招标投标办法》第57条："评标过程有评标委员会的组建及人员组成不符合法定要求的；应当依法重新进行评标或者重新进行招标。"

（3）《工程建设项目勘察设计招标投标办法》第54条："评标过程有评标委员会的组建及人员组成不符合法定要求的，评标无效。"

（4）《招标投标法实施条例》第70条："依法必须进行招标的项目的招标人不按照规定组建评标委员会，或者确定、更换评标委员会成员违反招标投标法和本条例规定的，……违法确定或者更换的评标委员会成员作出的评审结论无效，依法重新进行评审。"第70条是在法规层面对《招标投标法》中"评标无效"情形的重要补充。

2. 评标委员会组建原则

（1）评标由招标人依法组建的评标委员会负责。依法必须进行招标的项目，其评标委员会由招标人或受其委托的招标代理机构熟悉相关业务的代表及有关技术、经济等方面的专家组成，成员人数为五人以上的单数，其中技术、经济等方面的专家不得少于成员总数的2/3。

（2）评标委员会的专家成员应当从省级以上人民政府有关部门提供的专家名册或者招标代理机构的专家库内的相关专家名单中确定。确定评标专家，可以采取随机抽取或者直接确定的方式。一般项目可以采取随机抽取的方式；技术特别复杂、专业性要求特别高或者国家有特殊要求的招标项目，采取随机抽取方式确定的专家难以胜任时，可以由招标人直接确定。

（3）评标委员会设负责人的，评标委员会负责人由评标委员会成员推举产生或者由招标人确定；评标委员会负责人与评标委员会的其他成员有同等的表决权。

违反上述规定，评标委员会组建不合法定，影响中标结果的，评标无效。

3. 评审专家具备的法定条件

（1）从事相关专业领域工作满8年并具有高级职称或者同等专业水平；（2）熟悉有关招标投标的法律法规并具有与招标项目相关的实践经验；（3）能够认真、公正、诚实、廉洁地履行职责。未能满足上述条件，评审影响中标结果的，评标无效。

4. 违反回避制度参与评标

（1）《招标投标法》第37条："评标由招标人依法组建的评标委员会负责。""……与投标人有利害关系的人不得进入相关项目的评标委员会；已经进入的应当更换。"按照该条款规定，与投标人有利害关系的人不得进入相关项目的评标委员会，这里面包括投标人的亲属、与投标人有隶属关系的人员或者中标结果的确定涉及其利益的其他人员；与投标人有利害关系的人已经进入评标委员会，经审查发现后，应当按照法律规定更换，评标委员会的成员自己也应当主动退出。

（2）《评标委员会和评标方法暂行规定》第12条则进一步规定具有四种情形之一的不得担任评标委员会成员：

1）评标人或者投标人主要负责人的近亲属；2）主管部门或者行政监督部门的人员；3）与投标人有经济利益关系，可能影响对投标公正评审的；4）曾因在招标、评标以及其他与招标投标有关活动中从事违法行为而受过行政处罚或刑事处罚的。评标委员会成员有前款规定情形之一的，应当主动提出回避。

（3）《工程建设项目施工招标投标办法》第79条："应当回避担任评标委员会成员的人参与评标的，评标无效，应当依法重新进行评标或者重新进行招标。"《招标投标法实施条例》第48条规定："在评标过程中，评标委员会成员有回避事由、擅离职守或者因健康等原因不能继续评标的，应当及时更换。被更换的评标委员会成员作出的评审结论无效，由更换后的评标委员会成员重新进行评审。"

（4）《招标投标法实施条例》第48条："……评标过程中，评标委员会成员有回避事由、擅离职守或者因健康等原因不能继续评标的，应当及时更换。""被更换的评标委员会成员作出的评审结论无效，由更换后的评标委员会成员重新进行评审。"

3.2.3 评标标准方法不合法定

1. 使用招标文件没有确定的评标标准和方法

（1）有关法律法规依据有：1）《招标投标法》第40条规定："评标委员会应当按照招标文件中确定的评标标准和方法，对投标文件进行评审和比较。"2）《招标投标法实施条例》第49条规定："评标委员会成员应当依照招标投标法和本条例的规定，按照招标文件规定的评标标准和方法，客观、公正地对投标文件提出评审意见。""招标文件没有规定的评标标准和方法不得作为评标的依据……"3）《工程建设项目施工招标投标办法》第79

条规定："评标过程有使用招标文件没有确定的评标标准和方法的，评标无效。"4)《工程建设项目勘察设计招标投标办法》第54条、《工程建设项目货物招标投标办法》第57条均做了相应的规定。

（2）为保证招标投标活动符合公开、公平和公正的原则，评标委员会对各投标竞争者提交的投标文件进行评审、比较的唯一标准和评审方法，只能是在事先已提供给每一个投标人的招标文件中载明的评标标准和方法。招标人或评标委员会都不能在评标过程中对评标标准和方法加以修改，以招标文件以外的评标标准和方法不能作为评标的依据。在评标过程中，使用招标文件没有确定的评标标准和方法的，按评标无效处理。

2. 含有倾向、排斥投标人内容，且影响评标结果的

（1）主要法律法规依据有：

1)《招标投标法》第18条："招标人不得以不合理的条件限制或者排斥潜在投标人，不得对潜在投标人实行歧视待遇。"2)《工程建设项目施工招标投标办法》第79条规定："评标过程中有评标标准和方法含有倾向或者排斥投标人的内容，妨碍或者限制投标人之间竞争，且影响评标结果的，评标无效。"3)《工程建设项目货物招标投标办法》第57条、《工程建设项目勘察设计招标投标办法》第54条均作了相同的规定："评标过程有评标标准和方法含有倾向或者排斥投标人的内容，妨碍或者限制投标人之间竞争的，应当依法重新进行评标或者重新进行招标。"

（2）招标投标是一种公平的市场交易方式，招标人不得以不合理的条件限制或者排斥潜在投标人，不得对潜在投标人实行歧视待遇，以确保投标活动公平性。含有倾向、排斥投标人内容，且影响评标结果的，评标无效。

3.2.4 评委会成员行为不合法定

1. 有关法律法规依据

（1）《招标投标法》第44条："评标委员会成员应当客观、公正地履行职务，遵守职业道德，对所提出的评审意见承担个人责任。""评标委员会成员不得私下接触投标人，不得收受投标人的财物或者其他好处。""评标委员会成员和参与评标的有关工作人员不得透露对投标文件的评审和比较、中标候选人的推荐情况以及与评标有关的其他情况。"

（2）《招标投标法实施条例》第49条"评标委员会成员不得私下接触投标人，不得收受投标人给予的财物或者其他好处，不得向招标人征询确定中标人的意向，不得接受任何单位或者个人明示或者暗示提出的倾向或者排斥特定投标人的要求，不得有其他不客观、不公正履行职务的行为。"

（3）《工程建设项目施工招标投标办法》第79条规定："评标委员会及其成员在评标过程中有违法行为，且影响评标结果的，评标无效，应当依法重新进行评标或者重新进行招标。"

（4）《工程建设项目货物招标投标办法》第57条："评标委员会及其成员在评标过程中有违法违规、显失公正行为的，应当依法重新进行评标或者重新进行招标。"

（5）《工程建设项目勘察设计招标投标办法》第54条："评标过程中，评标委员会及其成员在评标过程中有违法行为，且影响评标结果的，评标无效。"

2. 行为不合法定内容

根据《招标投标法》第 37、44 条、《招标投标法实施条例》第 71、72 条、《评标专家和评标专家库管理暂行办法》第 15 条、《评标委员会和评标方法暂行规定 》第 13、14 条等有关法律法规，评标委员会及其成员在评标过程中的违法行为归纳为以下几个方面：

（1）评标委员会成员私下接触投标人的；（2）收受利害关系人的财物或者其他好处的；（3）评标委员会成员和参与评标的有关工作人员透露对投标文件的评审和比较、中标候选人的推荐情况以及与评标有关的其他情况的；（4）暗示或者诱导投标人作出澄清、说明或者接受投标人主动提出的澄清、说明的；（5）向招标人征询确定中标人的意向或者接受任何单位、个人明示或暗示提出的倾向或排斥特定投标人要求的；（6）不能客观公正履行职责的；（7）对依法应当否决的投标不提出否决意见的；（8）无正当理由或擅离职守，拒不参加评标活动的；（9）应当回避而不回避的；（10）不按照招标文件规定的评标标准和方法评标的。

法律、法规、规章有关评标无效条款汇总如表 3-4 所示。

法律、法规、规章关于评标无效主要条款汇总   表 3-4

序号	分类	法 律 条 款	条文出处
1	组建	评标委员会的组建及人员组成不符合法定要求的；评标无效，应当依法重新进行评标或者重新进行招标	《工程建设项目施工招标投标办法》第 79 条、《工程建设项目货物招标投标办法》第 57 条、《工程建设项目勘察设计招标投标办法》第 54 条
		依法必须进行招标的项目的招标人不按照规定组建评标委员会，或者确定、更换评标委员会成员违反招标投标法和本条例规定的，由有关行政监督部门责令改正，可以处 10 万元以下的罚款，对单位直接负责的主管人员和其他直接责任人员依法给予处分；违法确定或者更换的评标委员会成员作出的评审结论无效，依法重新进行评审	《招标投标法实施条例》第 70 条
		应当回避担任评标委员会成员的人参与评标的，评标无效，应当依法重新进行评标或者重新进行招标	《工程建设项目施工招标投标办法》第 79 条 《工程建设项目货物招标投标办法》第 57 条 《工程建设项目勘察设计招标投标办法》第 54 条
2	评标方法	使用招标文件没有确定的评标标准和方法的，评标无效，应当依法重新进行评标或者重新进行招标	《工程建设项目施工招标投标办法》第 79 条 《工程建设项目货物招标投标办法》第 57 条 《工程建设项目勘察设计招标投标办法》第 54 条
		评标标准和方法含有倾向或者排斥投标人的内容，妨碍或者限制投标人之间竞争，且影响评标结果的，评标无效，应当依法重新进行评标或者重新进行招标	《工程建设项目施工招标投标办法》第 79 条 《工程建设项目货物招标投标办法》第 57 条 《工程建设项目勘察设计招标投标办法》第 54 条
3	违法行为	评标委员会及其成员在评标过程中有违法行为，且影响评标结果的评标无效，应当依法重新进行评标或者重新进行招标	《工程建设项目施工招标投标办法》第 79 条 《工程建设项目货物招标投标办法》第 57 条 《工程建设项目勘察设计招标投标办法》第 54 条

3.3 投标无效认定

3.3.1 投标无效法律依据

投标无效是指由于投标人行为以及其他原因违反招标投标法律、法规、规章,导致其投标失去法律效力的后果。投标无效包括因主体无效、行为无效、变化无效等方面造成的投标无效法律后果,主要法律依据有:

1.《招标投标法》

(1)第25条规定:"投标人是响应招标、参加投标竞争的法人或者其他组织。"第26条规定:"投标人应当具备承担招标项目的能力;国家有关规定对投标人条件或者招标文件对投标人资格条件有规定的,投标人应当具备规定的资格条件。"凡主体不合格或不具备条件,参加投标的,均属于投标无效。

(2)第31条规定:"两个以上法人或者其他组织可以组成一个联合体,以一个投标人的身份共同投标。""联合体各方均应当具备承担招标项目的相应能力;国家有关规定或者招标文件对投标人资格条件有规定的,联合体各方均应当具备规定的相应资格条件。""联合体各方应当签订共同投标协议,明确约定各方拟承担的工作和责任并将共同投标协议连同投标文件一并提交招标人。"

(3)第32条规定:"投标人不得相互串通投标报价,不得排挤其他投标人的公平竞争,损害招标人或者其他投标人的合法权益。""投标人不得与招标人串通投标,损害国家利益、社会公共利益或者他人的合法权益。""禁止投标人以向招标人或者评标委员会成员行贿的手段谋取中标。"

(4)第33条规定:"投标人不得以低于成本的报价竞标,也不得以他人名义投标或者以其他方式弄虚作假,骗取中标。"凡有上述行为的应属于投标无效。

2.《招标投标法实施条例》

(1)第34条规定:"与招标人存在利害关系可能影响招标公正性的法人、其他组织或者个人,不得参加投标。""单位负责人为同一人或者存在控股、管理关系的不同单位,不得参加同一标段投标或者未划分标段的同一招标项目投标。""违反前两款规定的,相关投标均无效。"

(2)第37条规定:"招标人应当在资格预审公告、招标公告或者投标邀请书中载明是否接受联合体投标。""招标人接受联合体投标并进行资格预审的,联合体应当在提交资格预审申请文件前组成。""资格预审后联合体增减、更换成员的,其投标无效。""联合体各方在同一招标项目中以自己名义单独投标或者参加其他联合体投标的,相关投标均无效。"

(3)第38条规定:"投标人发生合并、分立、破产等重大变化的,应当及时书面告知招标人。投标人不再具备资格预审文件、招标文件规定的资格条件或者其投标影响招标公正性的,其投标无效。"

3.《机电产品国际招标投标实施办法》第59条规定:"投标人有下列行为之一的,如与招标人相互串通、搞虚假招标投标的、以不正当手段干扰招标、评标工作的、评标结果生效之前与招标人签订供货合同的等8种行为,影响到整个招标的公正性的,当次招标无效。"

3.3.2 投标主体不合法定

1. 独立投标主体不合法定

《招标投标法》第 25 条："投标人是响应招标、参加投标竞争的法人或者其他组织。""依法招标的科研项目允许个人参加投标的，投标的个人适用《招标投标法》有关投标人的规定。"根据第 25 条规定，可以参加招标项目投标竞争的主体包括以下 3 类：

(1) 法人。根据《民法通则》(主席令第 37 号)第 36 条的规定："法人是具有民事权利能力和民事行为能力，依法独立享有民事权利和承担民事义务的组织。""法人的民事权利能力和民事行为能力，从法人成立时产生，到法人终止时消灭。"法人分为企业法人、机关法人、事业单位法人、社会团体法人。参加投标竞争的法人应为企业法人或事业单位法人。根据本条规定，法人组织对招标人通过招标公告、投标邀请书等方式发出的要约邀请作出响应，直接参加投标竞争的(具体表现为按照招标文件的要求向招标人递交了投标文件)，即成为本法所称的投标人。

(2) 法人以外的其他组织。即经合法成立、有一定的组织机构和财产，但又不具备法人资格的组织。包括：经依法登记领取营业执照的个人独资企业、合伙企业；依法登记领取营业执照的合伙型联营企业；依法登记领取我国营业执照的不具有法人资格的中外合作经营企业、外资企业；法人依法设立并领取营业执照的分支机构等。上述组织成为投标人也需要具备响应招标、参加投标竞争的条件。

(3) 个人。即《民法通则》所讲的自然人(公民)。依照本条规定，个人作为投标人，只限于科研项目依法进行招标的情况。从实践中看，对科学技术研究、开发项目的招标，除可以由科研机构等单位参加投标外，有些科研项目的依法招标活动，允许由科研人员或者其组成的课题组参加投标竞争，也是很有必要的。依照本条规定，个人参加依法进行的科研项目招标投标的，"适用本法有关投标人的规定"，即个人在参加依法招标的科研项目时享有本法规定的投标人权利，同时应履行本法规定的投标人的义务。

招标投标法将投标主体主要规定为法人或者其他组织，主要是考虑到进行招标的项目通常为采购规模较大的建设工程、货物或者服务的采购项目，通常只有法人或其他组织才能完成。而以个人的条件而言，通常是难以保证完成多数招标采购的项目的。当然，对允许个人参加投标的某些科研项目除外。投标人主体不合法律规定的，其主体无效，其投标无效。

2. 独立投标人资格条件不够

(1) 投标人要符合条件。投标人首先应当具备承担招标项目的能力。参加投标活动必须具备一定的条件，不是所有感兴趣的法人或经济组织都可以参加投标。投标人通常应当具备下列条件：

1) 与招标文件要求相适应的人力、物力和财力；2) 招标文件要求的资质证书和相应的工作经验与业绩证明；3) 法律、法规规定的其他条件。

国家有关规定对投标人资格条件或者招标文件对投标人资格条件有规定的，投标人应当具备规定的资格条件。对于一些大型建设项目，要求供应商或承包商有一定的资质要求，如建设部等专业管理部门对承揽重大建设项目都有一系列的规定，对于参加国家重点建设项目的投标人，必须达到甲级资质。当投标人参加这类招标时必须具有相应的资质要求。

(2) 有关法律法规。1)《招标投标法》第 26 条规定："投标人应当具备承担招标项目的能力；国家有关规定对投标人条件或者招标文件对投标人资格条件有规定的，投标人应当具备规定的资格条件。"2)《工程建设项目施工招标投标办法》第35条："投标人是响应招标、参加投标竞争的法人或者其他组织。""招标人的任何不具独立法人资格的附属机构（单位），或者为招标项目的前期准备或者监理工作提供设计、咨询服务的任何法人及其任何附属机构（单位），都无资格参加该招标项目的投标。"3)《房屋建筑和市政基础设施工程施工招标投标管理办法》第23条："施工招标的投标人是响应施工招标、参与投标竞争的施工企业。""投标人应当具备相应的施工企业资质，并在工程业绩、技术能力、项目经理资格条件、财务状况等方面满足招标文件提出的要求。"

3. 联合体成立不合法定

《招标投标法》第31条规定："联合体各方均应具备承担招标项目的相应能力；国家有关规定或者招标文件对投标人资格条件有规定的，联合体各方均应当具备规定的相应资格条件。"法律或招标人对投标人的资格提出了明确要求，有兴趣的法人或其他组织根据自身具备的资格、实力、专长，依据优势互补的原则，成立投标联合体，争取投标成功，联合体的成立应当满足一定的条件。不符合法定条件或招标文件要求成立的联合体，必然投标无效。

4. 相关利益关系人投标

相关利益关系人投标是指与招标人有利害关系的人投标，或两个公司同一法人在同一项目上投标，此时投标无效。有关法律法规有：

（1）《工程建设项目货物招标投标办法》第32条："法定代表人为同一个人的两个及两个以上法人，母公司、全资子公司及其控股公司，都不得在同一货物招标中同时投标。""一个制造商对同一品牌同一型号的货物，仅能委托一个代理商参加投标，否则应作废标处理。"

（2）《招标投标法实施条例》第34条："与招标人存在利害关系可能影响招标公正性的法人、其他组织或者个人，不得参加投标。""单位负责人为同一人或者存在控股、管理关系的不同单位，不得参加同一标段投标或者未划分标段的同一招标项目投标。"违反前两款规定的，相关投标均无效。第34条吸收了行业招标投标规章的规定，是对招标投标法有关投标无效条款的进一步完善和重要补充。

两个公司同一法人在同一项目招标的。法规之所以规定"两个公司同一法人在同一项目招标"，是为了避免造成一个法人企业投多个标，或者形成围标串标，这对其他投标人是不公正的。同一法人的不同企业在同一项目上投标，意味着一个法人可以用不同的身份投多次标，是一种垄断投标的做法，显然违背了《招标投标法》中关于"投标人之间不得相互串通投标报价，不得妨碍其他投标人的公平竞争，不得损害招标人或者其他投标人的合法权益"的规定。

3.3.3 投标人资格变化后不合要求

1. 独立投标人变化。《招标投标法实施条例》第38条规定："投标人发生合并、分立、破产等重大变化的，应当及时书面告知招标人。""投标人不再具备资格预审文件、招标文件规定的资格条件或者其投标影响招标公正性的，其投标无效。"

2. 联合体发生变化。《工程建设项目施工招标投标办法》第43条："联合体参加资格预审并获通过的，其组成的任何变化都必须在提交投标文件截止之日前征得招标人的同意。""如果变化后的联合体削弱了竞争，含有事先未经过资格预审或者资格预审不合格的法人或者其他组织，或者使联合体的资质降到资格预审文件中规定的最低标准以下，招标人有权拒绝。"《招标投标法实施条例》第 37 条规定："资格预审后联合体增减、更换成员的，其投标无效。"

3.3.4 投标人行为不合法定

1. 独立投标人行为违法

以他人的名义投标、弄虚作假、串通投标、行贿等行为。投标人上述行为严重扰乱了招标投标市场秩序，侵害了招标人和其他投标人的合法权益。《招标投标法》第 32、33 条明确规定："投标人不得相互串通投标报价，不得排挤其他投标人的公平竞争，损害招标人或者其他投标人的合法权益。""投标人不得与招标人串通投标，损害国家利益、社会公共利益或者他人的合法权益。""禁止投标人以向招标人或者评标委员会成员行贿的手段谋取中标；也不得以他人名义投标或者以其他方式弄虚作假，骗取中标。"在评标阶段，如发现投标人有上述情形行为，则投标无效。

2. 投标联合体行为违法

法律规定，两个以上法人或者其他组织可以组成一个联合体，以一个投标人的身份共同投标。如果联合体各方签订共同投标协议后，再以自己名义单独投标，或组成新的联合体，或参加其他联合体在同一项目中投标。就会造成"一标多投"的情形，这样做的结果对其他投标人是极为不公平的。为此，《招标投标法实施条例》第 37 条明确规定："联合体各方在同一招标项目中以自己名义单独投标或者参加其他联合体投标的，相关投标均无效。"

法律、法规、规章关于投标无效主要条款汇总如表 3-5 所示。

法律、法规、规章关于投标无效主要条款汇总 表 3-5

序号	分类	条 款 内 容	条文出处
1	定义	投标人是响应招标、参加投标竞争的法人或者其他组织	《招标投标法》第 25 条
		投标人是响应招标、参加投标竞争的法人或者其他组织。招标人的任何不具独立法人资格的附属机构（单位），或者为招标项目的前期准备或者监理工作提供设计、咨询服务的任何法人及其任何附属机构（单位），都无资格参加该招标项目的投标	《工程建设项目施工招标投标办法》第 35 条
		投标人是响应招标、参加投标竞争的法人或者其他组织 在其本国注册登记，从事建筑、工程服务的国外设计企业参加投标的，必须符合中华人民共和国缔结或者参加的国际条约、协定中所作的市场准入承诺以及有关勘察设计市场准入的管理规定 投标人应当符合国家规定的资质条件	《工程建设项目勘察设计招标投标办法》第 21 条
		与招标人存在利害关系可能影响招标公正性的法人、其他组织或者个人，不得参加投标； 单位负责人为同一人或者存在控股、管理关系的不同单位，不得参加同一标段投标或者未划分标段的同一招标项目投标。违反前两款规定的，相关投标均无效	《招标投标法实施条例》第 34 条 《工程建设项目货物招标投标办法》第 32 条

序号	分类	条款内容	条文出处
2	条件	投标人应当具备承担招标项目的能力；国家有关规定对投标人条件或者招标文件对投标人资格条件有规定的，投标人应当具备规定的资格条件	《招标投标法》第26条《工程建设项目施工招标投标办法》第20条
		联合体各方均应当具备承担招标项目的相应能力；国家有关规定或者招标文件对投标人资格条件有规定的，联合体各方均应当具备规定的相应资格条件。由同一专业的单位组成联合体，按照资质等级较低的单位确定资质等级	《招标投标法》第31条
3	参标	两个公司同一法人在同一项目招标的，应作废标处理	《工程建设项目货物招标投标办法》第32条
		与招标人存在利害关系可能影响招标公正性的法人、其他组织或者个人，不得参加投标。单位负责人为同一人或者存在控股、管理关系的不同单位，不得参加同一标段投标或者未划分标段的同一招标项目投标。违反前两款规定的，相关投标均无效	《招标投标法实施条例》第34条第
4	变化	资格预审后联合体增减、更换成员的，其投标无效	《招标投标法实施条例》第37条
		投标人预审后投标人发生合并、分立、破产等重大变化的，应当及时书面告知招标人。投标人不再具备资格预审文件、招标文件规定的资格条件或者其投标影响招标公正性的，其投标无效	《招标投标法实施条例》第38条
		投标人名称或组织结构与资格预审不一致的	《工程建设项目施工招标投标办法》第50条《工程建设项目勘察设计招标投标办法》第37条
		经资格后审不合格的投标人的投标应作废标处理	《工程建设项目施工招标投标办法》第19条《招标投标法实施条例》第51条
5	行为	投标人不得相互串通投标报价，不得排挤其他投标人的公平竞争，损害招标人或者其他投标人的合法权益。投标人不得与招标人串通投标，损害国家利益、社会公共利益或者他人的合法权益。禁止投标人以向招标人或者评标委员会成员行贿的手段谋取中标；也不得以他人名义投标或者以其他方式弄虚作假，骗取中标	《招标投标法》第32条《招标投标法》第33条《评标委员会和评标方法暂行规定》第20条《工程建设项目勘察设计招标投标办法》第37条《评标委员会和评标方法暂行规定》第20条《招标投标法实施条例》第51条《机电产品国际招标投标实施办法》第59条
		联合体各方在同一招标项目中以自己名义单独投标或者参加其他联合体投标的，投标无效	《招标投标法实施条例》第37条《工程建设项目施工招标投标办法》第42条《工程建设项目货物招标投标办法》第38条
		评标委员会发现投标人以他人的名义投标、串通投标、以行贿手段谋取中标或者以其他弄虚作假方式投标的	《评标委员会和评标方法暂行规定》第20条《工程建设项目勘察设计招标投标办法》第37条《招标投标法实施条例》第51条《工程建设项目勘察设计招标投标办法》第37条

3.4 中标无效认定

3.4.1 中标无效法律依据

"中标无效"是指招标投标各方行为主体，由于违反法律、法规、规章，导致中标结果失去法律效力的后果。《招标投标法》将中标无效行为分为有结果要求的中标无效和无结果要求的中标无效两种情形。《工程建设项目施工招标投标办法》则承接了《招标投标法》的体例，除将中标无效行为分作有结果要求的中标无效和无结果要求的中标无效两种情形外，又将前者有结果要求的中标无效分为两种情形，分别规定于该办法第69、71、76条：一是在招标代理机构泄密或恶意串通、招标人泄露招标情况或标底的情况下，违法行为影响中标结果、并且中标人为所列行为的受益人的情况，则中标无效；二是招标人在确定中标前与投标人进行实质性谈判，影响中标结果的，中标无效。对后者无结果要求的中标无效规定见于第74、75、80条，规定在出现投标人串通投标或行贿、招标人违法确定中标人、投标人弄虚作假骗取中标3种情况下，均直接作中标无效处理。同时，《工程建设项目施工招标投标办法》第86条规定，中标无效行为的法律后果为从其余投标人中重新确定中标人或者依法重新招标。

《招标投标法实施条例》第55条："国有资金占控股或者主导地位的依法必须进行招标的项目，招标人应当确定排名第一的中标候选人为中标人。""排名第一的中标候选人放弃中标、因不可抗力不能履行合同、不按照招标文件要求提交履约保证金，或者被查实存在影响中标结果的违法行为等情形，不符合中标条件的，招标人可以按照评标委员会提出的中标候选人名单排序依次确定其他中标候选人为中标人，也可以重新招标。"将《工程建设项目施工招标投标办法》第86条上升到法规层面。

3.4.2 有结果要求认定条款

所谓"有结果要求的中标无效"是指在招标投标活动中出现某一特定违法行为时，只有该行为影响了中标结果时，中标才无效。有以下几种情形：

1. 招标代理机构泄密

《招标投标法》第50条、《工程建设项目施工招标投标办法》第69条规定："招标代理机构违法泄露应当保密的与招标投标活动有关的情况和资料的，或者与招标人、投标人串通损害国家利益、社会公共利益或者他人合法权益的，其违法行为影响中标结果，中标无效。"对此条款的理解应注意以下几点：

（1）招标代理机构泄露应当保密的与招标投标活动有关的情况和资料的，会影响投标人的公平竞争，达不到招标的目的。为此有关法律法规设立了此项条款，确保贯彻招标投标活动的"三公"原则。

（2）在招标代理活动中，招标代理机构与招标人之间的关系为代理人与被代理人的关系，招标代理机构处于代理人的地位。《民法通则》第66条第2款规定："代理人和第三人串通，损害被代理人的利益的，由代理人和第三人负连带责任。"

（3）《民法通则》第67条规定："代理人知道被委托代理的事项违法仍然进行代理活动的，或者被代理人知道代理人的代理行为违法不表示反对的，由被代理人和代理人负连带责任。"此外，在强制招标项目中，由于相当一部分资金来源于政府财政投资，还会出现代理人与被代理人，即招标代理机构与招标人相互串通损害国家利益的情况。

（4）如果招标代理机构的前述违法行为影响了中标的结果，行政监督机关可以宣告中标无效。宣布中标无效的前提是招标代理机构的违法行为影响了中标结果。所谓影响中标结果，是指招标代理机构泄漏应当保密的与招标活动有关的情况或材料的行为造成了投标人之间平等竞争基础的消失，招标代理机构与招标人、投标人的串通行为使得招标只是形式，失去了招标的意义；将合同授予了不应当中标的投标人或者应当中标的投标人未能中标等情况。

（5）《招标投标法实施条例》对上述行为规定作了进一步完善和补充，第80条规定："招标代理机构在所代理的招标项目中投标、代理投标或者向该项目投标人提供咨询的，接受委托编制标底的中介机构参加受托编制标底项目的投标或者为该项目的投标人编制投标文件、提供咨询的，依照招标投标法第50条的规定，追究法律责任，中标无效。"

（6）依法必须进行招标的项目《招标投标法》规定，中标无效的，应当依照《招标投标法》规定的中标条件从其余投标人中重新确定中标人或者依照本法重新进行招标。

2. 招标人向他人泄密

《招标投标法》第52条、《工程建设项目施工招标投标办法》第71条规定，依法必须进行招标项目的招标人向他人透露已获取招标文件的潜在投标人的名称、数量或者可能影响公平竞争的有关招标投标的其他情况的，或者泄露标底的，影响中标结果的，中标无效。理解该条款应注意以下几点：

（1）招标过程中有关情况的保密性是招标人必须遵循的行为准则。根据本法第22条规定，已经获取招标文件的潜在投标人的名称、数量等属于应予保密的内容，招标人不得向他人透露。除此之外，其他任何可能影响公平竞争的情况，如评标委员会成员的组成等，也不得向他人透露。招标人如果违反本法规定实施了上述行为，即构成违法。

（2）在某些项目的招标过程中，招标人可能设有标底。设立标底的做法是针对我国目前建筑市场发育状况和国情采取的措施，是具有中国特色的招标投标制的一个具体表现。开标前标底是保密的，任何人不得透露标底。标底有一定的浮动范围，在实务操作过程中，招标人一般将标底作为衡量投标报价的基准，过分高于或者低于标底的报价将被拒绝。标底保密显得至关重要。泄露标底的行为当然属于违法行为。

（3）中标无效的前提必须是招标人泄露应当保密的情况或资料的行为足以影响中标的结果，如招标人的违法行为造成了投标人之间平等竞争基础的消失；潜在投标人因为招标人提出的不合理条件而失去了参与竞争的机会；将合同授予了本来不应当中标的投标人，或者使应当中标的投标人未能中标等情况。

（4）依法必须进行招标的项目违反本法规定，中标无效的，应当依照本法规定的中标条件从其余投标人中重新确定中标人或者依照本法重新进行招标。

3. 就实质性内容进行谈判的

《招标投标法》第55条、《工程建设项目施工招标投标办法》第76条规定："依法必须进行招标的项目，招标人违反招标投标法规定，与投标人就投标价格、投标方案等实质性内容进行谈判的，所列行为影响中标结果的，中标无效。"理解该条款应注意以下几点：

（1）根据《合同法》的规定和有关合同成立的理论，招标属于一种竞争性缔约程序，招标的目的在于从众多的投标人中选择最佳的合同相对方。为了并保证这一选择是公平和公正的，本法规定，招标人必须与中标人按照招标文件和中标人的投标文件订立合同，并不得就有关实质性内容进行谈判。这样就能够将当事人之间订立合同的过程和有关合同的内容置于公众的监督之下，保证最佳的投标报价者能够获取合同，从而达到防止舞弊行为发生的目的。

相反，如果允许招标人和投标人在中标人确定前就投标价格、投标方案等实质性内容进行磋商、谈判，将与"三公"原则背道而驰，也势必使有关招标程序失去意义。所以本法第43条规定："在确定中标人前，招标人不得与投标人就投标价格、投标方案等实质性内容进行谈判。"否则构成违法。

（2）根据本法条规定，中标无效的前提必须是违法谈判的行为影响中标结果。所谓影响中标结果，是指使不合格的投标人中标，或者使合格的投标人未能中标的情况。在招标人与投标人已经签订合同的情况下，所签合同无效。根据《合同法》规定，合同无效的，应当恢复原状，有过错的一方应当赔偿对方因此所受的损失，双方都有过错的，应当各自承担相应的责任。招标人与中标人没有签订合同的，招标人发出的中标通知书无效，招标人不再负有与中标人签订合同义务，中标人丧失了与招标人签订合同的权利。

（3）依法必须进行招标的项目违反本法规定，中标无效的，应当依照本法规定的中标条件从其余投标人中重新确定中标人或者依照本法重新进行招标。

3.4.3 无结果要求行为条款

所谓"无结果要求行为无效"是指在招标投标活动中发生违法行为，该行为无论是否影响了中标结果，中标结果都无效。

1. 相互串通投标行为

《招标投标法》第53、74条，《工程建设项目施工招标投标办法》《招标投标法实施条例》第67条规定："投标人相互串通投标或者与招标人串通投标的，投标人以向招标人或者评标委员会成员行贿手段谋取中标的，中标无效。"理解该条款应注意以下几点：

（1）投标人相互串通投标。投标人相互串通投标的情况在实践中经常发生，串通投标的行为表现有：各个投标人之间彼此达成协议，轮流获取中标等。串通投标的行为限制了竞争，使招标徒具形式。

（2）投标人与招标人串标。由于必须进行招标的项目资金大多来源于国家投资或者外国政府、国际组织的贷款，所以实践中除了投标人相互串通以获取合同外，在某些情况下，还存在着投标人与招标人彼此间进行串通投标，损害国家利益或社会公共利益的可能。投标人与招标人串标的行为，一方面会损害其他投标人的合法权益，另一方面会损害国家或者社会公共利益。

（3）投标人以向招标人或者评标委员会成员行贿谋取中标的。为达到中标目的，有些投标人采取行贿手段，这属于违法行为。

（4）投标人行贿以谋取中标投标人之间，或者招标人与投标人之间相互串标的，投标人以向招标人或者评标委员会成员行贿谋取中标的，中标无效。

（5）与上节所述行为规定不同，本行为规定的中标无效不必以串标行为影响中标结果为前提，只要行为人实施了串标行为，不管该行为是否影响了中标结果，中标一律无效。

招标人与中标人已经签订书面合同的，所签合同无效。

（6）依据《合同法》的规定，合同无效的，应当恢复原状，有过错的一方当事人应当赔偿对方因此所受的损失；双方都有过错的，应当各自承担相应的责任。因此，造成他人损失的，还应当赔偿损失。尚未签订书面合同的，招标人发出的中标通知书无效，中标人失去了与招标人签订书面合同的权利，招标人不再负有与中标人签订书面合同的义务。

（7）依法必须进行招标的项目违反本法规定，中标无效的，应当依照本法规定的中标条件从其余投标人中重新确定中标人或者依照本法重新进行招标。

2. 以他人名义投标或弄虚作假行为

《招标投标法》第54条、《招标投标法实施条例》第68条、《工程建设项目施工招标投标办法》第75条、《工程建设项目勘察设计招标投标办法》第52条均明确规定，对以他人名义投标或者以其他方式弄虚作假，骗取中标的，中标无效。理解该条款应注意以下几点：

（1）投标人以他人名义投标。投标人以他人名义投标可能出于以下几种原因：投标人没有承担招标项目的能力；投标人不具备国家要求的或者招标文件要求的从事该招标项目的资质；投标人曾因违法行为而被工商机关吊销营业执照，或者因违法行为而被有关行政监督部门在一定期限内取消其从事相关业务的资格等。《招标投标法》第26条规定："投标人应当具备承担招标项目的能力；国家有关规定对投标人资格条件或者招标文件对投标人资格条件有规定的，投标人应当具备规定的资格条件。"投标人如果不具备承担招标项目的能力或者没有应当具备的资格条件而以其他有能力或有资格条件的投标人名义投标以骗取中标的，即属违法。

（2）以其他方式弄虚作假，骗取中标的。除以他人名义投标以骗取中标外，投标人还可能以其他方式弄虚作假，骗取中标，如伪造资质证书、营业执照，在递交的资格审查材料中弄虚作假等。《招标投标法》第33条规定："投标人不得以低于成本的报价竞标，也不得以他人名义投标或者以其他方式弄虚作假，骗取中标。"违反本条规定以弄虚作假的方式骗取中标的，即属违法。当然，此处所说的"其他方式"并不仅限于前面列举的几种情况，而应包含一切以弄虚作假的方式骗取中标的行为。

（3）投标人以弄虚作假的方式骗取中标的，不管骗取中标的行为是否影响中标的结果，其中标一概无效。所谓中标无效是指中标没有法律约束力，该无效为自始无效。招标人与中标人已经签订书面合同的，所签合同无效。

（4）根据《合同法》规定，合同无效的，应当恢复原状，有过错的投标人应当赔偿对方因此所受的损失。尚未签订合同的，招标人发出的中标通知书无效，招标人不再负有与投标人签订合同的义务，中标人丧失了与招标人签订合同的权利。

（5）依法必须进行招标的项目违反本法规定，中标无效的，应当依照《招标投标法》的中标条件，从其余投标人中重新确定中标人或者依照本法重新进行招标。

3. 推荐中标候选人以外定标行为

"招标人在评标委员会依法推荐的中标候选人以外确定中标人的，依法必须进行招标的项目在所有投标被评标委员会否决后自行确定中标人的，中标无效。"《招标投标法》第57条、《工程建设项目施工招标投标办法》第80条均对此有明确规定。理解该条款应注意以下几点：

（1）招标人在评标委员会依法推荐的中标候选人以外确定中标人。依照本法规定，评标委员会评标工作的最终目的就是向招标人推荐合格的中标候选人或者根据招标人的授权直接确定中标人，招标人只能在评标委员会推荐的中标候选人中选定中标人。法律作此规定的目的在于防止招标人因为人情、利害关系等原因而不能保证评标结果的公正。如果招标人在评标委员会推荐的中标候选人之外确定中标人的话，就会使评标委员会的工作失去意义，难以保证招标结果的公正。有鉴于此，《招标投标法》第40条规定："招标人根据评标委员会提出的书面评标报告和推荐的中标候选人确定中标人。"招标人违反本法规定，在评标委员会推荐的中标候选人外确定中标人的，就构成违法。

（2）在所有投标被评标委员会否决后自行确定中标人。《招标投标法》第42条规定："评标委员会经评审，认为所有投标都不符合招标文件要求的，可以否决所有投标。"所有投标被否决意味着没有符合条件的投标人，说明招标失败。为了选择最佳的合同相对方，实现法律规定强制招标的目的，招标人应当依照本法的规定重新招标，而不能出于简便、节约成本等考虑，在所有投标被评标委员会否决后自行确定中标人。否则的话，招标将流于形式，不能实现招标制度的价值，也有违法律对强制招标的要求。

（3）根据法律的规定，招标人在评标委员会依法推荐的中标候选人以外确定中标人的，或者在所有投标被评标委员会否决后自行确定中标人的，中标无效。在合同已经签订了的情况下，中标无效实际上就是合同的无效，应当根据《合同法》恢复原状，有过错的一方当事人还应当赔偿对方所受的损失。在合同尚未签订的情况下，招标人发出的中标通知书无效，招标人不再负有与中标人签订合同的义务，中标人丧失了与招标人签订合同的权利。

（4）依法必须进行招标的项目违反招标投标法规定，中标无效的，应当依照本法规定的中标条件从其余投标人中重新确定中标人或者依照本法重新进行招标。

（5）上述规定在出现招标人违法确定中标人、投标人串通投标或行贿、投标人弄虚作假骗取中标的三种情况下，均可直接作中标无效处理。

《招标投标法》、《工程建设项目施工招标投标办法》中标无效认定条款分类表及法律、法规、规章关于中标无效主要条款汇总表分别如表3-6、表3-7所示。

《招标投标法》、《工程建设项目施工招标投标办法》
关于中标无效认定条款分类表

表3-6

	《招标投标法》条款	《工程建设项目施工招标投标办法》条款	备　注
有结果要求的条款	（1）招标代理机构泄密或恶意串通，影响中标结果的，中标无效（第50条） （2）招标人泄露招标情况或标底的，影响中标结果的，中标无效（第52条） （3）招标人在确定中标前与投标人进行实质性谈判的，影响中标结果的，中标无效（第55条）	（1）招标代理机构泄密或恶意串通的，影响中标结果，并且中标人为所列行为的受益人的，中标无效（第69条） （2）招标人泄露招标情况或标底，影响中标结果，并且中标人为所列行为的受益人的，中标无效（第71条）	影响中标结果，并且中标人为所列行为的受益人
		（3）招标人在确定中标前与投标人进行实质性谈判，影响中标结果的，中标无效（第76条）	影响中标结果的，但未规定中标人为受益人

《招标投标法》条款	《工程建设项目施工招标投标办法》条款	备 注
无结果要求的条款 　　(1) 投标人相互串标或者与招标人串标的,投标人以向招标人或者评标委员会成员行贿的,中标无效 (第53条) 　　(2) 投标人以他人名义投标或者以其他方式弄虚作假的,中标无效 (第54条) 　　(3) 招标人在中标候选人以外确定中标人的,中标无效 (第57条)	(1) 投标人相互串标或者与招标人串标的,投标人以向招标人或者评标委员会成员行贿的,中标无效 (第74条)	**重新确定中标人或者依法重新进行招标**
	(2) 投标人以他人名义投标或者以其他方式弄虚作假的,中标无效 (第75条)	
	(3) 招标人在中标候选人以外确定中标人的,中标无效 (第80条)	

注:1.《工程建设项目施工招标投标办法》第86条:"依法必须进行招标的项目,中标无效的,应从其余投标人中重新确定中标人或者依法重新进行招标。"

　　2.《招标投标法实施条例》第55条:"国有资金占控股或者主导地位的依法必须进行招标的项目,招标人应当确定排名第一的中标候选人为中标人。""排名第一的中标候选人放弃中标、因不可抗力不能履行合同、不按照招标文件要求提交履约保证金,或者被查实存在影响中标结果的违法行为等情形,不符合中标条件的,招标人可以按照评标委员会提出的中标候选人名单排序依次确定其他中标候选人为中标人,也可以重新招标。"

法律、法规、规章关于中投标无效主要条款汇总　　　　　　　表3-7

分类	序号	条款内容	条文出处
有结果要求条款	1	招标代理机构违反招标投标法规定,泄露应当保密的与招标投标活动有关的情况和资料的,或者与招标人、投标人串通损害国家利益、社会公共利益或者他人合法权益的,以上行为影响中标结果,并且中标人为以上行为的受益人的;所列行为影响中标结果的,中标无效	《招标投标法》第50条 《招标投标法实施条例》第65条
	2	依法必须进行招标的项目的,招标人向他人透露已获取招标文件的潜在投标人的名称、数量或者可能影响公平竞争的有关招标投标的其他情况的,或者泄露标的,其行为影响中标结果,并且中标人为以上行为的受益人的;所列行为影响中标结果的,中标无效	《招标投标法》第52条
	3	依法必须进行招标的项目,招标人违反招标投标法规定,与投标人就投标价格、投标方案等实质性内容进行谈判的,所列行为影响中标结果的,中标无效	《招标投标法》第55条
	4	依法必须进行招标的项目,招标人不按照规定对异议作出答复,继续进行招标投标活动的,由有关行政监督部门责令改正,拒不改正或者不能改正并影响中标结果的,且不能采取补救措施予以纠正的,依照本条例第82条的规定处理	《招标投标法实施条例》第77条

分类	序号	条 款 内 容	条文出处
无结果要求条款	5	投标人以他人名义投标或者以其他方式弄虚作假，骗取中标的，中标无效	《招标投标法》第 54 条《招标投标法实施条例》第 68 条 《工程建设项目勘察设计招标投标办法》第 52 条
	6	招标人在评标委员会依法推荐的中标候选人以外确定中标人的，依法必须进行招标的项目在所有投标被评标委员会否决后自行确定中标人的，中标无效	《招标投标法》第 57 条 《评标委员会和评标方法暂行规定》第 55 条
	7	投标人相互串通投标或者与招标人串通投标的，投标人以向招标人或者评标委员会成员行贿手段谋取中标的，中标无效	《招标投标法》第 53 条 《招标投标法实施条例》第 67 条

4 常见标无效行为诊断

4.1 诊断的法律依据

4.1.1 法律依据

1.《招标投标法》对于以他人名义投标、投标人串通投标、投标人与招标人串通投标或者以其他方式弄虚作假，骗取中标的规定显得较为原则在第32、33条规定如下：

第32条："投标人不得相互串通投标报价，不得排挤其他投标人的公平竞争，损害招标人或者其他投标人的合法权益。""投标人不得与招标人串通投标，损害国家利益、社会公共利益或者他人的合法权益。""禁止投标人以向招标人或者评标委员会成员行贿的手段谋取中标。"

第33条："投标人不得以低于成本的报价竞标，也不得以他人名义投标或者以其他方式弄虚作假，骗取中标。"

2. 分析：以上法律规定，对以他人名义投标或者以其他方式弄虚作假、投标人相互串通投标、招标人与投标人串通投标、骗取中标进行了定义，但未对相应的情形如何认定给出判断的条件和要件。

4.1.2 法规依据

1.《招标投标法实施条例》

《招标投标法实施条例》对于投标人以他人名义投标以其他方式弄虚作假、相互串通投标、招标人与投标人串通投标骗取中标的情形规定如下：

第39条：有下列情形之一的，属于投标人相互串通投标：

（1）投标人之间协商投标报价等投标文件的实质性内容；（2）投标人之间约定中标人；（3）投标人之间约定部分投标人放弃投标或者中标；（4）属于同一集团、协会、商会等组织成员的投标人按照该组织要求协同投标；（5）投标人之间为谋取中标或者排斥特定投标人而采取的其他联合行动。

第40条：有下列情形之一的，视为投标人相互串通投标：

（1）不同投标人的投标文件由同一单位或者个人编制；（2）不同投标人委托同一单位或者个人办理投标事宜；（3）不同投标人的投标文件载明的项目管理成员为同一人；（4）不同投标人的投标文件异常一致或者投标报价呈规律性差异；（5）不同投标人的投标文件相互混装；（6）不同投标人的投标保证金从同一单位或者个人的账户转出。

第41条：有下列情形之一的，属于招标人与投标人串通投标：

（1）招标人在开标前开启投标文件并将有关信息泄露给其他投标人；（2）招标人直接或者间接向投标人泄露标底、评标委员会成员等信息；（3）招标人明示或者暗示投标人压低或者抬高投标报价；（4）招标人授意投标人撤换、修改投标文件；（5）招标人明示或者暗示投标人为特定投标人中标提供方便；（6）招标人与投标人为谋求特定投标人中标而采取的其他串通行为。

第42条：使用通过受让或者租借等方式获取的资格、资质证书投标的，属于《招标投标法》第33条规定的以他人名义投标。投标人有下列情形之一的，属于《招标投标法》第33条规定的以其他方式弄虚作假的行为：

（1）使用伪造、变造的许可证件；（2）提供虚假的财务状况或者业绩；（3）提供虚假的项目负责人或者主要技术人员简历、劳动关系证明；（4）提供虚假的信用状况；（5）其他弄虚作假的行为。

2. 分析：通过以上分析可以看出，从国务院出台的《招标投标法实施条例》效力层级仅次于《招标投标法》，它在总结了《招标投标法》和有关规范性文件规定的基础上，对投标人以他人名义投标或者以其他方式弄虚作假、相互串通投标、招标人与投标人串通投标、骗取中标进行了情形成立条件和要件的进一步明确，增强招标投标制度的可操作性。

（1）我们注意到《招标投标法实施条例》中对"投标人相互串通投标"用了两个条款来阐述，这是为什么呢？分析一下我们就可以清楚了。

第39条规定："有下列情形之一的，属于投标人相互串通投标"，其用词为"属于"，其5款规定是对投标人在开标、投标现场以外地方进行活动的界定，是需要相关证明或佐证的。

第40条规定："有下列情形之一的，视为投标人相互串通投标"其用词为"视为"，其6款规定是对投标人在开标、投标现场的行为和提供的相关材料可以"视"见的投标人相互串通投标。个人认为是评标委员会根据第40条的6款规定不需要其他相关证明或佐证即可以认定"投标人相互串通投标"。这也可能是《招标投标法实施条例》对"投标人相互串通投标"用两条来描述的原因。

（2）第41条规定："有下列情形之一的，属于招标人与投标人串通投标"其中的规定为6款；第42条规定："使用通过受让或者租借等方式获取的资格、资质证书投标的，属于以他人名义投标"，"有下列情形之一的，属于招标投标法第33条规定的以其他方式弄虚作假的行为"，其用词也为"属于"，如以上分析是需要相关证明或佐证的。

《招标投标法实施条例》通过"细化标准"将法律规定进一步具体化，增强可操作性，并针对新情况、新问题充实完善了有关规定，也是对《评标委员会和评标方法暂行规定》、《工程建设项目施工招标投标办法》及相关规章、规范性文件在"细化标准"上的体现。下面我们就上述几种无效行为的判定分别进行阐述。

4.1.3 规章依据

1.《评标委员会和评标方法暂行规定》

（1）内容：2001年7月5日发布并施行的《评标委员会和评标方法暂行规定》，以他人名义投标、以其他方式弄虚作假、对于串通投标、骗取中标的规定显得较为原则在第20条规定如下：

第20条规定："在评标过程中，评标委员会发现投标人以他人的名义投标、串通投标、以行贿手段谋取中标或者以其他弄虚作假方式投标的，该投标人的投标应作无效处理。"

（2）分析：以上规章规定，对以他人名义投标、串通投标、以其他方式弄虚作假，骗取中标情形只是引用了《招标投标法》的定义，同时对在评标过程中可由评标委员会发现这些情形给出了界定，即评标委员会可以发现这些情形，但对如何判断该情形成立的条件和要件未作出规定；赋予评标委员会"该投标人的投标应作废标处理"的处理的权利，但评标委员会在发现后如何确认事实成立，成了评标过程中很难解决的问题，如处理不当很可能造成后期投标人的异议或投诉。

2.《工程建设项目施工招标投标办法》

（1）内容。2003 年 5 月 1 日起施行的《工程建设项目施工招标投标办法》，对于投标人串通投标、招标人与投标人串通投标、以他人名义投标的情形，在第 46 条规定了 4 条投标人串通投标报价行为：即 1）投标人之间相互约定抬高或压低投标报价；2）投标人之间相互约定，在招标项目中分别以高、中、低价位报价；3）投标人之间先进行内部竞价，内定中标人，然后再参加投标；4）投标人之间其他串通投标报价的行为。

第 47 条规定了 5 种招标人与投标人串通投标行为：1）招标人在开标前开启招标文件，并将投标情况告知其他投标人，或者协助投标人撤换投标文件，更改报价；2）招标人向投标人泄露标底；3）招标人与投标人商定，投标时压低或抬高标价，中标后再给投标人或招标人额外补偿；4）招标人预先内定中标人；5）其他串通投标行为。

第 48 条对投标人不得以他人名义投标作了解释：前款所称以他人名义投标，指投标人挂靠其他施工单位，或从其他单位通过转让或租借的方式获取资格或资质证书，或者由其他单位及其法定代表人在自己编制的投标文件上加盖印章和签字等行为。

（2）分析：以上规章规定，对于投标人串通投标、招标人与投标人串通投标、以他人名义投标的情形，给出了较为明确的判断的条件和要件，但对《招标投标法》中规定的"以其他方式弄虚作假，骗取中标情形"未作规定。

1）第 46 条对投标人相互串通投标报价给出了 4 个认定条件其中 3 款较明确，而第 4 款"投标人之间其他串通投标报价的行为"较原则，作为兜底条款。

2）第 47 条对招标人与投标人串通投标给出了 5 个认定条件其中 4 款较明确，而第 5 款"其他串通投标行为"较原则，作为兜底条款。

3）第 48 条对以他人名义投标给出了认定条件即"投标人挂靠其他施工单位，或从其他单位通过转让或租借的方式获取资格或资质证书，或者由其他单位及其法定代表人在自己编制的投标文件上加盖印章和签字等行为"较为明确。

4）对《招标投标法》规定的"以其他方式弄虚作假，骗取中标情形"未作可操作性规定。

3. 其他法规、规范性文件

《工程建设项目货物招标投标办法》、《工程建设项目勘察设计招标投标办法》）、《房屋建筑和市政基础设施工程施工招标投标管理办法》、《机电产品国际招标投标实施办法》等对于以他人名义投标或者以其他方式弄虚作假、串通投标，骗取中标的详细情形并未作出进一步明确的规定。

4.2 以他人名义行为

4.2.1 行为诊断依据

1.《招标投标法》第 33 条："投标人不得以他人名义投标或者以其他方式弄虚作假，骗取中标。""以他人名义投标"，在实践中多表现为一些不具备法定的或者投标文件规定的资格条件的单位或者个人，采取"挂靠"甚至直接冒名顶替的方法，以其他具备资格条件的企业、事业单位的名义进行投标竞争。这种作法严重扰乱了招标投标的正常秩序，如果让这类"以他人名义"投标的投标人中标，还会严重影响中标项目的质量，不仅严重损害投标人的利益，也会给国家利益和社会公共利益造成危害。因此，这是法律必须予以禁止的。按照《民法通则》第58条关于"一方以欺诈、胁迫的手段"，使对方在违背真实意思的情况下所为的民事行为无效的规定，投标人以弄虚作假的手段骗取中标的行为，应属无效的行为，并且还要承担相应的法律责任。但《招标投标法》第33条对于"以他人名义投标"行为没有做进一步详细规定。

2.《工程建设项目招标投标办法》第48条对"以他人名义投标"行为界定为：所称以他人名义投标是指：1）投标人挂靠其他施工单位；2）或从其他单位通过转让或租借的方式获取资格或资质证书；3）或者由其他单位及其法定代表人在自己编制的投标文件上加盖印章和签字等3种行为表现。

3. 为解决招标投标领域突出问题、促进公平竞争、预防和惩治腐败方面入手，将《招标投标法》进一步具体化，增强法律规定的可操作性，2012年2月1日施行的《招标投标法实施条例》第42条对此作了进一步完善和补充说明：所谓"他人名义投标"是指使用通过受让或者租借等方式获取的资格、资质证书投标的，属于《招标投标法》第33条所规定的"以他人名义投标"。

同时，《招标投标法实施条例》第68条规定了"3年内两次以上使用他人名义投标"的属于情节严重行为。情节严重的，除投标无效外，还要进行行政罚款，处以没收违法所得；取消其1年至3年内参加依法必须进行招标的项目的投标资格并予以公告，直至由工商行政管理机关吊销营业执照。

4.2.2 地方规章补充

1.《天津市建设工程招标投标监督管理规定》第30条规定，投标人不得有下列以他人名义投标的行为：

（1）使用其他单位资格或者资质证书投标；（2）投标时使用其他单位印章，或者由其他单位法定代表人签字；（3）项目负责人或者主要技术人员非本单位人员；（4）投标担保采用转账支票、汇款等方式，但不是从投标人的基本账户转出，采用银行保函、银行汇票等方式，但不是由投标人开立基本账户的银行出具；（5）法律、法规、规章规定的以他人名义投标的其他行为。

2.《宁夏回族自治区房屋建筑和市政基础设施工程串通投标和投标人弄虚作假行为认定和处理办法》第12条规定，其中以他人名义投标的，具体情形包括：

（1）通过转让或者租借等方式从其他单位获取资格或者资质证书参加投标的；（2）由其他单位或者其他单位负责人在自己编制的投标文件上加盖印章或者签字的；（3）项目负责人或者主要技术人员不是本单位人员的；（4）投标保证金不是从投标人账户转出的；（5）法律、法规、规章规定的以他人名义投标的其他行为。

4.2.3 行为诊断示例

【示例4-1】 是以他人名义投标，还是内部任务分配？

【示例简介】 某市房屋建筑项目招标，要求投标人必须具有一级施工资质，甲公司下属的独立企业乙公司只有二级施工资质，为了能够参加投标，就以甲公司的名义以及甲公司资质文件参加了投标。乙公司中标后，其他投标人向纪检部门检举揭发，要求取消乙公司的中标资格。乙公司辩称其不是投标人，集团公司甲才是投标人。只是甲公司中标后，交由乙公司具体负责项目的实施，这样做并无不当之处。

【行为诊断】 《招标投标法实施条例》第42条第1款规定："使用通过受让或者租借等方式获取的资格、资质证书投标的，属于《招标投标法》第33条规定的以他人名义投标。"本例的投标人应该是乙公司其具有独立的法人资格与资质，就其独立身份而言，有别于甲公司。乙公司投标时应当以自己的名义投标。乙公司以甲公司的名义投标，构成了乙公司以他人名义投标的行为，应当承担相应的法律责任。另外，需要说明的是，如果乙公司所称的甲公司中标后，交由其负责项目实施，则这种情况构成非法转包，非法转包被我国《合同法》所禁止的构成非法转包的，应认定无效。经纪检部门认定，乙公司构成以他人名义投标的行为，根据《招标投标法》的有关规定，应当承担中标无效并对招标人损失的赔偿责任。

4.3 弄虚作假的行为

4.3.1 行为诊断依据

"以其他方式弄虚作假，骗取中标"，包括实践中存在的提交虚假的营业执照、提交虚假的资格证明文件，如伪造资质证书。虚报资质等级、虚报曾完成的工程业绩等弄虚作假的情况。投标活动中任何形式的弄虚作假行为都严重违背诚实信用的基本原则，严重破坏招标投标活动的正常秩序，必须予以禁止。弄虚作假的投标人不但丢失中标资格，还要依法承担相应的法律责任。投标人有上述情形的，投标无效。

1. 《招标投标法》第33条规定："投标人不得以低于成本的报价竞标，也不得以他人名义投标或者以其他方式弄虚作假，骗取中标。"但对于"弄虚作假行为"的具体表现未作说明。

2. 《工程建设项目施工招标投标办法》第48条规定："投标人不得以他人名义投标。""前款所称以他人名义投标，指投标人挂靠其他施工单位，或从其他单位通过转让或租借的方式获取资格或资质证书，或者由其他单位及其法定代表人在自己编制的投标文件上加盖印章和签字等行为。"

3. 《招标投标法实施条例》第42条规定："投标人有下列情形之一的，属于《招标投标法》第33条规定的：'以其他方式弄虚作假'的行为：（1）使用伪造、变造的许可证件；（2）提供虚假的财务状况或者业绩；（3）提供虚假的项目负责人或者主要技术人员简历、劳动关系证明；（4）提供虚假的信用状况；（5）其他弄虚作假的行为。"

同时，《招标投标法实施条例》第68条规定了："伪造、变造资格、资质证书或者其他许可证件骗取中标"、"3年内两次以上使用他人名义投标的"属于招标投标法第54条规定的情节严重行为，由有关行政监督部门取消其1年至3年内参加依法必须进行招标项目的投标资格。"投标人自本条第2款规定的处罚执行期限届满之日起3年内又有该款所列违法行为之一的，或者弄虚作假骗取中标情节特别严重的，由工商行政管理机关吊销营业执照。"

4.3.2 地方规章补充

1.《天津市建设工程招标投标监督管理规定》第31条规定，投标人不得有下列弄虚作假的行为：

（1）使用伪造、变造或者无效的资质或者资格证书、印鉴参加投标；（2）伪造、虚报业绩或者财务状况；（3）伪造项目负责人或者主要技术、管理人员从业简历、劳动关系证明；（4）隐瞒招标文件要求提供的信息，或者提供虚假的信息；（5）法律、法规、规章规定的其他弄虚作假行为。

2.《宁夏回族自治区房屋建筑和市政基础设施工程串通投标和投标人弄虚作假行为认定和处理办法》第12条规定，以其他方式弄虚作假的行为具体包括：

（1）利用伪造、变造或者无效的营业执照、资质（资格）证书、印鉴、签名参加投标的；（2）伪造或者虚报业绩的；（3）伪造项目负责人或者主要技术人员简历、劳动关系、社保证明，或者中标后不按承诺配备项目负责人或者主要技术人员的；（4）伪造或者虚报财务状况的；（5）提交虚假信用状况信息的，出具或携带与事实不符的证明文件投标的；（6）隐瞒招标文件要求提供的信息，或者提供虚假、引人误解的其他信息；（7）法律、法规、规章规定的其他弄虚作假行为。

3.《河北省建筑工程虚假招标投标行为认定和处理办法》第9条规定，投标人属弄虚作假行为：

（1）使用他人名义投标的；（2）提供虚假业绩、财务状况、信用证明等材料的；（3）使用其他单位人员或者违反规定使用在建项目的项目负责人、总监理工程师等人员的；（4）使用虚假营业执照、资质资格证书等行政许可证件的。

4.3.3 行为诊断示例

【示例4-2】 伪造投标保证函，行为归属怎么判断？

【示例简介】 2006年5月18日召开永胜集团办公楼、宿舍楼、厂房工程投标会。招标代理机构在核查投标保证金时发现，江西某建设集团有限公司所提交的由中国建设银行某市分行出具编号为060516004的投标保函及某市九州区公证处出具的编号九证字［2006］第439号公证书存在问题。经电话及书面查证，查实该投标保函及其公证书为伪造。

【行为诊断】 《招标投标法实施条例》第42条第4款规定，"提供虚假的信用状况的"，属于《招标投标法》第33条规定的"以其他方式弄虚作假"的行为。行政监督部门作出处理：从通报之日起两年内，停止江西华联建设集团有限公司在该市承接新的工程任务和参加工程投标，停止进入该市政府工程投标资格名录，注销其《建筑业企业诚信手册》。

【示例4-3】 提交虚假业绩资料，参加投标资格审查

【示例简介】 某某市建设工程投标资格委员会在对企业投标资格复核中发现，陕西省某建筑工程公司所提交资料中，西安国际高尔夫花园装饰装修工程项目施工许可证编号时间"2002年第069号"与发证时间"2003年2月28日"不一致；蓝天（国际）大酒店机电设备安装工程竣工验收报告的建设单位所盖公章为"西安国际高尔夫俱乐部有限公司"，

该项目竣工验收报告日期居然为"2006 年 8 月 23 日"。经查实，该公司提交的以上业绩资料为伪造。

【行为诊断】 《招标投标法实施条例》第 42 条第 2 款规定中"提供虚假的财务状况或者业绩的"，属于《招标投标法》第 33 条规定的"以其他方式弄虚作假"的行为。行政监督部门作出处理：从通报之日起 1 年内，停止陕西省某建筑工程公司在该市承接新的工程任务和参加工程投标的资格，同时，停止其进入该市政府工程投标资格名录，并注销其《建筑业企业诚信手册》。

【示例 4-4】 投标人使用假公章，伪造"投标邀请函"

【示例简介】 2006 年 7 月 17 日召开某市南城中央生活区规划四路（北段）市政工程投标会，招标代理机构在开标过程中对标书进行核查时发现，自贡市某建筑工程有限公司、广东津鹏工程有限公司、江西省某建筑工程公司这 3 家投标单位投标文件中所附的"投标邀请函"系伪造（该函中招标人和招标代理机构的公章及文本均为投标单位自行从网上拷贝打印）。

【行为诊断】 《招标投标法实施条例》第 42 条第 1 款规定，"使用伪造、变造的许可证件的"，属于《招标投标法》第 33 条规定的"以其他方式弄虚作假"的行为。行政监督部门作出处理：责令自贡市天建建筑工程有限公司、广东津鹏工程有限公司、江西省某建筑工程公司进行整改，并从通报之日起 6 个月内，停止自贡市天建建筑工程有限公司、广东津鹏工程有限公司、江西省某建筑工程公司在该市承接新的工程任务和参加工程投标；从通报之日起 6 个月内，停止进入该市政府工程投标资格名录。

【示例 4-5】 财务报表是伪造，弄虚作假受惩罚

【示例简介】 2006 年 1 月 21 日，四川某县某镇土地整理项目开标。A 标段中标企业岳池某建筑总公司"2004 年度经审计的财务报表"。系伪造。

【行为诊断】 《招标投标法实施条例》第 42 条第 1 款规定，"提供虚假的财务状况或者业绩的"，属于《招标投标法》第 33 条规定的"以其他方式弄虚作假"的行为。行政监督部门作出处理：取消中标资格；县招监委同时决定，对该建筑公司及其在本工程的授权委托人蔡某、项目经理陈某、技术负责人刘某予以清出，1 年内不得参加仪陇县基本建设工程的任何投标活动，同时，公司所交 5 万元投标保证金，依法不予退还。

4.4 投标人串标行为

4.4.1 行为诊断概述

投标人相互串标是指投标人相互串通投标的行为，即投标人为获取中标而互相串通投标报价、控制中标价格、损害招标人（或项目所有人）或其他投标人利益的行为。其中投标人相互串标的行为特征主要体现为串通投标报价。

投标人之间串通投标，其目的是使特定的投标人中标，对公平竞争环境的破坏，损害了其他投标人的利益。其行为损害的是招标人的利益，使招标人通过公开招标压低工程造价择优确定承包商的目的落空。

《招标投标法》第 32 条规定："投标人不得相互串通投标报价，不得排挤其他投标人的公平竞争，损害招标人或者其他投标人的合法权益。""投标人不得与招标人串通投标，损害国家利益、社会公共利益或者他人的合法权益。""禁止投标人以向招标人或者评标委员会成员行贿的手段谋取中标。"

1. 投标人串标包括两种情况：一是投标者之间的串通投标，二是投标者与招标者之间相互勾结投标。《招标投标法》第 32 条第 1、2 款分别以法律的形式对上述两种情况作了禁止性的规定。

2. 所谓投标人"相互串通投标报价"，是指投标人彼此之间以口头或者书面的形式，就投标报价的形式互相通气，达到避免相互竞争，共同损害招标人利益的行为。国家工商行政管理局 1998 年 1 月发布的《关于禁止串通招标投标行为的暂行规定》中规定，"相互串通投标报价"主要包括两种情况，一是投标者之间相互约定，一致抬高或者压低投标报价；二是投标者之间相互约定，在招标项目中轮流以高价位或者低价位中标。所谓"排挤其他投标人的公平竞争"，是指投标人彼此之间以口头或者书面的形式，在投标报价活动之外互相通气，避免相互竞争，共同损害招标人利益的行为。

3. 所谓投标人"与招标人串通投标"，是指投标人与招标人在招标投标活动中，以不正当的手段从事私下交易致使招标投标流于形式，共同损害国家利益、社会公共利益或者他人的合法权益的行为。《关于禁止串通招标投标行为的暂行规定》列举的与招标人串通投标行为主要包括下述情况：招标人在公开开标前开启标书，并将投标情况告知其他投标人，或者协助投标人撤换标书，更改报价；招标人向投标人泄露标底；投标人与招标人商定，在招标投标时压低或者抬高标价，中标后再给投标人或者招标人额外补偿；招标人预先内定中标人，在确定中标人时以此决定取舍；以及招标人和投标人之间其他串通招标投标行为。

4. 《招标投标法》第 32 条第 1 款、第 2 款规定是在《反不正当竞争法》第 15 条关于"投标者不得串通投标，抬高标价或者压低标价；投标者和招标者不得相互勾结，以排挤竞争对手的公平竞争"的基础上作出的规定。第 32 条规定同《反不正当竞争法》的规定相比，一是肯定了《反不正当竞争法》所禁止的串通投标不正当竞争行为的两种表现形态；二是增加了不正当竞争行为导致的不利后果，即"损害招标人或者其他投标人的合法权益"或者"损害国家利益、社会公共利益或者他人的合法权益"。

5. 串通投标以"损害招标人或者其他投标人的合法权益"或者"损害国家利益、社会公共利益或者他人的合法权益"为目的，破坏了招标投标活动应当遵守的公平竞争的原则，同时也会助长腐败现象蔓延。因此，《招标投标法》对串通招标的行为予以严厉禁止，对违反这一规定的将依法追究其法律责任。

6. 《招标投标法》第 32 条所讲行贿，是指投标人以谋取中标为目的，给予招标人（包括其工作人员）或者评标委员会成员财物（包括有形财物和其他好处）的行为。这一行为的直接后果破坏了公平竞争的市场法则，损害了其他投标人的利益。同时，也可能损害国家利益和社会公共利益。因此，必须绝对禁止，对违反这一规定的将依法追究其法律责任。

4.4.2 行为诊断依据

1. 《招标投标法》第 32 条规定："投标人不得相互串通投标报价，不得排挤其他投标人的公平竞争，损害招标人或者其他投标人的合法权益。""投标人不得与招标人串通投标，损害国家利益、社会公共利益或者他人的合法权益。"禁止投标人以向招标人或者评标委员会成员行贿的手段谋取中标。

2.《工程建设项目施工招标投标办法》第 46 条具体列举了几种投标人串通行为："（1）投标人之间相互约定抬高或压低投标报价；（2）投标人之间相互约定，在招标项目中分别以高、中、低价位报价；（3）投标人之间先进行内部竞价，内定中标人，然后再参加投标；（4）投标人之间其他串通投标报价的行为。"上述行为均属投标人串通投标报价。

实际上，第 46 条只是列举了 3 种投标人串通行为的表现。（4）项为兜底条款。该法令对投标人串标的具体行为的表述过于简单，远远不能涵盖实践中纷繁复杂的串标行为。在实践中还存在许多形形色色的表现形式：如投标人轮流坐庄，即投标人之间事先约定共同投标多个项目，轮流中标；通过挂靠实现垄断，即投标人或者包工头通过挂靠多家企业，同时以多家企业的名义参加投标，形成实质上的投标垄断。

3. 2011 年 12 月，为解决招标投标领域突出问题、促进公平竞争、预防和惩治腐败，将《招标投标法》进一步具体化，增强法律规定的可操作性，并针对新情况、新问题充实和完善，国家颁布了《招标投标法实施条例》，列举了 10 种投标人串通投标的行为表现，对投标人串通行为的界定作了拓展，其中 4 种属于投标人串通投标行为，6 种视为投标人串通投标行为。

《招标投标法实施条例》第 39 条规定了 5 种属于投标人串标的行为："（1）投标人之间协商投标报价等投标文件的实质性内容；（2）投标人之间约定中标人；（3）投标人之间约定部分投标人放弃投标或者中标；（4）属于同一集团、协会、商会等组织成员的投标人按照该组织要求协同投标；（5）投标人之间为谋取中标或者排斥特定投标人而采取的其他联合行动。"其中第（5）项实际是兜底条款。

《招标投标法实施条例》第 40 条规定了 6 种视为投标人串标行为："（1）不同投标人的投标文件由同一单位或者个人编制；（2）不同投标人委托同一单位或者个人办理投标事宜；（3）不同投标人的投标文件载明的项目管理成员为同一人；（4）不同投标人的投标文件异常一致或者投标报价呈规律性差异；（5）不同投标人的投标文件相互混装；（6）不同投标人的投标保证金从同一单位或者个人的账户转出。"有上述情形之一的，视为投标人相互串通投标。

4.4.3 地方规章补充

1. 成都市《关于进一步加强和规范成都市政府投资项目施工招标投标活动实施意见》
（1）不同投标人的投标文件内容存在非正常一致的；
（2）不同投标人的投标文件错漏之处一致的；
（3）不同投标人的投标报价和报价组成出现多处异常且一致或者呈规律性变化的；
（4）不同投标人的投标文件由同一单位或同一个人编制的；
（5）不同投标人的投标文件载明的项目管理班子成员出现同一人的；
（6）不同投标人的投标文件相互混装的；
（7）不同投标人的投标文件由同一电脑编制的；
（8）不同投标人授权委托同一人投标的；

（9）投标人替其他投标人交纳投标保证金的；

（10）不同投标人邀请同一人为其投标提供技术或者经济咨询服务的；但招标投标项目本身要求采用专有技术的除外；

（11）其他串标、围标情形。

2.《河北省建筑工程虚假招标投标行为认定和处理办法》第7条规定，投标人有下列情形之一的，属投标人相互串通投标行为：

（1）协商约定投标报价的；

（2）采取联合行动或者不正当竞争手段排挤其他投标人的；

（3）约定其他投标人放弃投标或者放弃中标的；

（4）由同一单位或者同一人持不同投标人的资格预审文件、投标文件投标的；

（5）不同投标人资格审查资料或者投标资料混装的；

（6）不同投标人资格审查申请书或者投标文件错、漏之处一致的；

（7）不同投标人投标文件雷同的，或者投标报价呈规律性差异的；

（8）不同投标人投标文件载明的项目管理成员有相同人员的；

（9）资格审查申请书或投标文件由同一单位或者同一人编制的，或者出自同一电子文档；

（10）不同投标人使用同一单位或者同一个人的资金缴纳投标保证金的。

3.《宁夏回族自治区房屋建筑和市政基础设施工程串通投标和投标人弄虚作假行为认定和处理办法》第6条规定，投标人有下列情形之一的，属投标人相互串通投标行为：

（1）协商约定投标报价的；

（2）投标人之间事先约定中标者，或者约定其他投标人放弃投标或放弃中标的，以及约定给予未中标的投标人费用补偿的；

（3）投标人之间为谋取中标或者排斥特定投标人而联合采取行动的；

（4）属于同一协会、商会、集团公司等组织成员的投标人，按照该组织要求在投标中采取协同行动的；

（5）由同一人或分别由几个有利害关系的人携带两个以上（含两个）投标人的企业资料参与资格审查、领取招标资料，或代表两个以上（含两个）投标人参加招标答疑会、开标会、缴纳或退还投标保证金的；

（6）不同投标人投标文件雷同的；

（7）不同投标人的法定代表人、委托代理人、项目负责人、项目总监等人员有在同一个单位缴纳社会保险的；

（8）中标公示的第一中标候选人或收到中标通知书的中标人无正当理由放弃中标的；

（9）不同投标人的投标保证金由同一企业或同一账户资金缴纳的；

（10）参加投标活动的人员不能提供其属于投标企业正式在职人员的有效证明的（如：社保证明等资料）；

（11）法律、法规、规章规定的投标人之间其他串通投标的行为。

4.《青岛市建设工程项目串通投标行为认定办法（试行）》第6条规定，有下列情形之一的，由建设行政主管部门组织进行核查，依法认定为串通投标行为：

（1）同一人携带两家及以上投标人的企业资料参与投标报名、资格预审、答疑、交纳

投标保证金、开标的;

（2）不同的投标人的法定代表人、委托代理人、项目经理、项目总监、项目负责人等由同一个单位缴纳社会保险的;

（3）同一人领取两家及以上投标人投标资料或退还投标保证金的;

（4）1年内3次及以上通过资格预审,但不购买招标文件或不缴纳投标保证金的。

《青岛市建设工程项目串通投标行为认定办法（试行）》第7条规定,有下列情形之一的,由评标委员会进行核查,经集体表决,按照少数服从多数的原则,认定为串通投标行为:

（1）不同投标人的投标文件错、漏之处一致的;

（2）总报价相近,但其中各项报价不合理,没有合理的解释或者提不出计算依据或者主要材料设备价格极其相近或者没有成本分析,乱调乱压的;

（3）不同投标人的投标综合单价或者报价组成异常一致或者呈规律性变化的;

（4）不同投标人的投标文件由同一单位或者同一个人编制的;

（5）不同投标人的投标文件中,项目班子成员出现同一人的;

（6）不同投标人的投标文件相互混装的;

（7）不同投标人的投标文件由同一台电脑编制或同一台附属设备打印,或投标预算用同一个预算编制软件（密码锁制作的）;

（8）不同投标人使用同一个人或者同一个企业资金交纳投标保证金的;

（9）不同投标人聘请同一个人为其投标提供技术咨询服务的（招标工程本身要求采用专有技术的除外）;

（10）评标委员会依法认定的其他串通投标情形。

5.《湖南省房屋建筑和市政基础设施工程围标串标行为认定处理办法》第6条规定,投标人在投标过程中有下列情形之一的,认定其有围标串标行为:

（1）由同一人或分别由几个有利害关系人携带两个以上（含两个）投标人的企业资料参与资格审查、领取招标资料,或代表两个以上（含两个）投标人参加招标答疑会、缴纳或退还投标保证金、开标的;

（2）不同投标人的法定代表人、委托代理人、项目负责人、项目总监等人员有在同一个单位缴纳社会保险的;

（3）通过资格审查且购买了招标文件的投标人无正当理由不参加投标或不按规定缴纳投标保证金导致本次招标失败的;

（4）递交投标文件截止时间开始至评标结束,投标人撤回投标文件的;

（5）投标人之间相互约定给予未中标的投标人费用补偿的;

（6）在资格审查或开标时不同投标人的投标资料（包括电子资料）相互混装的;

（7）中标公示的第一中标候选人或收到中标通知书的中标人无正当理由放弃中标或不按规定与招标人签订合同的;

（8）参加投标活动的人员不能提供其属于投标企业正式在职人员的有效证明的（如:社会保险等资料）;

（9）法律法规规定的其他围标串标行为。

《湖南省房屋建筑和市政基础设施工程围标串标行为认定处理办法》第8条规定,在评标过程中评标委员会发现投标人有下列情形之一的，认定其有围标串标行为，宣布本次招标无效：

（1）不同投标人的投标文件两处以上（含两处）错、漏一致或雷同的；

（2）不同投标人的投标总报价相近且各分项报价、综合单价分析表内容混乱不能相互对应、乱调乱压或乱抬的，而在询标时没有合理的解释或者不能提供计算依据和报价依据的；

（3）不同投标人的投标各项报价存在异常一致或者呈规律性变化的；

（4）不同投标人的投标文件由同一单位或者同一个人编制的；

（5）不同投标人的投标文件中投标资料（包括电子资料）相互混装或项目班子成员出现同一人的；

（6）不同投标人的投标文件由同一电脑编制或同一台附属设备打印，或投标报价用同一个预算编制软件密码锁制作或出自同一电子文档的；

（7）不同投标人的投标保证金由同一企业或同一账户资金缴纳的；

（8）不同投标人委托同一个人或注册在同一家企业的注册人员或同一家企业为其投标提供投标咨询、商务报价、技术咨询（招标工程本身要求采用专有技术的除外）等服务的；

（9）评标委员会依法认定的有其他明显违规行为情形的。

6.《重庆市建设工程招标投标中串通投标及无故放弃中标认定和处理暂行办法》第4条规定，建设工程招标投标活动中有下列情形之一的，应认定为串通投标行为：

（1）……

……

（7）投标人与投标人之间相互约定，一致抬高或者压低投标报价；

（8）投标人与投标人之间相互约定，在招标项目中轮流以高价位或者低价位中标；

（9）投标人与投标人之间先进行内部竞价，内定中标人，然后再参加投标；

（10）不同投标人的投标文件由同一单位（或个人）编制或提供投标咨询服务；

（11）不同投标人使用同一人或者同一单位的资金交纳投标保证金或者互作投标担保；

（12）不同投标人委托同一人办理投标事务；

（13）不同投标人的投标文件的内容出现非正常一致，或者报价细目呈明显相同规律性变化；

（14）不同投标人的投标文件载明的项目管理人员出现同一人；

（15）不同投标人的投标文件相互混装；

（16）法律、法规或规章规定的其他串通投标行为。

7.《青海省房屋建筑和市政基础设施工程招标投标活动中串通投标行为认定处理办法》（青建工〔2011〕814号）第5条规定，投标人在投标过程中有下列情形之一的，认定其有串通投标行为：

（1）由同一人或分别由几个利害关系人携带两个以上（含两个）投标人的企业资料参与资格审查、领取招标资料，或代表两个以上（含两个）投标人参加招标答疑会、开标。

（2）不同投标人的投标保证金由同一企业或同一账户缴纳或退还。

（3）不同投标人的法定代表人、委托代理人、项目经理、项目总监、项目负责人等在同一个单位注册或由同一单位缴纳社会保险。

（4）通过资格审查且购买了招标文件的投标人之间相互约定不参加投标或不缴纳投标保证金导致当次招标失败。

（5）在资格审查或开标时不同投标人的投标资料（包括电子资料）相互混装。

（6）不同投标人的投标文件两处以上错、漏之处一致或雷同。

（7）不同投标人的投标总报价相近且各分项报价、综合单价分析表内容混乱不能相互对应、乱调乱压或乱抬的，而在询标时没有合理的解释或者不能提供计算依据和报价依据。

（8）不同投标人的投标文件由同一单位或者同一人员编制，或投标报价用同一个预算编制软件密码锁制作或出自同一电子文档。

（9）中标公示的第一中标候选人或收到中标通知书的中标人与其他中标候选人之间相互协商后，放弃中标或不按规定与招标人签订合同。

（10）法律法规规定的其他串通投标行为。

4.4.4　应注意的问题

我国有关法律和规章比较清晰地列举了投标人串通投标行为的具体表现，但在实践中，对串通投标行为的认定具有一定的难度，因为这种串通行为都是在暗中运行的，要想找到投标人串通行为的直接证据则非常困难。根据实践经验，通过对如下事实的分析判断，可以作为认定投标人串通投标的初步证据：

1. 是否使用个人的资金交投标保证金；企业除依法签订的分包和劳务合同外，是否还签订了其他的承包合同；企业是否除留下管理费外，将大部分工程款转给个人；施工现场的管理人员是否与投标承诺的人员不一致或未按工程实际进展情况到位等。

2. 从总报价的相似性来判断。（1）总报价相近，其中各项报价却不合理，又没有合理的解释；（2）总报价相近，其中数项报价有雷同，又提不出计算依据；（3）总报价相近，数项子目单价完全相同却提不出合理的单价组成；（4）总报价相近，主要材料、设备价格及其数量也相近；（5）总价相同，没有成本分析，乱调乱压；措施项目和其他项目的报价有雷同。

3. 检查投标人的标书，尤其是技术标是否雷同。如标书图表内容和尺寸的大小、报价说明书、标书中段落、标点符号，甚至错的地方等是否相同；施工部署、组织管理体系及人员配备、施工方案和方法、进度计划等是否相似。因为当串标已成定局时，往往其他陪同串标的投标人会想方设法地图省事，尽可能降低自己的投标成本，以求更大的利润。

上述情形虽然可以作为投标人串通投标的初步线索，但要直接认定投标人串通投标，这些证明明显力度不够，还需要进一步的调查取证。然而，仅凭招标人的能力再进一步搜集更有力的证据也是困难的。寻找这方面的证据常常需要借助行政和司法的力量，但在招标投标市场中招标人事实上很难获得这样的支持。这样的直接证据往往来自于串通投标人自己，当他们因利益分配不均而发生纠纷时有可能会自曝串标内幕。

4.4.5　行为诊断示例

【示例 4-6】　劝说他人放弃中标，定性串标没商量

【示例简介】　某市机关干部住宅小区土方回填工程实行公开招标。甲公司以低于最高限价10万元的最低报价中标。此时，有人举报甲公司利用各种手段，对其他投标人进行威胁利诱，达到非法中标的目的。该市政府有关部门接到举报后，联合其他有关部门进行调查，很快查明：甲公司在评标前分别找其他投标人，要求他们提供报价，放弃中标，事成之后许诺给予一定的好处费。甲公司中标后，其他投标人都得到了1万多元的好处费。

【行为诊断】　《招标投标法实施条例》第39条规定："投标人之间约定部分投标人放弃投标或者中标的"，属于投标人相互串通投标。《工程建设项目施工招标投标办法》第46条规定："投标人之间相互约定，在招标项目中分别以高、中、低价位报价的，属投标人串通投标报价。"本案S公司要求其他投标人向他提供报价，放弃中标，事成之后许诺给予一定的好处费，已构成串标行为。处理结果：取消S公司的中标资格，重新组织招标投标；没收S公司的投标保证金并处罚款；将S公司永远开除出该市政府采购市场，对参与组织串标的有关责任人处以治安拘留，奖励举报有功者。

【示例4-7】　8件标书分3类，每类文件均相同

【示例简介】　某工程招标项目共有8家供应商投标，评委们在对某工程招标项目的评审中发现，共8份投标文件，仅从外观上就可轻易地分成3类，投标文件几乎是一个模板做出来的，连装订、字体、细微的工程预算、包括漏项的和出错的都相同，投标人在答复评委提问时对投标项目竟一无所知。

【行为诊断】　《招标投标法实施条例》第40条第4款规定："不同投标人的投标文件由同一单位或者个人编制或不同投标人的投标文件异常一致或者投标报价呈规律性差异的，"视为投标人相互串通投标。本案投标文件分3类，文件内容以及包装基本相同，几乎是一个模板做出来的，认定投标人中3家、3家、两家存在相互串通的投标行为。

4.5　招标人串标行为

4.5.1　行为诊断概述

招标人串标是指招标人与投标人互相串通，招标人向投标人泄漏影响公平竞争的有关招标投标信息，或是内定中标人，量身定做，明招暗定，走招标投标形式。招标人与投标人串通该行为损害的是国家利益、社会公共利益或者其他投标人的合法权益，其行为影响中标结果的，中标无效。

招标人串标与投标人之间的串通投标相比，相同之处在于，二者都是通过串通行为使特定的投标人中标，都是对公平竞争环境的破坏，都损害了其他投标人的利益。不同之处在于，招标人串标行为主要是使"内定中标人"中标，损害的是其他投标人的利益；投标人之间的串通行为主要损害的是招标人的利益，使招标人通过公开招标压低工程造价择优确定承包商的目的落空。

4.5.2　诊断法律依据

1.《招标投标法》第52条对招标人串标行为的判断规定了两条：一是透露文件内容的；二是泄露标底的，属于招标人的串标行为，该条较为简明、原则。

2.《工程建设项目施工招标投标办法》第 47 条对招标人串标行为则进一步具体为 5 种表现："（1）招标人在开标前开启招标文件，并将投标情况告知其他投标人，或者协助投标人撤换投标文件，更改报价；（2）招标人向投标人泄露标底；（3）招标人与投标人商定，投标时压低或抬高标价，中标后再给投标人或招标人额外补偿；（4）招标人预先内定中标人；（5）其他串通投标行为。"

3.《招标投标法实施条例》结合招标投标实践，2012 年 2 月 1 日开始施行的《招标投标法实施条例》第 41 条对此进行了总结和补充，将规章上升为法规层次，共列举 6 种表现：

（1）招标人在开标前开启投标文件并将有关信息泄露给其他投标人；（2）招标人直接或者间接向投标人泄露标底、评标委员会成员等信息；（3）招标人明示或者暗示投标人压低或者抬高投标报价；（4）招标人授意投标人撤换、修改投标文件；（5）招标人明示或者暗示投标人为特定投标人中标提供方便；（6）招标人与投标人为谋求特定投标人中标而采取的其他串通行为。

4.5.3 地方规章补充

在招标投标实践中，还存在招标人通过操纵评标委员会对不同投标人实行差别待遇，确保特定投标人中标，甚至在资格预审或招标文件中故意设置某些不合理或特定的要求，对号入座，即对意向中的特定投标人"量身招标"，"明招暗定"以排斥其他投标人或潜在投标人，操纵中标结果等串行为。为贯彻落实《招标投标法》，我国各地方行政主管部门结合招标投标实践，对招标人串通投标行为的认定，通过地方规章形式做了补充说明。

1.《重庆市建设工程招标投标中串通投标及无故放弃中标认定和处理暂行办法》第 4 条规定，建设工程招标投标活动中有下列情形之一的，应认定为串通投标行为：

（1）招标人（或招标代理机构）在规定的开标时间前开启投标文件，并将投标信息传递给该项目的其他投标人；

（2）招标人（或招标代理机构）在规定的提交投标文件截止时间后，协助投标人撤换投标文件、更改报价；

（3）招标人（或招标代理机构）泄露标底、资格预审委员会或评标委员会成员名单，泄露投标人名称、数量或联系方式等应当保密的事项；

（4）招标人（或招标代理机构）在招标投标期间与投标人就该招标项目进行实质性谈判，或投标人与招标人商定压低或者抬高标价，中标后再给投标人或者招标人额外补偿；

（5）招标人（或招标代理机构）在评标结束前预先内定中标人，或在招标文件中设定明显倾向性条款，或向评标委员会进行倾向性引导评标；

（6）招标人（或招标代理机构）为招标项目的投标人提供影响公平竞争的投标咨询服务。

2.《青岛市建设工程项目串通投标行为认定办法（试行）》第 6 条规定，有下列情形之一的，由建设行政主管部门组织进行核查，依法认定为串通投标行为：

（1）……

……

（6）招标人与投标人或两个以上投标人委托同一家造价咨询公司或代理机构或同一执

业人员提供咨询或代理服务的;

（7）招标人（招标代理）组织投标人串通投标或招标人（招标代理）为投标人制作投标资料的;

（8）招标人（招标代理）与投标人或投标人之间约定给予未中标的其他投标人以费用补偿的。

3.《湖南省房屋建筑和市政基础设施工程围标串标行为认定处理办法》第 4 条规定：招标人或招标代理机构在房屋建筑和市政基础设施工程招标活动中有下列情形之一的，认定其与投标人有围标串标行为：

（1）招标人（招标代理机构）编制的招标公告、招标文件、资格审查文件专门为某个特定投标人"量身定做"或设有明显倾向性条款的;

（2）在规定的投标截止时间前开启投标文件的;

（3）在规定的提交投标文件截止时间后，协助投标人撤换投标文件、更改报价（包括修改电子投标文件相关数据）的;

（4）向投标利害关系人泄露标底、资格审查委员会或评标委员会成员名单、资格审查或评标情况等应当保密的事项的;

（5）在开标前与投标人就该招标项目进行实质性谈判，或与投标人商定压低或者抬高标价，中标后再给投标人或者招标人额外补偿的;

（6）组织或协助投标人违规投标的;

（7）发现不同投标人的法定代表人、委托代理人、项目负责人、项目总监等人员有在同一个单位缴纳社会保险情形而不制止，反而同意其继续参加投标的;

（8）发现有由同一人或存在利益关系的几个利害关系人携带两个以上（含两个）投标人的企业资料参与资格审查、领取招标资料，或代表两个以上（含两个）投标人参加招标答疑会、缴纳或退还投标保证金、开标等情形而不制止，反而同意其继续参加投标的;

（9）招标投标过程中发现投标人办理投标事项（报名、购买资格审查文件或招标文件等）的相关人员不能提供其是投标企业正式在职人员的有效证明（如：社会保险等资料）而不制止的;

（10）在资格审查或开标时发现不同投标人的投标资料（包括电子资料）相互混装等情形而不制止，反而同意其通过资格审查或继续参加评标的;

（11）招标人、招标代理机构与投标人委托同一造价咨询公司提供咨询或代理服务的;

（12）招标代理机构在同一房屋建筑和市政基础设施工程招标投标活动中，既为招标人提供招标代理服务又为参加该项目投标人提供投标咨询的;

（13）在招标文件以外招标人或招标代理机构与投标人之间另行约定给予未中标的其他投标人费用补偿的;

（14）在评标时，对评标委员会进行倾向性引导或干扰正常评标秩序的;

（15）指使、暗示或强迫要求评标委员会推荐的中标候选人放弃中标的;

（16）无正当理由拒绝与中标候选人签订合同的;

（17）法律、法规规定的其他违规行为。

4.《青海省房屋建筑和市政基础设施工程招标投标活动中串通投标行为认定处理办法》第 4 条规定，招标人或招标代理机构在招标活动中有下列情形之一的，认定其与投标人有串通投标行为：

（1）在规定的提交投标文件截止时间后，协助投标人撤换投标文件、更改投标文件内容（包括修改电子投标文件相关数据）。

（2）向投标利害关系人泄露投标人名称、数量、联系方式、标底、资格审查委员会或评标委员会成员名单、资格预审或评标情况等应当保密的事项。

（3）与投标人商定压低或者抬高标价，中标后再给投标人或者招标人额外补偿，或在中标通知书发出前与投标人就该招标项目进行实质性谈判。

（4）在评标结束前预先内定中标人，或在招标文件中设定明显倾向性条款，或向评标委员会进行倾向性引导评标，或无故干扰正常评标秩序。

（5）招标代理机构在同一工程招标投标活动中，既为招标人提供招标代理服务又为参加该项目投标的投标人提供咨询服务。

（6）发现投标人存在串通投标行为而不制止，反而同意其继续参加投标。

（7）法律、法规规定的其他串通投标行为。

4.5.4　行为诊断示例

【示例 4-8】　招标人泄漏标底，属于那种串标类型？

【示例简介】　2010 年 12 月，某市中学拟建一幢男生宿舍楼，该市建设局建设工程招标投标办公室负责该宿舍楼工程招标工作。12 月 20 日，某市甲建筑装潢公司、市建筑安装工程总公司、市第二建筑工程公司均将投标书送至市建设局招标办封存，投标报价分别为 288.8 万元、276.8 万元、277 万元。在投标过程中，市建筑安装工程总公司为自己和市第二建筑工程公司编制了工程预算书，市建筑安装工程总公司的预算价值为 2863529.70 元，市第二建筑工程公司预算价值为 2844847.14 元。

江苏省高级人民法院除一审查明的事实外，另查明：12 月 24 日，盐城市工程造价管理处定额科科长张某某将市中学男生宿舍楼的招标标底送至下辖的市建设局招标办，标底为 2980955 元。市建筑安装工程总公司预算员稽某遇见张某某，询问标底情况。同日，稽某即了解标底并了解到其投标报价与招标标底相差较大，原因在计算口径上不一致。12 月 25 日，市建筑安装工程总公司由稽某与盐城市工程造价管理处张某某联系，要求就计算口径问题进行协调。后经市招标办审标，标底定为 2920977 元。

【行为诊断】　《工程建设施工招标投标法》第 47 条第 2 款规定："招标人向投标人泄露标底的"属招标人与投标人串通投标。《招标投标法实施条例》第 41 条第 2 款规定："招标人直接或者间接向投标人泄露标底、评标委员会成员等信息的"属于招标人与投标人串通投标。本案例中由于招标人泄漏标底，导致投标人相互串通压低标价，属于招标人与投标人相互串标行为。

4.6　代理人串标行为

4.6.1　行为诊断概述

招标代理机构是受招标人委托，依法成立的，从事招标代理业务并提供相关服务的社会中介组织。招标代理机构的作用我们可以理解为招标代理过程中招标人和投标人之间紧密联系的中间人，如果招标代理机构本身要想违法、违规是相当容易和隐蔽的，首先它具有招标人和投标人不具有的先天条件，就是招标代理机构在开标前即可以和招标人接触又可以与投标人接触；假设代理机构与其中的一方达成某种幕后的非法交易，另一方是完全不知情的，也就是说招标代理机构在招标人和投标人两方面都可以进行违法、违规操作，所以招标代理机构的违法违规行为造成的损失是巨大的。

4.6.2　诊断法律依据

1. 《招标投标法》第50条规定了两条判断依据："一是招标代理机构泄露应当保密的与招标投标活动有关的情况和资料的；二是与招标人、投标人串通损害国家利益、社会公共利益或者他人合法权益的。"只要满足其中一条即属于代理人串标，致使中标无效的行为。

"与招标投标活动有关的情况和资料"，包括编制和发售招标文件阶段的潜在投标人的名称、数量以及可能影响公平竞争的有关招标投标的其他情况，招标项目的标底，评标阶段的评标保密措施，对投标文件的评审和比较，中标候选人的推荐情况以及与评标有关的其他情况等等。

2. 招标代理机构与招标人、投标人串通包括以下三种情况：一是招标代理机构与招标人串通违反本法的规定进行招标投标；二是招标代理机构与投标人串通以使该投标人中标从中谋取不正当利益；三是招标人、招标代理机构、投标人共同串通谋取非法利益。不管招标代理机构与招标人、投标人的串通属于哪种情况，都是损害国家利益、社会公共利益或者他人的合法权益的行为。这里所讲的"他人"，主要是指招标人和利益受到损害的投标人。对招标代理机构上述违反法律规定的行为，应当依照本条规定追究其法律责任。

3. 《招标投标法实施条例》第65条参考了《工程建设项目施工招标投标办法》第69条的内容，并将其上升为法规，这是对《招标投标法》中有关代理人串标无效行为的完善和补充，第65条中包括对以下四种情形的限制：

（1）泄密条款。招标代理机构在代理招标时是以招标人的代理人身份进行的，直接参与、组织招标投标活动。在招标活动中，向投标人泄露依法不得透露的有关资料、信息。

（2）咨询条款。招标代理机构不得在所代理的招标项目中投标、代理投标或者向该项目投标人提供咨询。

（3）参与条款。代理机构接受委托编制标底的，不得参加受托编制标底项目的投标或者为该项目的投标人编制投标文件、提供咨询。

（4）兜底条款。代理机构不得与招标人或投标人串通损害国家利益、社会公共利益或者他人合法权益。

4.6.3　地方规章补充

1. 《河北省建筑工程虚假招标投标行为认定和处理办法》第6条规定，招标代理机构有以下规定行为之一的，属与投标人串通招标投标行为；受招标人指使、授意的，属与招标人串通招标投标行为。

（1）预先约定投标人中标的；（2）与特定投标人商定，投标时压低或者抬高投标报价，中标后再给予招标人或者投标人额外补偿的；（3）投标截止后，允许特定投标人撤换投标文件或者更改投标文件内容的；（4）明示或者暗示评标委员会成员倾向性评审的；（5）以胁迫、劝退、补偿等方式，使特定投标人以外的其他投标人放弃投标或者使中标人放弃中标的；（6）已经开展勘察、设计、施工、监理活动或者已经采购材料设备，而后组织招标的。

2.《宁夏回族自治区房屋建筑和市政基础设施工程串通投标和投标人弄虚作假行为认定和处理办法》第 4 条规定，招标代理机构有下列情形之一，认定其与投标人有串通投标行为：

（1）预先约定投标人中标的；

（2）招标代理机构编制的招标公告、招标文件、资格审查文件专门为某个特定投标人"量身定做"或设有明显倾向性条款的；

（3）在开标前与投标人就该招标项目进行实质性谈判，或与投标人商定压低或者抬高标价，中标后再给投标人或者招标人额外补偿的；

（4）组织、授意或者暗示其他投标人为特定投标人中标创造条件或者提供方便的；

（5）在招标文件以外，与投标人之间另行约定给予未中标的其他投标人费用补偿的；

（6）在规定的投标截止时间前开启投标文件的；

（7）在开标前泄露投标文件内容，或者协助、授意投标人补充、修改投标文件内容（包括修改电子投标文件相关数据）的；

（8）发现不同投标人的法定代表人、委托代理人、项目负责人、项目总监等人员有在同一个单位缴纳社会保险情形而不制止，反而同意其继续参加投标的；

（9）发现有由同一人或存在利益关系人携带两个以上（含两个）投标人的企业资料参与资格审查、领取招标资料，或代表两个以上（含两个）投标人参加招标答疑会、开标会、缴纳或退还投标保证金等情形而不制止，反而同意其继续参加投标的；

（10）招标投标过程中发现投标人办理投标事项（报名、购买资格审查文件或招标文件、投标等）的相关人员不能提供其是投标企业正式在职人员的有效证明（如：社会保险等资料）而不制止的；

（11）在资格审查或开标时发现不同投标人的投标资料（包括电子资料）相互混装等情形而不制止，反而同意其通过资格审查或继续参加评标的；

（12）投标截止后，允许特定投标人撤换投标文件或者更改投标文件内容；

（13）以胁迫、劝退、补偿等方式，使特定投标人以外的其他投标人放弃投标或者使中标人放弃中标的；

（14）对评标委员会进行倾向性引导或干扰正常评标秩序的，明示或者暗示评标委员会成员倾向性评审的，或者授意资格审查委员会或者评标委员会对申请人或者投标人进行区别对待的；

（15）直接或者间接向投标人泄露标底、资格审查委员会或评标委员会成员名单、资格审查情况等应当保密的事项的；

（16）法律、法规、规章规定的其他串通投标行为。

3.《湖南省房屋建筑和市政基础设施工程围标串标行为认定处理办法》第 4 条规定，招标人或招标代理机构在房屋建筑和市政基础设施工程招标活动中有下列情形之一的，认定其与投标人有围标串标行为：

（1）招标人（招标代理机构）编制的招标公告、招标文件、资格审查文件专门为某个特定投标人"量身定做"或设有明显倾向性条款的；

（2）在规定的投标截止时间前开启投标文件的；

（3）在规定的提交投标文件截止时间后，协助投标人撤换投标文件、更改报价（包括修改电子投标文件相关数据）的；

（4）向投标利害关系人泄露标底、资格审查委员会或评标委员会成员名单、资格审查或评标情况等应当保密的事项的；

（5）在开标前与投标人就该招标项目进行实质性谈判，或与投标人商定压低或者抬高标价，中标后再给投标人或者招标人额外补偿的；

（6）组织或协助投标人违规投标的；

（7）发现不同投标人的法定代表人、委托代理人、项目负责人、项目总监等人员有在同一个单位缴纳社会保险情形而不制止，反而同意其继续参加投标的；

（8）发现有由同一人或存在利益关系的几个利害关系人携带两个以上（含两个）投标人的企业资料参与资格审查、领取招标资料，或代表两个以上（含两个）投标人参加招标答疑会、缴纳或退还投标保证金、开标等情形而不制止，反而同意其继续参加投标的；

（9）招标投标过程中发现投标人办理投标事项（报名、购买资格审查文件或招标文件等）的相关人员不能提供其是投标企业正式在职人员的有效证明（如：社会保险等资料）而不制止的；

（10）在资格审查或开标时发现不同投标人的投标资料（包括电子资料）相互混装等情形而不制止，反而同意其通过资格审查或继续参加评标的；

（11）招标人、招标代理机构与投标人委托同一造价咨询公司提供咨询或代理服务的；

（12）招标代理机构在同一房屋建筑和市政基础设施工程招标投标活动中，既为招标人提供招标代理服务又为参加该项目投标人提供投标咨询的；

（13）在招标文件以外招标人或招标代理机构与投标人之间另行约定给予未中标的其他投标人费用补偿的；

（14）在评标时，对评标委员会进行倾向性引导或干扰正常评标秩序的；

（15）指使、暗示或强迫要求评标委员会推荐的中标候选人放弃中标的；

（16）无正当理由拒绝与中标候选人签订合同的；

（17）法律、法规规定的其他违规行为。

4.6.4 行为诊断示例

【示例 4-9】 代理人员改编码，偷梁换柱受惩罚

【示例简介】 广东省某某市东路、西路改造工程是该市"十一五"重点建设项目。2009 年 3 月 31 日，两项目在市交易中心开标，东路、西路项目分别以最高预算价格下浮 7.6％和下浮 6.24％中标。当时，开标结果犹如一个"定时炸弹"，引发了众多投标公司的质疑，投标单位有关人员聚集在交易中心要求对这两个项目的技术标书进行核对。

为保障政府资金安全、维护招标投标市场的公正公平，该市检察院根据市交易中心的请求，与建设局、监察局组成联合调查组对开标结果进行调查核实。通过调查分析和比较，调查组发现这次招标活动存在两大疑点：一是两项工程技术难度不大，根本没必要进

行评标；二是中标价下浮只是在 6%～8% 之间，明显低于路面改造工程通常 30% 的下浮率。

经过深入调查，18 本标书编号露出马脚。招标投标代理机构——某监理工程有限公司负责人黄某（也是建设单位委托的评标专家）取走了未密封的评标结果，《投标单位编号记录表》原件被黄某换掉，在索要原件的过程中，黄某神秘失踪，下落不明。

在核对投标文件时，发现东路工程项目的技术标书中 12 本出现编号与实际制作标书单位不一致的情况，进入前 8 名的单位有 6 家是通过更换编号进入的。西路工程项目的标书编号有 6 本出现同样情况，而黄某被认定有更改投标单位技术标书编号的重大嫌疑，涉嫌串标犯罪。

7 月 14 日常东路、常黄路改造工程重新招标，结果常东路中标价为 7934 万元多，下浮 36.51%；常黄路中标价为 6029 万元多，下浮 34.64%。平均下浮率为 35.7%，比第一次违法违规招标平均下浮率提高了 28 个百分点，直接节省财政投资 6208 万元。

依据调查结果，调查组根据《招标投标法》第 5 条的规定，认为该市某监理工程有限公司（招标代理机构）在两工程项目的招标投标活动中存在系列违规违法问题。公司招标代理业务直接负责人黄某有更换招标投标资料、串通投标的重大嫌疑，建议公安部门立案侦查；同时，停止黄某在某某市从事招标代理业务的资格。

【行为诊断】 《工程建设施工招标投标办法》第 47 条规定，招标人在开标前开启投标文件，并将投标情况告知其他投标人或者协助投标人撤换投标文件，更改报价的，属招标人与投标人串通投标。本条款同样适用招标代理人。许多地方法规对此都有明确的认定标准。例如，河北、宁夏、湖南等地对串标行为的认定和处理办法中均规定"招标代理机构在规定的提交投标文件截止时间后，协助投标人撤换投标文件、更改报价（包括修改电子投标文件相关数据）的，认定其与投标人有串通投标行为。"本案中招标代理人私自取走未密封的评标结果，《投标单位编号记录表》原件被黄某换掉，加以修改，为他人谋取利益，应属于代理人与投标人串标行为。

4.7 评委会串标行为

4.7.1 行为诊断概述

建设工程领域是串标行为高发、多发、易发的重点领域。近几年来，各级各部门积极采取有效措施推进工程建设招标投标工作，从源头上治理串标行为和预防腐败，取得了明显成效。但是，我们也应清醒地看到，当前建设工程领域依然存在着一些问题，并呈现以下特点：

1. 串标行为主体向第三方转移。过去在招标投标领域的串标行为，多数表现为投标人与招标单位的领导或经办人员联手串标，而近年来许多串标现象却表现为投标人与参加评标的第三方——评标专家进行串标。

2. 单个专家违法向多人多次的专家群体违法变化。过去投标人与评标专家串标，只是评标委员会中的个别评委、个别专家行为，近年来则表现为评标专家群体参与的特点。例如：合肥市调查，两个投标公司先后向 7 名评标专家行贿 18 次，每次 5000 元至 4 万元不等。虽然金额不大，但次数多、涉及人员多，有的评标专家不仅自己参与受贿串标，还

"热心"介绍其他专家与投标人认识，共同受贿串标。

3. 不仅局限于建设工程主体项目内，而且逐步涉及建设附属设备采购活动之中。以前的工程建设领域串标行为，违纪违法行为多数发生在工程建设主体项目的招标投标中，如今串标行为已经发生在建设工程的附属设备，例如电梯采购的招标投标过程中。业务领域串标范围逐步扩大，应引起我们的足够重视。

4.7.2 诊断法律依据

1. 关于评标委员会成员串标行为的表现形式《招标投标法》第44条规定了两条，第一条是私下接触条款："评标委员会成员不得私下接触投标人，不得收受投标人的财物或者其他好处。"另一条是泄密条款："评标委员会成员和参与评标的有关工作人员不得透露对投标文件的评审和比较、中标候选人的推荐情况以及与评标有关的其他情况。"

2. 《评标委员会和评标方法暂行规定》第12条规定，有下列情形之一的，不得担任评标委员会成员：

（1）投标人或者投标主要负责人的近亲属；

（2）项目主管部门或者行政监督部门的人员；

（3）与投标人有经济利益关系，可能影响对投标公正评审的；

（4）曾因在招标、评标以及其他与招标投标有关活动中从事违法行为而受过行政处罚或刑事处罚的。

3. 《工程建设项目施工招标投标办法》第79条对于评标委员会成员串标行为的判定，又增加了一条回避条款：应当回避担任评标委员会成员的人参与评标的，属于串标行为。

4. 《招标投标法实施条例》第71条对评标委员会成员串标行为归纳为：

（1）应当回避而不回避；（2）私下接触投标人；（3）向招标人征询确定中标人的意向或者接受任何单位或者个人明示或者暗示提出的倾向或者排斥特定投标人的要求；（4）对依法应当否决的投标不提出否决意见；（5）暗示或者诱导投标人作出澄清、说明或者接受投标人主动提出的澄清、说明。

4.7.3 地方规章补充

1. 《河北省建筑工程虚假招标投标行为认定和处理办法》第8条规定，评标委员会成员接受他人指使或者为谋取利益，有下列情形之一的，属串通评标行为：

（1）私下接触投标人的；（2）应当废标而不废标的；（3）对特定投标人投标文件中的重大偏差，提出符合评审条件意见的；（4）对特定投标人以外的其他投标人提出不公正评审意见的；（5）向他人透露投标文件的评审情况、中标候选人的推荐情况以及与评标有关的其他情况的。

2. 《宁夏回族自治区房屋建筑和市政基础设施工程串通投标和投标人弄虚作假行为认定和处理办法》第10条规定，评标委员会成员有下列情形之一的，认定其与投标人有串通评标的行为：

（1）私下接触投标人或与招标结果有利害关系的人的；

（2）明知与投标人有利害关系而不主动提出回避的；

（3）对存在本办法第8条规定的违规投标行为不给予认定或不作废标处理的；

（4）对特定投标人投标文件中的重大偏差，提出符合评审条件意见的，或者对特定投标人以外的其他投标人提出不公正评审意见的；

（5）进行评标打分时，在没有合理理由的情况下，有意给特定投标人高分值而压低其他投标人分值或不按照招标文件规定进行评分的；

（6）发现投标人投标报价中存在明显不合理报价而不指出的；

（7）发现投标人技术部分中存在明显不合理性或内容缺、漏而不指出的；

（8）明知投标人违反了法律、法规和招标文件的规定而不指出，反而对其投标文件继续进行评审的；

（9）向他人透露投标文件的评审情况、中标候选人的推荐情况以及与评标有关的其他情况的；

（10）存在其他违反相关法律法规行为，使得评标明显缺乏公平、公正的。

3.《湖南省房屋建筑和市政基础设施工程围标串标行为认定处理办法》第10条规定，在评标过程中评标委员会成员有下列情形之一的，认定其与投标人有围标串标行为：

（1）明知与投标人有利害关系而不主动提出回避的；

（2）发现投标人投标文件中存在不符合招标文件规定而不指出的；

（3）发现投标人投标报价中存在明显不合理报价而不指出的；

（4）发现投标人技术部分中存在明显不合理性或内容缺、漏而不指出的；

（5）进行评审分值时，在没有合理理由的情况下，有意给某一投标人高分值而压低其他投标人分值或不按照招标文件规定进行评分的；

（6）对存在本办法第八条规定的违规投标行为而不给予认定或不作废标处理的；

（7）明知投标人违反了法律、法规和招标文件的规定而不指出，反而对其投标文件继续进行评标的；

（8）存在其他违反相关法律法规行为，使得评标明显缺乏公平、公正的。

4.《青海省房屋建筑和市政基础设施工程招标投标活动中串通投标行为认定处理办法》第6条规定，评标委员会成员有下列情形之一的，认定其与投标人有串通投标行为：

（1）明知与投标人有利害关系而不主动提出回避。

（2）发现投标人的投标文件中存在不符合招标文件规定而不指出。

（3）发现投标人投标报价中存在明显不合理报价而不指出。

（4）发现投标人投标文件中技术部分存在明显不合理性或相关内容缺、漏而不指出。

（5）在无合理理由的情况下，有意给某投标人高分而压低其他投标人分值或不按照招标文件规定进行评分。

（6）明知投标人违反了法律、法规、规章和招标文件的规定而不指出，仍继续对其投标文件进行评标。

（7）存在其他使得评标明显缺乏公平、公正的行为。

4.7.4　行为诊断示例

【示例4-10】　私下接触不回避，行为判断有依据

【示例简介】　某高校建设工程项目委托招标代理机构进行公开招标。该工程建设规模建筑面积17800m²、人造草坪面积9878m²；承包方式为包工包料，一个标段；经建设单

位及其主管部门批准，组成评标委员会，共五人组成全权负责投标文件的评审工作。招标投标管理机构、教育主管部门、公证处等单位监督了开标、评标的全过程。

在有关部门的监督下，通过评标委员会成员6个小时认真仔细的评审，向招标人推荐出第一中标候选人甲公司，公示两个工作日。在招标公示期间，第二中标候选人乙公司投诉评标委员会成员与第一中标人甲公司存在利害关系：5名评委员会成员中有3人应该执行回避制度。经查证，建设单位的经办人员在招标活动中多次接受承包商的宴请，中标单位法人委托人为招标单位经办人并且受到这次评标委员会成员黄某某和蒋某某的3次宴请；在评标的第1天晚上，由建设单位经办人黄某某介绍，中标单位甲公司法人委托人与身为指定评标人之一的设计院院长徐某某在茶吧内接触长达1个半小时，且徐某某是甲公司法人委托人的表舅。

【行为诊断】 《招标投标法实施条例》第71条、《工程建设项目施工招标投标办法》第79条和《评标委员会和评标方法暂行规定》第12条均有明确的规定，评标委员会成员应当回避而不回避参与评标的或私下接触投标人的属于违法串标行为。

招标投标市场常见的60种串通投标行为诊断汇总，如表4-1所示。

常见60种串标（陪标、围标）行为诊断汇总表   表4-1

序号	串标（陪标、围标）表现
1	投标人之间相互约定，一致抬高或者压低投标报价
2	投标人之间相互约定，在招标项目中轮流中标
3	投标人之间相互约定，在招标项目中以高、中、低价位报价的
4	投标人之间，先进行内部竞价，内定中标人，然后再参加投标
5	投标人之间相互约定，给予未中标的投标人费用补贴的
6	不同投标人委托同一人办理投标事务
7	不同投标人的法定代表人、委托代理人、项目负责人、项目总监在同一单位交纳社会保险费用的
8	不同投标人的投标文件中项目班子成员出现同一人的
9	投标人1年内多次通过资格预审（或参加报名），但不参加投标或不按规定交纳投标保证金，也不通知招标人或招标代理机构的
10	递交投标文件截止日开始至评标结束，投标人撤回投标文件的
11	在资格审查或开标时，不同投标人的投标资料（包括电子资料）相互混装的
12	参加投标活动的人员，不能提供其属于投标企业的正式在职人员的有效证明的（如社会保险等资料）
13	不同投标人的投标文件错、漏之处一致或雷同的
14	不同投标人的投标总报价相近且分项报价、综合单价分析表内容混乱不能相互对应，乱调乱压或乱抬的，而在澄清时没有合理的解释或者不能提供计算依据和报价依据的
15	不同投标人总报价相近，数项子单价完全相同，且提不出单价组成的
16	不同投标人的投标各项报价存在异常一致或者呈现规律性变化的
17	不同投标人的投标文件由同一单位或者同一人编制的
18	不同投标人的投标文件由同一电脑编制或者同一台附属设施打印，或者投标报价使用同一个预算编制软件密码锁制作或出自同一电子文档的
19	不同投标人的投标保证金由同一企业或同一账户资金缴纳的
20	不同投标人的投标保证金由同一人缴纳的

序号	串标（陪标、围标）表现
21	不同投标人使用同一个人或者企业出具的反担保的投标保函
22	不同投标人委托同一个人或者注册在同一家企业的注册人员或同一家企业为其提供投标咨询、商务报价、技术咨询（招标投标工程本身要求采取专有技术除外）等的服务
23	招标文件中对业绩资料有明确废标条件或加分条款，但投标时无正当理由不按招标文件规定提交业绩确认资料的
24	除不可抗力因素和招标人的责任免责等条件外，中标公示的第一中标候选人不按规定接受中标的
25	中标公示的第一中标候选人无正当理由不按照招标文件规定提交业绩资料进行交验的
26	除不可抗力因素和招标人的责任免责等条件外，中标人拒绝依据招标文件、投标文件和中标通知书与招标人签订书面合同的
27	合同实施过程中，由未中标人实际进行施工的
28	几个投标人同属于一个母公司或者一个母公司和他所属的几个子公司全部参加投标
29	属于同一协会、商会、集团公司等组织成员的投标人，按照该组织要求在投标中采取协同行动的
30	中标人同时以"协作费"或"协调费"的名义分别转出相同数额的款项给予相关的几个投标人
31	投标人之间为谋取中标或者排斥特定投标人而联合采取行动的
32	不同投标人的投标文件相互书写了对方名称的
33	一家投标人的投标文件加盖了另一家投标人公章的
34	一家投标人的投标文件中装订了标有另一家投标人名称的文件材料，或者出现了另一家法定代表人或授权代理人签名的
35	招标人向投标利害关系人泄露投标人名称、数量或联系方式的
36	招标人向投标人泄露标底的
37	招标人向投标利害关系人泄露资格审查委员会或评标委员会名单、资格审查或评标情况等应当保密的事项的
38	招标人在规定的投标截止时间前开启投标文件，并将投标信息传递给该项目的其他投标人的
39	招标人在规定的提交投标文件截止时间后，协助投标人撤换投标文件，更改报价（包括修改电子投标文件数据）的
40	不同投标人使用同一门电话或网址就招标事宜进行咨询的
41	招标人与投标人商定，在招标投标时压低或者抬高标价，中标后再给投标人或者招标人补偿的
42	招标人（或委托代理机构）编制的招标公告、招标文件、资格预审文件专门为某个特定投标人"量身定做"或设有明显倾向性条款的
43	招标人协助投标人违规投标的
44	招标人发现不同投标人的法人代表、委托代理人、项目负责人、项目总监等人员有在同一单位缴纳社会保险金情形而不制止，反而同意其参加投标的
45	招标人发现有由同一人或存在利害关系的几个利害关系人携带两个以上（含两个）投标人的企业资料参与资格预审、领取招标资料、或代表两个以上（含两个）投标人参加投标答疑会缴纳或退还投标保证金，开标等情形而不制止，反而同意其继续参与投标的
46	招标人在招标过程中发现投标人办理投标事项（报名、购买资格预审文件、招标文件等）的相关人员不能提供其是投标企业正式在职人员的有效证明（如社会保险等资料）而不制止的

序号	串标（陪标、围标）表现
47	招标人在资格审查或开标时发现不同投标人的投标资料（包括电子资料）相互混装情形而不制止，反而同意其通过资格审查或继续参加评标的
48	招标人为参与该工程项目投标的投标人提供影响公平竞争的咨询服务、或为其制作投标资料的
49	招标人、招标代理机构与投标人委托同一造价咨询公司或同一执业人员提供咨询或代理服务的
50	招标代理机构在同一工程建设项目招标投标活动中，既为招标人提供招标代理服务，又为参加该项目的投标人提供咨询服务的
51	在招标文件以外招标人或招标代理机构与投标人之间另行约定给予未中标的其他投标人费用补偿的
52	招标人在评标时，对评标委员会进行倾向性引导或干扰评标秩序的
53	招标人（招标代理机构）授意审查委员会或者评标委员会对申请人或者投标人进行区别对待的
54	招标人指使、暗示或强迫要求评标委员会推荐的候选人放弃中标的
55	招标人无正当理由拒绝与中标候选人签订合同的
56	评标委员会成员明知与投标人有利害关系而不主动提出回避的
57	评标委员会成员明知投标人违反了法律、法规和招标文件的规定而不指出，反而对其投标文件继续进行评标的
58	评标委员会成员发现招标文件存在明显不合理性或内容缺、漏而不指出的
59	评标委员会成员暗示或者诱导投标人作出澄清、说明或者接受投标人主动提出的澄清、说明
60	评标委员会成员进行评审分值时，在没有合理理由的情况下，有意给某一投标人高分值而压低其他投标人分值或不按照招标文件规定进行评分的。

5 废标、标无效认定主体

5.1 认定废标的权力

5.1.1 权力法理分析

1. 废标权由评标委员会行使。决定废标（包括投标无效）权是一项法定权力，其性质首先与招标行为的法律性质密切相关。按照要约承诺的合同订立方式分析，一般认为招标文件可以视为要约邀请，其目的在于唤起对方（投标人）向招标人发出要约，投标是当事人订立合同的预备行为，但并不能因相对人的响应而成立合同。而投标一般被定性为要约，要约被招标人承诺之后，合同才能成立。合同成立后，要约人就要受要约的约束。对于要约人（投标人）的要约行为，受要约人（招标人）没有承诺的义务，招标人理论上可以拒绝所有投标，这体现了民事活动最基本的意思自治原则。因此，招标人应该是决定废标或投标无效的权力人，但应由评标委员会行使。

2. 权力行使法律依据。《招标投标法》第 37 条："评标由招标人依法组建的评标委员会负责。"并规定：评标委员会完成评标后，应当向招标人提交书面评标报告，并推荐合格的中标候选人或接受招标人委托按照招标文件确定的办法直接确定中标人。在评标过程中，不得改变招标文件中规定的评标标准、方法和中标条件，废标或投标无效的评审职责当然归属招标人依法组建的评标委员会。由此可见，法律将评标（当然也包括认定废标或投标无效）的权力直接赋予了评标委员会，任何其他组织和个人均无权认定废标。

3. 评标委员会依法组建。从性质上看，评标委员会是招标人依法组建的。法律规定，依法必须进行招标的项目，其评标委员会由招标人的代表和有关技术、经济等方面的专家组成，成员人数为 5 人以上单数，其中技术、经济等方面的专家不得少于成员总数的 2/3。专家应当从事相关领域工作满 8 年并具有高级职称或者具有同等专业水平，由招标人从国务院有关部门或者省、自治区、直辖市人民政府有关部门提供的专家名册或者招标代理机构的专家库内相关专业的专家名单中确定；一般招标项目可以采取随机抽取方式，特殊招标项目可以由招标人直接确定。同时，法律规定，评标委员会成员应当客观、公正地履行职务，遵守职业道德，对所提出的评审意见承担个人责任。评标委员会成员不得私下接触投标人，不得收受投标人的财物或者其他好处。评标委员会成员和参与评标的有关工作人员不得透露对投标文件的评审和比较、中标候选人的推荐情况以及与评标有关的其他情况。

5.1.2 权力法律依据

1. 依据法律、法规的规定

当投标文件出现法律、法规规定的废标情形时，毫无疑问，评标委员会应据此认定废标。法律、法规、规章规定的废标情形，是以保障《招标投标法》规定的公开、公平、公正和诚实信用原则为目的的，招标人不能直接通过招标文件予以排除，评标委员会应当严格遵守法律法规的规定。

2. 依据招标文件的规定

在法律、法规、规章规定的废标情形之外，一般每个建设工程项目招标都会根据项目特点约定特殊的废标情形。相关法律、法规、规章对招标文件规定"废标"情形没有过多限制，可以说赋予了很大的自由度。例如，《评标委员会和评标方法暂行规定》第25条，在列举"重大偏差"情况时作了兜底性规定："不符合招标文件中规定的其他实质性要求"，并且还进一步规定"招标文件对重大偏差另有规定的，从其规定"，即赋予了招标文件对"重大偏差"可以做出不同于《评标委员会和评标办法暂行规定》的规定权利。

5.1.3 越权行为分析

在招标投标实践中，由于对废标（或者投标无效）的认定主体认识不清而盲目认定废标（或者投标无效）而导致的法律纠纷屡有发生。招标人越俎代庖的情形并不少见，甚至有时候行政监督部门、行政主管部门对这一问题都未引起足够的重视，常常引起法律诉讼纠纷。

1. 越权行为示例

【示例5-1】 唱标人当场宣布废标

【示例简介】 某招标人组织开标。在唱标时发现投标人提交的支票（投标保证金）上的收款人与账号不符，属于无效票据，唱标人当场宣布该投标人的投标为废标。唱标完毕，该投标人拒绝在唱标记录上签字，并即刻提取现金，要求以现金作为投标保证金，双方发生争议。

【示例点评】 唱标是对投标人的基本情况予以公示的一种方法，唱标人并不具备判断废标与否的资格、能力和权限。投标人递交的支票是否为无效票据，其后来补交的投标保证金是否有效，其投标是否应作为废标处理？判断这些问题应当由评标委员会做出决定。唱标人当场宣布废标，不合适。

【示例5-2】 建设单位要求代理机构废标

【示例简介】 某招标投标公司为某银行代理的广场土建施工项目招标代理中，因评标结果未能达到甲方满意，甲方迟迟不确定中标人，并要求委托招标代理公司出具相关手续进行废标，使招标代理公司陷入左右为难的境地。

【示例点评】 根据国家法律规定，到底谁有权力进行废标呢？1）项目开标前，招标代理机构可以拒收有瑕疵的投标文件，目前，绝大多数招标代理机构在接收投标文件时对于投标截止日后送达的投标书、对未密封或密封不符合要求的投标文件一般都不接收，原封退回。但这并不意味着招标代理机构就有权力废标；2）评标过程中，评标委员会有权废标并根据《施工招标投标办法》第50条、《招标投标法实施条例》第51条执行。

【示例5-3】 招标人授意评委会废标

【示例简介】 某招标文件的《评标细则》规定，对投标进行详细评审的程序如下，先进行技术评审，技术评审合格的，再进行商务评审。经评标委员会评审，某投标人甲公司通过了技术评审和商务评审，被评标委员会推荐为中标人。此时招标人提出甲公司的技术标存在一些不符点，要求评标委员会重新评审，并最终以甲公司技术标存在不符点为由，由评标委员会宣布甲公司的投标为废标。甲公司认为其已经经过技术评审，成为推荐的中标人，再次评审技术标并宣布其投标为废标侵害了其权利，招标投标双方因此产生争议。

【示例点评】 尽管招标投标双方受到"招标程序契约"的约束，但评标委员会的评标过程是独立和保密的，在推荐中标人前，评标委员会可以对甲公司的投标文件进行重新评审。但是在推荐中标人之后，评标工作已经结束，招标人要求重新启动评审程序，并对评标委员会推荐的中标人再次进行评审的做法违反了"招标程序契约"中应当对投标人承担违约的责任。如果确属评标委员会推荐中标人有误，评标委员会应当对招标人承当责任。

2. 越权示例综述

决定"废标"（或投标无效）只能发生在评标过程之中，且由评标委员会行使。评标过程应当从开标之后开始，至推荐中标人或根据授权直接确定中标人结束。

（1）《招标投标法》第 28 条规定："在招标文件要求提交投标文件的截止时间后送达的投标文件，招标人应当拒收。"招标人"拒收"投标，符合我国《合同法》第 23 条的规定，即承诺（投标文件是对招标程序性规定的承诺）应当在要约确定的期限内到达要约人。实际上"拒标"与"废标"并不是同一个概念，在这里我们将两者放在一起加以讨论。

（2）《招标投标法》第 36 条规定："开标时，由投标人或者其推选的代表检查投标文件的密封情况，也可以由招标人委托的公证机构检查并公证；经确认无误后，由工作人员当众拆封，宣读投标人名称、投标价格和投标文件的其他主要内容。"这个过程在招标实务中被称为"唱标"。那么，如果在唱标过程中发现投标文件没有按照要求密封等情况，能否由唱标人宣布对投标文件作废标处理呢？答案是否定的，原因是：

1）《招标投标法》规定，招标人在招标文件要求提交投标文件的截止时间前收到的所有投标文件，开标时都应当众拆封、宣读。由此可见，唱标的目的是公开投标人提交的基本投标信息，而不是对投标文件进行评审；

2）废标必须符合一定的条件，而唱标过程不具有评审废标与否的功能，且招标人并不具有评审的职权，唱标人不具有评审的资格；

（3）如果投标文件确实符合废标条件，那么在唱标之后，该投标可以在评标委员会评审后作废标处理。由评标委员会评审后再确定废标，符合公开、公平和公正的原则。

当然，评标委员会的职责与义务也是对应的，如果投标人对废标或投标无效有质疑或投诉，那么，配合招标单位答复投标承包商提出的质疑，配合行政监督部门的投诉处理工作，这也是《评标专家和评标专家库管理暂行办法》第 14 条第 4 项规定的评标委员会成员应尽的义务。

5.2 认定标无效权力

5.2.1 认定标无效权力概述

"标无效"在这里则仅包括招标无效、评标无效、中标无效 3 种情形。《招标投标法》第 7 条规定：招标投标活动及其当事人应当接受依法实施的监督。有关行政监督部门依法对招标投标活动实施监督，依法查处招标投标活动中的违法行为。可见，决定招标无效、评标无效、中标无效的权力属于有关行政监督部门。

5.2.2 监督主体与职责分工

《国务院有关部门实施招标投标活动行政监督的职责分工意见的通知》（国办发〔2000〕34号）以及《招标投标法实施条例》第4条明确了招标投标行政监督主体及其职责的分工。包括发展改革委员会、行业行政监督部门、行政监察部门、财政部门等。

1. 发展改革委员会。根据《国务院有关部门实施招标投标活动行政监督的职责分工意见的通知》规定和《招标投标法实施条例》规定：国务院发展改革部门指导和协调全国招标投标工作，对国家重大建设项目的工程招标投标活动实施监督检查。县级以上地方人民政府发展改革部门指导和协调本行政区域的招标投标工作。国务院工业和信息化、住房与城乡建设、交通运输、铁道、水利、商务等部门，按照规定的职责分工对有关招标投标活动实施监督。

由此可见，国家发改委行政监督职责侧重于拟定招标投标法配套法规、综合性政策，发挥指导协调作用；其主要工作是抽象的行政行为，行政执法权有限，行政处罚权则更有限。行政执法事项主要是：核准招标方案、监督管理招标公告发布活动，以及对国家重大建设项目建设过程中的工程招标投标进行监督检查等。

2. 行政监督部门。《国务院有关部门实施招标投标活动行政监督的职责分工意见的通知》和《招标投标法实施条例》第4条规定："国务院工业和信息化、住房与城乡建设、交通运输、铁道、水利、商务等部门，按照规定的职责分工对有关招标投标活动实施监督，主要对招标投标全过程实施监督执法；县级以上地方人民政府有关部门按照规定的职责分工，对招标投标活动实施监督，依法查处招标投标活动中的违法行为；县级以上地方人民政府对其所属部门有关招标投标活动的监督职责分工另有规定的，从其规定。"

国家行政机关依照法定权限、程序和方式就公民、法人、组织及有关事项是否严格执行并遵守国家政策、法律、法规、规章、行政机关的决定和命令，进行行政管理，并做出具有法律效力的监督。行政监督部门在招标投标活动中的监督内容包括：招标程序的合法性、招标结果的公平性、招标投诉的成本和效率。

3. 行政监察部门。《招标投标法实施条例》第4条规定："监察机关依法对与招标投标活动有关的监察对象实施监察。"人民政府监察部门依照《行政监察法》，对国家行政机关、国家公务员和国家行政机关任命的其他人员实施监察。在招标活动中，行政监察部门对招标投标活动中的监察对象实施监察，即对受理国家行政机关、国家公务员和国家行政机关任命的其他人员违反行政纪律行为的控告、检举；调查国家行政机关、国家公务员和国家行政机关任命的其他人员违反行政纪律的行为；受理国家行政机关、国家公务员和国家行政机关任命的其他人员不服主管行政机关给予行政处分决定的申诉，以及法律、行政法规规定的其他由监察机关受理的申诉等。

4. 财政监督部门。《招标投标法实施条例》第4条规定："财政部门依法对实行招标投标的政府采购工程建设项目的预算执行情况和政府采购政策执行情况实施监督。"国家审计机关依照《审计法》对国务院各部门和各级人民政府及其各部门的财政收支，国有的金融机构和企业事业组织的财政收支，以及依照本法规定应当接受审计的财政收支、财务收支进行审计监督。审计机关对前款所列财政收支、财务收支的真实性、合法性和效益，依法进行审计监督。在招标投标活动中监督主要内容是对招标采购项目的财政决算进行审计监督。

5. 纪律检查部门。纪律检查是行政监督外的党组织部门实施监督的机构。中国共产党各级纪律检查委员会依照《中国共产党纪律处分条例》对党员违法违纪行为依法处分。在招标投标活动中主要违法行为是：违反廉政自律规定的行为，贪污贿赂行为、破坏社会主义经济秩序的行为、违反财经纪律的行为、失职、渎职行为等。在招标投标活动中，中国共产党纪律检查委员会对党和国家机关、国有企业（公司）、事业单位以及人民团体违反政府采购招标投标法律、法规的，追究主要责任党员和其他责任党员的责任。

5.2.3 注意明确 8 大关系

1. 招标投标行政监督主体、行政执法主体、行政处罚主体之间的区别与联系。行政执法有广义、狭义之分，广义的行政执法是指行政机关在行政管理的一切活动中遵守法律规范、依法从事各项管理活动及适用法律、法规、规章的活动。行政监督的概念大致等同于广义的行政执法概念，但又不完全相同。比如，行政司法（行政复议）行为，属于行政监督，但却不属于行政执法。狭义的行政执法，是指法律、法规、规章规定的行政机关，将法律、法规、规定适用于具体对象和案件的活动。广义和狭义的行政执法有着明显的区别，即广义的行政执法包括抽象行政。而狭义的行政执法，只能发生在具体的行政行为中。一般情况下都是在狭义上使用行政执法的概念。因此，平时所说的行政监督与行政执法有着一定的区别，相应地，行政监督主体与行政执法主体也有一定的区别。而行政处罚是指享有行政处罚权的组织，对违反行政法律规范，依法应当处罚的行政相对人给予法律制裁的行为。《行政处罚法》通过后行政处罚具有的重要特征之一是处罚主体法定，即只有法律、法规、规章规定的行政机关以及法律、法规授权的组织才享有行政处罚权的主体资格，并非享有行政监督权和行政执法权的机关或组织，更不是所有的行政机关都享有行政处罚权。因此，行政处罚主体与行政执法主体的概念有所区别，与行政监督主体则有着更大的区别。

2. 行政监督与项目主管部门的关系。按照《国务院有关部门实施招标投标活动行政监督的职责分工意见的通知》和《招标投标法实施条例》第 4 条规定，具体招标项目的监督执法由行业监督部门负责，即根据招标项目的行业归属与产业性质，以及现行国家有关部门的职责分工来确定其行政监督部门。项目的主管部门无权对招标项目进行监督执法。比如，一个税务部门的办公大楼，税务主管部门对该项目的招标投标活动没有监督执法权，因其属于房屋建筑项目，应由建设部门来行使监督执法权。当然有时情况是招标投标行政监督机关和项目主管部门是同一行政机关，如交通部门对于交通项目来说，既是其招标投标行政监督机关，又是其行政主管部门。

现在有的项目主管部门越权替代行业监督部门履行招标投标监管工作的现象时有发生，例如接受项目业主招标申请、核准招标方案、处理招标投标纠纷等，这都是不符合法律规定的。当然，也应该看到，当前这种分行业的招标投标行政监督模式，在实践中存在着较大的问题，容易造成分兵把口、行业保护，不利于形成行政监督合力等问题。

3. 发改委与行政监督的关系。按照法律分工，国务院发展改革部门指导和协调全国招标投标工作，对国家重大建设项目的工程招标投标活动实施监督检查；国务院工业和信息化、住房城乡建设、交通运输、铁道、水利、商务等部门，按照规定的职责分工对有关招标投标活动实施监督。但在实务中常见招标投标当事人不服行政监督部门对其投诉的处理来发展改革部门要求再处理的情况，此时发展改革部门应当告知当事人，发展改革部门的职能是指导和协调地区招标投标工作，对国家重大建设项目的工程招标投标活动实施监督检查，其纠纷应提起行政复议或行政诉讼，发展改革部门不宜直接介入处理。

【示例 5-4】 投标人以维护公平竞争权状告行政监督部门

【示例简介】 2002 年，云南某市妇幼医院综合大楼工程招标定标后，落标企业以中标企业的投标文件字体不符合招标文件的要求，有作弊嫌疑为由，向业主和有关部门提出质疑和投诉。在业主处理质疑和投诉过程中，被告（该市原发展计划委员会和原城市建设局）向业主下发了《关于妇幼医院门诊综合楼招标投诉有关问题的意见》（以下简称《意见》）的文件，指出该次招标结果合法有效，要求业主加以确定并安排中标企业进入施工现场。

落标企业则认为，这个《意见》超越了各自的行政权限，干涉了招标投标活动。原告（某投标企业）以公平竞争权被侵犯为由，向法院起诉，要求判令撤销两行政主管部门的《意见》。被告辩称，《意见》仅是指导性意见，不是确认行为，更不是强制性的要求。以发展计划委员会（现发展改革委员会）与城市建设局（现住建局）两家名义共同作出处理决定是不妥的。具体项目招标投标活动的监督执法由行业监督部门负责，如果不是发展计划部门（现发展改革部门）有权稽查的项目，发展计划部门（现发展改革部门）不宜对具体项目的招标投标活动中的违法行为作出处理。本案中即使两家联合进行调查，但最终的处理意见应以城市建设局（现住建局）的名义作出比较妥当。

附带说明的是，根据 2003 年实施的《工程建设项目施工招标投标办法》第 50 条规定："投标文件未按规定格式填写的，应作废标处理。"本案发生于 2002 年，中标人的投标文件未按规定的格式制作，如招标文件有明确规定，也应作废标处理。

【示例点评】 本案从原告向法院起诉的诉求看，有一定的法律依据。计委（现发改委）按照国家规定主要职责是指导和协调地区招标投标工作，对国家重大建设项目的工程招标投标活动实施监督检查。对于行政监督部门处理的纠纷，不宜插手，其职责部门应该是当地行政监督部门；联合发出意见，似乎有些不妥，属于越权行为。

4. 工商部门、物价部门与行业监督部门之间的关系。物价部门对招标代理机构收费、工程交易中心收费进行监督执法。工商部门有对招标投标中串通投标、弄虚作假骗取中标等违法行为行使吊销营业执照、暂时取消投标资格等的行政处罚权。但这些部门都不是《国务院有关部门实施招标投标活动行政监督的职责分工意见的通知》中所称的招标投标行业行政监督部门，不能像行业监督部门一样，对招标投标全过程进行监督执法。由于行业监督部门不能处以吊销营业执照等行政处罚，因此带来行业行政监督部门与工商管理部门行政处罚衔接的问题。

行政监督部门在执法过程中发现有可能作出吊销营业执照行政处罚的，应及早请工商部门介入，以免工商部门作出吊销营业执照行政处罚时要进行重复的调查处理。

5. 行政监督部门与政府采购监督部门的关系

【示例 5-5】 采购办干涉招标活动

【示例简介】 2001 年，某市污水处理厂招标定标后，该市采购办认定"招标文件内容存在缺陷、部分内容违法，中标单位投标书未满足招标文件实质性要求"，要求招标人重新组织招标。中标单位不服，到有关部门投诉。在投诉处理中发现该市采购办在招标投标活动中采取了以下做法：

1. 业主招标须经采购办同意；2. 业主委托招标代理机构编写招标公告须经市采购办同意；3. 市采购办和市招标投标办共同审核资格预审评审办法，资格预审结果须经采购办批准后方可发出；4. 投标单位须填报"建设工程政府采购市场供应商准入申报表"，并经采购办审批后方可参加投标；5. 招标文件须经采购办负责人审核签字后方可发出；6. 对工程建设项目招标投标活动进行监督执法；7. 在审核招标文件中经常加入这样的条款："监督管理部门有权接受或拒绝所有投标人，或在签订合同之前监督管理部门有权选择或拒绝所有投标人中标的权力，并对所采取行为不说明原因"；8. 审批工程建设项目自行招标。

【示例点评】 采购办不仅严重干涉了招标人招标自主权，还超越了招标投标行业监督部门职权，属于滥用职权和越权行为。目前反映采购办干涉招标投标活动的意见比较强烈。根据《招标投标法》、《政府采购法》的相关规定，工程建设项目按项目性质由有关行业行政监督部门履行监管职责，这已经非常明确。有争议的是，纳入政府采购法调整的货物、服务招标采购，是否也要根据《国务院有关部门实施招标投标活动行政监督的职责分工意见的通知》中确立的行政监督职责分工办法，来确定其相应的行政监督部门？答案是肯定的。比如，药品招标采购的行政监督，应由药品监督管理部门负责，而不是由政府采购部门来监督。实践中采购监督管理部门的行为造成招标投标行政监督上的一些混乱，建议国家有关部门规范此问题。

6. 监察部门与行业监督部门的关系。在我国，行政监察是指依法设置在行政系统内部的专司监察职能的机关对行政机关及其工作人员的监督，它是国家行政法制监督体系中的重要组成部分，也是政府自力制约机制的一种。《行政监察法》（主席令 11 届第 31 号）是各级国家行政监察机关实施监督的法律依据。行政监察有别于其他行政机关实施的行政监督行为。《招标投标法实施条例》第 4 条、《政府采购法》第 69 条明确规定："监察机关应当加强对参与政府采购活动的国家机关、国家公务员和国家行政机关任命的其他人员实施监察。"由此可见，在招标投标问题上，行政监察的对象是有关行政机关及其工作人员的违法违规行为，而不是具体的招标投标活动。当前一些地方行政监察介入具体的招标投标活动，包括参加评标工作，核准招标方案，对具体项目进行监督执法等，这都是不妥的。

7. 招标行政监督机关不能担任招标人。根据招标投标行政监督办法和有关规定，招标行政监督机关不能担任招标人，但有两种情况例外：一是招标行政监督机关本身作为民事主体进行招标采购时，此时便充当招标人的角色，比如，交通部门招标采购施工队伍建设职工住宅楼；二是特许事项采用招标方式转让，如国有土地所有权采用招标方式出让的，国土资源部门既是招标活动的监督部门，又是招标活动的组织者。

8. 有关行业监督部门设立的招标办是行政机关的内设机构。过去招标办往往与工程交易中心（有形建筑市场）合署办公，有的还具体组织招标投标活动，这给人造成招标办是非行政机关的误解。实际上，招标办不能与工程交易中心混为一谈，其更不是招标人，而是行政机关的内设机构。

2001年建设部（现住建部）《房屋建筑和市政基础设施施工招标投标办法》第4条："县级以上地方人民政府建设行政主管部门，可以将对房屋建筑和市政基础设施工程施工招标投标活动的监督管理工作，委托工程招标投标监督管理机构负责实施。"据此有人提出，招标办是受行政机关委托行使招标行政监督权的事业组织。这种说法不成立，混淆了行政内部委托与行政委托。行政委托指行政机关依法将其行政职权的一部分委托给非行政机关行使的行为。而行政机关内部委托的情况是指行政机关将职权委托给另一行政机关行使；上级机关将职权委托给下级机关行使，机关将职权委托给内设的机构来行使。《房屋建筑和市政基础设施招标投标办法》中所称的委托，是行政机关内部委托，而不是行政委托。

2012年2月施行的《招标投标法实施条例》第5条对此进行了明确规定："设区的市级以上地方人民政府可以根据实际需要，建立统一规范的招标投标交易场所，为招标投标活动提供服务。""招标投标交易场所不得与行政监督部门存在隶属关系，不得以营利为目的。"明确要求招标投标交易场所应当独立于行政监督部门，实现政事分开、政企分开、交易场所与政府部门及其所属机构脱钩，做到人员、职能分离。

【示例5-6】 行政监督部门因越权陷入两难境地

【示例简介】 2002年，云南某县住院大楼招标，有甲公司的第二工程处、第十七工程处、乙公司等6家单位参加投标，招标活动在建设局（现住建局）内进行，最后甲公司的第二工程处中标。有人向建设局（现住建局）举报中标人和乙公司使用的优良工程证书是虚假的，建设局（现住建局）随后查明情况属实，对甲公司的第二工程处和乙公司进行了处罚，宣布原中标无效，第三中标候选甲公司的第十七工程处中标。第二工程处不服，向县法院起诉建设局（现住建局），请求法院判令被告取消对原告的处罚。法院查明，六家投标人中有四家都是使用他人人资质参与投标，第二工程处与第十七工程处其实都是挂靠甲公司投标。法院在被告缺席情况下（审理中被告律师中途退场），作出一审判决，责令建设局（现住建局）依法履行其法定职责，认定中标无效，重新组织招标投标活动。建设局（现住建局）不服，向中级人民法院提起上诉，结果再次败诉，可是建设局（现住建局）没有履行判决。2003年2月第二工程处再次把建设局（现住建局）告上了法庭，请求法院判令其作出行政行为，重新组织招标活动。但是，建设局（现住建局）依然没有执行。建设局（现住建局）不执行判决的一个原因是陷入了两难境地，如重新组织招标投标活动，那么已经履行合同的第十七工程处极有可能也将其告上法庭，届时其将十分被动，陷入打不完的官司纠纷中。

【示例点评】 建设局（现住建局）陷入被动局面的一个重要原因是，建设局（现住建局）过多介入招标投标活动，既当招标人，又充当行政监督者，越权行使了招标人的权利。建设局（现住建局）如只以行政监督机关出现，对第二工程处等投标人的弄虚作假行为作出处罚，就不会陷入过多的纠纷中，相对人如不服行政处罚，建设局（现住建局）只存在被提起行政复议和行政诉讼的问题。但建设局（现住建局）作为招标人，宣布第二工程处中处无效后，另行确定了中标人，将事情复杂化了，既充当裁判者，又当运动员，使建设局（现住建局）成为矛盾的焦点，最终导致其陷入两难境地。本案的警示是：行政监督机关如不依法行政，将会陷入更多的官司中。

5.2.4 行政监督存在的问题

目前招标投标活动，一方面存在着违法比较严重的问题，另一方面却存在着招标投标行政监督不到位的问题，相对人对此反映十分强烈。这对依法加强和改进招标投标行政监督提出了迫切要求。当前招标投标行政监督中，主要存在着越位、错位和缺位的问题。

1. 行政监督越位表现

（1）对具体招标投标活动，没有行政监督权限的部门，包括发改委、行政监察部门、项目主管部门，越权直接干涉招标投标活动。

【示例 5-7】 省发改委做出废标处理意见之后

某省发改委在处理一起招标投标举报时作出的《招标投标监督意见书》在事实认定中陈述："……根据《评标委员会和评标方法暂行规定》第 15 条规定，上述存在串标行为的17 家投标单位应作废标处理。""鉴于第一标段原第一中标候选人某公司将作废标处理，该标段应重新评标。"其后，一家投标单位提起行政诉讼，其中一个诉讼请求就是请求撤销对其投标作废标处理的意见。这给该省发改委的应诉带来了不小的麻烦。

【示例点评】 按照法律规定，废标的行使权力应由评标委员会作出，国务院工业和信息化、住房城乡建设、交通运输、铁道、水利、商务等部门，按照规定的职责分工对有关招标投标活动实施监督。而国务院发展改革部门的职责是指导和协调全国招标投标工作，对国家重大建设项目的工程招标投标活动实施监督检查，不宜介入具体的废标处理之中。

（2）有的行业监督部门设置了没有法律、法规依据的审批、审核环节，包括带有审批性质的备案环节，从发布招标公告到签订合同层次进行行政审批，干涉了招标人的自主权

1）例如，有些建设主管部门发文规定投标保证金要交到工程建设交易中心账户，其理由是"按项目分级管理原则委托当地工程交易中心管理报备投标报名企业的保证金"。这违反了《工程建设项目施工招标投标法》第 37 条，也违反了 2002 年 4 月 2 日国家计委（现发改委）与财政部发布的《关于整顿和规范招标投标收费的通知》第 6 条的规定，当代理机构提出此举不妥时，主管部门以不接受文件报备强制代理机构执行。

2）有些主管部门对发标、开标、评标地点做了具体规定，如一定要在某某地方进行才算受到监管。

3）强制招标人与招标代理机构使用有违招标法规定的招标文件文本，不用此文本，不给报备。如某市建筑安装工程施工招标文件（试行）在中标价的确定上规定："以①中标人的总投标价，②评标基准价 D 值，③最高控制价（或审定标底价）的 95％（房建）、90％（市政、绿化）这 3 者中最低的为中标价。"此规定违反了《招标投标法》第 43 条、《工程建设项目施工招标投标办法》第 59 条的规定。

4）采用抽签办法选择招标代理机构，用计划经济的思路来搞市场经济，干预了招标投标具体活动，如：某市建设项目选择招标代理机构规定抽签产生（不让业主自己委托），且进入抽签范围的代理机构也并非全部代理机构，完全是主管部门一手操办。剥夺了《招标投标法》第 12 条中给予招标人有权自行选择招标代理机构的权力。

5）批准缩短招标周期。法定必招项目招标周期规定不少于 20 天，可是法定必招工程建设项目实际实施中常有业主要求缩短周期，有的经地市领导或地市建设主管部门批准只有 5 天或 10 天周期。这样一来就排斥了许多潜在投标人，要求"要服从工期"，于是招标机构也无奈。

（3）有关部门的招标办定位不明确，仍没有与交易中心彻底脱钩；有的仍以招标人身份组织招标投标活动，此所谓既当裁判员，又当运动员。

【示例 5-8】 多重角色集一身，既当裁判又当运动员

【示例简介】 在某专项稽查中发现某招标项目，项目主管部门的一位副局长和工程管理处处长（兼招标管理站站长）分别担任了该项目招标委员会主任和领导成员，并一起成为评标小组成员，同时副局长又以第五市政公路工程有限公司和第一市政公路工程有限公司董事长兼法人的身份参与投标。该项目主管部门也是招标项目的行政监督部门。

【示例点评】 此案例堪称经典案例。副局长在本案中担任了招标人、招标行政监督者、评委领导、投标人 4 重角色，几乎担任了所有与招标投标活动相关的角色（除了招标代理机构）。而根据法律规定，一个人不能同时担任这四个角色中的任何两个角色。可想而知，这样的招标活动根本无法保证公平、公正。目前，行政机关直接介入招标投标活动的现象相当普遍，是行政监督行为不规范最主要的表现之一，而《招标投标法实施条例》第 80、81 条对此有明确处罚规定。

【示例 5-9】 招标办越权发中标通知书

【示例简介】 2001 年 4 月某建筑公司参与一药业公司科研质检楼建设工程的招标活动并中标。市建设工程招标投标管理办公室向该建筑公司发出了中标通知书。但是，招标人药业公司拒绝与中标人签订合同。为此，该建筑公司状告药业公司，要求其赔偿相应的经济损失。但是，该市法院作出一审判决：中标通知书未经招标人同意，因此无法律效力，招标人不构成缔约过失责任，原告败诉。

【示例点评】 招标办直接组织招标投标活动的做法，在一些地方比较普遍，这种做法明显不合法律、法规规定。本案中招标办越权发出中标通知书，其行为应认定为无效，并应承担相应的行政责任。但是，根据法律规定，中标人确定后，招标人应当向中标人发出中标通知书，并与之签订合同，否则应当承担相应的法律责任。本案中招标人不能以招标办发出中标通知书为由，不与中标人签订合同，招标办的问题不能免除招标人的责任。但从本案也可看出，由于招标办的问题，干扰了法院的审案。

【示例 5-10】 招标办越权查标底审查费

【示例简介】 某石油局职工住宅楼项目招标。石油局有各类工程技术人员 200 多个，具备自行编制招标文件和组织招标的能力，有关部门同意其自行招标。在某市招标办的监督下，石油局组织了招标活动，确定了中标单位，整个招标活动合法有效。但是，由于石油局未向市建行工程造价中心交纳招标文件、标底审查费 1.3 万元，招标办随后否定了招标文件和标底的有效性。根据招标办的规定，所有工程必须由该工程造价中心审查招标文件、标底。

【示例点评】 本案例中，招标办滥用了招标投标行政监督职权。根据法律规定，招标人有编制招标文件和标底的自主权。本案中招标办硬性要求招标文件、标底必须进行审核，以没有缴纳审查费为由，否定招标文件、标底的有效性，没有法律依据。本案中招标办与该工程造价中心还存在着不正当利益关系的嫌疑。

2. 行政监督错位表现

(1) 某医疗设备招标项目，县建设主管部门要求放到县工程交易中心开标接受监督，遭异议后，县建设部门派出代表与县监督局代表到开评标现场"行使"监督权（医疗设备招标监督主管部门应是卫生行政主管部门，建设行政监管部门行使监督权发生了部门的错位）。

(2) 某些工程建设项目招标中，监察部门行使监察中的做法也有令人不解的现象出现，如由监察部门代替招标人抽取评审专家，组成评标委员会。这显然违反了法律有关规定。

(3) 部分地市级工程建设交易中心定位上错位，以政府管理部门的面孔出现，直接干预招标活动的具体环节。如招标事项向主管部门报备由交易中心接受，投标报名要在交易中心举办，资格预审中的某些工作（如确认、校验投标人的有关资质、业绩等材料）由交易中心人员进行。发售文件一定要在交易中心，中标通知书要交易中心最后盖章后才能发出，中标通知书要由交易中心来发，招标投标过程资料在定标前要封存在交易中心，定标后所有资料要在交易中心存档等等。有违国办发〔2002〕21号文关于健全和规范有形建筑市场的若干意见中对有形建筑市场服务功能的定位。

(4) 监督范围错位：有些地方强制规定涉及公众安全和公共利益的工程建设项目必须进入工程交易中心发包，有违国办发〔2002〕21号文第1条第1款对强制进入有形建筑市场的规定，不适当地把建设主管部门监督的范围从房建与市政建设项目上扩大到该其他主管部门监督的项目（如交通、水利等）。

(5) 权大于法现象：个别官员对招标法了解不够，仍习惯于用行政命令的工作方法来进行招标采购这种经济活动。时有发生领导一句话指定品牌招标采购，下面的人真不懂得招标该怎么做了。还有一些官员亲自参加评委会，临时对评标办法这样改那样动，发表指示，招标机构要不同意还不行。个别监督人员监督评标会时也忍不住或有意无意发表一些谁好谁不好的看法。

3. 行政监督缺位表现

(1) 行业监督部门存在着以行政审批、制定文件代替具体监督执法活动的问题，"只审批、不监管"、"重发文件，轻执法"。对投标人和其他利害关系人的投诉和举报不愿受理，对违法行为不愿调查取证，作出行政处罚；

(2) 基层发改委对本地区招标投标活动的指导协调职责很难发挥，招标方案核准工作没有很好地展开，规避招标、规避公开招标现象比较严重。对招标公告发布不规范问题也监管不力；

(3) 对招标投标活动中的主要违法行为，如串通投标行为，弄虚作假骗取中标行为等，有些地方行政监督机构对此没有实施有效的监管措施或监督不力，导致违法违规投标行为放任自流，使招标投标市场秩序出现混乱。

【示例 5-11】 招标监督工作失职，诉住建局不履行职责

【示例简介】 2010 年 3 月 25 日，某自治区第三建筑公司参加某市风电场二期土建施工总承包工程的投标，2010 年 4 月 14 日某省联美建设集团有限公司被公示列为第一中标候选人和中标单位，原告第三建筑公司被列为第二中标候选人，该公司对此中标结果有异议，在规定的时限内于 4 月 19 日向该市住建局等投诉。市住建局对原告的投诉未作处理结果，推卸职责。

而本次招标公告内容是风电场升压站土建工程，风电机组基础，箱变基础、场区道路、场区平整和施工便道全场接地点等土建工程和厂区附属工程，招标文件对投标人的资质条件要求为具备房屋建设工程施工总承包二级（含二级）以上的资质。招标人、工程建设项目所在地在莆田市，监督部门依法应由莆田市住建局监督管理。整个招标投标和评标活动严重违反招标文件规定的"信誉要求"、"资格审查资料"要求。

据调查，联美公司增发生过重伤、死亡安全事故，受到主管部门处罚；联美公司隐瞒安全事故不报，骗取投标资格，应依法取消投标资格，撤销中标结果；联美公司提供的评标业绩不仅未经验收，而且发生严重安全责任事故，其业绩（3 分）不应得分，为此，原告第三建筑公司综合评分应得最高，中标。被告市住建局对原告的投诉不处理，第三建筑公司不服，提起行政诉讼，请求依法责令被告对原告的投诉重新作出行政监督行为，依法撤销招标公司中标结果公示，撤销联美公司第一中标候选人及中标单位，并依法确定原告为第一中表标人。

法院认为，市住建局是工程建设项目所在地的建设行政主管部门，作为招标投标活动行政监督部门，应当对工程建设项目招标投标活动的投诉进行审查并依法做出处理决定，其在收到投标人投诉书后，没有在法定期限内进行审查，未做出处理决定，不履行自己的职责，是被告。

《工程建设项目招标投标活动投诉处理办法》（七部委 11 号令）第 11 条规定"行政监督部门收到投诉书后，应当在 5 日内进行审查，视情况分别做出以下处理决定：（1）不符合投诉处理条件的，决定不予受理，并将不予受理的理由书面告知投诉人；（2）对符合投诉处理条件，但不属于本部门受理的投诉，书面告知投诉人向其他行政监督部门提出投诉；对于符合投诉处理条件并决定受理的，收到投诉书之日即为正式受理。"该办法第 20 条规定"行政监督部门应当根据调查和取证情况，对投诉事项进行审查，按照下列规定做出处理决定：（1）投诉缺乏事实根据或者法律依据的，驳回投诉；（2）投诉情况属实，招标投标活动确实存在违法行为的，依据《中华人民共和国招标投标法》及其他有关法规、规章做出处罚。"

本案原告第三建公司向被告提交了投诉书，被告收到投诉书后，没有依照上述规定进行审查，未做出处理决定，不履行自己法定职责，原告提起行政诉讼，请求责令被告履行法定职责，有事实根据且符合法律规定，本院予以支持。人民法院责令被告履行法定职责的判决，是不能要求行政机关做出具体结果的。本案是风电场土建施工总承包工程招标投标，对投标人的资格要求是具备房屋建筑工程施工总承包二级（含二级）以上资质。被告市住建局认为本案是电力工程招标投标活动，属于省级管理权限项目，其不是行政监督管理部门，因而对原告的投诉不予答复，这不是本案适合被告的辩解不能成立，其不履行法定职责不作为表现，不符合法律、法规、规章规定。

被告应按照上述及其他有关规定处理原告投诉，应当坚持公平、公正、高效原则，维护国家利益、社会公共利益和招标投标当事人的合法利益。据此，依照《行政诉讼法》第54条第3款和《最高人民法院关于执行若干问题的解释》第60条第2款的规定，判决如下：

责令被告莆田市住建局在判决生效之日起5日内履行法定职责对原告自治区第三建筑工程公司的投诉予以审查，在法定期限内做出处理决定。本案案件受理费人民币50元，由被告市住建局负担。

【示例点评】 本案从一个侧面反映了招标投标行政监督不到位的问题。市住建局对第三建设公司的投诉不予回复以及认为自己不是行政监管机构的行为，首先，没有按《行政复议法》的规定处理相对人行政复议申请；其次认为自己"不是行政监管机构"，反映了住建局对招标投标行政监督机制缺乏了解。行政救济是当事人维护合法权益的重要渠道。

根据《招标投标法》第85条的规定："投标人和其他利益关系人认为招标投标活动不符合本法有关规定的，有权向招标人提出异议或者依法向有关行政监督部门投诉。"根据《行政复议法》的规定："当事人认为招标投标行政监督行为侵犯其合法权益，有权向行政机关提出行政复议申请。"根据《行政诉讼法》的规定："当事人认为行政机关和行政机关具体的行政行为，包括不作为，侵犯其合法权益的，有权向人民法院提起行政诉讼。"本案中第三建设公司维护自身合法权益，经历了以上所有的行政救济途径。必须看到，行政相对人的维权活动，是促进行政机关依法行政的重要力量，规范招标投标行政监督行为，也需要这种力量的推动。

5.3 认定程序与监督流程

5.3.1 废标的认定程序

1. 发现问题及时认定。开标过程，应做好记录，对发现的问题应及时且如实提交招标人或评标委员会，评标委员会应果断作出严肃的认定结论，对于被认定为废标或无效标的投标文件，投标人应现场签字认可；对于评标委员会在评标过程中发现的问题，应当及时作出处理或向招标人提出处理建议，并作书面记录。

2. 通知所有投标人。尽管招标人或投标人主观上都不希望出现废标或投标无效，但招标投标各方当事人都十分关注废标或投标无效。因此，《评标委员会和评标方法暂行规定》第42条以及招标投标相关法律法规明确规定：一旦出现废标（或投标无效），评标委员会应将废标或（或投标无效）的情形及其原因等作为评审意见并写进评标报告，并应当将废标（或投标无效）的理由通知所有投标人。

3. 撰写评标报告。评标报告是评标委员会根据全体评标成员签字的原始评标记录和评标结果编写的报告，其主要内容包括评标过程中产生的废标或无效标投标人名单及原因，评标结果和中标候选供应商排序表等。在评标报告中，评标委员会不仅要推荐中标候选人，而且要说明具体理由。作为评标过程产生的废标或无效标，应在评标报告中给出明确的原因和解释。

《招标投标法》第42、47条规定："评标委员会完成评标后，应当向招标人提出书面评标报告，并送有关行政监督部门。"评标报告应当如实记载的内容，包括：废标情况说明。依法必须进行招标的项目，招标人应当自确定中标人之日起 15 日内，向有关行政监督部门提交招标投标情况的书面报告。

评标报告由评标委员会全体成员签字。对评标结论持有异议的评标委员会成员可以通过书面方式阐述其不同意见和理由。评标委员会成员拒绝在评标报告上签字且不陈述其不同意见和理由的，视为同意评标结论。评标委员会应当对此作出书面说明并记录在案。

4. 招标档案存放。废标或投标无效应及时记录归档。依据《评标专家和评标专家库管理暂行办法》第 10 条规定："评审过程及结果应做成书面记录，并存档备查。"为此，招标活动结束后，招标人或招标代理机构应当及时整理招标文件形成项目档案。根据《评标委员会和评标方法暂行规定》第 42 条规定，其招标活动记录包括废标或无效投标的原因应当作为评标文件或项目档案的主要内容之一，招标投标档案至少应保存 15 年。

5.3.2　标无效的认定程序

1. 受理投诉。行政监督部门收到投诉书后，应当在 5 日内进行审查，根据法律规定做出是否受理的决定。行政监督部门处理投诉时，应当坚持公平、公正、高效原则，维护国家利益、社会公共利益和招标投标当事人的合法权益。

2. 核实情况。行政监督部门决定受理投诉后，应当调取、查阅有关文件，调查、核实有关情况。必要时可通知投诉人和被投诉人进行质证。对情况复杂、涉及面广的重大投诉事项，有权受理投诉的行政监督部门可以会同其他有关的行政监督部门进行联合调查，共同研究后由受理部门做出处理决定。

3. 做出处理。负责受理投诉的行政监督部门应当自受理投诉之日起 30 日内，对投诉事项做出处理决定，并以书面形式通知投诉人、被投诉人和其他与投诉处理结果有关的当事人。

4. 落实处理。行政监督部门在处理投诉过程中，发现被投诉人单位直接负责的主管人员和其他直接责任人员有违法、违规或者违纪行为的，除作出标无效决定外，应当建议其行政主管机关、纪检监察部门给予处分；情节严重构成犯罪的，移送司法机关处理。对招标代理机构有违法行为，且情节严重的，依法暂停直至取消招标代理资格。

5. 建立档案。行政监督部门应当建立投诉处理档案，并做好保存和管理工作，接受有关方面的监督检查。

5.3.3　行政监督的流程

依据《行政监察法》、《招标投标法》《国务院办公厅关于进一步规范招标投标活动的若干意见》（国办发［2004］56 号）、《中共中央纪委监察部关于领导干部利用职权违反规定干预和插手建设工程招标投标、经营性土地使用权出让、房地产开发与经营等市场经济活动为个人和亲友谋取私利的处理规定》（中纪发［2004］3 号）、《工程建设项目招标投标活动投诉处理办法》、《评标委员会和评标方法暂行规定》对招标投标过程加以监督，主要监督对象：建设行政主管部门、发展改革委员会，招标人、投标人、评标人中的纪检监察对象。

招标投标及行政监督流程如图 5-1 所示。

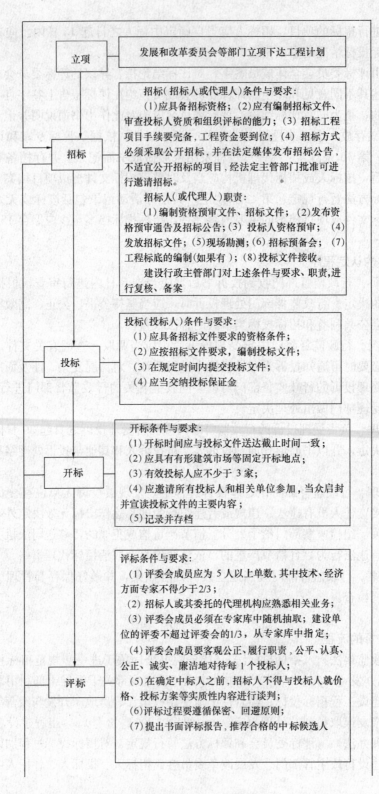

图 5-1 招标投标及行政监督流程图（一）

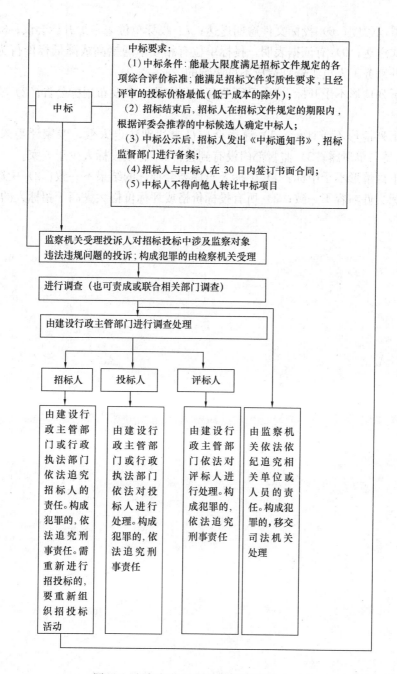

图 5-1 招标投标及行政监督流程图（二）

说明：

（1）有下列情形不予招标：1）招标人不具备招标资格；2）工程资金不到位或施工图纸不全；3）未发布招标公告；4）招标人在编制招标文件中，暗指某个投标人或者在技术规范中明显有利于某一投标人、有排斥潜在投标人现象等问题。

（2）有下列情形投标书无效：1）投标文件未密封；2）未按照规定填写，内容不全，字迹模糊不清；3）未加盖单位和法定代表人（代理人）印章，同时未有法定代表人（代理人）签字的；4）有两个以上不同报价，且未标明何者有效；5）投标报价超出招标文件规定的标价浮动幅度；6）投标文件逾期送达；7）投标单位未参加开标会议；8）以传真、电子邮件形式送达；9）有证据表明，投标单位有相互串通抬高或降低标价行为；10）投标单位拖欠外来务工人员工资且造成不良影响的。

（3）有下列情形不予开标：1）采用公开招标方式，未发布招标公告；2）有效投标人少于3家。

（4）有下列情形不予评标：1）评委会成员未达到法定人数，专家评委未达到2/3；2）评委会成员名单泄露；3）监督部门没有到会；4）有效投标人少于3家。

（5）有下列情形不予中标：1）中标人与评委会推选的结果不一致；2）中标人在订立合同时与投标文件内容不一致；3）所有投标价格或评标价格大大高于招标人的期望价。

6 废标与标无效后处理

6.1 有效标不足 3 家

6.1.1 不足 3 家概念

在招标投标过程中，往往会由于各种原因导致投标承包商不足 3 家。按照招标投标程序，我们可以将不足 3 家的现象以开标唱标为分界点，大致划分为两种情形：

1. 开标前不足 3 家。招标按照法定日期及程序进行公告后，至推荐开标会时会发生投标人不足 3 家的情形。期间又可以细分为：

（1）到投标截止时间止，购买标书的承包商不足 3 家；（2）购买标书的承包商达到 3 家，但资格预审合格的潜在投标人不足 3 家；（3）资格预审合格的潜在投标人达到 3 家，但正式递交投标文件的投标人却不足 3 家；（4）投标截止时间止，不少于 3 家的承包商递交了投标文件，但是被拒收后，投标人少于 3 家；（5）招标有效期发生变化，投标人同意延长投标有效期的，投标人少于 3 个家。

《招标投标法》第 28 条规定：投标人少于 3 个的，招标人应当重新招标。在这里投标人并不涉及其投标文件是否实质性响应招标文件的问题，"投标人"不应理解为"开标后有效标"。仅是指开标前的标书数额少于 3 家的情形。

由于当前建设工程承包企业过多，基本是买方市场，在工程类招标中这种情形较为鲜见。但在设备招标尤其是非标设备的采购时，如果招标人准备不够、招标人或代理机构对材料设备了解不够或对市场估计不足时，有可能发生由于工艺问题、供货渠道问题、市场问题及产品专利等原因造成不够 3 家投标人的情况。

2. 开标后不足 3 家。开标后不足 3 家又称为有效标不足 3 家。是指自推荐开标会召开，唱标后由评审委员会经过初步评审，对不符合法定或招标文件要求的，作为"废标"后，使得有效投标文件少于 3 家的情形。本章将主要对开标后有效标不足 3 家的情况进行讨论。

6.1.2 不足 3 家的原因

1. 投标人方面原因。废标后造成有效标不足 3 家，从投标人角度分析其原因主要有以下 4 种：

（1）投标文件不符合形式废标条件，例如，投标文件不符合密封、格式、公章等要求；投标人不同意按照招标文件的规定修正错误、澄清问题；投标文件无法满足招标文件的实质性条件，出现重大偏差，产生废标后致使投有效标的不足 3 家；

（2）投标人由于自身特殊原因，例如企业内部发生变化，中途退出投标活动；

（3）投标人不同意延长招标有效期，退出投标行列，造成投有效标的不足 3 家；

（4）投标活动中有陪标、串标现象，造成有效标减少，投有效标的不足 3 家。

2. 招标人方面原因。从招标人角度分析其原因主要是招标人不了解市场实际状况，招标文件务实性欠缺，设置废标条件过多、门槛过高，致使过多投标文件作废，造成投有效标的不足3家。

3. 评标委员会原因。从评标人角度分析其原因主要是评标委员会把握废标尺度过于苛刻，过于严格、谨慎，致使过多投标文件作废，使投有效标的不足3家。

6.1.3 "不足3家"的处理

按照法律法规规定，开标前，发售招标文件、资格预审合格的潜在投标人或递交投标文件的投标人不足3个家的，招标人应当依法重新招标。那么，在符合法定和招标文件规定，递交投标文件达到了3家以上，经评审委员会评审废标后，投有效标的不足3家时，招标活动到底应该如何处理，是否都应重新招标呢？

1. 不足3家处理依据

(1)《评标委员会和评标方法暂行规定》第27条与《工程建设项目勘察设计招标投标办法》第48条规定，评标委员会根据本规定第20、21、22、23、25条的规定否决不合格投标或者界定为废标后，因有效投标不足3个使得投标明显缺乏竞争的，评标委员会可以否决全部投标。投标人少于3个或者所有投标被否决的，招标人应当依法重新招标。

(2)《政府采购法》体系的《政府采购货物和服务招标管理办法》（部长令第18号）第43条规定：投标截止时间结束后参加投标的供应商不足3家的，除采购任务取消情形外，招标采购单位应当报告设区的市、自治州以上人民政府财政部门，由财政部门进行处理，处理时遵循两条原则：一是招标文件没有不合理条款、招标公告时间及程序符合规定的，同意采取竞争性谈判、询价或单一来源方式采购；二是招标文件存在不合理条款的，招标公告时间及程序不符合规定的，应予废标，并责成招标采购单位依法重新招标。

《政府采购货物和服务招标管理办法》第43条作为政府采购过程中投标供应商不足3家的最新处理办法，在遇到不足3家后，应当严格按照此条款执行，而不是一遇到不足3家的情形就废标，造成多方的精力、财力的损失。在评标期间，出现符合文件条件的承包商或者对招标文件作出实质响应的承包商不足3家情形的，可以比照此款规定执行。

依据工程建设项目有关法律规定，废标后有效标不足3家分为两种情形：一种是被认为全都不符合招标文件条件的，否定了所有标；另一种是废标后，所剩有效标不足3家，有效标可能为一家或两家。对于第一种情形，显然应当重新进行招标；对于第二种情形，经过评审委员会评审，有效投标不足3家，投标明显缺乏竞争的也要做重新招标处理。

2. 评委应慎重否定所有标

(1) 法律依据与解读：《评标委员会和评标方法暂行规定》第27条："……否决不合格投标或者界定为废标后，因有效投标不足3个使得投标明显缺乏竞争的，评标委员会可以否决全部投标"。"投标人少于3个或者所有投标被否决的，招标人应当依法重新招标。"在这里法律特意留给评标委员会一个"否定所有标"的权利，而这个权利是有条件的，即按其规定的不合格条件界定后"有效投标"不足3个，但需明确是"使得投标明显缺乏竞争力"。

评标时评标委员会在做出有效投标不足3家因缺乏竞争力，所以招标失败的裁定时，应当十分慎重；由于评标委员会草率做出"否定所有标"决议而导致的流标十分可惜，且既不合理也不符合法律规定。已经有3家投标人参加投标，而最终能够参加评审的只剩1家的情况比较少见。如果发生评标时由于废标条件使有效标投标人不够3家，当有效标为两家时，标评标委员会应具体问题具体分析，采取慎重态度做否决所有标的裁定。

（2）解决问题的办法：1）应认真分析是否除两家外其他的投标文件确实不能满足招标文件要求，这里的不能满足是指的实质性要求，而不是其他。如果是因为其他条件原因（如缺少招标文件所要求的再一次提交的资质证明文件、业绩文件、制造商授权文件以及其他类似文件），应给予投标人补充、澄清的机会。如果还有其他漏项也应该通过书面澄清的方式完善，当然这种完善不包括招标文件中明确的实质性条件的改变。如果非实质性条件通过澄清后，能够达到法定投标（评标）人数，招标工作可继续进行。

2）如果澄清后达不到法定人数，也不能因此就不算3家而直接判定招标失败。明智的做法是在剩余的两家投标人中审查是否具有竞争力。如果有竞争力，应在剩余两家内推荐中标人。如果没有竞争力，评标委员会应帮助业主分析原因，而不是简单的宣布废标。应分析造成废标结果的原因，找出究竟是招标文件设置条件不科学，还是投标客观环境不规范。评标委员会应给招标人提交1份由评标委员会全体成员签字的"评标委员会决议"，决议中应写清楚评标过程、废标的原因以及建设市场情况，并向监督人提出合理、可行的建议。为重新招标做好铺垫。

总之，评标委员会在作出废标决定时，必须十分慎重，要有理有据，不可以草率和太过随意，既然是专家就应当发挥专家的作用，拿出站得住脚的理由，提出合理化建议，给招标人当好参谋。避免因盲目否决投标，而造成重新招标的后果，给招标人带来不必要的经济和时间损失。

【示例6-1】 有效投标少于3家，就非要重新招标吗？

【示例简介】 某工程建设项目由招标人邀请招标，向4家单位发出投标邀请书。投标文件递交后经初步审查，发现其中两份投标文件因格式、包装、盖章方面不符合招标文件形式要求而未进行实体评审。招标人认为从剩余的两家投标人中选择中标人范围过小，拟进行重新招标，但该决定遭到剩余的两家投标人反对，认为重新招标对其不公平，招标工作于是陷入停滞状态。招标人在这种情况下是否可以重新招标呢？如果不重新招标应如何处理？

【示例点评】 本案中进行"重新招标"在实践上存在两方面的障碍。如果重新邀请数家投标人"补充投标"，并与已有的两份投标文件一并评审，由于已有的两份投标文件的报价和技术方案等核心内容已被公开，如此"补充投标"对已有的两家投标人有不公平的可能；如果"另起炉灶重新招标"，即剥夺已有的两家投标人的投标资格，则对已有的两家投标人更不公平，他们势必要向招标人要求补偿，双方就补偿事宜容易发生纠纷。

《评标委员会和评标方法暂行规定》第27条规定："评标委员会根据本规定第20、21、22、23、25条的规定否决不合格投标或者界定为废标后，因有效投标不足3个使得投标明显缺乏竞争的，评标委员会可以否决全部投标。"请注意"因有效投标不足3个使得投标明显缺乏竞争的"这句话"不足3个"是指"有效标"，同时注意。"有效标使得明显缺乏竞争的"，如果"有效标不缺乏竞争"就可以认为评标委员会不能否决全部投标。

因为剩余一家或两家只要投标价格合理，招标人能够接受，仍应从中选择中标人，否则对这一家或两家合理投标是不公正的，因为他们的投标价格已经公开，重新投标时他们将处在不利的竞争的地位。

本案并不符合法定的应当重新招标的 3 种情形，招标人可从已有的两家投标人中择优选择中标人；如要重新招标应取得他们书面同意后方可进行。造成这种结果的原因是邀请范围过小，可以通过在招标前扩大邀请范围来解决。虽然《招标投标法》规定的邀请招标最低标准仅为"3 个以上"，但在实践中，对一般招标项目而言，应邀请投标人至少也有 5 到 7 家，至少应为 5 家，最好是 7 家或者 7 家以上，以避免因部分投标文件不符合形式和实质审查要求被排除而导致进入竞争性评审环节的投标文件数量过少。

【示例 6-2】 有效标仅两家，能否开标、评标？

【示例简介】 某省级重点工程货物招标，技术要求较高，生产工期较紧。招标人按照规定发布了招标公告，在规定的报名时间内，仅有一家单位报名参加。随后，招标人又重新发布了招标公告，在规定的报名时间内，有 4 家单位报名投标。在开标现场，有 3 家投标单位在投标截止时间前提交了密封完好的投标文件，但现场工作人员在接收投标文件时发现，其中一家提交的投标保证金在投标截止时间前未能到达招标人指定的账户（据查，未到账的原因是该投标人财务人员转账单据笔误），这就意味着最终的有效投标单位仅有两家）。

面对这一情况，招标人感到很为难，因为按照《招标投标法》的规定："投标人少于3 个，招标人应当重新招标。"但该项目已经是第二次发布招标公告了，而且该工程建设工期十分紧迫，此次招标工作能否顺利完成确定货物供应商，将直接影响该工程建设能否如期竣工。

同时，根据之前对潜在投标人所做的市场摸底工作得知，两家投标有效的单位在技术实力上、生产设备、和供货业绩上均能较好地满足工程所需。

此时在开标现场，评标专家组、现场监督人员已经到位，对于未按照规定提交保证金的单位，是否在开标现场就不接收其投标文件或当场宣布其为"废标"呢，是否需要重新开标呢？

【示例处理】 专家认为，遇到这种情况招标人无需担心，首先可以正常开标，其次可以正常评标，具体做法是：

（1）对 3 家投标人的投标文件进行接收、开标。唱标时，如果招标文件规定了唱标内容包括投标保证金的到账情况，那么就应该将"某单位投标保证金未到账"这一事实唱出来；如果招标文件中并未规定投标保证金到账情况是唱标的内容之一，那么招标人可以选择唱出这一信息，也可以选择不唱。但在开标现场，招标人不能直接宣布投标人的投标文件为"废标"。

（2）组织评标委员会对 3 份投标文件进行评标，将该投标单位投标保证金未到账这一情况告之评标委员会，由评标委员会宣布为"废标"，随后，评标委员会再对剩余的两份投标文件进行评审，在确定两份投标文件并非明显缺乏竞争力的情况下，推荐中标候选人。

【示例点评】 《工程建设项目招标投标办法》第 27 条规定："投标人应当按照招标文

件要求的方式和金额，在提交投标文件截止之日前将投标保证金提交给招标人或其招标代理机构。投标人不按招标文件要求提交投标保证金的，该投标文件作废标处理。"第 41 条第 2 款规定："投标文件有下列情形之一的，由评标委员会初审后按废标处理：……（7）未按招标文件要求提交投标保证金的；……"《招标投标法实施条例》第 51 条规定，"有下列情形之一的，评标委员会应当否决其投标……（6）投标文件没有对招标文件的实质性要求和条件作出响应。

本案中，提交投标保证金肯定属于招标文件的实质性要求和条件，因此，也就属于和条例规定的作废标处理的情形，且规定了应该由评标委员会在评标阶段对其作废标处理，因此，不应在开标现场宣布未按照规定提交投标保证金的投标文件为废标，而应将上述情况提交评标委员会，由其处理。

《工程建设项目货物招标投标办法》第 34 条第 4 款规定："提交投标文件的投标人少于 3 个的，招标人应当依法重新招标"。"重新招标后投标人仍少于 3 个的，必须招标的工程建设项目，报有关行政监督部门备案后可以不再进行招标，或者对两家合格投标人进行开标和评标。"第 41 条第 1 款规定，投标文件有下列情形之一的，招标人不予受理："

（1）逾期送达的或者未送达指定地点的；（2）未按招标文件要求密封的。"

本案中，递交投标文件的投标单位有 3 家，而未按规定提交保证金的，并不属于《工程建设项目货物招标投标办法》第 34 条第 1 款规定的投标文件不予受理的情形，因此也就不属于"投标人少于三个的"情况。综上所述，本项目的开标、评标应不受影响。

《工程建设项目货物招标投标办法》第 41 条第 3 款规定："评标委员会对所有投标作废标处理的，或者评标委员会对一部分投标作废标处理后其他有效投标不足 3 个使得投标明显缺乏竞争，决定否决全部投标的，招标人应当重新招标。"本案例中，评标委员会对未按照规定提交保证金的单位作"废标"处理后，剩余的有效投标单位有两家，这两家投标单位经过评标委员会判定，并不缺乏竞争力，也就意味着按照法律规定，这并不属于重新招标的情形。退一步讲，即使本次招标中仅有提交了保证金的两家单位，按照《工程建设项目货物招标投标办法》第 34 条第 4 款的规定，在招标人将上述情况上报行政主管部门备案后，仍然可以对两家合格单位进行开标和评标。

6.2 重招标不足 3 家

6.2.1 法律法规的规定

在招标投标活动中，有效投标人不足法定数量导致重新招标，无形中增加了招标人和代理机构的招标成本，延长了招标周期，进而导致招标效率下降；另外，也增加了实质响应招标文件承包商的投标成本，造成了一定的不公平性。一次招标不足 3 家重新招标，那么第二次、第三次再招标还是不足 3 家怎么处理，这样一而再，再而三该如何收场呢？有关法律、法规、规章对此做了明确规定：

1. 《工程建设项目施工招标投标办法》第 38 条规定："……重新招标后投标人仍少于 3 个的，属于必须审批的工程建设项目，报经原审批部门批准后可以不再进行招标；其他工程建设项目，招标人可自行决定不再进行招标。"

2. 《工程建设项目货物招标投标办法》第 34 条规定："……重新招标后投标人仍少于

3家的，必须招标的工程建设项目，报有关行政监督部门备案后可以不再进行招标，或者对两家合格投标人进行开标和评标。"

3.《工程建设项目勘察设计招标投标办法》第 49 条规定："招标人重新招标后，发生本办法第 48 条情形之一的，属于按照国家规定需要政府审批的项目，报经原项目审批部门批准后可以不再进行招标；其他工程建设项目，招标人可自行决定不再进行招标。"

6.2.2 重招不足 3 家的处理

依据有关法律法规：1. 必须审批的工程建设项目，报经原审批部门批准、备案后可以不再进行招标；2. 其他工程建设项目，招标人可自行决定不再进行招标或者对两家合格投标人进行开标和评标。

【示例 6-3】 重新招标后投标人仍少于 3 家怎么办？

【示例简介】 空调项目公开招标，已经发布两次招标公告，第一次只有 1 家投标，第二次有 3 家报名，开标后有效标不足 3 家。依照《招标投标法实施条例》第 44 条规定："投标人少于 3 个的，不得开标；招标人应当重新招标。"应该怎么办，招标投标监管部门对该项目应该提出何种合理建议？

【示例点评】 该工程建设项目货物招标，投标截止时，提交投标文件的投标人不足 3 家，依据《工程建设项目货物招标投标办法》第 34 条规定："提交投标文件的投标人少于 3 个的，应当依法重新招标。""重新招标后投标人仍少于 3 个的，必须招标的工程建设项目，报有关行政监督部门备案后可以不再进行招标，或者对两家合格投标人进行开标和评标。"

1. 第一次失败后，不能简单再重复。应找出不足 3 家投标的原因，并依此原因修改招标文件后，再重新招标，以防仍会出现不足 3 家投标人投标的情况。

2. 上述法规条款适合必须招标的项目。如果不是必须招标项目，第二次招标，投标人仍不足 3 家时，无需经相关行政监督部门批准就可以不再招标了。

3. 不招标就确定承包商或供应商有两种办法：1）就像上述规定采用"对剩余的两家合格投标人进行开标和评标"，这是最好的办法；2）如确定不招标时，可以采用竞争性谈判、或单一来源采购、或询价等办法。

4.《招标投标法实施条例》第 44 条只规定了"投标人少于 3 个的，不得开标；招标人应当重新招标。"对重新招标和第二次招标失败后，如何具体处理未予确定。所以《工程建设项目货物招标投标办法》的处理方法，是指导性规则，应予执行。

5. 不招标的两种办法，其中"对剩余的两家合格投标人进行开标和评标"，这个过程监管部门是否要参与监督呢？第二次招标失败以后，依法必须招标的项目，经相关行政监督部门批准后，可以采用不招标的做法，即选择剩余合格的投标人，进行开标和评标，由评标委员会推荐中标候选人，再由招标人依据评标委员会推荐的意见，确定中标人。

在全部招标、投标、评标、定标和签订合同过程中，招标人和投标人都应接受相关行政监督部门的依法监督，所以对剩余的两家合格投标人进行的开标和评标，以及确定中标人的所有活动，都应主动接受相关行政监督部门的依法监督。但是请注意行政监督部门不是对上述工作进行管理，管理工作是上级主管部门的工作。

6.3 标无效后的处理

6.3.1 招标无效后处理

1. 招标无效处理概述

招标无效后的处理是指宣布招标无效后，下一步招标活动如何进行和对导致招标无效责任主体如何处理。

（1）涉及的责任主体。在招标投标活动中，法律规定的责任主体有招标人、投标人、招标代理机构、有关行政监督部门、评标委员会成员、有关单位中直接负责的主管人员和其他直接责任人员以及任何干涉招标投标活动正常进行的单位或个人。招标人或者招标代理机构以及相关直接负责的主管人员和其他直接责任人员是招标无效的责任主体，应承担法律责任。

（2）各责任主体的定义

所谓"招标人"，是指依照招标投标法的规定提出招标项目、进行招标的法人或者其他组织。所谓"招标代理机构"则是指依法设立、从事招标代理业务并提供相关服务的社会中介组织。由于招标代理机构是接受招标人的委托并在招标人委托的范围内办理招标事宜。因此，招标代理机构与招标人之间是一种委托代理关系。招标代理机构接受招标人的委托，以代理人的身份参与招标投标的民事法律活动，并遵守招标投标法关于招标人的规定，招标代理机构当然成为招标投标法律关系的主体。因此，导致招标无效的责任主体是招标人或招标代理机构以及相关直接负责的主管人员和其他直接责任人员。

2. 对招标活动的处理

依据《工程建设项目施工招标投标办法》第73条、《工程建设项目勘察设计招标投标办法》第50条、《工程建设项目货物招标投标办法》第55条规定："被认定为招标无效的，应当重新招标或评标"。2012年2月1日实施的《招标投标法实施条例》第82条规定："依法必须进行招标的项目的招标投标活动违反招标投标法和招标投标法实施条例的规定，对中标结果造成实质性影响，且不能采取补救措施予以纠正的，招标、投标、中标无效，应当依法重新招标或者评标。"可见，按照法律规定，招标无效应该重新招标或评标。

3. 对责任主体的处理

（1）行政责任。工程建设项目的招标投标行为，既是一项市场主体平等参与市场竞争的复杂民事法律行为，同时又是一种受主管部门监督和行政性法律规范调整的特殊民事法律行为。因此，招标人或招标代理人违反《招标投标法》以及配套法规的规定，导致招标无效后，应承担行政责任。这对净化市场，惩治腐败，规范运作，公平竞争、维护行政监督权力具有重要意义。

根据承担行政责任主体的不同，行政责任分为行政主体承担的行政责任、国家公务员承担的行政责任和行政相对方承担的行政责任。从行政责任的形式来看，行政责任有赔偿损失、履行职务、恢复被损害权利、行政处分和行政处罚等。行政处分是指国家行政机关依照行政隶属关系对违法失职公务员给予的惩戒措施。

根据《国家公务员暂行条例》（国务院令第125号）第33条规定："行政处分有6种

形式，即警告、记过、记大过、降级、撤职和开除。"行政处罚是指行政主体对违反行政法律、法规和规章但尚未构成犯罪的行政管理相对人实施的制裁。《行政处罚法》（主席令8届第63号）规定的行政处罚种类有：警告、罚款、没收违法所得、没收非法财物、责令停产停业、暂扣或者吊销执照、暂扣或者吊销许可证、行政拘留以及法律、法规规定的其他行政处罚。招标投标法律规定的行政处罚和行政措施形式主要包括以下几种：

1）限期改正：依据《工程建设项目施工招标投标办法》第73条规定："对于存在招标无效行为的，责令限期改正"。责令限期改正是实现行政处罚补救性功能的具体手段，是行政机关要求违法当事人对不法状态予以纠正的一种措施。其目的在于要求违法当事人将不法状态恢复为合法状态。本条规定的责令限期改正，是指相关的行政监督部门对于有上述违法行为的项目单位，要求其在一定期限内对其规避招标的行为予以纠正，对强制招标的项目进行招标，以消除因为规避招标而引起的不良影响或不利后果。

2）行政警告：警告是指行政主体对违法者实施的一种书面形式的谴责和告诫。它既具有教育性质又具有制裁性质，目的是向违法者发出警戒，声明行为人的行为已经违法，避免其再犯。警告一般适用于情节轻微或未构成实际危害后果的违法行为，另外，它既可以单处，又可以并处。从理论上讲，警告属于申诫罚，其特点在于：申诫罚是对个人、组织的精神上的惩戒，并不像其他处罚种类那样涉及个人、组织的实体权利；申诫罚一般处于其他处罚前，申诫罚的目的在于引起违法者思想上的警惕，使其以后不再违法。警告裁决书必须向本人宣布并送交本人，裁决书副本还要同时交给受处罚人所在单位和常驻地派出所。口头警告不能算是行政处罚，只是批评教育的方式。

依据《工程建设项目施工招标投标办法》第76条规定，依法必须进行招标的项目，在评标过程中发现招标人违法与投标人就投标价格、投标方案等实质性内容进行谈判等行为，导致招标无效的，有关行政监督部门给予警告，警告是指有关的行政监督部门对具有上述违法行为的招标人或者代理机构主要负责的主管人员和其他直接责任人员实施的一种书面的谴责和告诫。

3）行政罚款：罚款是指行政机关对违反行政法律规范，不履行法定义务的个人、组织所作的一种经济上的处罚，是使个人、组织承担新的金钱给付义务。罚款必须是要式行为，处罚机关必须作出正式书面决定，依法明确规定罚款的数额和交纳的期限，并按规定给予被罚款人以申诉和诉讼的权利。罚款不同于罚金：前者是刑罚中附加刑的一种，只能由人民法院判处。对于招标无效行为的处罚，根据法律规定，除限期改正外，行政监督部门依据《工程建设项目施工招标投标办法》第73条的规定，可以对有上述违法行为的项目责任单位，处以3万元以下的罚款。所谓"可以罚款"是指对于违法的行为人，有关行政监督部门可以根据情节的轻重决定是否给予罚款。通俗地讲，就是可以罚款，也可以不罚款，有关行政监督部门享有自由裁量权。某市招标无效行政罚款标准如表6-1所示。

4）暂停执行：《招标投标办法》第49条规定："对全部或者部分使用国有资金的项目，应当公开招标而不公开招标等行为导致招标无效的，可以暂停项目执行或者暂停资金拨付。"暂停项目执行或暂停资金拨付的前提是该项目必须是全部或者部分使用国有资金，暂停拨付的也只能是国有资金，并借此促使项目单位纠正其违法行为。暂停执行并不属于行政处罚。

某市招标无效行政罚款标准　　　　　　　　表 6-1

违法程度	违 法 情 节	处 罚 裁 量 标 准
严重	招标人在责令期限内及时纠正，重新开始招标，没有给予潜在投标人或者投标人造成损失的	给予警告，处 10000 元以上 30000 元以下罚款
一般	招标人在责令期限内及时纠正，重新开始招标，没有给予潜在投标人或者投标人造成损失的	给予警告，处 0 元以上（含 0 元）10000 元以下罚款
轻微	招标人在责令期限内及时纠正，重新开始招标，没有给予潜在投标人或者投标人造成损失的	给予警告

5）行政处分：对单位直接负责的主管人员和其他直接责任人员依法给予行政处分。行政处分的对象是项目单位直接负责的主管人员和其他直接责任人员。行政处分的种类包括警告、记过、记大过、降级、降职、开除等。有关行政监督部门可以根据违法行为情节的轻重作出不同的行政处分决定。依据《招标投标法》第 49 条、《工程建设项目施工招标投标办法》第 68、71 条规定，对于违反法律规定，导致招标无效的，行政监督部门对单位直接负责的主管人员和其他直接责任人员依法给予处分。

（2）民事责任。工程建设项目的招标投标，一般经过招标、投标、开标、评标、和中标 5 个阶段。这五个阶段涉及要约、要约邀请、承诺以及中标后签订工程合同等一系列民事法律关系。招标无效行为认定可能发生在整个招标活动的各个阶段。因此，无效行为责任人应该承担一切民事责任。根据《民法通则》与《合同法》的有关规定，导致招标无效，给潜在投标人或者投标人造成损害的，并应当赔偿。

损害赔偿是指当事人一方因侵权行为或不履行债务而对他方造成损害时应承担赔偿对方损失的民事责任，包括侵权损害赔偿与违约损害赔偿。前者属于侵权责任范畴，后者属于违约责任的范畴。区分违约损害赔偿与侵权损害赔偿的意义在于：首先，赔偿范围不同，侵权损害赔偿可以包括对精神损害的赔偿，而违约损害赔偿一般只包括财产损害赔偿，不包括对精神损害的赔偿；其次，举证责任不同，根据《合同法》的规定，违约责任实行无过错责任，只要行为人的违约行为造成了对方当事人的损失，行为人就应负民事责任，守约方无需就违约方的过错进行举证。与之相反，由于侵权责任一般实行过错责任，受害人欲使侵权行为人承担责任，必须证明侵权人在实施侵权行为之际具有过错，否则行为人不承担法律责任。

导致招标无效所造成的损失包括投标人的差旅费、参与投标人员的工资、购买和编制资格预审文件与招标文件等费用。如果交纳了投标保证金时，应按当时商业银行存款利率计算，给予补偿利息。对于项目已经进入实施阶段对投标人的投入造成实际损失的，招标人也应进行赔偿。

（3）刑事责任。依据《招标投标法》第 50、52、53 条、《工程建设项目施工招标投标招标办法》第 69、71 条规定，《招标投标法实施条例》第 65、81 条规定：招标人违反招标投标法律规定，构成犯罪的，依法追究刑事责任。

6.3.2　评标无效后的处理

1. 评标无效后处理概述

评标无效后的处理是指宣布评标无效后，下一步招标活动如何进行及对导致评标无效责任人的处理。就评标无效行为责任人而言，评标无效后承担法律责任的对象主要涉到三方行为主体：一是评标委员会成员；二是招标人即招标单位；三是国家公务人员。

（1）评委会成员。评标委员会是招标人为了特定的招标项目依法组建，并在招标投标项目结束后解散的临时机构，它是由特定的人员组成并以每一位成员独立的身份参与评标活动。由于评标委员会是其成员以独立的身份和行为参与招标投标活动，并由其成员独立地承担相应的法律责任。例如评标委员会的成员在评标过程中不能客观、公正地履行职务，遵守职业道德，私下接触投标人，接受投标人的财物或者好处，透露评标的有关情况，应当承担相应的法律责任。应注意的是评标委员会不能成为招标投标民事法律关系的主体。

（2）招标人。评标委员会由招标人负责组建。招标人由于违反法律法规例如不按照规定组建评标委员会，或者确定、更换评标委员会成员时违反招标投标法和有关法规规定的）造成评标无效后果的，招标人是评标无效的责任主体。

（3）国家公务人员。国家工作人员利用职务便利，以直接或者间接、明示或者暗示等任何方式非法干涉选取评标委员会成员的，要承担相应的法律责任，成为被处理对象。

2. 对招标投标活动的处理

据《工程建设项目施工招标投标办法》第 79 条、《工程建设项目勘察设计招标投标办法》第 54 条、《工程建设项目货物招标投标办法》第 57 条、《招标投标法实施条例》第 82 条规定："依法必须进行招标的项目评标无效的，应当依法重新进行评标或者重新进行招标"。可见，评标无效的处理有两种方法：一种是按照《招标投标法》的有关规定，依法重新招标；另一种处理方法是依法重新进行评标。

3. 对责任主体的处理

（1）行政责任。依照行政法规，对导致评标无效责任人的处理，主要包括以下具体内容：

1）责令改正：有关行政监督部门，对评标无效行为可以进行责令改正。

2）行政罚款：对评标无效的责任主体，可以根据不同情节和严重程度予以罚款。包括以下 4 项：

① 评标无效的，有关行政监督部门可以对评标无效行为主体处以 3 万元以下罚款。

② 对招标人违法组建评标委员会的，对招标单位可以处 10 万元以下的罚款。

③ 对评标委员会的成员或者参加评标的有关工作人员有收受投标人的财物或者其他好处的，没收收受财物，处 3000 元以上 5 万元以下的罚款；如果采取没收馈赠财物等处罚措施足以达到制裁违法行为目的的，可以不予罚款。

④ 依法必须进行招标项目的招标人不按照规定组建评标委员会，或者确定、更换评标委员会成员违反招标投标法和实施条例的，有关行政监督部门可以对其处 10 万元以下的罚款。

3）取消资格：对有应当回避而不回避等导致评标无效这类违法行为的评标委员会成员，可以禁止其在一定期限内参加依法必须进行招标项目的评标；情节特别严重的，取消其担任评标委员会成员的资格。被取消担任评标委员会成员资格的人，应当从国家专家库或者招标代理机构设立的专家库中除名，不得再从事依法必须进行招标的任何项目的评标工作，招标人也不得再聘请其担任评标委员。

4) 行政处分：对于依法必须进行招标的项目，招标人不按照规定组建评标委员会，或者确定、更换评标委员会成员违反《招标投标法》和实施条例规定的，对单位直接负责的主管人员和其他直接责任人员依法给予处分；国家工作人员以任何方式非法干涉选取评标委员会成员的，依法给予记过或者记大过处分；情节严重的，依法给予降级或者撤职处分；情节特别严重的，依法给予开除处分。

（2）民事责任。评标无效，除依法重新评标或者重新招标外，重新招标的，对原招标中所造成投标人损失的，责任主体应进行赔偿。损害赔偿是指当事人一方因侵权行为或不履行债务而对他方造成损害时应承担赔偿对方损失的民事责任，包括侵权的损害赔偿与违约的损害赔偿。前者属于侵权责任的范畴，后者属于违约责任的范畴。

区分违约损害赔偿与侵权损害赔偿的意义在于：首先，赔偿范围不同，侵权损害赔偿可以包括对精神损害的赔偿，而违约损害赔偿一般只包括财产损害赔偿，不包括对精神损害的赔偿；其次，举证责任不同，根据《合同法》的规定，违约责任实行无过错责任，只要行为人的违约行为造成了对方当事人的损失，行为人就应负民事责任，守约方无需就违约方的过错进行举证。与之相反，由于侵权责任一般实行过错责任，受害人欲使侵权行为人承担责任，必须证明侵权人在实施侵权行为之际具有过错，否则行为人不承担法律责任。

（3）刑事责任。对于评标委员会成员收受投标人的财物或者其他好处的、国家工作人员以任何方式非法干涉选取评标委员会成员等影响评标结果的违法行为的，情节严重，构成犯罪的，应当比照相关的刑法条文，由司法机关依法追究刑事责任。

6.3.3　投标无效后处理

1. 投标无效后处理概述

投标无效后处理是指投标无效后，对招标活动的处理和对投标无效行为责任人的处理。就无效行为责任人来讲，由于导致投标无效的主要由投标者的违法行为所致。因此，投标无效后的处理对象是投标人。所谓投标人，是指响应招标、参加投标竞争的法人或者其他组织。允许个人参加投标的项目，个人也可成为投标人。投标人违反法律、法规和招标文件规定，导致招标无效的，除应接受投标无效的法律后果外，情节严重的，还要追究其他法律责任。

2. 对招标活动的处理

依据《招标投标法实施条例》第82条："依法必须进行招标的项目的招标投标活动违反招标投标法和本条例的规定，对中标结果造成实质性影响，且不能采取补救措施予以纠正的，招标、投标、中标无效，应当依法重新招标或者评标。"

3. 对投标无效责任人的处理

（1）行政责任：依据《招标投标法》第53、54条、《招标投标法实施条例》第67、68条的规定，投标人有相互串通投标或者与招标人串通投标的，投标人以向招标人或者评标委员会成员行贿的手段谋取中标的行为；投标人以他人名义投标或者以其他方式弄虚作假，骗取中标等导致投标无效行为的，行政责任包括以下内容：

1) 行政处罚。影响中标结果的，对投标单位处中标项目金额5‰以上10‰以下的罚款；投标人未中标的，对单位的罚款金额按照招标项目合同金额依照招标投标法规定的比例计算。对单位直接负责的主管人员和其他直接责任人员处单位罚款数额 5%以上 10%以下的罚款。

2）没收违法所得。有违法所得的，并处没收违法所得。

3）取消投标资格。情节严重的，视行为情节，取消其 1 年至 3 年内参加依法必须进行招标项目的投标资格并予以公告。

4）吊销营业执照。情节严重的，直至由工商行政管理机关吊销营业执照。

（2）民事责任：依据法律规定，投标人以他人名义投标或者以其他方式弄虚作假骗取中标或投标人有相互串通投标或者与招标人串通投标以及投标人以向招标人或者评标委员会成员行贿的手段谋取中标等行为的，投标无效，给他人造成损失的，依法承担赔偿责任。

（3）刑事责任：投标人在投标活动中，有相互串通投标或者与招标人串通投标的，投标人以向招标人或者评标委员会成员行贿的手段谋取中标或以他人名义投标或者以其他方式弄虚作假骗取中标等投标无效行为的，依据刑法有关规定，构成犯罪的，应依法追究刑事责任。

6.3.4 中标无效后处理

1. 中标无效后处理概述

中标无效后的处理是指宣布中标无效后，下一步招标活动如何进行和对导致评标无效责任人的处理。就中标无效行为责任主体而言，包括以下 4 种责任人：

（1）招标人、投标人。工程建设项目招标投标所要达到的目的，是通过招标、投标、开标、评标等一系列活动，在所有的投标人中选定一个中标人，并由招标人将中标结果通知中标人和所有未中标的投标人，最终由招标人和中标人按照招标文件和投标文件订立书面合同。所有参加招标投标活动的民事主体，均应当按照《招标投标法》的规定实施自己的民事法律行为，不得损害国家利益、社会公共利益或者他人的合法权益，否则，应承担相应的民事法律责任。在招标投标民事活动中，参与招标投标活动的民事主体所共同追求的目标就是中标，因此，招标投标民事法律责任主要体现在因违反《招标投标法》的规定导致中标无效所要承担的法律后果上。

依照《招标投标法》的规定，招标投标活动的当事人主要是指招标人和投标人。所谓招标人，是指依照招标投标法的规定提出招标项目、进行招标的法人或者其他组织。所谓投标人，是指响应招标、参加投标竞争的法人或者其他组织。允许个人参加投标的项目，个人也可成为投标人。招标投标活动是一种公开的、有组织的、有法定程序的商业交易行为，是市场主体按特定的程序订立合同的一种特殊方式，其最终目的是促使招标人和中标人达成特定的商业交易，并按招标人和中标人的事先承诺即按招标人的招标文件和中标人的投标文件最终订立书面合同。招标人和投标人必须严格按照《招标投标法》的规定和相应的招标投标规则履行自己的义务，完成必要的工作，最终实现订立合同的目的，否则，将承担相应的法律后果。因此，招标人和投标人是当然的民事责任主体。

（2）招标代理机构。所谓招标代理机构，是指依法设立、从事招标代理业务并提供相关服务的社会中介组织。所谓评标委员会，是指招标人依法组建的由招标人代表、有关技术、经济等方面的专家或者招标代理机构的专家组成的评标机构。由于招标代理机构是接受招标人的委托并在招标人委托的范围内办理招标事宜,因此,招标代理机构与招标人之间是一种委托代理关系。招标代理机构接受招标人的委托,以代理人的身份参与招标投标的民事法律活动,并遵守招标投标法关于招标人的规定,招标代理机构当然成为招标投标民事法律关系的主体。

中标无效因不同的民事主体,可分为因招标人的行为无效、因投标人的行为无效、因招标代理机构的行为无效、因招标代理机构和招标人、投标人的共同行为无效以及因招标人和投标人的共同行为无效。

(3)评标委员会成员。评标委员会是招标人为了特定的招标项目依法组建,并在招标投标项目结束后解散的临时机构,它是由特定的人员组成并以每一位成员独立的身份参与评标活动。评标委员会的成员在评标过程中不能客观、公正地履行职务,遵守职业道德,私下接触投标人,接受投标人的财物或者好处,透露评标的有关情况,以及在招标活动中,评标委员会成员与招标人、投标人等相互串标,侵害他人利益和国家利益,致使中标无效的,应承担相应法律责任。

2. 对招标活动的处理依据

(1)《招标投标法》第64条规定:"依法必须进行招标的项目违反本法规定,中标无效的,应当依照本法规定的中标条件从其余投标人中重新确定中标人或者依照本法重新进行招标"。全国人大法工委《招标投标法释义》对《招标投标法》第64条的说明是:由于在中标无效的情况下,法律往往要求招标人依照本法规定的中标条件从其余投标人中重新确定中标人,所以中标无效并不意味着招标程序一概无效。当然在某些情况下,如果违法行为涉及所有的投标人,或者投标人中根本没有符合中标条件的,招标人应当重新进行招标……依照本条规定,中标无效的,招标人应当依照本法规定的中标条件从其余投标人中重新确定中标人。没有符合规定条件的中标人的,招标人应当依照本法重新进行招标。即中标无效且无法重新确定中标人的应该重新招标。

(2)《施工招标投标办法》第86条规定:"依法必须进行施工招标的项目违反法律规定,中标无效的,应当依照法律规定的中标条件从其余投标人中重新确定中标人或者依法重新进行招标"。

中标无效的,发出的中标通知书和签订的合同自始没有法律约束力,但不影响合同中独立存在的有关解决争议方法的条款的效力。

(3)《评标委员会和评标方法暂行规定》第48条规定:"使用国有资金投资或者国家融资的项目,招标人应当确定排名第一的中标候选人为中标人"。"排名第一的中标候选人放弃中标、因不可抗力提出不能履行合同,或者招标文件规定应当提交履约保证金而在规定的期限内未能提交的,招标人可以确定排名第二的中标候选人为中标人"。"排名第二的中标候选人因前款规定的同样原因不能签订合同的,招标人可以确定排名第三的中标候选人为中标人"。"招标人可以授权评标委员会直接确定中标人"。

(4)《房屋建筑和市政设施招标投标管理办法》第50条规定:"招标投标活动中有《招标投标法》规定中标无效情形的,由县级以上地方人民政府建设行政主管部门宣布中标无效,责令重新组织招标,并依法追究有关责任人责任"。

(5)《招标投标法实施条例》第55条规定:"国有资金占控股或者主导地位的依法必须进行招标的项目,招标人应当确定排名第一的中标候选人为中标人"。"排名第一的中标候选人放弃中标、因不可抗力不能履行合同、不按照招标文件要求提交履约保证金，或者被查实存在影响中标结果的违法行为等情形，不符合中标条件的，招标人可以按照评标委员会提出的中标候选人名单排序依次确定其他中标候选人为中标人，也可以重新招标"。

（6）《招标投标法实施条例》第82条规定："依法必须进行招标的项目的招标投标活动违反招标投标法和本条例的规定，对中标结果造成实质性影响，且不能采取补救措施予以纠正的，招标、投标、中标无效，应当依法重新招标或者评标"。

3. 对招标活动的处理方法

中标无效的法律后果，根据《招标投标法》第64条的规定："依法必须进行招标的项目违反本法规定，中标无效的，应当依照本法规定的条件从其余投标人中重新确定中标人或者依照本法重新进行招标。"根据上述法律规定，依法必须进行招标的项目在中标无效后的处理办法有两种：

（1）依照《招标投标法》规定的中标条件从其余投标人中重新确定中标人。这是指在招标活动中出现违法行为，导致中标无效后，招标人应当依照《招标投标法》第41条规定的中标条件重新确定中标人，在前一中标人是招标人授权评标委员会直接确定的情况下，评标委员会应当根据法律规定的中标条件重新推荐中标候选人或者根据招标人委托重新确定新的中标人；在前一中标人是招标人在评标委员会推荐的中标候选人中确定的情况下，招标人可以在剩余的中标候选人中根据法律规定的中标条件直接确定新的中标人。

（2）依照《招标投标法》规定重新进行招标。这是指在招标投标活动中出现违法行为导致中标无效的情况下，根据实际情况，从剩余的投标人中重新确定中标人有可能违反公平、公开、公正原则，从而产生不公平的结果时，招标人应当重新进行招标。也就是说，在这种情况下，招标人应当重新发布招标通告或发出投标邀请书，按照《招标投标法》规定的程序和方法进行新的招标。

【示例6-4】 中标无效后，应"重新招标"，还是"重新评标"？

【示例简介】 2009年5月肇庆市广贺高速有限公司（招标方，以下简称"广贺高速"）对外发布了二（连浩特）广（州）高速公路项目怀集至三水段的机电工程（以下简称"怀三高速机电工程"）招标公告。7月下旬，广贺高速向通过怀三高速机电工程47标段资格预审的10家申请人发出招标邀请，10家受邀人中包括上海经达实业有限公司（以下简称"上海经达"）和广东新奥交通投资有限公司（以下简称"广东新奥"）。8月中旬，广东新奥多次打电话向上海经达提出要求配合投标的要求，上海经达予以拒绝并对电话内容进行了录音。

9月4日，开标当天，最终提交投标文件的投标单位只有7家，除上海经达和广州新奥外，其他5家竟然都投出了没有中标可能的"自杀价"，其中还有两家单位的投标报价低于现场抽取下浮系数后确定的最低限价，被当场"废标"。开标后，广东新奥排名第一，上海经达排名第二。

9月14日，一封题目为《如此异常的开标结果背后隐藏着什么？》的投诉信，以特快专递的方式，从上海经达发往广东省交通厅。9月28日，上海经达将广东新奥希望串标的电话录音"铁证"摆在了广东省交通厅的台面上。10月22日，广东省交通厅确认广东新奥涉嫌串标，判定该项目中标结果无效，同意广贺高速提出的经肇庆市交通局初审的重新招标的申请。2010年3月，上海经达将广东省交通厅告上法庭（简称160号案），要求撤销广东省交通厅同意重新招标的决定。2011年3月9日，160号案在越秀区法院再次开庭，时至今日该案没有任何判决信息。

【争议焦点】 从以上案情我们可以看出，本案分歧的关键是当第一中标候选人中标无效时，应该重新招标还是重新评标？上海经达的代理律师在本案代理词中提出，本案争议的焦点是：工程评标过程中，5家有效投标人中有一家违规时，应该重新招标还是重新评标——工程招标尚在评标报告备案过程中，未公示标结果，也未发出中标通知书，未产生中标人，而被告依据《招标投标法》第64条的规定认为中标无效，进而同意重新招标，显然适用法律错误；同时该招标也不符合《招标投标法》第42条规定的否决所有投标进而重新招标的情形，故被告同意重新招标没有法律依据。广东新奥迄今为止仅仅被认定"涉嫌串标"，被告适用《招标投标法》第53条关于投标人串标中标无效，也缺乏事实依据。依法律和招标文件规定，广东新奥被取消投标资格后，其投标应做废标处理，被告应及时通知招标人重新招标。被告在没有法律依据和事实的情形下，错误地同意重新招标的具体行政行为，剥夺了上海经达及其他3名有效投标人依法中标的权利。而广东省交通厅（被告）始终认为：在确认广东新奥"在采用不当手段妨碍其他投标人投标"后，广东省交通厅作出同意该工程重新招标，并禁止广东新奥参与投标的决定。

【示例点评】 对于本案专家认为，可以从以下几个方面分析：

（1）是中标无效，还是评标无效？从上海经达的代理律师在本案代理词中可以看出，该公司在努力使问题的处理回到评标环节，认为应当认定"评标无效"而并非"中标无效"。其目的是使报价排名第一的广东新奥的投标文件作"废标"处理，而自己能够以报价第二的位序顺位递补为中标人。其理由是：该工程招标尚在评标报告备案过程中，并未公示评标结果，也未发出中标通知书，未产生中标人，自然不存在"中标无效"之说。

关于"评标无效"的概念，在《工程建设项目施工招标投标办法》第79条和《工程建设项目货物招标投标办法》第57条中都有所规定："评标过程有下列情况之一的，评标无效，应当依法重新进行评标或者重新进行招标，有关行政监督部门可处3万元以下的罚款：1）使用招标文件没有确定的评标标准和方法的；2）评标标准和方法含有倾向或者排斥投标人的内容，妨碍或者限制投标人之间竞争，且影响评标结果的；3）应当回避担任评标委员会成员的人参与评标的；4）评标委员会的组建及人员组成不符合法定要求的；5）评标委员会及其成员在评标过程中有违法行为，且影响评标结果的"。由此可见，评标无效是评标委员会及其成员在评标过程中有不当行为时的法律后果之一，有违反上述五种情形的，评标结果无效。而从整个案情看，上海经达的投诉或诉讼均未提及评标委员会及其成员曾出现的上述情形，因此，其咬定应为"评标无效"的理由显得过于牵强。从上述规定我们也可以看到，即使评标无效，招标人或行政监督机构的处理也是即可以选择重新评标，也可以选择重新招标。广东省交通厅做出的重新招标的行政批复应是有依据的。

而"中标无效"的概念在《招标投标法》、《工程建设项目施工招标投标办法》、《公路工程施工招标投标管理办法》（原交通部令2006年第7号）中均有体现。依据上述法律法规关于中标无效的条款，可以看出，中标无效是由于招标人、投标人、招标代理机构、在招标投标过程中有不当行为的法律后果之一，这些不当行为主要有：泄密；串通投标；以行贿手段谋取中标；以他人名义或弄虚作假，骗取中标；违法与投标人进行实质性谈判；标外定标。

本案中，广东新奥的行为明显的属于上述串通投标的行为，因此，业主单位广贺高速和行政监督部门广东省交通厅做出的中标无效和不允许其参与重新招标的决定，应该是符合法律规定的。《工程建设项目施工招标投标办法》第86条规定："依法必须进行施工招标的项目违反法律规定，中标无效的，应当依照法律规定的中标条件从其余投标人中重新确定中标人或者依法重新进行招标"。从第86条可以看出中标无效后，既可以选择重新招标，也可以选择重新评标。而根据交通部颁布的《公路工程施工招标投标管理办法》第50条规定："由于招标人、招标代理人或投标人的违法行为，导致中标无效的，应当依照本办法重新招标。"依此规定，中标无效只能选择重新招标。由此可见，广东省交通厅最后作批复的怀三高速机电工程重新招标的决定应属于合法。

（2）前序中标候选人废标后，可由后序中标候选人顺位递补中标。《工程建设项目施工招标投标办法》第58条中规定了招标人可以确定排名第二的中标候选人为中标人的情形："排名第一的中标候选人放弃中标；因不可抗力提出不能履行合同或招标文件规定；应当提交履约保证金而在规定的期限内未能提交的"。本案情况很显然并不符合这种情形。该条款还同时规定，如果"排名第二的中标候选人因前款规定的同样原因不能签订合同的，招标人可以确定排名第三的中标候选人为中标人。"《公路工程施工招标投标管理办法》在第47条中也作了类似的规定。从上述规定可以看出，只有第一中标候选人出现放弃中标、因不可抗力不能履行合同、未能按期提交履约担保金这3种情形，第二中标候选人才能顺位递补中标；而第三中标候选人只有在第二中标候选人也出现上述3种情形时，才能顺位递补中标。广东新奥因涉嫌串标被判中标无效，并不属于上述约定的3种情形之一。因此，上海经达希望自己能够以排名第二的位序递补为中标人的想法是不被法律所支持的。

4. 对责任主体的处理

（1）民事责任。中标无效，除采取从其他候选人中重新确定中标人或者重新进行招标外，还应承担如下民事责任。由于这样的法律后果和救济手段，必然给招标人、投标人以及其他利害关系人带来一定的经济损失。而经济损失的产生，正是由于招标人、招标代理机构、投标人违反《招标投标法》的规定所致，因此，有过错的民事主体应当承担损害赔偿的民事责任。我国《民法通则》明确规定："公民、法人由于过错侵害国家的、集体的财产，侵害他人财产、人身的，应当承担民事责任"。根据招标投标活动的特征，因中标无效所应承担的民事责任，应为一般侵权民事责任，即应当根据责任主体的主观过错、客观损害事实、民事违法行为以及违法行为与损害事实之间的因果关系，承担相应的民事责任。同时，对于招标投标民事主体的共同侵权行为，应当按照《民法通则》的规定，由共同侵权人承担连带责任。

值得注意的是，有很多中标无效的结果，发生在招标人和中标人已经按照招标文件和投标文件签订了工程建设项目的民事合同之后。中标无效，必然导致民事合同无效，但由于中标无效不全是因招标人和中标人的行为所致，如因招标代理机构的行为导致的中标无效，故应当区分因招标人、中标人过错造成的合同无效和因第三人过错造成的合同无效。因招标人、中标人自身过错造成中标无效并导致合同无效，就出现了招标人和中标人按《合同法》无效合同处理原则承担民事责任和按一般民事侵权处理原则承担民事责任，招标人和中标人可以择一适用；因第三人的过错造成中标无效并导致合同无效，招标人和中标人除按照《合同法》无效合同的原则处理外，还可向第三人主张民事赔偿责任。

在招标人尚未与中标人签订书面合同的情况下，招标人发出的中标通知书失去了法律约束力，招标人没有与中标人签订合同的义务，中标人失去了与招标人签订合同的权利。当事人之间已经签订了书面合同的，所签合同无效。根据《民法通则》和《合同法》的规定，合同无效产生以下后果：

1）恢复原状：所谓中标无效，在订立合同后实际上就是招标人与投标人之间根据招标程序订立的合同无效。根据《合同法》的规定，无效合同自始没有法律约束力。因该合同取得的财产，应当予以返还；不能返还或者没有必要返还的，应当折价补偿。

2）赔偿损失：有过错的一方应当赔偿对方因此所受到的损失，双方都有过错的，应当各自承担相应的责任。具体到本条的规定而言，因为招标代理机构的违法行为而使中标无效的，招标代理机构应当赔偿招标人、投标人因此所受的损失。如果招标人、投标人也有过错的，各自承担相应的责任。根据《民法通则》的规定，招标人知道招标代理机构从事违法行为而不作反对表示的，应当与招标代理机构一起对第三人负连带责任。

（2）行政责任。行政责任应根据导致中标无效的具体责任人和违法行为的不同类型加以处理，分为：招标代理机构行为、招标人行为、投标人行为和共同行为造成中标无效的行政责任。

1）招标代理机构行为导致中标无效。泄露应当保密的与招标投标活动有关的情况和资料的，或者与招标人、投标人串通损害国家利益、社会公共利益或者他人合法权益的；在所代理的招标项目中投标、代理投标或者向该项目投标人提供咨询的，接受委托编制标底的中介机构参加受托编制标底项目的投标或者为该项目的投标人编制投标文件、提供咨询的，处5万元以上25万元以下的罚款，对单位直接负责的主管人员和其他直接责任人员处单位罚款数额5％以上10％以下的罚款；有违法所得的，并处没收违法所得；情节严重的，暂停直至取消招标代理资格。

2）招标人行为导致中标无效。根据招标人行为的不同类型和造成损失情况的严重程度，承担相应的行政责任，有以下几种处理方法：

① 依法必须进行招标的项目，招标人向他人透露已获取招标文件的潜在投标人名称、数量或者可能影响公平竞争的有关招标投标的其他情况，或者泄露标底的，给予警告，可以并处1万元以上10万元以下的罚款；对单位直接负责的主管人员和其他直接责任人员依法给予处分。

② 依法必须进行招标的项目，招标人违反本法规定，与投标人就投标价格、投标方案等实质性内容进行谈判的，给予警告，对单位直接负责的主管人员和其他直接责任人员依法给予处分。

③招标人在评标委员会依法推荐的中标候选人以外确定中标人的，依法必须进行招标的项目在所有投标被评标委员会否决后自行确定中标人的，中标无效，责令改正，可以处中标项目金额5‰以上10‰以下的罚款；对单位直接负责的主管人员和其他直接责任人员

依法给予处分。

3）投标人行为导致中标无效的。投标人以他人名义投标或者以其他方式弄虚作假，骗取中标的，中标无效，给招标人造成损失的，依法承担赔偿责任；构成犯罪的，依法追究刑事责任。依法必须进行招标的项目的投标人有前款所列行为尚未构成犯罪的，处中标项目金额 5‰以上 10‰以下的罚款，对单位直接负责的主管人员和其他直接责任人员处单位罚款数额 5%以上 10%以下的罚款；有违法所得的，并处没收违法所得；情节严重的，取消其 1 年至 3 年内参加依法必须进行招标的项目的投标资格并予以公告，直至由工商行政管理机关吊销营业执照。

"以他人名义投标"是指：使用通过受让或者租借等方式获取的资格、资质证书投标的。"以其他方式弄虚作假行为"是指：投标人有下列情形之一的：①使用伪造、编造的许可证件；②提供虚假的财务状况或者业绩；③ 提供虚假的项目负责人或者主要技术人员简历、劳动关系证明；④提供虚假的信用状况；⑤其他弄虚作假的行为。

"情节严重的"是指投标人有下列行为之一的：①伪造、编造资格、资质证书或者其他许可证件骗取中标；② 3 年内两次以上使用他人名义投标；③弄虚作假骗取中标给招标人造成直接经济损失 30 万元以上；④其他弄虚作假骗取中标情节严重的行为。投标人自规定的处罚执行期限届满之日起 3 年内又有该款所列违法行为之一的，或者弄虚作假骗取中标情节特别严重的，由工商行政管理机关吊销营业执照。

4）共同行为导致中标无效的。投标人相互串通投标或者与招标人串通投标的，投标人以向招标人或者评标委员会成员行贿的手段谋取中标的，中标无效，处中标项目金额 5‰以上 10‰以下的罚款，对单位直接负责的主管人员和其他直接责任人员处单位罚款数额 5%以上 10%以下的罚款；有违法所得的，并处没收违法所得；情节严重的，取消其 1 年至 2 年内参加依法必须进行招标项目的投标资格并予以公告，直至由工商行政管理机关吊销营业执照。

"情节严重的"是指投标人有下列行为之一的，由有关行政监督部门取消其 1 年至两年内参加依法必须进行招标项目的投标资格：①以行贿谋取中标；② 3 年内两次以上串通投标；③串通投标行为损害招标人、其他投标人或者国家、集体、公民的合法利益，造成直接经济损失 30 万元以上；④其他串通投标情节严重的行为。

投标人自规定的处罚执行期限届满之日起 3 年内又有该款所列违法行为之一的，或者串通投标、以行贿谋取中标情节特别严重的，由工商行政管理机关吊销营业执照。法律、行政法规对串通投标报价行为的处罚另有规定的，从其规定。

(3) 刑事责任。串通投标罪，指投标者相互串通投标报价，损害招标人或者其他投标人利益，或者投标者与招标者串通投标，损害国家、集体、公民的合法权益，情节严重的行为。《中华人民共和国刑法》主席令 8 届第 83 号第 223 条规定："投标人相互串通投标报价，损害招标人或者其他投标人利益，情节严重的，处 3 年以下有期徒刑或者拘役，并处或者单处罚金。""投标人与招标人串通投标，损害国家、集体、公民的合法利益的，依照前款的规定处罚。"

串通投标罪与串通投标违法行为的界限，关键在于该行为的情节严重与否，情节严重者构成犯罪，否则不以犯罪论，对于何为情节严重，应当由最高法院作出司法解释。在认定情节严重与否时，应当考虑犯罪手段是否恶劣、是否屡教不改、行为的结果及社会影响等因素，并据此作出综合判断。

在行为人犯串通投标罪的同时，往往可能牵连犯有贿赂罪、侵犯商业秘密罪等罪名，如投标人贿赂招标人许以特定经济利益，诱使其泄露标底，或者招标人接受贿赂，泄露标底等商业秘密。由此可见，基于本罪特点，往往可能出现牵连犯罪的情况。对于此种牵连犯罪行为，因无法律的特别规定，应依法理，适用重罪处断。

第2篇 案 例 篇

7 废标、标无效争议解决

7.1 招标投标异议

7.1.1 异议的概念与性质

1. 异议的概念。异议也称为质疑，是指投标人或其他利害关系人认为招标文件、招标过程和中标结果使自己或他人的权益受到损害并以书面或口头形式向招标人或招标代理机构提出疑问的行为。所称"招标过程"包括招标、投标、开标、评标、中标以及签订合同等各阶段。对废标、标无效判定行为的异议则是招标投标异议的常见内容。

2. 异议性质。招标投标的异议不属于行政救济手段，一般不需要遵循严格的处理程序，并且异议可能仅仅是由于各自对同一事项理解上的差异，不存在是非或对错之分，异议有助于招标人及时采取措施纠正招标过程中确实存在的问题，避免问题扩大造成难以解决的后果。

3. 法律依据

(1) 2001年1月1日实施的《招标投标法》第65条规定："投标人和其他利害关系人认为招标投标活动不符合本法有关规定的，有权向招标人提出异议或者依法向有关行政监督部门投诉。"对于异议、与投诉本条款做了原则性的规定，其配套法规对招标投标中的"异议"作了相应的详细规定。

(2) 为进一步完善异议、投诉制度，2011年11月颁布的《招标投标法实施条例》在对配套法规的有关条款进行了归纳总结的基础上，对招标投标异议进行了重要的法律补充。其中第22、44、54条就潜在投标人或者其他利害关系人对资格预审文件有异议的、投标人对开标有异议的以及对依法必须进行招标的项目的评标结果有异议的这三种异议提出与答复作了时间、形式上的规定。同时，第60条规定，向招标人提出异议作为投标人投诉的前提条件。法律给予异议这一维权形式高度重视。

(3) 《政府采购法》第51条规定："供应商对政府采购活动事项有疑问的，可以向采购人提出询问，采购人应当及时作出答复，但答复的内容不得涉及商业秘密"。第52条规定："供应商认为采购文件、采购过程和中标、成交结果使自己的权益受到损害的，可以在知道或者应知其权益受到损害之日起7个工作日内，以书面形式向采购人提出质疑"。

7.1.2 建设工程异议与答复

1. 对资格预审文件的异议与答复

《招标投标法实施条例》第 22 条规定："潜在投标人或者其他利害关系人对资格预审文件有异议的，应当在提交资格预审申请文件截止时间 2 日前提出；招标人应当自收到异议之日起 3 日内作出答复；作出答复前，应当暂停招标投标活动"。第 22 条是对《招标投标法》第 65 条关于异议条款的进一步细化。

所谓"潜在投标人"包括资格预审申请人；就有关招标投标活动的异议主体而言，"其他利害关系人"是指投标人以外的、与招标项目或者招标活动有直接或者间接利益的关系法人、其他组织和自然人、具体包括：有意参加资格预审或者投标的潜在投标人，资格预审申请文件或者投标文件中列名的拟用于招标项目的项目负责人、分包人、供应商以及资格审查委员会或者评审委员会成员等等。

2. 对招标文件的异议与答复

按照《招标投标法实施条例》第 22 条规定："对招标文件有异议的，应当在投标截止时间 10 日前提出，招标人应当自收到异议之日起 3 日内作出答复；作出答复前，应当暂停招标投标活动"。该条例未公布之前，《招标投标法》一些配套法规有类似的规定：

(1)《工程建设项目施工招标投标办法》第 33 条规定："对于潜在投标人在阅读招标文件和现场踏勘中提出的疑问，招标人可以书面形式或召开投标预备会的方式解答，但需同时将解答以书面方式通知所有购买招标文件的潜在投标人，该解答的内容为招标文件的组成部分"。

(2)《工程建设项目勘察设计招标投标办法》第 17 条规定："对于潜在投标人在阅读招标文件和现场踏勘中提出的疑问，招标人可以书面形式或召开投标预备会的方式解答，但需同时将解答以书面方式通知所有招标文件收受人"。"该解答的内容为招标文件的组成部分"。

(3)《工程建设项目货物招标投标办法》第 29 条规定："对于潜在投标人在阅读招标文件中提出的疑问，招标人应当以书面形式、投标预备会方式或者通过电子网络解答，但需同时将解答以书面方式通知所有购买招标文件的潜在投标人，该解答的内容为招标文件的组成部分"。

3. 对开标活动的异议与答复

《招标投标法实施条例》第 44 条规定："投标人对开标有异议的，应当在开标现场提出；招标人应当当场作出答复，并制作记录。提出异议的主体'投标人'是指那些响应招标并购买招标文件，参加投标的潜在投标人"。

4. 对评标结果的异议与答复

《招标投标法实施条例》第 54 条规定："投标人或者其他利害关系人对依法必须进行招标的项目的评标结果有异议的，应当在中标候选人公示期间提出"。"招标人应当自收到异议之日起 3 日内作出答复；作出答复前，应当暂停招标投标活动"。

需要说明的是，"暂停招标投标活动"一是指暂停下一个招标投标环节的活动；二是异议成立时，在招标人纠正有关问题前，也应该暂停下一个环节的招标投标活动。"暂停"属于招标人的义务，暂停时间没有规定，取决于招标人答复异议的效率。

建设工程招标投标中异议与答复时间、方式的法律规定汇总表如表 7-1 所示。

建设工程招标投标中异议与答复时间、方式法律规定汇总表   表 7-1

异议内容		异议	答复
预审文件	时间	提交资格预审申请文件截止时间 2 日前提出	招标人应当自收到异议之日起 3 日内作出答复
	方式	书面	书面
招标文件	时间	应当在投标截止时间 10 日前提出	招标人应当自收到异议之日起 3 日内作出答复
	方式	以书面形式或召开投标预备会的方式解答	书面方式通知所有购买招标文件的潜在投标人,该解答的内容为招标文件的组成部分
开标活动	时间	在开标现场提出	当场作出答复
	方式	口头	口头(并制作记录)
评标结果	时间	应当在中标候选人公示期间提出	应当自收到异议之日起 3 日内作出答复
	方式	书面	书面

【示例 7-1】 联合体成员具有质疑权吗?

【示例简介】 甲公司和乙公司组成联合体参加了某建设工程招标项目的投标。项目开标时共有 6 家投标人参加了投标。在此次投标中,上述甲乙两家公司组成的投标联合体报价最低,按照招标文件规定的评标标准和办法,该投标联合体理应中标。可是该项目评标结束后,招标代理人在其网站上刊出的公告称,该项目由于合格投标人不足 3 家作废标处理,重新组织招标。甲公司对招标公司公告的招标结果不服,认为该项目不可能存在 4 家投标人不合格的情况,评标委员会的评审存在违法或违规问题。第二天,甲公司便向招标代理人提出质疑。

两天后,招标代理人给甲公司发来的“不予受理质疑通知书”称:经审查,甲公司在联合体投标协议中不是主办方,不能以其名义单独提出质疑,应由主办方乙公司或者甲、乙公司共同提出质疑。因此,不能受理甲公司提出的质疑。甲公司对不予受理通知不服,向当地的行政监督部门书面投诉,要求有关部门协调招标代理人受理其质疑,当地行政监督部门也认为,投标联合体只能由主办方(或牵头方)或联合体各方共同提出质疑。

【示例点评】 投标联合体只能由主办方(或牵头方)或联合体各方共同提出质疑的观点值得商榷。有专家指出,联合体一方应该依法有权单独提出质疑和投诉。理由如下:

(1)联合体不是一个独立的法律主体(承包商或供应商),组成联合体的各方才是合法的法律主体。联合体仅仅是在具体的招标投标项目中被视为一个承包商或供应商(投标人),它没有自己的名称、组织机构和独立的财产,没有经过登记注册,因此,联合体不符合法律主体资格要件,不是独立的法律主体。因此,联合体依法不能独立享有法律上的权利和承担法律上的义务,只能由具有法律主体资格的组成联合体的各方来享有和承担。参加招标所产生的法律后果和法律责任等,如中标、签订合同、合同履约等只能由组成联合体的各方来承担。在招标投标中,联合体的合法权益受到损害,实际上是联合体各方的合法权益受到损害。为此,作为组成联合体的投标人有权根据《招标投标法》第 65 条:“投标人和其他利害关系人认为招标投标活动不符合本法有关规定的,有权向招标人提出异议或者依法向有关行政监督部门投诉。"的规定，单独提出质疑和投诉。

（2）主办方（牵头方）与联合体其他方是法律上的代理关系，依据代理关系的法律原理，联合体其他方可以自己直接提出异议和投诉，并非必须由主办方（牵头方）提出。按照前述关于联合体参加招标投标的法律法规规定，组成联合体的各方必须签订"联合协议"或"共同投标协议"，用合同的方式约定组成联合体的各方在招标采购中的权利和义务。在协议中往往约定由一方为主办方（牵头方）代表联合体参加采购或投标。由于联合体本身不是独立的法律主体和签订"联合协议"或"共同投标协议"的是联合体各方，主办方（牵头方）代表联合体参加投标实际上代表的是联合体组成的其他各方。

根据法律上关于民事代理的法律原理，本人授权他人代理某些民事行为后，并没有失去自己做出被代理民事行为的权利。据此，即便"联合协议"或"共同投标协议"中约定了由主办方（牵头方）提出质疑和投诉，但是，如果联合体各方认为联合体或自己的合法权益受到了损害，仍然有单独提出异议和投诉的权利。从《招标投标法》第31条规定来看，联合体各方之间就联合投标（采购）承担"连带责任"。尽管"联合协议"或"共同投标协议"中约定了联合体各方的权利和义务或应承担的责任，但是这种约定只是在联合体内部有效，在对外承担责任方面，法律规定了"连带责任"，那么联合体合法权益一旦受到损害，其所有后果也可以由联合体任何一方承担。根据责、权、利的相互关系原理，在联合体合法权益受到损害时，联合体任何一方都应当有权通过法律规定的救济途径依法维护自己的合法权益。

【示例7-2】 宣布中标提异议，时过境迁拒处理

【示例简介】 某工程项目招标，开标时代理机构按照法定程序，检查核实了投标人的法人身份证，负责人验证等等。经过评委评审，宣布某单位中标后，接到其他单位投诉称：中标单位法人代表本人并未出席开标会。代理机构认为，很多情况下，验证完后法人有可能就离开会场了，认为此举报无从考证，如果有此种情况发生，由谁来负主要责任，并且要怎么证明当时法人没有到场？并认为如果验证当时有问题，投标人可以提出异议，事后再提出该怎么解决呢？

【示例点评】 对于本示例来说，最合适的处理方式就是监督部门对该投诉不予受理。理由如下：

（1）对于开标活动的异议，应该在开标现场提出。该投标人没有在开标现场提出异议，却在评审结束以后提出投诉。而这个投诉的内容，是针对开标活动的投诉，那么该投诉应当以提出异议为前置条件，且异议应当在开标现场提出。此时提出投诉，监督部门可以以投诉不符合法定程序为由，拒绝受理。

（2）针对某投标单位的法定代表人没有到场的投诉，证据不足。根据《工程建设项目招标投标活动投诉处理办法》第7条第1款第5项规定：投诉人提起投诉时，在投诉书中应当提供"有效线索和相关证明材料"。本例中，投诉人没有提供足够的证明材料以证明自己的主张，作为监督部门也可以以证据不足拒绝受理。基于上述两点，代理机构不受理该此异议比较妥当。

（3）案例启示。在该示例中，为何会出现如此纠结的局面？该示例给我们怎样的启示？

1）该招标文件的规定不合理。投标人及其法定代表人是否出席开标会议，那是投标人的权利。代理机构在编制招标文件时，把投标人的权利解读成了义务，规定投标人的法定代表人必须到场，这是不合理的条款。类似这样的规定，今后在编制招标文件时，应该予以删除。针对本案来说，该规定虽属不合理条款，但在本次招标活动中，尚不至于因违背"三公诚信"原则对招标结果构成实质性影响，故不建议采用重新招标。

2）在开标过程中，既然在招标文件中对法定代表人到场提出了要求，作为一个有经验的招标代理机构，应该留下相关人员的签字笔迹或视频录像以备查询。而这点起码的要求，代理机构也没有做到，这是产生本次争议处理的最大隐患之一。

3）针对投标人的合理诉求，监督人员应该本着实事求是的原则进行处理。比如，如果其投诉不符合法定的程序规定，应当告知对方可以采取举报、控告等方式维权。如果举报属实，监督人员应当按照"以事实为依据，以法律为准绳"的原则作出处理，招标人应当根据监督部门的要求进行整改。

7.1.3 政府采购异议与答复

1. 政府采购招标投标的异议

（1）招标投标异议的当事人：在招标投标活动中享有权利和承担义务的供应商有权提出异议。被异议人则包括招标人或招标代理机构。如果是招标人自行招标的项目，则被异议人只能是招标人，如果招标人委托代理机构代理招标的，供应商可以选择招标人或者招标代理机构为被异议人。

（2）招标投标异议的时限要求。供应商认为自己的权益受到损害的，可以在知道或者应知其权益受到损害之日起7个工作日内，以书面形式向采购人提出异议。

（3）可以进行招标投标异议的内容：可以异议的内容主要包括3项：招标文件、招标过程和中标结果。

2. 政府采购招标投标异议的答复

（1）异议答复的时限：招标人或者招标代理机构应当在收到供应商的书面质疑后7个工作日内作出答复；

（2）异议答复的形式：书面形式通知异议人和其他有关供应商，但答复的内容不得涉及商业秘密；

（3）不服招标投标异议答复处理：异议人如果对异议答复没有不同意见，则本次争议处理完毕；

异议人（质疑人）对招标人、招标代理机构的答复不满意或者招标人、招标代理机构未在规定的时间内作出答复的，可以在答复期满后15个工作日内向同级政府采购监督管理部门投诉。

【示例7-3】 由委托代理人签字的质疑书是否有效？

【示例简介】 某招标代理公司代理一网络设备采购项目，甲公司对该项目的中标结果有异议，于是在规定的时间内递交了书面质疑。该招标代理机构接到质疑书后，经审查发现没有加盖甲公司公章、没有法人代表人签字，只有委托人一个人的签字，因此，认定该质疑书无效。该招标代理公司口头通知甲公司撤回质疑书，在加盖公章和补充法定代表签字后再递交。

而甲公司认为，随质疑书已经附上了盖有公司公章法定代表人签字的授权委托书、委托代理人身份证明等资料，因此，质疑书应属有效。最重要的是，时间不允许——《政府采购货物和服务招标投标管理办法》第63条规定："投标供应商对中标公告有异议的，应当在中标公告发布之日起7个工作日内，以书面形式向招标采购单位提出质疑。"甲公司是一家外地公司，如果回公司盖章、补充法定代表人签字后再递交质疑书，就会超过该项目的质疑期。对招标代理人的要求，甲公司认为受到了歧视对待。

几经交涉，最终甲公司的质疑以补充原件（甲公司先传真有公司盖章、法定代表人签字的质疑书，再补交原件）的方式得以受理。

【示例点评】 本案例中应深入一下问题：当质疑书授权委托书、委托代理人的身份证明时，只有委托代理人的签字是否有效，该质疑是否予以受理？

相关法律专家分析认为，根据《民法通则》第63条规定："公民、法人可以通过代理人实施民事法律行为。依照法律规定或者按照双方当事人约定，应当由本人实施的民事法律行为，不得代理。"企业的投标行为（包含质疑行为）是刻意通过代理人实施的民事法律行为，相关法律和该项目的招标文件中并没有用规定本次招标不得代理，必须由法定代表人代表企业亲自实施。因此，质疑可由代理人实施。

《民法通则》中："民事法律行为的委托代理，可以用书面形式，也可以用口头形式。法律规定用书面形式的，应当用书面形式。书面委托代理的授权委托书应当载明代理人的姓名或者名称、代理事项、权限和期间，并由委托人签名或者盖章。"本案中，招标代理机构并未对甲公司的授权委托书提出不同意见，说明该授权委托书符合法律规定，是有效的，具有法律效力。

在实际操作中，在确认企业出具的授权委托书和委托代理人的身份证明有效的情况下，该合法的委托代理人就可以用自己的签字代表企业参加投标，此时，委托代理人的行为由其代理的企业承担责任。《民事通则》第60条规定："代理人在代理权限内，以被代理人的名义实施民事法律行为，被代理人对代理人的代理行为，承担民事责任。"《民事通则》第43条还规定："企业法人对它的法律代表人和其他工作人员的经营活动，承担民事责任。"

【示例7-4】 未参加投标的供应商是否有权质疑？

【示例简介】 某供应商购买了某科研院信息化升级改造政府采购项目的招标文件，但没有投标。在中标结果公示期间，该供应商向招标代理机构提出电话质疑。招标代理机构认为：该公司对中标结果提出的质疑，既未有具体内容，也未以书面形式提出；且该公司在招标公告期间没有提出质疑，其后也没有参加投标，中标结果与其无利益关系。根据《政府采购法》第52条的规定，招标代理机构拒绝了该公司的质疑。

质疑被拒后，该供应商向财政局提起投诉，财政局将投诉书传真给招标代理公司。招标代理公司组织原评标委员会复评。最后评标委员会复评认为，本项目第二包投标供应商应具有投标产品销售许可证，而该包的所有投标供应商在投标文件中均未提供产品销售许可证，不符合资质条件要求。根据《政府采购法》第36条的规定，予以废标。招标代理机构根据评标委员会的复议结论发布了废标公告。就在废标公告发布前1天，该供应商又向招标代理机构提交书面质疑。招标代理机构告知质疑问题已处理，第二包已经废标。该供应商就该质疑答复向财政局提起投诉。财政局受理后认为本项目第一包不存在违法、违规情形，第二包的中标结果无效，决定第二包重新采购。

【示例点评】 本案中投诉人质疑投诉颇费周折：质疑遭拒；投诉又被转交招标代理机构处理；招标代理机构处理所涉事项过程中，投诉人另行提出书面质疑，招标代理机构才予以答复。投诉人的投诉才最终得以受理。

投诉人投诉历经几番波折的根源在于，投诉人没有参加本项目的投标。那么，投诉人没有参加投标，是否有质疑与投诉的权利？对于这一问题，应该具体分析。

根据《政府采购法》第52条的有关规定，供应商提出质疑的依据是供应商认为采购文件、采购过程和中标、成交结果损害其权益。而投诉人的所有投诉理由中，其中两条投诉理由足以证明中标结果损害其权益，即中标产品没有销售许可证；中标公司存在违标行为。

（1）关于中标产品没有销售许可证的投诉。本项目第二包产品属于商用密码产品。根据《商用密码管理条例》（国务院令第273号）第10条规定："商用密码销售许可为国家强制许可，未经许可，任何单位或个人都不得销售商用密码产品。同时《政府采购法》第22条第1款第6项也规定："参加政府采购的供应商应当满足法律、行政法规规定的条件"。因此，参加本项目第二包的投标供应商应具有投标产品的销售许可证，没有销售许可证的投标属于废标。

鉴于本项目第二包只有3家供应商投标。如若投诉属实，即中标人没有所投产品的销售许可证，则其投标为废标。如此一来，根据《政府采购法》第36、37条的规定，有效投标不足3家的，应予废标并重新采购（除采购任务取消外）。另外，评标委员会复评查明，3家供应商的投标文件均未提供投标产品销售许可证，不符合资质条件要求，应予废标。

（2）关于中标人围标的投诉。如果中标人与其他投标供应商围标属实，根据《政府采购法》第77条的规定可认定：中标结果无效。这种情形下，由于第二包投标人共3家，就有两家供应商串标，造成实质上只有两家供应商竞争，违反政府采购的有效竞争原则，此种情形也应废标后重新采购。中标产品无销售许可证与中标人涉嫌围标两个投诉理由，任何一个投诉理由成立的后果都是废标并重新采购。而在重新采购中，投诉人仍有权参与。

因此，招标代理机构关于"没有参加投标的供应商与中标结果没有利益关系"的理由不能成立。该供应商在得知中标结果后有权依法提出质疑与投诉。在该供应商提供招标代理拒绝接受质疑的证据并向监管部门投诉时，监管部门应予受理，而不是将投诉转交招标代理机构处理。

7.2 招标投标投诉

7.2.1 投诉的概念与性质

1. 概念与性质。招标投标投诉，是指投标人和其他利害关系人认为招标投标活动不符合法律、法规和规章规定，依法向有关行政监督部门提出意见并要求相关主体改正的行为。招标投标投诉与招标投标异议是有区别的：异议是投标人向招标人或招标代理机构提问，求得对问题的答复；投诉是投标人向行政监督部门进行申诉，以求得行政监督部门对所提问题的处理。招标投标投诉是行政救济的一种手段，异议则不属于行政救济的手段。

2. 法律依据。招标投标活动中的投诉依据，主要有以下法律、法规条款：

（1）《招标投标法》第 65 条规定："投标人和其他利害关系人认为招标投标活动不符合法律、法规和规章规定的，有权依法向有关行政监督部门投诉。"

（2）《工程建设项目招标投标活动投诉处理办法》规定，投标人和其他利害关系人认为招标投标活动不符合法律、法规和规章规定的，有权依法向有关行政监督部门投诉。该办法对工程建设项目招标投标投诉和处理的内容、方法、步骤和要求等进行了详细的规定。

（3）《招标投标法实施条例》第 5 章"投诉与处理"对招标投标法中关于投诉的问题进行了完善和必要的补充。

（4）《政府采购法》第 55 条："质疑供应商对采购人、采购代理机构的答复不满意或者采购人、采购代理机构未在规定的时间内作出答复的，可以在答复期满后 15 个工作日内向同级政府采购监督管理部门投诉"

7.2.2　建设工程投诉

1. 投诉受理人与程序

（1）招标投标投诉人应为投标人和其他利害关系人。招标投标的行政监督部门是招标投标投诉受理人。《工程建设项目招标投标活动投诉处理办法》第 3、4 条规定："投标人和其他利害关系人认为招标投标活动不符合法律、法规和规章规定的，有权依法向有关行政监督部门投诉"。"各级发展改革、建设、水利、交通、铁道、民航、工业与信息产业（通信、电子）等招标投标活动行政监督部门，依照国务院和地方各级人民政府规定的职责分工，受理投诉并依法做出处理决定"。《工程建设项目招标投标活动投诉处理办法》第4 条："对国家重大建设项目"含工业项目招标投标活动的投诉，由国家发展改革委受理并依法做出处理决定。

（2）投诉人提交投诉书：投诉人应当在知道或者应当知道其权益受到侵害之日起 10 日内提出书面投诉。对于资格预审文件、开标活动的投诉，应当先向招标人提出异议，异议答复时间不计算在前款规定的期限内。

投诉应当有明确的请求和必要的证明材料。投诉人是法人的，投诉书必须由其法定代表人或者授权代表签字并盖章；其他组织或者个人投诉的，投诉书必须由其主要负责人或者投诉人本人签字，并附有效身份证明复印件。投诉书有关材料是外文的，投诉人应当同时提供其中文译本。

投诉人投诉时，应当提交投诉书。投诉书应当包括下列内容：1）投诉人的名称、地址及有效联系方式；2）被投诉人的名称、地址及有效联系方式；3）投诉事项的基本事实；4）相关请求及主张；5）有效线索和相关证明材料。

（3）行政监督部门决定是否受理投诉：行政监督部门应当自收到投诉之日起 3 个工作日内决定是否受理投诉。不予受理的情形：

1）投诉人就同一事项向两个以上有权受理的行政监督部门投诉的，由最先收到投诉的行政监督部门负责处理。

2）投诉人不是所投诉招标投标活动的参与者，或者与投诉项目无任何利害关系。

3）投诉事项不具体，且未提供有效线索，难以查证的。

4）投诉书未署具投诉人真实姓名、签字和有效联系方式的。

5）以法人名义投诉的，投诉书未经法定代表人签字并加盖公章的。

6）超过投诉时效的。

7）已经作出处理决定，并且投诉人没有提出新的证据的。

8）投诉事项已进入行政复议或者行政诉讼程序的。

9）投诉人捏造事实、伪造材料或者以非法手段取得证明材料进行投诉的，行政监督部门应当予以驳回。

2. 投诉处理的程序和要求

（1）关于回避的规定。投诉受理后，首先要确定具体的工作人员。根据《工程建设项目招标投标活动投诉处理办法》第 13 条规定，行政监督部门负责投诉处理的工作人员，有下列情形之一的，应主动回避：

1）近亲属是被投诉人、投诉人，或是被投诉人、投诉人的主要负责人；2）在近 3 年本人曾经在被投诉人单位担任高级管理职务；3）与被投诉人、投诉人有其他利害关系，可能影响投诉事项公正处理。

（2）对投诉进行调查取证。行政监督部门受理投诉后，应当调取、查阅有关文件，调查、核实有关情况。对情况复杂、涉及面广的重大投诉事项，有权受理投诉的行政监督部门可以会同其他有关的行政监督部门进行联合调查，共同研究后由受理部门做出处理决定。行政监督部门处理投诉，有权查阅、复制有关文件、资料，调查有关情况，相关单位和人员应当予以配合。必要时，行政监督部门可以责令暂停招标投标活动。招标投标活动行政监督部门的工作人员对监督检查过程中知悉的国家秘密、商业秘密，应当依法予以保密。

（3）对投诉处理的时限。行政监督部门应当自受理投诉之日起 30 个工作日内作出书面处理决定；但需要检验、检测、鉴定、专家评审的，所需时间不计算在内。

（4）对投诉人要求撤回投诉的处理：《工程建设项目招标投标活动投诉处理办法》第 19 条规定：投诉处理决定做出前，投诉人要求撤回投诉的，应当以书面形式提出并说明理由，由行政监督部门视以下情况，决定是否准予撤回——已经查实有明显违法行为的，应当不准撤回，并继续调查直至做出处理决定；准予撤回的，投诉人不得以同一事实和理由再提出投诉。

（5）关于暂停时间。暂停属于行政监督作出的强制行为，招标人必须接受，暂停时间最长不能超过 30 日。需要指出的是暂停招标活动将影响招标项目的顺利进行，必须要甄别具体情况，在确有必要时给予暂停。参照联合国《货物、工程、服务采购示范法》第 56 条的规定，暂停招标活动应当基于投诉所反映的问题是认真的、可信的，如不暂停招标活动，在投诉反映的问题查实后，投诉人将受到不可弥补的损害，而暂停招标活动不会给招标人或者其他投标人造成不成比例的损害。当然，如招标人证明，出于紧急公共利益的考虑，招标活动必须继续，则不应暂停。

3. 对不正当投诉的处理

（1）《工程建设项目招标投标活动投诉处理办法》第 26 条规定："投诉人故意捏造事实、伪造证明材料的，属于虚假恶意投诉，由行政监督部门驳回投诉，并给予警告；情节严重的，可以并处 1 万元以下罚款"。

（2）《招标投标法实施条例》第 61 条规定："投诉人捏造事实、伪造材料或者以非法手段取得证明材料进行投诉的，行政监督部门应当予以驳回。"

7.2.3 政府采购投诉

依据《政府采购法》第 55 条和《政府采购供应商投诉处理办法》第 2 条的规定，供应商有权依法向财政部门提起投诉，财政部门受理投诉、作出处理决定。

1. 政府采购中招标投标投诉人和投诉受理人

政府采购招标投标活动的投诉人为供应商。投诉受理人为财政部门。其中：

财政部负责中央预算项目政府采购活动中的供应商投诉事宜；

县级以上地方各级人民政府财政部门负责本级预算项目政府采购活动中的供应商投诉事宜。

2. 政府采购中招标投标投诉的提起和受理

（1）投诉的提起时间：《政府采购法》第 55 条规定："质疑供应商对采购人、采购代理机构的答复不满意或者采购人、采购代理机构未在规定的时间内作出答复的，可以在答复期满后 15 个工作日内向同级政府采购监督管理部门投诉"。

（2）投诉书的主要内容：1）投诉人和被投诉人的名称、地址、电话等；2）具体的投诉事项及事实依据；3）质疑和质疑答复情况及相关证明材料；4）提起投诉的日期。

（3）投诉书应当署名。不能匿名投诉。

（4）投诉人提起投诉应当符合的条件：《政府采购供应商投诉处理办法》第 10 条规定，投诉人提起投诉应当符合下列条件：1）投诉人是参与所投诉政府采购活动的供应商；2）提起投诉前已依法进行质疑；（质疑为前置程序）；3）投诉书内容符合本办法的规定；4）在投诉有效期限内提起投诉；5）属于本财政部门管辖；6）同一投诉事项未经财政部门投诉处理；7）国务院财政部门规定的其他条件。

（5）财政部门对投诉书的审查：《政府采购供应商投诉处理办法》第 11 条规定，财政部门收到投诉书后，应当在 5 个工作日内进行审查，对不符合投诉条件的，分别按下列规定予以处理：1）投诉书内容不符合规定的，告知投诉人修改后重新投诉；2）财政部门在投诉审查期间，认定投诉事项与采购人行为有关但采购人不是被投诉人的，应当要求投诉人将采购人追加为被投诉人，并限期修改投诉书重新投诉，逾期不予受理；3）投诉不属于本部门管辖的，转送有管辖权的部门，并通知投诉人；4）投诉不符合其他条件的，书面告知投诉人不予受理，并应当说明理由。对符合投诉条件的投诉，自财政部门收到投诉书之日起即为受理。

（6）受理投诉后被投诉人和与投诉事项有关的供应商的说明。财政部门应当在受理投诉后 3 个工作日内向被投诉人和与投诉事项有关的供应商发送投诉书副本。被投诉人和与投诉事项有关的供应商应当在收到投诉书副本之日起 5 个工作日内，以书面形式向财政部门作出说明，并提交相关证据、依据和其他有关材料。

3. 政府采购投诉的处理与决定

（1）投诉的调查取证。《政府采购供应商投诉处理办法》第14、15、16条："财政部门处理投诉事项原则上采取书面审查的办法"。"财政部门认为有必要时，可以进行调查取证，也可以组织投诉人和被投诉人当面进行质证"。"对财政部门依法进行调查的，投诉人、被投诉人以及与投诉事项有关的单位及人员等应当如实反映情况，并提供财政部门所需要的相关材料"。"投诉人拒绝配合财政部门依法进行调查的，按自动撤回投诉处理；被投诉人不提交相关证据、依据和其他有关材料的，视同放弃说明权利，认可投诉事项"。

（2）投诉的处理决定

1）投诉处理原则。财政部门经审查，对投诉事项分别作出下列处理决定：投诉人撤回投诉的，终止投诉处理；投诉缺乏事实依据的，驳回投诉；投诉事项经查证属实的，分别按照本办法有关规定处理。

2）处理具体方法。规定了两种情形：①财政部门经审查，认定采购文件具有明显倾向性或者歧视性等问题，给投诉人或者其他供应商合法权益造成或者可能造成损害的，按不同情况分别处理——采购活动尚未完成的，责令修改采购文件，并按修改后的采购文件开展采购活动；采购活动已经完成，但尚未签订政府采购合同的，决定采购活动违法，责令重新开展采购活动；采购活动已经完成，并且已经签订政府采购合同的，决定采购活动违法，由被投诉人按照有关法律规定承担相应的赔偿责任。②财政部门经审查，认定采购文件、采购过程影响或者可能影响中标、成交结果的，或者中标、成交结果的产生过程存在违法行为的，按下列情况分别处理——政府采购合同尚未签订的，分别根据不同情况决定全部或者部分采购行为违法，责令重新开展采购活动；政府采购合同已经签订但尚未履行的，决定撤销合同，责令重新开展采购活动；政府采购合同已经履行的，决定采购活动违法，给采购人、投诉人造成损失的，由相关责任人承担赔偿责任。

（3）投诉处理时限。财政部门应当自受理投诉之日起30个工作日内，对投诉事项作出处理决定，并以书面形式通知投诉人、被投诉人及其他与投诉处理结果有利害关系的政府采购当事人。

（4）停止采购活动。财政部门在处理投诉事项期间，可以视具体情况书面通知被投诉人暂停采购活动，但暂停时间最长不得超过30日。被投诉人收到通知后应当立即暂停采购活动，在法定的暂停期限结束前或者财政部门发出恢复采购活动通知前，不得进行该项采购活动。

（5）不予受理的政府采购投诉。投诉人有下列情形之一的，属于虚假、恶意投诉，财政部门应当驳回投诉，将其列入不良行为记录名单，并依法予以处罚：一是1年内3次以上投诉均查无实据的；二是捏造事实或者提供虚假投诉材料的。

7.3 行政裁决与行政处罚

7.3.1 行政裁决

1. 行政裁决概念

行政裁决是指行政机关根据法律授权，主持解决当事人之间发生的与行政管理事项密切相关的特定的民事纠纷的活动。行政裁决是行政机关作为中间人，裁断平等主体之间的民事纠纷。在我国目前的行政执法中，有3种不同性质的裁决，即行政处罚裁决、一般纠纷裁决和专门的行政裁决。一般情况下行政裁决指后面两种行政裁决。行政裁决由于：比较直接地涉及行政权与司法权的分工问题，因此行政机关拥有行政裁决权必须有法律的明确授权，且行政裁决一般解决的行政纠纷要与行政管理事项密切相关，不涉及合同之类的民事纠纷。行政裁决行为，如环保部门、航政部门对水污染引起的损害赔偿纠纷的裁决，以及有关部门对土地、矿产、草原等资源的权属争议的裁决等。

2. 标无效的行政裁决

（1）行政裁决法理分析。标无效仅指招标、评标和中标无效情形。有人认为，招标投标活动是民事活动，行政监督部门无权裁决招标投标。根据法理，除非法律另有规定，裁决民事行为无效的权利只在于人民法院。《招标投标法》将招标投标活动看成是一种民事活动，也是基于这样的理论前提，行政监督主体在没有法律规定的情况下，理应没有裁决、确认评标无效、中标无效、招标无效的权利。但是正如笔者在本书多处提到的，即应把一部分招标投标合同视为行政合同，把招标活动视为一种改进的行政管理方式，那么此时行政机关裁决评标无效、中标无效、招标无效就并无不妥。而对于完全民事活动的招标投标合同，行政监督主体则不能裁决，裁决权在人民法院。实际上由行政机关裁决政府采购活动纠纷，是各国的普遍做法，它们大多通过立法明确行政救济渠道。

（2）行政监督部门有裁决权。虽然《招标投标法》（包括《政府采购法》）存在理论上的缺陷，但一些具体法条中已经规定了行政监督主体可以行使裁决权。《招标投标法》规定的中标无效情形有12种，其中明确规定可以采取"责令改正"行政处理措施的有4种。（"责令改正"意味着行政监督机关可以将已实施的或已有中标结果的招标投标推倒重来，认定中标无效）"责令改正"行政处理措施的4种情形如下：

1）违法不招标或规避招标。招标人违反法律规定，对必须招标的项目不招标的，将必须进行招标的项目化整为零或者以其他任何方式规避招标的（《招标投标法》第49条）。

2）违法限制招标。招标人以不合理的条件限制或排斥潜在投标人的，对潜在投标人实行歧视待遇的，强制要求投标人组成联合体共同投标的，或者限制投标人之间竞争的（《招标投标法》第51条）。

3）中标后改变投标实质性内容。招标人与中标人不按照招标文件和中标人的投标文件订立合同的，或者招标人、中标人订立背离招标投标文件实质性内容的合同的（《招标投标法》第59条）。

4）违法干涉招标投标活动。"任何单位违反法律规定，限制或者排斥本地区、本系统以外的法人或者其他组织参加投标的，为招标人指定招标代理机构，强制招标人委托招标代理机构办理招标事宜的，或者以其他方式干涉招标投标活动的"（《招标投标法》第62条）。

更重要的是《招标投标法》第65条规定："投标人和其他利害关系人认为招标投标活动不符合本法有关规定的，有权向招标人提出异议或者依法向有关行政监督部门投诉"。《政府采购法》也规定了质疑与投诉程序，供应商对采购人、采购代理机构的答复不满意或者采购人、采购代理机构未在规定的时间内作出答复的，可以在答复期内向同级政府采购监督管理部门投诉。这实际上，已经从总的方面赋予了行政监督机关裁决权。因为对投诉的处理，必然包括裁决招标、评标、中标无效等。因此，招标投标活动中有关行政监督部门具有行政裁决权。

（3）应注意的两个问题。行使这一权利时应当明确两点：一是招标投标行政裁决的性质属于行政处罚裁决，一般要在行政处罚时做出；对于招标人或投标人要求确认招标投标程序是否合法、中标是否有效，因还没有明确的法律依据，不宜作出。二是裁决的对象应当局限于依法必须进行招标投标的活动，对于自愿招标纠纷，不能干涉，应由法院来受理。

7.3.2 行政处罚

1. 行政处罚概念

行政处罚是指行政主体为了维护公共利益和社会秩序，保护公民、法人或者其他组织的合法权益，对行政相对人违反行政管理秩序但尚未构成犯罪的违法行为依法给予相应法律制裁的具体行政行为。在招标投标争议中，行政相对人（包括招标人、招标代理机构、投标人以及相关自然人）也有可能违反招标投标相关管理秩序，此时，招标投标监督机构有权对其进行行政处罚。

2. 行政处罚种类和设定

《行政处罚法》对行政处罚的种类作了统一的规定，包括警告，罚款，没收违法所得和非法财物，责令停产停业，暂扣或者吊消许可证、执照，行政拘留，法律、行政法规规定的其他行政处罚等7种，最后一种是兜底性条款规定。我国行政处罚的种类法定含义是，行政处罚的种类由法律规范明确规定，实施行政处罚的主体不能任意设定。一般情况下行政处罚的种类即为《行政处罚法》规定的前6种，兜底性规定主要是指《行政处罚法》通过前的法律、行政法规规定的予以保留下来的其他种类的行政处罚；《行政处罚法》通过之后的新法律、行政法规虽然可以根据新问题设定新的处罚种类，但一般情况下也不再设定。除了法律、行政法规之外，其他法律规范性文件都没有创设权。

《招标投标法》适用了《行政处罚法》规定的7个种类中的6个种类，即除了行政拘留。关于《招标投标法》的行政处罚种类应明确以下几点：

（1）《招标投标法》第49条规定的"暂停项目执行或暂停资金拨付"（以下简称"暂停措施"）不是行政处罚。行政处罚具有制裁性，通过处罚起到教育、震慑相对人的目的，以减轻违法行为。一般来说，行政处罚作出时，也应同时要求对违法行为人及时纠正其违法行为。或者采取其他行政措施防止违法行为的扩大，使相对人行为恢复到合法状态。而暂停措施就是为了防止规避招标行为扩大的行政措施，因而不是行政处罚。同理，《招标投标法》中规定的责令改正、认定中标无效、限期整治等措施严格地讲都不是行政处罚。

（2）不良记录做法是行政处罚。近年来，住房和城乡建设部颁布了《关于加快推进建筑市场信用体系建设工作的意见》、《建筑市场诚信行为信息管理办法》和《建筑市场各方主体不良行为记录认定标准》等规范性文件。2012年2月施行的《招标投标法实施条例》第79条则进一步规定："国家建立招标投标信用制度"。"有关行政监督部门应当依法公告对招标人、招标代理机构、投标人、评标委员会成员等当事人违法行为的行政处理决定"。《政府采购法》第77条也有相关规定："供应商有提供虚假材料谋取中标、成交的；采取不正当手段诋毁、排挤其他供应商的；与采购人、其他供应商或者采购代理机构恶意串通的等 6 种行为的，除处以罚款外，应列入不良行为记录名单"。

建立承包商、供应商不良行为记录登记制度，将有问题的投标人记入不良记录，并进行公布，不良记录达到累计次数的，要取消其一定时期的投标资格。不良记录做法会使相对人在名誉、信誉等方面受到一定的损害，具有制裁性。在当今越来越注重企业信誉的情况下，这种损害性不可忽视。不良记录属于处罚行为，学理上称为声誉罚，声誉罚的其他形式还有警告、通报批评。

（3）关于"取消投标资格并予以公告"的行政处罚。值得注意的是，针对串通投标行为、弄虚作假骗取中标行为、不履行招标投标合同行为，《招标投标法》第 53、54、60 条设定了"取消投标资格并予以公告"的行政处罚。在这里，予以公告的做法，实际上还影响了投标人的声誉，是声誉罚。因此，"取消投标资格并予以公告"是两种行政处罚的并罚。

3. 行政处罚的实施机关

招标投标行政处罚的主体也是法定的。其含义是，在我国有权实施行政处罚的主体是法定行政机关和法律、法规授权的组织，以及由行政机关依法委托的组织。并不是任何行政机关都可以行使行政处罚权，也并不是任何享有监督管理权的行政机关都有行政处罚权。实务中，经常有人问发展改革部门是否具有招标投标行政处罚主体资格，对此探讨分析如下：

（1）国家发展和改革部门具有有限的招标投标行政处罚权

根据《招标投标法》授权制定的《国务院办公厅印发国务院有关部门实施招标投标活动行政监督的职责分工意见的通知》（国办发〔2000〕34 号）规定：国家发展和改革委指导和协调全国招标投标工作；项目审批部门（国家发展和改革委是最主要的项目审批部门）在审批必须进行招标的项目可行性研究报告时，核准招标项目的招标方案；组织国家重大建设项目稽查特派员，对国家重大建设项目建设过程中的工程招标投标进行监督检查。《招标投标法实施条例》第 4 条进一步明确："国务院发展改革部门指导和协调全国招标投标工作，对国家重大建设项目的工程招标投标活动实施监督检查"。"县级以上地方人民政府发展改革部门指导和协调本行政区域的招标投标工作"。

由此可见（国办发〔2000〕34 号）以及相关法律并没有规定国家发改委的行政处罚权。必须说明的是，根据（国办发〔2000〕34 号文）以及相关法律的规定，国家发改委核准招标方案后，必须将招标方案抄送行业行政监督部门，由有关行业部门依据招标方案对招标投标过程实施监督执法，而不是由国家发展和改革委负责监督执法。此外，根据（国办发〔2000〕34 号文）的规定，国家发展和改革委在重大项目招标投标稽查中只有监督检查权，没有行政处罚权。如果说发改委根据其他法律规范性文件的规定取得了有限的招标投标行政处罚权，其事项主要在自行招标方案核准、招标公告发布、重大项目稽查、评标专家和评标专家库管理等方面。

（2）国家发展和改革委行政处罚权事项、依据及其适用范围

1）根据 2001 年国家计委（现国家发改委《招标公告发布暂行办法》（原国家计委）〔2000〕4 号令）第 16、17、18、19 条规定，国家发展和改革委可以对发布招标公告违法行为单独作出处罚，或会同行业行政监督部门共同作出行政处罚。

2）根据 2001 年《工程建设项目自行招标试行办法》（发改委令第 5 号）第 12 条规

定，国家发展和改革委对拒不提交招标投标情况书面报告的，可以作出警告的行政处罚。

3) 根据 2002 年国家计委（现国家发改委）《国家重大建设项目稽查办法》（发改委令第 6 号）第 27 条和 2002 年国家计委（现国家发改委）《国家重大建设项目招标投标监督暂行办法》（发改委令第 18 号）第 13 条规定，国家发展和改革委对在国家重大建设项目稽查中发现的违法行为，可以采用警告等 6 种行政处罚措施。但这也带来国家发展和改革委与有关行政监督部门在国家重大项目招标投标行政处罚权上产生重复交叉的问题。《招标投标法》第 49 条规定的"暂停项目执行或暂停资金拨付"（以下简称"暂停措施"）不是行政处罚，行政处罚具有制裁性，通过处罚起到教育、震慑相对人的目的，以减轻违法行为。

一般来说，行政处罚作出时，也应同时要求违法行为人及时纠正违法行为，必须按照《行政处罚法》规定的"谁先处理、谁处罚"、"一事不再罚"、"后罚就先罚"的原则，加以协调解决。所谓"一事不再罚"，指针对行政相对人的一个违法行为，不能给予多次处罚。行政处罚以惩戒为目的，针对一个违法行为实施了处罚，就已达到了惩戒的目的，如果再对其处罚，就是重复处罚，过罚不相当，有失公正。

根据上述原则，协调解决处罚权重复交叉问题的具体办法是，如果国家发展和改革委与行业行政监督部门中，一方受理了案件，并作了行政处罚，那么另一方就不能再作出同一种类的行政处罚。但是兼顾到国办发 [2000] 34 号文确定的招标投标行政监督职责分工的原则，国家发展和改革委行政处罚权的行使，应侧重在项目建设实施过程中，而有关行业监督部门行政处罚权的行使，应侧重于项目招标投标过程中。这样有利于防止重复处理。

4) 2003 年国家计委（国家发改委）颁布的《评标专家和评标专家库管理暂行办法》第 15 条。根据该条规定，如国家发展和改革委作为组建评标专家库的部门，可以行使对评标专家作出警告、取消评标资格的行政处罚。

（3）地方发展改革部门必须依据有关地方性法规和政府规章取得相应的招标投标行政处罚权

国家发展和改革委取得招标投标行政处罚权的法律规范性文件都没有规定地方发展计划部门的行政处罚权。比如，《招标公告发布暂行办法》只规定了国家发展和改革委在招标公告发布行为中的行政处罚权，而没有规定省级以下发展改革部门的行政处罚权。根据处罚主体法定原则，地方各级发展改革部门还应当制定相应的地方性法规、规章，才能取得相应的招标投标行政处罚权。国办发 [2000] 34 号文第 5 点规定，各省、自治区、直辖市人民政府可根据《招标投标法》的规定，从本地实际出发，制定招标投标管理办法。因此，各省市在制定管理办法中，应把上述国家发展和改革委拥有的行政处罚权，以地方性法规和规章的形式确定下来。

4. 招标投标行政处罚的程序

行政处罚的程序也是法定的。作出处罚行为必须遵守法定的程序，这是防止行政主体在实施处罚过程中滥用权力，实现实体合法的一个根据。招标投标行政处罚的程序法律依据有：《行政处罚法》、《建设行业行政处罚规定》（原建设部令第 66 号）、各地方政府相继制定的《招标投标行政处罚程序规定》、《工程建设项目招标投标活动投诉处理办法》等规范性文件。上述文件明确规定了以下几个问题：

(1) 明确了行政监督机关的检查保障措施。招标投标活动违法行为比较复杂，隐蔽性强，往往表面合法的招标程序下隐藏着违法行为，取证调查比较困难，比如串通投标、提供虚假证明等违法行为，给行政处罚权行使带来很大困难。因此在招标投标行政处罚办法和程序中，明确了招标投标活动检查办法和措施。这些措施包括：

1) 行政监督部门受理投诉后，应当调取、查阅有关文件，调查、核实有关情况。对情况复杂、涉及面广的重大投诉事项，有权受理投诉的行政监督部门可以会同其他有关的行政监督部门进行联合调查，共同研究后由受理部门做出处理决定。

2) 对行政监督部门依法进行的调查，投诉人、被投诉人以及评标委员会成员等与投诉事项有关的当事人应当予以配合，如实提供有关资料及情况，不得拒绝、隐匿或者伪报。

3) 执法人员有权要求当事人及有关人员提供证据资料或者涉嫌违法行为的其他资料，并由资料提供人在有关资料上签字或者盖章。

4) 执法人员应当收集与案件有关的原始证据。对收集的原始证据有困难的可以复制，复制件应当逐页由出具人签名或者盖章。

5) 调查时，可以根据需要将有关证据暂时扣留、封存。应当向当事人出具收据。

(2) 明确了具体的投诉受理标准和办法。目前，招标投标活动中有一种不正常现象，落标人常常怀疑中标人违法谋取中标，四处告状，形成"无标不告"的现象，或者找业主游说，提出比中标人更优惠的条件，引诱业主与其订立合同。应该说，投诉是投标人的权利，投标人的投诉行为以及其他维权活动，对于规范招标投标市场秩序具有重要的作用。但是也应该看到由于行政监督力量的有限性，乱告状带来了一定负面作用。为此，法规明确了行政机关受理投诉的标准和办法，其内容包括：

1) 行政监督部门收到投诉书后，应当在 5 日内进行审查，视情况分别做出以下处理决定。对于符合投诉处理条件并决定受理的，收到投诉书之日即为正式受理。

2) 规定了 6 种不予受理投诉的情形：①投诉人不是所投诉招标投标活动的参与者，或者与投诉项目无任何利害关系；②投诉事项不具体，且未提供有效线索，难以查证的；③投诉书未署具投诉人真实姓名、签字和有效联系方式的；以法人名义投诉的，投诉书未经法定代表人签字并加盖公章的；④超过投诉时效的；⑤已经作出处理决定，并且投诉人没有提出新的证据；⑥投诉事项已进入行政复议或者行政诉讼程序的。第 26 条规定：投诉人故意捏造事实、伪造证明材料的，属于虚假恶意投诉，由行政监督部门驳回投诉，并给予警告；情节严重的，可以并处 1 万元以下罚款。

(3) 初步建立了对行政监督部门的约束机制。在招投标行政执法过程中，执法人员不秉公执法的现象存在，使有关当事人的合法权益得不到充分保障，为此，招投标行政处罚程序有关法律法规作了明确规定，对行政监督部门的处罚行为进行了有效的约束。

1) 对招标投标过程中存在的违法行为依法应当给予行政处罚的，必须查明事实；违法事实不清的，不得给予行政处罚。

2) 在作出行政处罚决定之前，应当告知当事人作出行政处罚决定的事实、理由、依据、处罚意见以及当事人依法享有的陈述、申辩和要求听证等权利。对违法行为给予行政处罚的规定必须公布；未经公布的，不得作为行政处罚的依据。

3) 在投诉处理过程中，行政监督部门应当听取被投诉人的陈述和申辩，必要时可通知投诉人和被投诉人进行质证。

4）行政监督部门在处理投诉过程中，发现被投诉人单位直接负责的主管人员和其他直接责任人员有违法、违规或者违纪行为的，应当建议其行政主管机关、纪检监察部门给予处分；情节严重构成犯罪的，移送司法机关处理。

5. 行政处罚的管辖和适用

行政处罚由违法行为发生地的县级以上地方人民政府具有行政处罚权的行政机关管辖。法律、行政法规另有规定的除外。行政机关实施行政处罚时，应当责令当事人改正或者限期改正违法行为。对当事人的同一个违法行为，不得给予两次以上（含两次）罚款的行政处罚。违法行为在两年内未被发现的，不再给予行政处罚。法律另有规定的除外。上述两年期限，从违法行为发生之日起计算；违法行为有连续或者继续状态的，从行为终了之日起计算。

6. 行政处罚的决定

查明事实；告知当事人作出行政处罚决定的事实、理由及依据，并告知当事人依法享有的权利，如听证程序。当事人有权进行陈述和申辩；行政机关不得因当事人申辩而加重处罚。

7. 行政处罚的执行

行政处罚决定依法作出后，当事人应当在行政处罚决定的期限内，予以履行。当事人对行政处罚决定不服，申请行政复议或者提起行政诉讼的，行政处罚不停止执行，法律另有规定的除外。作出罚款决定的行政机关应当与收缴罚款的机构分离。

7.4 行政复议与行政诉讼

7.4.1 行政复议

招标投标争议的行政复议，是指招标投标的民事主体认为招标投标监督机构的行政行为违法，向行政机关提出要求重新处理的一种制度。

1. 招标投标争议行政复议的申请人和被申请人

行政复议的申请人可能是招标人、投标人，也有可能是被处罚的相关单位直接负责的主管人员和其他直接责任人员。有权申请行政复议的公民死亡的，其近亲属可以申请行政复议。有权申请行政复议的公民为无民事行为能力人或者限制民事行为能力的人，其法定代理人可以代为申请行政复议。有权申请行政复议的法人或者其他组织终止的，承受其权利的法人或者其他组织可以申请行政复议。同申请行政复议的具体行政行为有利害关系的其他公民、法人或者其他组织，可以作为第三人参加行政复议。行政复议的被申请人是作出具体行政行为的行政机关。

2. 招标投标争议行政复议申请的提出和管辖

行政复议提出时间规定为：申请人认为招标投标监督机构的具体行政行为侵犯其合法权益的，自知道该具体行政行为之日起 60 日内提出。

行政复议管辖规定为：对县级以上地方各级人民政府工作部门的具体行政行为不服的，由申请人选择，可以向该部门的本级人民政府申请行政复议，也可以向上一级主管部门申请行政复议。对国务院部门或者省、自治区、直辖市人民政府的具体行政行为不服的，向作出该具体行政行为的国务院部门或者省、自治区、直辖市人民政府申请行政复议。

3. 招标投标争议行政复议的受理

行政复议机关收到行政复议申请后，应当在 5 日内进行审查，对不符合本法规定的行政复议申请，决定不予受理，并书面告知申请人；对符合本法规定，但是不属于本机关受理的行政复议申请，应当告知申请人向有关行政复议机关提出。

4. 招标投标争议行政复议的决定

（1）行政复议的审查形式。以书面审查为原则。

（2）行政复议审查的时限。行政复议机关有权处理的，应当在 30 日内处理；无权处理的，应当在 7 日内按照法定程序转送有权机关。

（3）行政复议决定的作出：1）具体行政行为认定事实清楚，证据确凿，适用依据正确，程序合法，内容适当的，决定维持；2）被申请人不履行法定职责的，决定其在一定期限内履行；3）具体行政行为有下列情形之一的，决定撤销、变更或者确认该具体行政行为违法；决定撤销或者确认该具体行政行为违法的，可以责令被申请人在一定期限内重新作出具体行政行为。

（4）行政复议的生效和履行。行政复议决定书一经送达即生效。

7.4.2 行政诉讼

1. 行政诉讼性质

招标投标争议的行政诉讼是招标投标中的民事主体认为招标投标监督机构的行政行为违法，向人民法院请求通过审查行政行为合法性，来解决争议的一种制度。

2. 两种方式提起行政诉讼，时间限制

（1）参与招标投标的民事主体如果不服行政机关对招标投标的行政处理决定，可以先申请行政复议，对复议不服的，在收到复议决定书之日起 15 日内向人民法院提起行政诉讼；复议机关逾期不作决定的，申请人可以在复议期满之日起 15 日内向人民法院提起诉讼。

（2）也可以直接向人民法院提起诉讼。如果直接向人民法院提起行政诉讼的，应当在知道作出具体行政行为之日起 3 个月内提出。人民法院接到起诉状，经审查，应当在 7 日内立案或者作出裁定不予受理。原告对裁定不服的，可以提起上诉。

【示例 7-5】 投标活动行政监督处理决定具有可诉性吗？

【示例简介】 第三人中国农业某某发展银行某县支行（下称发行）拟建一座办公楼，于 2010 年 10 月 19 日在河南省某市建设工程交易网站公开发布招标公告。市信誉建筑工程有限公司（下称信誉公司）和某市东风建筑工程有限公司分公司（下称东风公司）等五家建筑公司相继投标，原告钱某某、陆某某分别为投标人信誉公司、东风公司的投标活动支付了施工图纸预算费等相关运作费用。

11 月 26 日，第三人招标活动评标委员会宣布评标结果，确认中标人为市中远建筑工程有限公司。两原告以第三人既未公开发布招标信息，亦未严格依照招标文件确定的评分办法评标，且第三人法定代表人有串标嫌疑为由，于 12 月 6 日以个人名义向被告该县建设局投诉。被告受理投诉后，进行了调查取证，认定第三人已公开发布招标信息，并严格依照招标文件确定的评分办法评标，第三人法定代表人未实施串标行为，但第三人要求投标人提供押金以证明履约能力不妥。12月22日，被告做第三人招标活动程序合法的调查结论，送达原告并书面告知如不服可申请行政复议或提起行政诉讼。12月27日，两原告向法院提起行政诉讼，请求依法撤销被告做出的《县发行办公楼招标投标过程中投诉受理的调查结论》，并责令被告宣布第三人办公楼本次招标行为违法，中标无效。

【法院裁决】 市人民法院依照我国《行政诉讼法》第54条第2款，最高人民法院《关于执行行政诉讼法若干问题的解释》（法释〔2000〕8号）第56条第4项、第60条第1款之规定，判决如下：

（1）撤销被告于2010年12月22日做出的《县发行办公楼招标投标过程中投诉受理的调查结论》；（2）责令被告于本判决生效之日起30日内就原告对第三人中国某某发展银行市支行营业办公楼招标活动的投诉重新作出具体行政行为。

【示例点评】 本案的焦点是，原告诉讼主体资格是否适格，被告的处理决定是否系行政诉讼受案范围。

（1）原告的诉讼主体资格适格。原告并非第三人招标活动的投标人或其代理人，仅因分别为投标人市信誉公司、东风分公司的投标活动支付了施工图纸预算费等相关运作费用，而与第三人招标活动有间接利益关系。我国《招标投标法》第65条和《工程建设项目招标投标活动投诉处理办法》第3条均明文规定："投标人和投标人以外的与招标项目或者招标活动有直接和间接利益关系的法人、其他组织和个人，都依法享有投诉招标投标活动中违法行为的权利。"故原告依法享有以个人名义就第三人招标活动向被告投诉的权利。被告受理原告的书面投诉后，作出了投诉理由不成立的行政监督处理决定，该决定与原告具有法律上的利害关系。原告因与被诉具体行政行为具有法律上的利害关系而诉讼主体资格适格。

（2）被告招标投标活动行政监督处理决定系行政诉讼受案范围。行政相对人认为行政主体侵犯其公平竞争权的具体行政行为，不在《行政诉讼法》第11条第1款列举的行政诉讼受案范围内，但《行政诉讼法》第11条第2款以兜底方式规定，受理法律、法规规定可以提起诉讼的其他行政案件。招标投标法授权投标人和其他利害关系人认为招标投标活动违法时可向有关行政监督部门投诉，但对投诉人不服行政监督部门的行政监督处理决定的救济途径未作出具体规定。

2004年8月1日施行的《工程建设项目招标投标活动投诉处理办法》第25条规定："当事人对行政监督部门的投诉处理决定不服可向人民法院提起行政诉讼。"但其系部门规章，可否作为当事人就招标投标活动行政监督处理决定提起行政诉讼的法律依据呢？《行政诉讼法解释》第1条第1款规定，行政相对人就具有国家行政职权的机关和组织及其工作人员的行政行为提起诉讼的，除《行政诉讼法》第12条及该司法解释第1条第2款按排除法列举的行政行为外，则均属于人民法院行政诉讼的受案范围。招标投标活动行政监督处理决定显然在此之内。另外，从行政诉讼法立法宗旨之一监督行政机关依法行使行政职权出发，遵循有权利就有救济的基本司法原则，也不宜将招标投标活动行政监督处理决定排除在司法审查之外。

【示例启示】 投标人以外的与招标项目或者招标活动有直接和间接利益关系的法人、其他组织和个人，均依法享有向有关行政监督部门投诉招标投标活动中违法行为的权利，且对行政监督部门的投诉处理决定不服时，可以提起行政诉讼。

【示例 7-6】　未中标人有异议，起诉中标能成立？

【示例简介】　2007 年 11 月，安徽省某某市土地收储整理中心就一土地整理项目施工对外进行招标。安徽天建工程有限公司与安徽省兴发建设工程有限责任公司均以投标人的身份购置了招标文件。同年 12 月 11 日，土地收储整理中心进行开标，天建公司与兴发公司及其他投标人参加了开标会。开标时天建公司与兴发公司参与投标报价均为 7578338.19 元。评委在评标过程中发现兴发公司标书中"涵洞"部分的工程量与招标文件中"涵洞"部分的工程量不符，兴发公司代表现场书面承诺按招标文件中的工程量修改其标书中的工程量，兴发公司工程量修改后其投标报价变更为 7579475.93 元，评委一致意见兴发公司为第一中标候选人。

天建公司对评标结果提出异议，12 月 14 日，市招标投标交易中心召集由纪委、检察院、招标代理机构、业主单位及 7 位评委参加的专题会议，与会人员一致意见是尊重评委会意见，并将会议结果反馈给天建公司。2008 年 1 月 9 日，土地收储整理中心向兴发公司发放了中标通知书，并签订了承包合同。

天建公司认为应以抽签的方式确定第一顺序中标候选人；土地收储整理中心及其授意下的评标委员会为了达到让兴发公司中标的目的，其行为明显违法且恶意串通，随即以土地收储中心和兴发公司为被告向安徽省某某市中级人民法院起诉，请求确认两被告所签订的合同无效。经过审理法院裁定驳回原告天建公司的起诉。一审宣判后，各当事人均未提出上诉，判决已生效。

【示例点评】

(1)《招标投标法》第 65 条规定："投标人和其他利害关系人认为招标投标活动不符合本法有关规定的，有权向招标人提出异议或者依法向有关行政监督部门投诉。"但该法条并没有规定对招标投标合同的效力可以经过诉讼程序确认。而综观整部招标投标法，可以认为是一部以行政管理为导向的程序法，特别是第 5 章关于法律责任的规定，基本是对违法行为承担行政责任的规定，即对违法行为的当事人进行行政处罚，处罚方式包括警告、责令改正、责令停业整顿、没收违法所得、罚款、取消一定期限的投标资格、处分责任人、吊销营业执照，构成犯罪的追究刑事责任。

如果落选未中标人对招标人、对评标委员会评标等行为的合法性提出质疑，要求法院确认与中标人的签约无效并诉至法院时，首先是原告的主体资格难以成立。从一般民法原理出发，落选者不具备原告资格；其次因为政府机关、评标委员会等是否存在违规操作，都不直接属于民事诉讼的审查范围。因此，民事诉讼无法启动审判程序。

另外，是否采取招标投标的方式订立合同，原则上是当事人（通常是发包人）自愿选择的结果。一般地，不能因为合同的订立没有经过招标投标而认定合同无效，即使有些规章、地方性法规对此作出了强制性规定，也不影响合同的效力。只有法律、行政法规对招标投标有强制要求的，方可对未经招标投标而订立的合同认定无效。《招标投标法》第 3 条第 1 款对强制招标的工程项目范围作了严格限制。

关于纠纷的解决途径，《政府采购法》第 58 条规定："投诉人对政府采购监督管理部门投诉处理决定不服或者政府采购监督部门逾期未作处理的，可以依法申请行政复议或者向人民法院提起行政诉讼。"所以，未中标人对中标过程有异议可申诉，通过行政监督途径解决，法院对未中标人直接起诉要求宣告中标合同无效的案件应当不予受理，已经受理的应当驳回起诉。

并非对所有的招标投标纠纷人民法院均不予受理。符合最高人民法院《民事案件案由规定》受理范围的招标投标买卖合同纠纷和串通投标纠纷是可以而且应该受理的。当然，这里的纠纷并非招标投标合同效力确认纠纷。

（2）招标、投标、发出中标通知书都是缔约过程中的行为，在招标投标阶段，由于合同尚未生效，过错方向受损害方承担的民事责任并不是违约责任。过错方违背诚实信用原则的不当行为导致受损害方损失的，受损害方可以援引《合同法》第42条关于缔约过失责任的规定依法诉讼，法院对中标无效情况下未中标人的起诉可按缔约过失责任裁判。

综上，被告土地收储整理中心依法对土地整理项目进行招标，原告与被告兴利公司均以投标人的身份参与竞标，经开标、评标，评标委员会推荐被告兴利公司为第一中标候选人，主体、内容、形式均符合法律规定。原告认为系被告土地收储整理中心及评标委员会采取让被告兴利公司对投标文件进行实质性修改的方式使被告兴利公司中标，双方行为明显违法且恶意串通，但没有证据证明；天建公司请求确认两被告之间的合同无效，没有事实依据和法律依据。原告对中标结果有异议，根据《招标投标法》第65条的规定，应向招标人提出或依法向有关行政监督部门投诉解决，本案不属人民法院受理民事诉讼的范围。依照《民事诉讼法》第108条第4项、第111条第3项之规定，裁定驳回原告天建公司的起诉。

根据招标投标法的相关规定，未中标人起诉中标合同无效的，除最高人民法院《民事案件案由规定》中规定的招标投标买卖合同纠纷和串通投标纠纷外，法院原则上不予受理，受理的将驳回起诉。通过上述案例可见，投标活动行政监督处理决定具有可诉性。行政诉讼具有以下特点：

1）招标投标争议行政诉讼的当事人。招标投标争议行政诉讼的当事人包括原告、被告和第三人。原告：招标投标争议行政诉讼的原告是认为招标投标监督机构和监督机构工作人员的具体行政行为侵犯其合法权益的公民、法人或者其他组织。被告：未经行政复议直接诉讼的，作出具体行政行为的行政机关是被告。经复议的案件，复议机关决定维持原具体行政行为的，作出原具体行政行为的行政机关是被告；复议机关改变原具体行政行为的，复议机关是被告。第三人：在招标投标争议行政诉讼中，同提起诉讼的具体行政行为有利害关系的其他公民、法人或者其他组织，可以作为第三人申请参加诉讼，或者由人民法院通知参加诉讼。

2）招标投标争议行政诉讼的管辖。招标投标争议行政诉讼的管辖分为级别管辖和地域管辖。①级别管辖。指由哪一级人民法院受理第一审招标投标争议行政诉讼。一般情况下，招标投标争议行政诉讼的第一审由基层人民法院管辖。②地域管辖。招标投标争议行政诉讼由最初作出具体行政行为的行政机关所在地人民法院管辖。经复议的案件，复议机关改变原具体行政行为的，也可以由复议机关所在地人民法院管辖。

3）招标投标争议行政诉讼的证据。招标投标争议行政诉讼中，被告对作出的具体行政行为负有举证责任，应当提供作出该具体行政行为的证据和所依据的规范性文件。在诉讼过程中，被告不得自行向原告和证人搜集证据。

4）招标投标争议行政诉讼的起诉和受理。招标投标争议提起行政诉讼应当符合下列条件：①原告是认为具体行政行为侵犯其合法权益的民事主体；②有明确的被告；③有具体的诉讼请求和事实根据；④属于人民法院受案范围和受诉人民法院管辖。人民法院接到起诉状，经审查，应当在 7 日内立案或者作出不予受理裁定。原告对裁定不服的，可以提起上诉。

5）招标投标争议行政诉讼的审理和判决。行政诉讼适用二审终审制。诉状的送达和答辩。诉讼期间具体行政行为的执行：一般情况下，诉讼期间，不停止具体行政行为的执行。但有例外：①被告认为需要停止执行的；②原告申请停止执行的，人民法院认为该具体行政行为的执行会造成难以弥补的损失，并且停止执行不损害社会公共利益，裁定停止执行的。人民法院审理行政案件，不适用调解。

上诉：如对判决和裁定不服，应分别在 15 日、10 日内上诉，逾期不提的，第一审判决或者裁定生效。

6）招标投标争议行政诉讼的执行。行政机关可以向第一审人民法院申请强制执行或者依法强制执行。

7）招标投标争议行政诉讼的侵权赔偿责任。民事主体的合法权益受到行政机关作出的具体行政行为侵犯造成损害的，有权请求赔偿。民事主体单独就损害赔偿提出请求，应当先由行政机关解决；对行政机关的处理不服，可以向人民法院提起国家赔偿诉讼。

8 常见废标法律纠纷案例

8.1 常见形式性废标

8.1.1 签名、盖章与格式

【示例 8-1】 签名打印未亲签，预审资格引诉讼

【示例简介】 某公路项目土建工程招标投标资格预审，某施工公司资格申请人的申请文件由委托代理人签署，其按照资格预审文件规定办理了"经公证的授权委托书"。并在该授权委托书之前出示了"法定代表人身份证明"。不过，该"法定代表人身份证明"中的姓名一处未由法定代表人亲笔签署，而是打印上去的。为此，资格预审委员会以"法定代表人身份证明"未亲笔签署，不符合预审文件规定要求为由，对该投标申请文件做不通过初步审查、资格预审未能通过处理。

该申请人则提出：该申请文件由委托代理人签署，本公司已经按照规定办理了"经公证的授权委托书"，而"法定代表人身份证明"属于可出示可不出示的非强制性内容。因此，不能作为无效申请文件处理，并向行政监督部门提起投诉。

【预审条款】 据了解，该工程项目招标的资格预审文件对资格预审申请文件签署人的资格证明作了如下规定：

在其第 2 章申请人须知的"3.1 资格预审申请文件组成"中规定："3.1.1 资格预审申请文件应包括以下内容：（1）资格预审申请函，（2）经公证的法定代表人身份证明或经公证的授权委托书；（3）向银行查询的授权书。"

"3.2 资格预审申请文件的编制要求"中规定："3.2.2 法人代表授权的委托代理人（以下简称委托代理人）必须为申请人签订劳动合同关系的正式员工，并在本项目整个招标投标过程中不得更换。"

"3.3 资格预审申请文件的装订、签署"中规定："3.3.4 如果资格预审申请文件由委托代理人签署，授权委托书须按照资格预审文件规定的书面形式出具，并由申请人法定代表人或委托代理人亲笔签名，禁止使用签名章；经公证机关对申请人法定代表人和其委托的代理人的签字、申请人单位章的真实性作出有效公证后，公证书原件装订在资格预审申请文件的正本之中。"

如果由资格申请人法定代表人签署资格预审申请文件，则不需提交授权委托书，但需公证机关对法人代表身份证明作出公证，并将公证书原件装订在资格预审申请文件的正本之中。

2	审查因素与标准
2.1　初步审查标准	（5）法定代表人身份证明；授权委托书（如有）及公证书符合第二章中"申请人须知"的第 3.3.2 项和第 3.3.4 项规定及授权、公证有效

第 4 章　"资格预审申请格式"如下：

2—1 法定代表人身份证明（格式）

申请人名称：

姓名：性别：年龄：职务：

系：（申请人名称）的法定代表人。

特此证明。

申请人：（盖单位章）

年 月 日

注：法定代表人的签字必须是亲笔签名，不得使用印章、签名章或其他电子制版签名。经公证机关对申请人法定代表人的签名、申请人的单位章的真实性作出有效公证后，公证书原件装订在资格预审申请文件的正本之中，副本中附公证书的复印件。

2—2 授权委托书（格式略）

图 8-1　资格预审申请格式

【示例点评】　本工程资格预审文件第 2 章"投标人须知 3.1.1 第（2）款"已明确规定：经公证的法定代表人身份证明或经公证的授权委托书为申请文件的组成部分。既然此处用了"或"字，就意味着"经过公证的法人代表身份证明"和经公证的授权委托书二者有其一即可。而"3.3.4"款也规定：如果申请文件由法人代表签署，必须按"第 4 章《资格预审格式》表 21"格式出具"法人代表身份证明"即法人代表必须在"表 21"上亲笔签字，且此表必须公证；如果申请文件由授权委托人签署，那么必须按"第 4 章《资格预审格式》表格"出具"授权委托书"申请人法定代表人或其委托代理人均需亲笔签名，并对此表进行公证。这两个"如果"也表明，在"法定代表人"和"委托代理人"之间，由谁签署申请文件均可，只是需要对相应的资格证明文件亲笔签署并进行公证。

据了解，按照"第 3 章资格审查办法"前附表初步审查标准"2.1（5）"的规定，该申请人授权委托书由其法定代表人做了签署，委托代理人为与申请人签订劳动合同关系的正式员工，符合"第 2 章《申请人须知》第 3.2.2 项"的规定。《申请人授权委托书》按"第 4 章《资格预审格式》表 2-2"格式规定的书面形式做了出具，法定代表人和其委托代理人已经亲笔签名，公证机关对申请人法定代表人及其委托代理人的签字、申请人单位公章的真实性均做出有效公证，公证书原件也装订在资格预审文件的正本之中，符合"第 2 章《申请人须知》第 3.4.4 项"的规定。综上，申请人的做法应符合该项目初步审查的要求。

另据了解，申请人放入"表 2-1《法定代表人身份证明》是出于申请文件编制人员的一种职业习惯，认为后表表号为"表 2-2，而"表 2-1"不放入似乎没有对应相应的文件内容。但是，编制人员也认为该表未请法定代表人亲笔签名，也未做公证。而资格预审委员会恰恰因此判定其不符合初步审查标准，故作出资格预审不予通过处理。

交通运输部编制的《公路工程标准施工招标资格预审文件》（2009 版）第 3 章"资格

审查办法"规定："资格审查办法前附表"用于明确资格审查的方法、因素、标准和程序。招标人应根据招标项目的具体特点和实际需要，列明全部审查因素、标准，没有列明的因素和标准不得作为资格审查的依据。

交通运输部颁布的《公路工程施工招标投标管理办法》第40条规定："评标委员会应当按照招标文件确定的评标标准和方法，对投标文件进行评审和比较。"

七部委颁布的《评标委员会和评标方法暂行规定》第17条规定："评标委员会应当根据招标文件规定的评标标准和方法，对投标文件进行系统地评审和比较。""招标文件中没有规定的标准和方法不得作为评标的依据。"

七部委颁布的《工程建设项目施工招标投标办法》第28条规定："招标文件应当明确规定评标时除价格以外的所有评标因素，以及如何将这些因素量化或者据以进行评估。""在评标过程中，不得改变招标文件中规定的评标标准、方法和中标条件。"

《招标投标法》第40条规定："评标委员会应当按照招标文件确定的评标标准和方法，对投标文件进行评审和比较；……"

上述规范公路工程评标的5部法律、法规都明确表明，评标委员会或审查委员会只能根据招标文件或资格预审文件明确规定的标准和方法，对投标文件或资格预审申请文件进行评审与比较，没有规定的标准和方法不得作为评标或资格审查的依据。

综上所述，该工程资格预审委员会以该申请人"法定代表人身份证明"未亲笔签名为由，对其资格预审文件做不予通过的处理是不符合资格预审文件和相关法律法规规定的。

【示例 8-2】 投标人变更代理人，被判废标法无据

【示例简介】 2010年8月，某省建筑工程集团总公司（以下简称省建总）获悉某某市林科所（以下简称林科所）有天花井森林公园道路、隧道工程准备招标，同年8月2日建总就向林科所天花井森林公园建设指挥部出具介绍信及法人委托书，委托王峥以公司的名义参加九江市林科所天花井森林公园建设指挥部隧道、桥梁、道路、土石方及房屋建筑工程的业务投标活动。2010年8月30日林科所编制出工程施工招标文件，8月31日林科所与市某监理公司签订建设工程招标代理委托合同，作为招标代理人。

2010年9月15日，林科所以专家库抽取方式组建了评标委员会，共5名成员，包括4名专家和1名业主代表。2010年9月15日，天花井森林公园道路（隧道）工程的开标评标会在市建筑交易市场进行，包括原告建总在内的7家单位参加了投标。在开标前由市工商局进行资格预审，市建设局进行资质预审。

同日上午8：30分，省建总的代表张纪文、刘义在开标会签到簿上签到。当天，林科所收到两份建总的关于参加开标评标事宜的授权委托书，代理人分别为冯大海与张纪文。在工商局进行资格预审时，住建局提出："建总的代理人更换了，到场的代理人张纪文在建设部门没有备案"。2010年9月15日，评标委员会做出初审报告，内容为："在对省建总的投标文件进行审查时，发现省建总擅自变更法人委托人，又不澄清和说明，依据《工程建设项目施工招标投标办法》及《评标委员会和评标方法暂行规定》之规定，评标委员会对其投标按废标处理。"此间，监理公司向原告建总收取投标保证金10000元、图纸押金1500元、工本费350元。省建总的制作标书花费6000元，因投标及处理投标纠纷花费差旅费1342.3元。省建总不服废标的处理决定，遂向法院提起诉讼。

【法庭辩论】　省建总诉称：2010 年 9 月 15 日，省建总应邀参加天花井森林公园道路、隧道工程的招标会。公司的委托代理人张纪文到会并提交了有关证件及法律手续，在评标过程中，林科所的 1 位女同志提出省建总所委托代理人已更换，对业主不尊重，要求取消省建总的投标资格，而招标办和监理公司的代表，不听取本公司的申辩，擅自将公司的商务标书不提交给评标委员会评分。3 被告违法取消省建总的投标资格，严重损害了公司的合法权益。故请求法院判令：（1）判决 3 被告取消我公司天花井森林公园道路、隧道工程投标资格的行为无效；（2）判令各被告共同赔偿我公司人民币 581013.68 元；（3）本案诉讼费由各被告共同承担。

第一被告林科所辩称：（1）对省建总的标书作废标的决定，是评标委员会独立做出的，与 3 被告没有关系；（2）原告诉请的损失错误适用了违约责任的计算方式，本案发生在缔约过程中，不能适用违约责任。只能适用缔约过失责任；（3）请求驳回原告的诉讼请求。第二被告监理公司、第三被告招标投标管理办的答辩意见与第一被告林科所的答辩意见相同。

【法院判决】　经法院审理，判决如下：

（1）投标人省建总的工作人员持投标人的委托书参加投标，评标委员会做出废标的决定属于错误理解行政法规，但鉴于该工程已确定了中标人，中标人的施工已近尾声，故在判决主文中对该项诉请不作为一项判决内容单独进行确认。

（2）招标人林科所应向投标人双倍返还投标保证金 20000 元、差旅费 1342.3 元。

（3）招标人林科所赔偿原告省建总在缔约过程中的直接损失，包括：公司赔偿标书制作费 6000 元、工本费 350 元、图纸押金 1500 元。

【示例点评】　这是一起评标委员会以投标人更变代理人为原由判为废标而引发的赔偿纠纷案。根据《招标投标法》第 45、46、48 条关于中标的规定，应认为招标人进行招标，投标人参加投标，直到最后中标人确定前，整个招标投标活动都处于合同的缔约阶段。缔约过程中的赔偿责任应适用《中华人民共和国合同法》第 42 条关于缔约过失责任的规定。

（1）根据《招标投标法》第 3 条的规定，本案所涉工程是必须进行招标的项目。招标人在缔约阶段虽依《招标投标法》的强性规定必须以招标投标的形式确定中标人，但在合同的缔约过程中招标人与投标人地位是平等的，缔约活动是自由的，主要应以民法来调整双方之间的权利义务关系。《招标投标法》第 37 条规定："评标由招标人依法组建的评标委员会负责"。评标委员会的专家委员虽是招标人从符合法律规定条件的专家库中抽取的，但专家委员的专业素养并不保证其认识及评标行为永远正确。在因评标委员会认识错误而造成投标人损失时，投标人有权获得司法救济，评标委员会的非实体及无自身利益的性质决定了其不应作为承担民事责任的主体。

（2）专家委员在评标过程中的认识错误，实质上是专家依据专业知识进行主观性判断时难以彻底避免的风险。招标人虽不能控制这种风险，但这种风险早已隐藏在招标人组建评标委员会时所包含的对专家委员的信任关系之中，即便此等信任是因国家强制力而引起，信任中的风险亦应由招标人承担。另评标委员会虽以独立于招标人的意志进行评标，但其工作任务在于确定招标人提出的招标项目的中标人，类似于受托人完成委托人的委托事项。故评标委员会与招标人可界定为委托关系，评标委员会行为的法律后果由招标人承担。评标委员会的评标活动应依法进行，做到客观、公正。

（3）本案中，评标委员会以原告省建总擅自变更法人委托人为由做出了废标的决定，但是评标委员会依据的《工程建设项目施工招标投标办法》及《评标委员会和评标方法暂行规定》均没有规定投标人擅自变更委托人可予以废标。参加投标作为投标人的一种经营活动，委托及变更委托均为投标人的意志自由，受托人行为的法律后果由委托人承担，受托人的变更并不影响委托人的信用，对于合同缔约相对方而言不形成任何商业风险。

投标人省建总的工作人员持投标人的委托书参加投标，评标委员会做出废标的决定属于错误理解行政法规，违背了合同缔约过程中的诚实信用则，对投标人造成的损失应由评标委员会的委托人招标人林科所承担。原告省建总诉请"判决3被告取消我公司天花井森林公园道路、隧道工程投标资格的行为无效"，虽然评标委员会废标的决定没有法律和行政法规的依据，但鉴于该工程已确定了中标人，中标人的施工已接尾声，投标人的投标资格是否有效没有现实意义，且对原告要求赔偿损失的支持足已包含对评标委员会废标的决定否定性评价。故在判决主文中法院对该项诉请不作为一项判决内容单独进行确认。

（4）原告省建总诉请"3被告共同赔偿581013.6元"，包括了原告认为的预期利润550163.68元，因本案适用缔约过失责任，赔偿范围不能包括预期利益损失，故550163.68元的损失赔偿法院不予支持。

（5）关于投标保证金10000元，招标文件约定："投标截止以后，投标人不得撤回投标文件，否则其投标保证金将被没收"，按照投标人与招标人平等地位的理解，投标保证金于特定情况下的惩罚性质应对等适用于双方，故此投标保证金具有定金的特征。投标人在招标人违反招标文件和法律、行政法规的规定时，有权利要求招标人双倍返还投标保证金即20000元。

（6）评标委员会违反行政法规的规定作出废标的决定，此行为后果理应由招标人承担，招标人应向投标人双倍返还投标保证金20000元。关于差旅费1342.3元，虽有部分发生于2003年9月15日开标评标会之后，但原告为处理此纠纷发生的差旅费系因错误的废标的决定而起，理应包括在赔偿范围之内。原告已花费的标书制作费6000元、工本费350元、图纸押金1500元，均为原告省建总缔约过程中的直接损失，招标人第一被告林科所亦应予以赔偿。第二被告监理公司与第一被告林科所形成委托关系，招标代理公司的行为的法律后果，理应由林科所承担，原告起诉招标代理公司没有法律依据。第三被告招标办作为招标投标活动的行政管理部门，依法行使行政职权，原告对其提起民事诉讼没有事实和法律依据。

【示例8-3】　单位盖章没签字，判定废标无根据

【示例简介】　某建筑工程公司参加某项工程项目的投标，其所投的投标文件只有单位的盖章而没有法定代表人的签字，被评标委员会确定为废标。评标委员会的理由是：招标文件上明确规定必须要既有单位的盖章也要有法人代表的签字，否则就是废标。该建筑工程公司认为评标委员会的处理是不当的，与《施工招标投标办法》关于废标的规定不符。根据《施工招标投标办法》规定，只要有单位的盖章就不是废标，遂向招标代理机构提出异议。

【示例点评】　《工程建设项目施工招标投标办法》第50条第2款第1项规定："投标文件，无单位盖章并无法定代表人或法定代表人授权的代理人签字或盖章的；由评标委员会初审后按废标处理。"从第50条第2款第1项的规定可以看出，被作为废标的条件是：投标文件上既没有单位的盖章，也没有法定代表人或法定代表人授权的代理人签字或

盖章的，也就是说，投标文件上签字或盖章的栏目是空白的，就可以按照废标处理。我们也可以从另外一个角度作出结论，如果发生以下情形之一的就不能被认定为废标：

（1）只有单位的盖章而没有法人代表或法定代表人授权的代理人的盖章；（2）只有单位盖章而没有法人代表或法定代表人授权的代理人的签字；（3）只有法人代表或法定代表人授权的代理人的盖章，而没有单位盖章；（4）只有法人代表或法定代表人授权的代理人的签字，而没有单位盖章。

但值得注意的是《工程建设项目施工招标投标办法》第 50 条第 2 款第 2 项规定："未按规定的格式填写，内容不全或关键字迹模糊、无法辨认的，由评标委员会初审后按废标处理。本案例中的招标文件中如果规定了必须要既有单位的盖章也要有法定代表人的签字或盖章，就属于对投标文件格式的要求，如果投标文件仅有单位的盖章而没有法定代表人的签字或盖章，就是"未按规定的格式填写"，将被作为废标。而如果招标文件中没有这个规定，就不能以缺少单位盖章或者法定代表人签字或者盖章将投标文件认定为废标。

【示例 8-4】　纸张颜色有差异，公司投标失良机

【示例简介】　2009 年 10 月 18 日上午，江苏龙飞幕墙工程有限公司同另外 8 家公司在某工程开标现场一起等待评委对技术标段的评审结果，在刚刚结束的商务标评比中，龙飞公司第二标段和第三标段均名列第一，龙飞公司信心十足。然而意想不到的是，评标委员会宣布，龙飞公司技术标书为废标，理由是，按要求标书封底颜色应为蓝色，而龙飞公司提交的却为白色。龙飞公司的代表痛心疾首地说，他们公司各方面都很优秀，工程报价也是最低的，可以说几乎没什么可挑剔的地方，可一旦技术标被判废标，就等于前功尽弃了，想拿到这个工程几乎不可能了。

龙飞公司代表随即向招标代理机构发出异疑。对此，作为评标委员会的代表说，根据招标文件的要求，标书文件的内容、封面、封底都必须严格按照要求装订密封，一旦有与规定不符的就视为废标。招标文件对标书形式之所以要求严格，主要是出于裁判公正，一旦其中有标书在形式上有别于其他标书，将被视为"作弊"，当作废标处理。尽管龙飞有关代表坚持认为，被判废标是个天大的冤枉，但这个决定已无法更改。从而龙飞公司与近千万元的工程失之交臂。

【示例点评】　有关招标投标法律、法规对标书纸张的颜色并没有相应的规定，但是赋予了招标人根据工程建设项目的实际情况设定废标条款的权力。本案根据招标文件的要求，标书文件的内容、封面、封底都必须严格按照要求装订密封，一旦有与规定不符的就视为废标，主要出于防止投标人作弊行为的考量。为此，投标人一定仔细阅读招标文件的要求，招标人在制作标书时不论从内容到形式都应力求精益求精，有很多承包商虽然获得了投标机遇，但在编制投标书过程中，常常因为粗心大意，产生各种低级错误而导致废标，既浪费了大量的精力和财力，又错失了承包工程项目的良机。

【示例 8-5】　文件漏写公司名，灵机补写救危情

【示例简介】　在一批工程建设项目设备的采购中，根据招标文件的规定，开标一览表为投标时资格审查的必备条件，在唱标时未提供则视为对招标文件资格审查内容的不响应，投标将被拒绝。开标一览表中的内容包括投标人名称、招标项目名称、招标文件编

号、投标标段、投标产品名称、投标报价（万元）、交货日期、备注、投标单位法人授权代表签字等内容。令人意想不到的是，开标当天，招标代理机构竟然发现甲公司提供的开标一览表中竟然没有公司的名称。

于是，招标代理机构根据开标一览表中"投标单位法人授权代表签字"部分的姓名询问是何家公司的投标。并责问授权代表："你们参加投标，连公司名称都不写，到时候即便你们的投标文件中了，又怎么确定是你们公司的投标文件呢？"授权代表解释说："开标一览表填得急，我们漏写了。我现在补上行吗？"此言一出，开标现场就炸开了锅，"已经开标了，投标人不能改开标一览表。"部分承包商表示；而更多的承包商则是齐声喊出："废标！……"。

招标代理机构负责唱标的工作人员急得满头大汗。面对代理机构负责人的不知所措，甲公司的授权代表突然灵机一动："招标文件我是仔细看过的，判废标的条件有4条。这4条我都记得很清楚，其中一条就是开标一览表，根据招标文件规定：在唱标时，未提供开标一览表的则视为对招标文件资格审查内容的不响应，投标将被拒绝。我们已经在开标前提供了，只是没按要求提供而已。招标文件又没规定在唱标时未按要求提供则视为对招标文件资格审查内容的不响应，投标将被拒绝，所以不能拒绝我们的投标。"在场的投标代表都安静了下来，于是，现场招标监督人员说："我觉得这家公司的代表说得有理。"于是代理机构便同意了该公司在开标一览表中补填公司名称。事情算是告了一个段落。

【示例点评】　这又是一起因粗心大意而引发废标风险的案例。本案中，参与开标的广大承包商要求判为废标是有一定道理的，参与投标连公司名称都不写怎么行。但是招标文件的规定也不严谨，缺乏预见性，原本应当要求"投标人应当按照招标文件要求填写投标一览表，未按要求提供的将被拒绝"，却没考虑到可能出现有供应商没按要求填写的情况。幸亏这家投标人代表记住了招标文件的有关条款，并有效地为自己进行了辩护，否则招标人还不知如何去应对呢？看来，招标人在招标文件制作的过程中，需要招标人认真思考问题，设定科学、合理的废标条款。这家粗心的投标人给招标人上了深刻的一课。另一方面，投标人也应该填表时应采取谨慎态度，认真检查投标文件是否有漏写的问题，规避废标的风险。

8.1.2　包装、密封与装订

【示例 8-6】　正副标书合封装，废标出局没商量

【示例简介】　某工程建设项目招标中，在评标结果公示期间，行政监督部门收到投诉，反映第一中标候选人的投标文件正、副本合并包装，不符合招标文件相关要求，投诉人认为该投标文件应为废标。该项目招标文件规定："投标人应将投标文件正本和全部副本分别封装在双层信封内，分别加贴封条并盖密封章，标以'正本'、'副本'字样；不符合上述要求的投标文件招标人将不予签收。"招标文件同时规定："投标文件未按要求的方式密封者，将作为废标处理。"

行政监督部门针对投诉事项开展调查，结果证实投诉人反映情况属实。招标人根据行政监督部门的监督意见重新组织评标。重新评标结果认定第一中标候选人投标文件为"废标"，评标委员会重新推荐中标候选人。至此，投诉双方均无异议。

【示例点评】　上述案例本身并不复杂，但相关部门在调查取证过程中还是费了一番周折。由于案例发生时，工程项目交易场所尚未安装全过程监控系统，投标文件的包装在

事后追认起来难度很大。最后，行政监督部门通过组织相关当事人质证，还原了事实真相，而被投诉人亦承认其投标文件为合并包装。

本案例虽然得到了比较完善的处理，但有以下问题值得商榷：招标人由于把关不严，受理了原本应予拒收的投标文件，是否应该承担相应的责任？投标人是否有权在开标环节事后对投标文件的密封性及包装提出质疑？投标人在开标现场对投标文件的密封情况提出异议，招标人应如何处理？招标文件为什么对投标文件包装提出如此严格的要求，其出发点是什么？等等。

(1) 有关法律规定

1)《招标投标法》第 36 条："开标时，由投标人或者其推选的代表检查投标文件的密封情况，也可以由招标人委托的公证机构检查并公证；经确认无误后，由工作人员当众拆封。"

2)《工程建设项目施工招标投标办法》第 38 条："投标人应当在招标文件要求提交投标文件的截止时间前，将投标文件密封送达投标地点。""招标人收到投标文件后，应当向投标人出具标明签收人和签收时间的凭证，在开标前任何单位和个人不得开启投标文件。"

《工程建设项目施工招标投标办法》第 41 条："在开标前，招标人应妥善保管好已接收的投标文件。"第 50 条："投标文件未按招标文件要求密封的，招标人不予受理。"

3)《房屋建筑和市政基础设施工程施工招标投标管理办法》第 28 条："投标人应当在招标文件要求提交投标文件的截止时间前，将投标文件密封送达投标地点。""招标人收到投标文件后，应当向投标人出具标明签收人和签收时间的凭证，并妥善保存投标文件。在开标前，任何单位和个人均不得开启投标文件。"

《房屋建筑和市政基础设施工程施工招标投标管理办法》第 43 条："开标应当按照下列规定进行：由投标人或者其推选的代表检查投标文件的密封情况，经确认无误后，由有关工作人员当众拆封。"

(2) 招标人应承担责任。法律法规强调的基本原则是投标文件应当密封递交，招标人在接收投标文件时应严格把关。投标文件经招标投标双方确认无误后，当场完成交接手续。如果发现投标文件密封状况不符合要求，招标人不应受理，并当场退回。此时，该投标人或许尚可补救，在截止时间前再次递交，合法获得竞标的机会，也使招标人多一份可选择的投标。投标文件一旦被接收，招标人应妥善保管，从接收到开标这段时间，招标人要对投标文件负保管责任。

根据上述法律法规的要求，开标现场，招标人首先要组织履行投标文件密封情况的检查程序。可以提请投标人或者其推选的代表进行检查，也可以委托公证机构检查并公证。实际操作中，招标人往往不重视这一环节，不经投标人检查和确认即对投标文件进行草率拆封，打折履行法定程序，从而埋下事后发生纠纷的隐患。招标人的这种做法，不仅在无形中剥夺了投标人的法定监督权，严重的话还可能引发对本次招标投标操作程序公平、公正性的诟病。在检查过程中，若发现有投标文件未密封或密封不符合要求，投标人有权当场提出质疑。此时，招标人不能简单地将受到质疑的投标文件立即认定为无效标处理，笔者认为招标人应停止开标程序，并配合招标投标监管机构接受调查，界定责任后再作处理。

(3) 包装不合格的处理方式。若发生上述情况，招标投标监管部门调查的对象首先是招标人。调查招标人有否破坏了密封？是否与投标人存在某种串通行为？是否泄露该投标文件中的秘密，或允许其投标截止后做了某种有利的变更等；其次，招标人是否徇私舞弊，将密封不合格的标书视为合格标书予以接收，并企图在开标时蒙混过关？若核实后发现，投标文件在递交时便是不合格的，但被招标人误接收（如本案例所发生的情况），则该投标文件应作无效标处理；若投标文件是在招标人保管期间出了问题，或招标人在接收时存在包庇行为，招标投标监管部门应严查事实真相，对涉嫌营私舞弊、串通投标的行为，从严处理，并判处招标人承担相应责任。

（4）对设立废标包装条件的思考。招标投标法律法规有关投标文件密封、包装的规定，是基于维护招标投标公平竞争原则的需要，而不是以此为择优的手段，只要投标文件密封良好，标记符合要求，件数双方确认无误，即可满足接收条件，进入开标程序。因此，招标人在编制招标文件时，有关包装、密封的条款中大可抛弃这些附加条件，如：必须双层包装，必须分开包装，必须同时加盖公章并签字等等，废标条款中也应取消因包装、密封不符合要求而予以废标的条款。实践证明，这些附加条件只会削弱投标竞争性，产生纠纷和矛盾，对通过招标方式择优确定承包商没有大的正面作用和意义。招标人在开标时，要重视规范操作，严格履行法定程序，在拆封前规范组织投标文件密封情况的确认，以免后患。通过此类案例，招标投标双方都应各自吸取相应的教训。招标方应科学制定招标文件，合理设定相应条件，规范招标行为；投标方应仔细研读招标文件，若感觉有歧义或不理解的地方，及时与招标人沟通，避免因小失大，错失良机。

【示例 8-7】 现场密封被损坏，标书被废很无奈

【示例简介】 2010 年 2 月 22 日是某工程项目的开标日，离开标还有一段时间，投标单位的代理人陆陆续续地带着标书来到开标现场，依次办理投标文件的交接手续。这时有一家单位代理人捧着标书走进了开标室，在放到指定接收标书的桌子上时，意外发生了，由于当时标书设有技术标和商务标，所做的标书比较厚重，而所放置的桌子又相对较窄，这位投标代理人一不小心，标书没能放稳，重重地摔在地上，封套破了，标书掉了出来。于是，招标人因密封原因拒绝接收该标书。由于尚未到开标时间，公证员建议该单位代理人赶快去重新包封投标文件。投标代理人将标书重新包装密封后，并在投标截止时间前再次提交密封完好的投标文件。由于投标单位代理人没有随身携带有关印鉴，经处理后的投标文件还是没有达到密封完好的要求，最终该标书还是被拒收，使该投标单位因此失去了中标的机会。该单位代理人显然难以接受这样的结果，事后向行政监督到部门进行了投诉。

投诉问题双方争议的焦点是：该投标单位认为本单位已经把密封完好的投标书在规定时间内送到了规定地点，应视为已经送达了投标书；而招标人认为送达是个双方过程，该单位虽把标书送到了指定地点，但尚未办理有关接收手续，招标方有权因密封原因而拒收。

【示例点评】

1. 有关法律法规规定

（1）《招标投标法》第 36 条规定："开标时，由投标人或者其推选的代表检查投标文件的密封情况，也可以由招标人委托的公证机构检查并公证；经确认无误后，由工作人员当众拆封。"

（2）《工程建设项目施工招标投标办法》第 38 条规定："投标人应当在招标文件要求提交投标文件的截止时间前，将投标文件密封送达投标地点。""招标人收到投标文件后，应当向投标人出具标明签收人和签收时间的凭证，在开标前任何单位和个人不得开启投标

文件。"第41条规定："在开标前，招标人应妥善保管好已接收的投标文件。"第50条规定："投标文件未按招标文件要求密封的，招标人不予受理。"

（3）《房屋建筑和市政基础设施工程施工招标投标管理办法》第28条规定："投标人应当在招标文件要求提交投标文件的截止时间前，将投标文件密封送达投标地点。""招标人收到投标文件后，应当向投标人出具标明签收人和签收时间的凭证，并妥善保存投标文件。""在开标前，任何单位和个人均不得开启投标文件。"第34条规定："开标应当按照下列规定进行：由投标人或者其推选的代表检查投标文件的密封情况，经确认无误后，由有关工作人员当众拆封。"

（4）《工程建设项目勘察设计招标投标办法》第36条规定：未按要求密封的，应作废标处理或被否决。

2. 法律法规解读

依据上述条款可见：

（1）投标人必须按照招标文件规定的地点，在规定的时间内送达投标文件。在招标文件中通常就包含有递交投标书的时间和地点，投标人不能将投标文件送交招标文件规定地点以外的地方，如果投标人因为递交投标书的地点发生错误，而延误投标时间的，将被视为无效标而被拒收。招标文件的签收保存，招标人收到标书以后应当签收，不得开启。为了保护投标人的合法权益，招标人必须履行完备的签收、登记和备案手续。签收人要记录投标文件递交的日期和地点以及密封状况，签收人签名后应将所有递交的投标文件放置在保密安全的地方，任何人不得开启投标文件。

（2）投标文件应当密封递交，"密封"就是把投标文件进行完整包装，包装完在封口处加盖密封章或公章（有的贴密封条），不得有破损，招标人在接收投标文件时应严格把关。投标文件经招标投标双方确认无误后，当场完成交接手续。如果发现投标文件密封状况不符合要求，招标人不应受理，并当场退回。实践操作中，由于投标和开标一般都在同一天进行，招标人（或委托公证机构）在检查投标文件密封情况后，要求投标单位登记，只有在登记完成后，才视为投标文件已被送达。可见标书送达是个双方行为，需要办理一定的书面手续。因送达而导致标书保管责任的转移，送达前标书由投标单位保管，送达后至开标时由招标人保管。案例中的送达前的标书密封问题只能由投标人自己承担责任。

（3）要求密封的目的。招标投标法律法规有关投标文件密封、包装的规定，是基于维护招标投标公平竞争原则的需要。有些项目，特别是重大工程接标和开标并不是同一天完成的。因而在开标时非常有必要检查标书的密封情况。如果发现密封被破坏，招标投标监管部门就会介入调查。调查招标人是否破坏了密封？是否与投标人存在某种串通行为？是否泄露该投标文件中的秘密，或允许其投标截止后做了某种有利的变更等；其次，招标人有否徇私舞弊，将密封不合格的标书视为合格标书予以接收，并企图在开标时蒙混过关？若核实后发现，投标文件在递交时便是不合格的，但被招标人误接收，则该投标文件应作无效标处理；若投标文件是在招标人保管期间出了问题，或招标人在接收时存在包庇行为，招标投标监管部门应严查事实真相，对涉嫌营私舞弊、串通投标的行为，从严处理。

招标投标程序经过多年演变，日趋简便和规范。现如今绝大多数招标投标的接标和开标均在同一天完成，标书的包装、密封就成为投标人单方的责任。招标人往往在编制招标文件时，对包装、密封作出明确规定，如：必须合装密封，必须同时加盖公章并签字等等，废标条款中也会有因包装、密封不符合要求而予以废标的条款。这就要求投标方要仔细研读招标文件，若感觉有歧义或不理解的地方，及时与招标人沟通，避免错失良机。

【示例 8-8】　文件密封不达标，经人举报被废掉

【示例简介】　某国资企业新建工程项目，立项批复投资 1.5 亿元，其中厂房面积 35000m²（钢结构部分为 15000m²），预计投资 5900 万元，某乙级招标代理公司代理厂房施工招标。2010 年 7 月 14 日开标时，投标人甲发现并提出："投标人乙的投标文件密封不符合招标文件的规定，招标人应当拒绝其投标。"由此发生分歧。现场招标监督部门人员检查后认定投标人乙的投标文件密封的确不符合招标文件的要求，但为了不影响整个开标进程，通过协调，投标人甲保留了意见，并在现场照相取证。随后，对所有投标人的投标文件均予开标并送入评标室进行评审。

经评标专家评审，投标人乙为第一中标候选人，甲为第二中标候选人。2010 年 7 月 24 日中标候选人上网公示。7 月 27 日，投标人甲在公示结束前向行政主管部门提出书面投诉，投诉的内容和格式均符合《工程建设项目招标投标活动投诉处理办法》的规定，行政主管部门受理其投诉。由于事实清楚，证据充分，于 7 月 31 日行政主管部门作出决定：取消投标人乙的中标候选人资格，直接确定第二中标候选人中标。

【示例点评】　在上一案例中我们已经阐述过密封的目的，法律规定标书要按照要求进行密封的目的是为了保护投标人，保护其投标价格等关键内容在开标前不泄露，以至影响招标的竞争性，文件密封，是保持投标文件具有竞争力的基本环节，这样，招标人才能够选择出价格、质量、工期更好的投标人。显然，本案招标人违反了《工程建设项目施工招标投标办法》第 50 条："未按招标文件要求密封的，招标人不予受理。"的规定。行政主管部门实际上是将乙公司应做废标处理，这一决定无疑是正确的。

本案的招标人明知乙的投标文件不符合密封要求确没有按照上述法律规定对密封不符合要求的文件进行及时处理，以致为后续工作带来麻烦。按照 2012 年 2 月开始实行的《招标投标法实施条例》第 44 条规定："投标人对开标有异议的，应当在开标现场提出，招标人应当当场作出答复，并制作记录。"

【示例 8-9】　分包装订不合格，起诉废标没下文

【示例简介】　2009 年 9 月 20 日某政府采购项目公开招标于举行开评标活动，甲供应商成为预选中标人。9 月 26 日，投标人乙供应商对"预选中标人甲公司的投标文件密封以及技术规格偏离表的电子版未在递交投标文件时一并递交"提出了质疑。

9 月 30 日，招标人对质疑做出了答复：甲供应商的投标文件没有按照招标文件的要求分包装订是事实，但评标委员会认为"供应商投标货物属同一类产品，不需要分包装订。""此项不属于实质性偏差，因此可以接受，且不影响供应商相对排序"，所以，继续对这 3 家供应商的投标文件进行评审。而技术规格偏离表的电子版递交问题，招标文件确实要求同时递交，甲供应商预选中标人也确实没有一并递交，但可以视为是投标人的补充文件，根据法律也是可以接受的。

乙供应商对招标人对质疑的答复不满，于 10 月 8 日下午向当地财政部门提起投诉。财政部门调查后，对投诉人提出的问题予以了支持，认为这不符合招标文件的要求。但处

理决定却让投诉人大失所望——评标委员会继续对甲供应商的投标文件进行评审。财政部门认为鉴于本项目采购合同已经履行完毕，根据《政府采购供应商投诉处理办法》第19条规定，决定如下：确认该项目货物采购评标活动与《政府采购货物和服务招标投标管理办法》第50条的规定不符。但并没有给出相关处理意见。

【示例点评】 虽然投标文件的装订并不能反映一个承包商的履约能力，但既然招标文件已经对投标文件的装订提出了明确要求并作为实质性条款出现，那么，如果出现了投标人未按要求分装的情形，就应作"废标"处理。招标文件既然规定了不按要求分包装订就属于"实质性偏差"，无论是否会影响承包商的相对排序，评标委员会都只能严格按照招标文件的要求作"废标"处理，否则就是违法。

对于补充文件，招标文件要求一并递交，就应该一并递交。法律规定可以补充，但补充也应该符合招标文件的要求。《工程建设项目货物招标投标办法》第35条："投标人在招标文件要求提交投标文件的截止时间前，可以补充、修改、替代或者撤回已提交的投标文件，并书面通知招标人。""补充、修改的内容为投标文件的组成部分。"该办法第36条："在提交投标文件截止时间后，投标人不得补充、修改、替代或者撤回其投标文件。""投标人补充、修改、替代投标文件的，招标人不予接受；投标人撤回投标文件的，其投标保证金将被没收。"对于招标文件要求需一并递交的东西被忘记时，选择的方式不应该是补充，而应选择撤回递交的部分，再把漏交的部分与撤回的部分一并递交。

在上述案例投诉中，由于中标合同已经履行完毕，当地行政监督部门只确定了招标活动与相应的法规不符，而没追究相关责任人，这种处理应该说是欠妥的。根据《工程建设项目货物招标投标办法》第57条规定，评标委员会及其成员在评标过程中有违法违规、显失公正行为，且影响中标结果的，不仅仅是"招标活动违法"，还应由行政监督部门"给以3万元以下的罚款"、"依法重新进行评标或者重新进行招标"。这才能对相关责任人起到惩戒作用，彰显法律的公平与公正。

【示例8-10】 大小写金额不一致，一个失误双双受罚

【示例简介】 某政府采购中心组织一个项目的公开招标，参加竞标的供应商非常多。投标人甲公司的开标一览表中投标报价的小写金额为"1703626"元，而大写金额为"壹佰柒拾叁万零陆佰贰拾陆"元。唱标时，采购中心的工作人员只唱出了小写金额，没有留意到大、小写金额不一致的问题。甲公司参加开标会的授权代表当时也没有提出异议。

开标会后，采购中心工作人员在对投标文件进行初步检查和汇总分析时，发现了这一问题。经查阅甲公司投标文件，发现其开标一览表中的小写金额与报价明细表中的价格是一致的。评委评标时，采购中心将这一情况向评标委员会做了说明。评标委员会经讨论，决定按照《政府采购货物和服务招标投标管理办法》（财政部令第18号）第41条规定，对该公司的报价以大写金额为准。巧的是，即使以大写金额为准，甲公司的报价依然具有竞争力，甲公司最终还是中标了。中标公告发布后，有投标人提出了质疑，随后进行了投诉。投诉称：他们参与了开标，从他们拿到的开标记录表（复印件）来看，中标价与开标记录表所记录的价格是不一致。因此认为甲公司的中标是不合法的。

当地财政部门受理投诉后，经审查发现情况属实。根据该项目招标文件以及财政部相关规定，未宣读的投标价格评标时不予承认，甲公司的中标没有依据，因而做出了"认定

该项目中标结果无效，责令重新开展采购活动"的投诉处理决定。决定一公布，甲公司又向财政部门提出了投诉，认为虽然自己粗心有错，但采购中心的工作失误也是导致他们最终错失这次中标机会的重要原因。自己小写金额的报价比大写金额的还低，中标应是绝对的。财政部门对该采购中心进行了批评警告，但未改变原投诉处理决定。

【示例点评】 本案中，唱标人的大意、监标人的失察、投标人授权代表的粗心，使一个本来可以及时纠正的错误得以一路闯关，直至最终无法挽回，其教训是深刻的。而就案例本身而言，有以下几点值得商榷。

（1）甲公司投标是否无效，存争议。《政府采购货物和服务招标投标管理办法》第41条规定："开标时投标文件中开标一览表（报价表）内容与投标文件中明细表内容不一致的，以开标一览表（报价表）为准。""投标文件的大写金额和小写金额不一致的，以大写金额为准。"目前，实践中遇到的投标文件大、小写金额不一致的情形，一般均遵循上述规定进行修正，而不将其作为无效标情形。经查阅该项目招标文件，采用的也是此种约定。因此，甲公司的投标虽然大、小写金额不一致，但并不因此而构成标无效。另外，虽然《政府采购货物和服务招标投标管理办法》第40条规定："未宣读的投标价格、价格折扣和招标文件允许提供的备选投标方案等实质性内容，评标时不予承认。"不过，评标时不予承认的规定并不意味着投标无效。所以，甲公司的投标虽然有瑕疵，但这种瑕疵尚不构成重大偏差或非实质性响应，因而其投标应当属于有效投标，理应参与进一步的评审并且有机会中标。

（2）以哪个金额参加评审，有分歧。在实践中，有少数别有用心的投标人故意利用大小写金额不一致、单价与总价不一致、开标一览表与报价明细表不一致，或者在投标文件不显眼处提出一个含糊的价格折扣，然后根据其他投标人报价情况，在开标过程中或者利用投标文件澄清的机会再进行选择，甚至与招标机构串通。《政府采购货物和服务招标投标管理办法》第40、41条规定对上述情况的处理进行了统一。

在我国工程招标投标领域，对于投标文件中的一些错误或不一致，例如因错、漏项等原因需要对投标人的报价进行修正时，一般采用的是按照对"有错"投标人不利的原则进行修正。譬如，以修正后的高价参加评审，如果中标将仍以修正前的低价作为中标价格。但在本案例中，招标文件并没有这样的约定，《政府采购货物和服务招标投标管理办法》也无相关规定。尽管甲公司开标一览表中的小写金额与报价明细表中的价格是一致的，据此似乎可以合理推测小写金额才是其真实意图的报价，但根据《政府采购货物和服务招标投标管理办法》第41条规定，只能以开标一览表中的大写金额为准。至于监管部门认定中标无效的依据——未宣读的投标价格、价格折扣……评标时不予承认，专家认为，本案例中大写金额与小写金额实际上属于同一个价格，只是表现的形式不同，小写金额开标时已经唱出，因而甲公司的报价不应属于未宣读的投标价格、价格折扣的范畴。所以，该项目评标委员会决定对甲公司的报价以大写金额为准参加评标并作为中标价格是合乎规定的。

（3）另外，案例中采购中心的工作过失并未构成法律法规和规章所规定的中标无效情形和应予废标的情形，对于此类过失，监管部门可以依据集中采购机构考核管理办法等进行考核和处分，但这不应影响招标过程和中标结果的有效性。综上所述，有专家认为，案例中监管部门的处理决定值得商榷。

（4）重新招标并不能了事。担心事情闹大或引火上身，简单化处理供应商的质疑和投诉，即废标了事，是对所有投标人的不公平。近年来，在处理供应商的质疑和投诉工作中，由于担心供应商把事情闹大或者引火烧身，采购机构或者监管部门往往对质疑和投诉进行简单化处理，即宣布废标后重新招标了事。这样做虽然可以遮掩掉一部分矛盾，但是，这不仅浪费了社会资源，对本来已经中标或者有机会递补中标的投标人来说，更是非常不公平。

甲公司有错在先，最后却反而得了个"便宜"，从情感上来说是难以接受的。如果这个案例评标的时候按照对该投标人不利的原则用大写金额（高价）进行评审，中标则以开标唱出的小写金额（低价）作为中标价格，从个案上来说，也许更符合公平正义。但是，法律是一种普遍约束，而且法律是刚性的，当情感与法律相冲突时，情感必须服从于法律。

8.1.3　有效期与送达时间

【示例 8-11】　拒延投标有效期，要求赔偿遭拒绝

【示例简介】　某公司参加了一项政府工程采购项目的投标，该公司在资格预审通过后按照招标文件规定提交了投标文件和银行保函。但在投标有效期内，该公司收到招标人的书面通知，声称由于出现特殊原因，需要投标人延长投标文件有效期 20 天，并相应延长银行保函有效期。由于银行不同意延长保函有效期，该公司对招标人的要求未予答复。结果该公司的投标被作为废标处理，招标人因此向银行索偿保函金额，被银行拒绝，双方引起法律纠纷。

【示例点评】　本案是一起投标人拒延投标有效期的典型案例，对于投标人拒延投标有效期应该如何处理？分析如下：

（1）投标人的投标文件是要约，招标人发出的中标通知书是对要约的承诺。市场行情瞬息万变，如果招标人的承诺迟迟不能作出，将会极大地增加投标人的经营风险。为了维护投标人的利益，法律法规要求招标人在招标文件中载明投标有效期。所谓投标有效期，是指招标人对投标人发出的要约作出承诺的期限。也可以理解为投标人为自己发出的投标文件承担法律责任的期限。按照《合同法》的有关规定，作为要约人的投标人提交的投标文件属于要约。要约通过开标生效后，投标人就不能再行撤回。一旦作为受要约人的招标人作出承诺，并送达要约人，合同即告成立，要约人不得拒绝。在投标有效期截止前，投标人必须对自己提交的投标文件承担相应法律责任。

（2）本案招标人将该公司的投投作为废标处理是不适当的，准确的应该是作为投标失效处理，并且招标人不得要求银行承担保函责任。因为：按照国际惯例和《工程建设项目施工招标投标办法》第 29 条规定："在原投标有效期结束前，出现特殊情况的，招标人可以书面形式要求所有投标人延长投标有效期。"但不得要求投标人必须接受。按照惯例，投标人对招标人的要求，应当作出答复。若投标人未予答复，或者表示不同意延长，则视为投标人已经依法撤销了投标。

（3）《合同法》第 20 条规定，要约人依法撤销要约的，要约失效。所以，《工程建设项目施工招标投标办法》第 29 条第 2 款规定："投标人不同意延长的，投标失效。"投标失效与废标在法律性质上是有本质区别的。由于招标人不得要求投标人必须接受其要求，或者说投标人有权拒绝接受，投标人依法并未违反在投标文件中作出的意思表示的承诺，故招标人无权要求投标人承担投标保证金责任，投标人有权撤回投标保函，自然招标人也就无权要求银行承担保函责任。

【示例 8-12】 期限概念有不同，相互混淆判作废

【示例简介】 某年 8 月，广州某区一仓库改造工程施工在区交易部公开招标。该项目总造价约 1000 万元，正式投标人 10 家，于 8 月 3 日公开开标，共有 7 家投标单位在截止时间前递交了投标文件，开标情况正常。在评标过程中，评标委员会发现有两家投标单位的投标文件中法人授权委托书的有效期为 30 天，而招标文件规定投标有效期为 60 天，两者的时间不同。评标委员会中有几位专家认为其不满足招标文件中"投标文件必须满足招标文件规定的投标有效期"的要求，以此要将该两家投标单位的投标书定为"废标"。

本案经办人是刚刚接受过见证人员上岗的培训，而该情况正好与见证人员考试试题中的一个案例分析题目的情况相同，于是见证人当即向评标委员会解释了投标有效期和法人授权委托书有效期的概念，专家在听完见证人员解释后仍有质疑，并声称自己以前也遇到过这样的情况，而且都是按废标处理的。见证人员在无法说服评标专家的情况下，只好把考试试题及答案拿给评标专家看，专家仔细阅读后才搞清楚这两个概念的不同之处，最后判定这两家投标单位的投标书有效。

【示例点评】 法人委托书有效期与投标有效期是不同的两个概念，容易混淆，造成误判。

（1）关于法人委托书有效期的概念。依据法律规定，法人授权委托书有效期是指法人接受给被授权人代表参加项目投标的有效期，只要在该时限内被授权人向招标人递交了授权法人的投标文件并出席了开标会，该授权委托书有效。反之，超出该时限被授权人参与投标的行为则无效。法人委托授权书有效期限是法人限制被委托人的行为、规避法人责任风险的非常重要的措施。

（2）关于投标有效期的概念。《招标投标法实施条例》第 25 条规定："招标人应当在招标文件中载明投标有效期。投标有效期从提交投标文件的截止之日起算。"可见投标有效期是指投标文件提交截止日后投标文件的有效期，该时限是招标人必须对投标文件作出承诺的时限规定，也就是招标人保证完成整个招标过程，包括开标、评标、定标以及签订中标合同程序所需的时限，超出这个时限，对投标人造成的损失应按照法律规定，进行赔偿，法人委托书有效期与投标有效期两者是不同的概念，限定目的是对投标人权益的有效保护。

（3）通过分析可知，两种时限不同是正常的。由本案也可以看出，一些评标专家由于其专业限制或是其对招标投标法律以及其中的一些概念理解有限或者有偏差，可能导致评标过程中一些误判情况的出现。

【示例 8-13】 递迟标书 1 分钟，代理不能施善行

【示例简介】 某县一工程代理机构代理一医院项目招标。招标文件规定，投标截止时间为某日 10：30（北京时间），投标人必须在投标截止时间之前将投标文件递交至该县医院综合楼 509 室，超过投标截止时间的投标文件将被拒绝接收。当日在该医院会议室开标，上午 10：30，主持人按时宣布开标。然而，主持人话音刚落，一个投标人举着投标文件气喘吁吁冲进来，后面还跟着该医院的保安。此时，时针已指向上午 10：31。尽管投标人一再解释，是因为保安的阻拦和盘查，才延误了到场时间，该保安也承认是自己的责任，但采购中心还是依法拒收投标文件。无奈该投标人离开招标现场，直接去监管部门投诉。迟到的投标文件是否该一律拒收？业内人士看法并不一。

【示例点评】 本案是一起违反法律法规关于送达逾期条款的典型例子。应引起招标人的注意。

（1）为了保证公平竞争，无论是工程招标还是政府采购，许多招标文件都有"对迟到的投标文件，招标单位将不予接受"、"一切迟到的投标文件都将被拒绝"、"迟到的投标文件不予打开、不予唱标、原封退回投标商"等拒收迟到投标的规定。大多数专家认为，迟到的投标文件，应该都拒收，"迟到1秒钟都不行"。因为无论是《招标投标法》还是《政府采购货物和服务招标投标管理办法》对此都有明确规定。《政府采购货物和服务招标投标管理办法》第31条明确规定："投标人应当在招标文件要求提交投标文件的截止时间前，将投标文件密封送达投标地点……在招标文件要求提交投标文件的截止时间之后送达的投标文件，为无效投标文件，招标采购单位应当拒收。"本案中的采购项目是工程项目，适用《招标投标法》，而《招标投标法》第28条明确要求："投标人应当在招标文件要求提交投标文件的截止时间前，将投标文件送达投标地点，……在招标文件要求提交投标文件的截止时间后送达的投标文件，招标人应当拒收。"本案采购中心的拒收是理所当然的。

（2）仁者见仁、智者见智。也有一种观点认为，一律拒收不合理。根据国际惯例，并不是一律拒收的，是否拒收应视情况而定。如果还没宣读投标开始，迟到了也是可以接收的；如果已经宣读投标开始，但投标文件尚未开启，也可以灵活处理。全盘拒绝并非绝对公平，也会出现不合情理的特殊情况，此案如果拒之，就很不合理。不过，赞同此观点的人认为，如果碰到特殊情况要作特殊考虑，那就应事先在招标文件中明确，如某《电力工程设备招标文件范本》规定："投标文件应于投标截止时间以前送达指定地点。""一切迟到的投标文件都将被拒绝。""如因特殊客观原因，投标人应于投标截止日期前通告招标人和招标代理机构，并得到其同意者除外。"又如有些招标文件如此规定："迟到的投标书应该尽快原封退回，除非投标者因为不得已推迟了投标，并在预定的提交日期之前通知了招标代理机构，则招标代理机构可以推迟正式开标的时间，直到收到迟到的标书为止。"

（3）业界一些专家指出，证据充分就该收。相对稳定的法律面对的是千变万化的社会，难以预料将会发生的事件。因此，在执法时，如遇特殊情况，应从立法的精神去考虑。《招标投标法》追求的是公开、公平、公正的工程采购环境，案中出现的由于招标方的原因而造成的投标人迟到，投标文件当然不该被拒收。于是，有人质疑："投标人迟到了，还收其文件，会不会对其他投标人不公平？而且谁能保证保安是不是被投标人买通了而作伪证呢？"对此观点，多数人认为，作为投标人，谁能保证自己不会遇到因对方原因而功亏一篑的情形？所以，此次允许迟到的承包商投标，其他投标人应理解和支持。当然，投标人迟到的原因，不能只凭保安说了算，还应有充分的证据或其他的人证证明投标人迟到的原因是保安造成的。

8.2 常见实质性废标

8.2.1 资格、资质与授权、

【示例8-14】 资质造假有问题，被判废标无异议

【示例简介】 某年某公司需建造生产调度楼，营业楼及辅助楼，工程造价近2000万元。随后，该公司委托市工程代理机构向社会公开招标，于7月28日向社会发售招标文

件。省欧达建筑公司、广州市腾飞建筑公司、蓉城第四建筑公司、市第一建筑公司等14家单位参加招标，其中5家单位在资格预审中，以3号标书（内容为资信与业绩）不符合要求为由取消投标人资格，余下9家单位参加了8月18日举行的开标活动。

开标当日，又有6家单位被取消资格，剩下的3家单位评标后，最终以A省欧达建筑公司中标告终。A省欧达公司这次能中标，让其他13家投标单位感到有些意外，13家投标单位在招标投标活动结束后，向有关部门投诉，指出中标的A省欧达建筑公司在竞标过程中，提供的资质与相关获奖证书存在问题，按照法律规定，该单位投标本应作废标处理。

该市有关行政监督部门高度重视，经查A省欧达公司资质有问题，其申报"房屋建筑施工工程总承包一级资质"时，在申报材料中将他人的代表工程"张冠李戴，收入自己公司承建的项目中，有造假嫌疑。此次投标中，省欧达公司向招标代理机构提供的3份获奖证书，即1998年BB省建设委员会和建筑业联合会联合颁发的"××奖"、2003年CC省建设委员会和建筑业联合会联合颁发的"××奖"、2003年DD省建设厅颁发的"××奖"。经过向BB省建筑协会核实，1998年××奖是颁给中建八局的，当时获得该奖的只有1个，没有A省的建筑企业。CC省建设委员会1998年与CC省建筑协会颁发过1次"飞天奖"，以后就没有再搞过。A省欧达建筑公司获得的2003年DD省建设厅颁发的"飞天奖"根本就是子虚乌有。有关行政监督部门最后作出处理，撤销A省殴达建筑公司的中标候选人资格，该公司投标作废标处理，确定第二候选单位为中标人。并对A省欧达公司有关责任人给予行政处罚。

【示例点评】 这是一起典型的在资资质问题上弄虚作假的案例。《招标投标法》第26条规定："投标人应当具备承担招标项目的能力；国家有关规定对投标人资格条件或者招标文件对投标人资格条件有规定的，投标人应当具备规定的资格条件。"《评标委员会和评标方法暂行规定》第20条规定："在评标过程中，评标委员会发现投标人以他人的名义投标，串通投标，以行贿手段谋取中标或者以其他弄虚作假方式投标的，该投标人的投标应作废处理。"《招标投标法》第54条、《招标投标实施条例》第68条规定："投标人以他人名义投标或者以其他方式弄虚作假，骗取中标的，依法追究刑事责任。"为此，如果投标单位冒用他人荣誉证书从事经营活动则构成侵犯他人名誉权还应承担相应的侵权责任。

【示例8-15】 交验证明非原件，判定废标别埋怨

【示例简介】 某县市政所采购预算约200余万元的路灯，在受理报名时，招标代理机构根据各供应商的单位介绍信及资质复印件予以认可，并在发布的招标公告中明确："必须在开标现场交验安全许可证、项目经理证书、市政工程承包资质等原件。"开标时，甲供应商提供了市建筑管理处的安全生产许可证明而不是资质原件，开标现场主持人与建设主管部门会商后予以认可，经评审甲供应商中标，中标结果公示后，排在第二位的中标候选供应商提出异疑，认为甲供应商提供的市建筑管理处的安全生产许可证明不是招标文件中所要求交验的原件，违反招标文件的规定，从而要求对甲供应商投标判定为废标。

【示例点评】 本案是因为投标人交验的证件不符合招标文件要求从而被判定为废标的案例。对于资格招标投标活动中资格审查条款，《招标投标法实施条例》第18至23条、《工程建设项目施工招标投标办法》第16条、《工程建设项目货物招标投标办法》第19条

对资格预审和资格后审均有原则规定：招标人可以根据招标项目本身的特点和需要，要求潜在投标人或者投标人提供满足其资格要求的文件，对潜在投标人或者投标人进行资格审查；采取资格预审的，招标人应当在资格预审文件中详细规定资格审查的标准和方法；采取资格后审的，招标人应当在招标文件中详细规定资格审查的标准和方法。可见法律赋予了招标人对资格审查条款设立的权利。当然法律、行政法规对潜在投标人或者投标人的资格条件有规定的，依照其规定。本案招标文件既然对投标人资格审查作出了明确的规定，投标人就应该按照招标文件的要求去做，要求交验原件就应该交验原件，交验原件主要是招标人出于防范投标人资质证件造假的考量。

【示例 8-16】　身份证号少 1 位，是否废标有异议

【示例简介】　2007 年 10 月 17 日，受招标人的委托，李某某所在的代理机构就其所需的某项工程建设货物公开招标。11 月 15 日上午 9 时，开评标活动如期举行。在评标活动中，评标委员会在就供应商的投标文件进行资格性审查时，一位细心的专家突然发现某科技有限责任公司的投标文件中授权委托人的身份证号码比常规的身份证号码要少 1 位，于是评标委员会就此问题展开了讨论。

有专家认为，错了就是错了，直接判废标了事。但多数专家认为，或许是投标人在制作投标文件时少录了 1 位，这是一个小问题，供应商参与一次招标也不容易，应该给予澄清的机会。在多数专家的建议下，李某某给某科技有限责任公司授权委托人打去了电话，要求其前往，对投标文件中错误的身份证号码进行澄清说明。授权委托人看到投标文件中少了 1 位的身份证号码既惊讶又遗憾，因为这份投标文件是公司其他同事制作的，但自己作为公司的授权委托人却是真实的。这位授权委托人推测说，可能是同事在制作投标文件时漏写了初位。在其解释之后，评标委员会要求其以书面形式澄清，并签字确认。

在这位授权委托人离开后，评标现场又恢复了平静，一个小插曲似乎就这样过去了。下午 15：00 时，评审终于有了结果，该科技有限责任公司比第一名相差 0.1 分，屈居第二。于是该公司在身份证号码上的错误似乎也就没对此次招标投标活动产生影响。但采购结果公布后的第 5 天，排名第三的供应商却就此提出了质疑，并在其受理完质疑后的当天向当地行政监督部门提起了投诉。

排名第三的供应商在投诉中称，既然招标文件已经明确规定，投标人必须提供真实有效的授权委托人基本资料，并注明这个条款是招标文件的实质性要求。在要求提供"授权委托人基本资料"时，招标人附了个表格，表格中有"身份证号码"一栏。因此，身份证号码是不能错的。错了就应该在资格性和符合性审查时判作废标，而不是让其进行澄清……。当地行政监督部门最终支持了投诉人的投诉事由，该招标单位被责令重新组织该项目的招标。招标代理人李某某感慨地说："看来既然是实质性要求，身份证号码少了 1 位也不行呀，发慈悲也不能违法……。"

【示例点评】　本案例对于投标人、招标代理机构的教训应该是深刻的。《评标委员会和评标方法暂行规定》第 23 条规定："评标委员会应当审查每一投标文件是否对招标文件提出的所有实质性要求和条件作出响应。""未能在实质上响应的投标，应作废标处理。"该暂行规定第 25 条还规定："不符合招标文件中规定的其他实质性要求的，属于重大偏差。"本案例中招标人将授权委托人基本资料并注明这个条款是招标文件的实质性要求，

而身份证号码又是委托人资料的重要组成信息部分，那么，就应该按照招标文件的规定执行。代理机构对于法律的规定，不能发善心、发慈悲，否则将接受到法律法规的处罚，教训是深刻的。

【示例8-17】 查验二代身份证，废标判定无依据

【示例简介】 某招标代理公司接受招标人委托，就某城市供水引水物资进行公开招标采购。招标文件规定，在开标过程中，需验投标人法人授权委托书及被委托人的第二代身份证原件。在开标现场，有十几家投标人递交了投标文件，但只有甲公司、乙公司两家被委托人递交的是第二代身份证。开标后，经评审委员会评审，丙公司成为中标人。

在评标公示期间，投标人甲公司提出质疑，认为在开标过程中，只有架公司、乙公司递交的是被委托人的第二代居民身份证原件，而按照招标文件的规定，没有递交第二代身份证原件的投标人均应视为不合格标投标人即废标，由此，本项目的有效投标人不足3家，本次招标应当无效，重新招标。

【示例点评】 在招标开标过程中，在大多数情况下会有一个查验投标人授权代理人的授权委托书和被委托人居民身份证的程序。在此程序中，若该被委托人未提交居民身份证或者提交的居民身份证不符合招标文件的要求，或者该法人或被委托人未不能出席开标会议的，则会影响该投标人的投标文件有效性，将作为无效投标或废标。

在开标过程中，查验投标人法人或被委托人的身份证是否有法律依据，是否符合法律法规的要求呢？在《招标投标法》第28条针对投标文件的提交要求中，并没有要求投标人法人或被委托人本人亲自提交投标文件。第34至36条针对开标的要求中，也并未要求开标时投标人法人必须参加开标会议。可见，评标委员会或招标人（招标代理机构）不能以投标人不采用法人或被委托人本人亲自提交投标文件的方式，或投标人或者被委托人本人不参加开标会议来判定其投标文件的有效性。

在上述案例中，招标文件要求："在开标过程中，需查验投标人法人或者被委托人的第二代身份证原件。"但是，通过上述分析可以看出，这一规定本身就违背了相关法律法规。其错误为：

其一，本案将开标时查验投标人法人或被委托人的身份证原件作为判断投标有效性的依据之一。而是否参加开标会议是投标人的权利，投标人可以参加，也可以不参加。当投标人放弃参加开标会议时，并不等于投标人提交的投标文件为无效。

其二，根据《中华人民共和国居民身份证法》（主席令第51号）第23条的规定："本法自2004年1月1日起施行，《中华人民共和国居民身份证条例》同时废止。""依照《中华人民共和国居民身份证条例》领取的居民身份证，自2013年1月1日起停止使用。""依照本法在2012年1月日以前领取的居民身份证，在其有效期内，继续有效。"

通过这一条款可见，既然第一代身份证还在有效期内，那么其和第二代身份证就有同等的法律效力。本项目招标文件规定要求查验"第二代身份证"，这就有悖于法律的规定，招标文件中违背法律规定的内容，并不能作为评标和评审的依据。依据招标文件中违背法律规定的内容进行评审，其结果是无效的。

本案例中，评标委员会没有按照招标文件的规定查验投标法人或被委托代理人的第二代身份证原件，并以此作为依据判定投标人的资格，对此作法，评标委员会没有违背法律

法规。投标人甲在质疑中主张废标的理由确实来自招标额外内好的要求，但这一要求是违背法律规定的。招标人或招标代理机构在编制招标文件时违背了法律法规，由招标文件违规内容引起的质疑或投诉，招标人或招标代理机构理应承担相应的责任。

8.2.2 投标报价与保证金

【示例 8-18】 单项报价为负数，要求誊清没问题

【示例简介】 某县教师进修学校综合楼工程采用公开招标方式招标投标，2008 年 3 月 2 日完成了标书的制作。3 月 29 日上午 9 时召开了开标会议。会议由教师进修学校代表主持，参与投标的 11 家单位，招标办监督人员和交易中心工作人员按照规定程序完成开标议程后，立即转入评标。本次采用"最低评标价法"。评标委员会采用随机抽取的方式，从省评委专家库中抽取了 4 名经济类、技术类评标专家，和 1 名招标方代表共 5 人组成。投标人的投标报价由低到高排前四名的分别为：省建筑公司报价 489475.38 元、某市四建公司 496738 元、某市三建公司 537704.80 元、某市建安公司 552466 元。评审过程中，评标委员会认为，这几家公司都存在个别项目报价明显低于其他投标人报价的情况，同时发现省建筑公司的投标报价表中有两项是负数。为此，根据招标文件第 19 条规定："在评标过程中，评标委员会若发现投标人的报价明显低于其他投标报价，或者在设有标底时明显低于标底，使得其投标报价可能低于其个别成本的，将要求该投标人做出书面说明并提供相关证明材料，由评标委员会认定该投标人以低于成本报价竞标，其投标将作废标处理。

评标委员会要求这 4 家公司对相关问题进行澄清。省建筑公司委托代理人张某对其投标文件中第 57、58 项综合单价和合计金额均为负数的问题解释不清，说标书不是他做的，可能是公司预算员的笔误。评标委员会以投标文件中部分为负数，作投标无效处理。某市四建公司在澄清他们本次投标是否低于成本的问题时，以书面形式作了承诺"保证响应招标文件，按图施工，其中钢材价格不变、中标价不变、保证质量"。经过综合评审，评标委员会推荐某市四建公司、某市三建公司和某市建安公司作为第一、第二、第三中标候选人。

招标人代表将要宣布中标结果时，省建筑公司以评标结果不公平，聚集 10 多人到招标办吵闹。其理由是：投标价与第一中标人相差 7000 多元，几十万元的工程项目相差几千元，第一中标人不是低于成本，自己也不应低于成本；两项负数总额为 1512 元，影响不大。招标办立即召开有关会议，对反映的问题进行了认真研究。第二天上午，评委会对评标过程进行了复审，评委会形成一致意见，要求省建筑公司对投标文件中第 57、58 项负数部分和主要材料价格来源以书面形式提供相关证明后，再进行复审。

4 月 12 日下午，根据省建筑公司提供的相关材料，评委会再次进行了复审。评委会的意见为：提供的补充材料中，无法澄清有关事项，是无效材料，维持第一次评审结果。评审结束后，招标办将有关部门情况向省建筑公司法人委托人代表张某进行了通报。当日下午 2 时，招标人向各投标单位通报了评审结果，同时在相关媒体上进行了公示。4 月 15 日下午 2 时公示结束。在公示期间，招标办未接到任何形式的投诉。按照招标投标程序，招标单位于 4 月 16 日与中标方某市四建公司签订了合同。

【示例点评】 从工程招标评标过程看，本案最终仍是坚持了原来的评标结果。但是，

造成该工程招标投诉的直接原因是最低价没有中标，评委的理由是投标文件中"分部分项工程量清单计价表"中第57、58项综合单价和合计金额均为负数。然而，从国家有关法律法规的角度，仍有很多值得反思的东西。

（1）投标文件中个别单项出现负数，能否以此评断为废标？在投标文件中，出现总报价为负数是极其罕见的。因为，投标人不可能自己掏钱为招标人做工程，但在单项报价中却极有可能出现。分析原因，主要有两种：一种就如省建筑公司张某所说可能是笔误；另一种就是有的评委所说是投标人有意以此来降低报价。那么，"笔误"是否能够判定为废标呢？

根据《工程建设项目施工招标投标办法》第50条所设立的6条废标情形："1）无单位盖章并无法定代表人或法定代表人授权的代理人签字或盖章的；2）未按规定的格式填写，内容不全或关键字迹模糊、无法辨认的；3）投标人递交两份或多份内容不同的投标文件，或在一份投标文件中对同一招标项目报有两个或多个报价，且未声明哪一个有效，按招标文件规定提交备选投标方案的除外；4）投标人名称或组织结构与资格预审时不一致的；5）未按招标文件要求提交投标保证金的；6）联合体投标未附联合体各方共同投标协议的。"并没有笔误这一条款，所以，笔误不应判定为"废标"。

（2）如果出现报价中有负数的情形如何处理？《评标委员会和评标方法暂行规定》第19条规定："评标委员会可以书面方式要求投标人对投标文件中含义不明确、对同类问题表述不一致或者有明显文字和计算错误的内容作必要的澄清、说明或者补正。"

《招标投标法实施条例》第52条规定："投标文件中有含义不明确的内容、明显文字或者计算错误，评标委员会认为需要投标人作出必要澄清、说明的，应当书面通知该投标人。"

《工程建设项目施工招标投标办法》第53条规定："评标委员会在对实质上响应招标文件要求的投标进行报价评估时，除招标文件另有约定外，应当按下述原则进行修正：1）用数字表示的数额与用文字表示的数额不一致时，以文字数额为准；2）单价与工程量的乘积与总价之间不一致时，以单价为准；若单价有明显的小数点错位，应以总价为准，并修改单价；按前款规定调整后的报价经投标人确认后产生约束力。"所以，评标委员会应该以书面形式要求投标人作出书面说明和澄清。

综上所述，就评标委员会来说，对于认定"废标"的理由一定要充分、慎重。从该案例可以看出，如果理由不充分，很可能带来投诉，造成评标反复，既延误工期、牵扯人力、浪费物力，又会造成不良的社会影响。

【示例8-19】　低于成本搞竞标，排挤他人被否定

【示例简介】　某年5月，某制衣公司准备投资600万元兴建一幢办公兼生产大楼。该公司按规定公开招标，并授权由有关技术、经济等方面的专家组成的评标委员会直接确定中标人。招标公告发布后，共有6家建筑单位参加投标。其中1家建筑工程总公司报价为480万元（包工包料），在公开开标、评标和确定中标人的程序中，其他5家建筑单位对该建筑工程总公司报送480万元的标价提出异议，一致认为该报价低于成本价，属于以亏本的报价排挤其他竞争对手的不正当竞争行为。评标委员会经过认真评审，确认该建筑工程总公司的投标价格低于成本，违反了《招标投标法》有关规定，否决其投标。

【示例点评】　这是一起因投标人以低于成本的报价竞标而被确认无效的实例。招标投标是在市场经济条件下进行大宗货物的买卖、工程建设项目的发包与承包，以及服务项

目的采购与提供时所采用的一种交易方式。为维护正常的投标竞争秩序，《招标投标法》第33条规定："投标人不得以低于成本的方式投标竞争。"这里所讲的低于成本，是指低于投标人为完成投标项目所需支出的"个别成本"。由于每个投标人的管理水平、技术能力与条件不同，即使完成同样的招标项目，其个别成本也不可能完全相同。管理水平高、技术先进的投标人，生产、经营成本低，有条件以较低报价参加投标竞争，这是其竞争实力强的表现。招标的目的，正是为了通过投标人之间竞争，特别在投标报价方面的竞争，择优选择中标者。因此，只要投标人的报价不低于自身的个别成本，即使是低于行业平均成本，也是完全可以的。

《招标投标法》第41条规定："中标人的投标应当符合下列条件之一：（1）能够最大限度地满足招标文件中规定的各项综合评价标准；（2）能够满足招标文件的实质性要求，并且经评审的投标价格最低，但是投标价格低于成本的除外。"

《招标投标法》第51条规定："投标报价低于成本或者高于招标文件设定的最高投标限价的，评标委员会应当否决其投标。"据此，《招标投标法》禁止投标人以低于其自身完成投标项目所需成本的报价进行投标竞争。法律做出这一规定的主要目的有两个：一是为避免出现投标人在以低于成本的报价中标后，再以粗制滥造、偷工减料等违法手段不正当降低成本，挽回其低价中标的损失，最终给工程质量造成危害；二是为了维护正常的投标竞争秩序，防止投标人以低于成本的报价进行不正当竞争，损害其他以合理报价进行竞争的投标人的利益。

【示例 8-20】 报价内容没理清，竹篮打水一场空

【示例简介】 2005年1月7日，投诉供应商甲电梯股份有限公司参加某家医院电梯更新改造工程的招标投标，并以人民币71.4万元中标，中标金额包含电梯的采购价和安装设备价。但甲公司认为其所含内容仅为电梯采购报价，于是便在次日向政府采购招标代理机构提出异议，采购代理机构于1月18日发函拒绝其请求，同时告知甲公司在接到函的14天内双方须签订合同，逾期则认为自动放弃中标权，其投标押金也将不予退回。甲公司不服上述异议处理结果，遂向政府采购监督管理部门申请招标争议处理。

【分歧焦点】 在本案例中不难看出，甲公司与招标机构在押金是否该退的问题上各执一词，其问题的关键就在于甲公司所投递标书是否包含招标文件中所要求报价的安装设备部分，依招标文件规定，是否应该视为"废标"。

（1）针对在招标过程中的一些情况，甲公司提出以下几条不同的意见，具体如下：

1）在关于招标文件是否包含设备安装清单方面，甲公司认为所领的投标文件中无设备安装工程清单及说明，况且总表中也没有明确标示每一项目文件有几张，故无法准确清点所领文件有无遗漏。在开标前，甲公司不知该次招标中含有设备安装工程。

2）在关于履行合同方面，由于投标文件欠缺设备安装标单，开标后，如招标机构宣布由甲公司中标，那么依据《合同法》的规定，甲公司的投标应属新要约，双方应依据合同（即不含设备安装工程）履行合同责任。

3）在关于押金方面，甲公司的投标文件欠缺设备安装标单，即使在开标时及时发现，也应认为投标人的标书为无效投标，招标机构应退还其押金。

（2）针对甲公司提出的申诉，采购代理机构提出了自己不同的意见，具体如下：

1）在关于招标文件是否包括设备安装清单方面，采购代理机构认为招标文件共制作12份，无论是厂商亲自索取的6份，邮寄的4份或是剩下的2份，均含有设备安装工程清单及说明。此外，还有3家投标文件，均含有设备安装标单。甲公司称其未领有设备安装清单及说明，采购代理机构无法接受此种说法。

2）在关于履行合同方面，采购代理机构在开标时，主持人曾问四家投标厂商有无意见及疑问，4家厂商均表示没有异议，才当场开标。甲公司投标文件中确实没有设备安装工程标单，但主持人认为本次招标是总价决标，故当场判定甲公司投标有效，且因金额最低，由其中标。尔后，主持人曾问甲公司在场人员，中标金额那么低，是否设备安装项目未包含在内，可甲公司人员表示不清楚。

3）在关于押金方面，甲公司逾期未签约，因而没收其押金。

【示例点评】 本案是涉及政府采购方面的案例，但对于工程建设项目招标投标也具有警示意义。

（1）根据《政府采购货物和服务招标投标管理办法》第56条第2、4款规定："未按照招标文件规定要求密封、签署、盖章的"、"不符合法律、法规和招标文件中规定的其他实质性要求的"按照无效投标处理。此外，本次招标文件要求"各参加厂家应将本次设备采购和安装项目的标函、标单、证明文件及所需的各种表格用钢笔或签字笔逐项填写清楚，并签名盖章，否则视为无效投标。"

经查实，甲公司所投标书仅含设备采购标单，并无设备安装标单。因此，根据上述规定，本次甲公司所投标书应视为无效标，且自始至终应确定为无效标，然而采购代理机构在审标过程中没有将其标书宣布无效，反而以最低标而宣告中标，此种做法欠妥。本案例中，甲公司既为无效标，按规定，采购代理机构应无息退还其所缴押金。

（2）在实际的工程建设项目招标投标过程中，往往会由于某些工作人员的粗心大意，漏掉一些关键的资料，知道时为时已晚，一切都已经在进行中了。在本案例中，招标投标双方都存在着这样的问题。本次招标中，一开始甲公司由于自己疏忽，给自己带来了不必要的麻烦。然而，随后的事件进展却是耐人寻味的，采购代理机构在明知甲公司所投标不含设备安装费用时，仍然视为合格并使其中标，抱着一丝侥幸心理，认为甲公司会赔本来完成合同，这个错就在采购代理机构了。但是，依据招标文件的有关规定，这个标从一开始就应该是属于一个无效标。所以，最终结果是双方都不愿意看到的。

【示例8-21】 保函账号不统一，无效票据标书拒

【示例简介】 某招标人组织开标。在唱标时发现投标人提交的支票（投标保证金）上的收款人与账号不符，属于无效票据，唱标人当场宣布该投标人的投标为废标。唱标完毕，该投标人拒绝在唱标记录上签字，并即刻提取现金，要求以现金作为投标保证金。双方发生争议。

【示例点评】 本案中保函账号与收款人不符，应作废标处理。但是，唱标人当场宣布废标的做法商榷。唱标是对投标人的基本情况予以公示的一种方法，唱标人并不具备判断废标与否的资格、能力和权限。投标人递交的支票是否为无效票据，其后来补交的投标保证金是否有效，其投标是否应作为废标处理，应当由评标委员会做出决定。

【示例 8-22】 保函有效期不足，判定废标有依据

【示例简介】 2010 年 1 月某一工程项目公开招标，招标文件载明投标有效期为 30 日，定于 1 月 10 日开标，评委会初审时发现，某公司的投标文件提交的投标保函有效期为自开标日算起为 28 日，被评标委员会确认为废标。

【示例点评】 本案判定废标是显然的。为了防止投标人在投标有效期内随意撤回自己的投标文件，或者反悔对招标文件所作出的响应和承诺，从而影响招标工作和对其他投标人带来损害，招标文件中都明确投标人要提交投标保证金。凡是没有提交投标保证金或投标保证金的有效期不满足招标文件要求的，都将被视为非响应性投标而予以拒绝。在招标投标实践中，不能满足保证金要求的主要表现有以下几点：

（1）投标保函有效期不足。对于投标保函有效期，招标文件一般有如下规定："担保人在此确认本担保书责任在招标通告中规定的投标截止期后或在这段时间延长的截止期后 28 天内保持有效。延长投标有效期无须通知担保人。"许多投标商在向银行申请开具保函时，对于投标保函有效期不够重视，往往会与投标文件有效期混为一谈，出现保函有效期少 30 天的现象。

（2）投标保函金额不足。对于投标保函的金额，《招标投标法实施条例》第 26 条规定："招标人在招标文件中要求投标人提交投标保证金的，投标保证金不得超过招标项目估算价的 2%。"《工程建设项目施工招标投标办法》第 37 条规定："投标保证金一般不得超过投标总价的 2%，但最高不得超过 80 万元人民币。"投标商向银行申请开具保函时，应严格按照招标文件规定的数额申请开列，在评标实践中，评标委员对于那些投标保函金额不足的，哪怕只差 1 分，也会被予以废标。

（3）投标保函格式不符合招标文件要求。对于投标保函格式主要是指投标保函的担保条件：1）如果委托人在投标书规定的投标有效期内撤回其投标；2）如果委托人在投标有效期内收到雇主的中标通知后：①不能或拒绝按投标须知的要求（如果要求的话）签署合同协议；②不能或拒绝按投标须知的规定提交履约保证金，而雇主指明了产生上述情况的条件，则本行在接到雇主的第一次书面要求就支付上述数额之内的任何金额，并不需要雇主申述和证实他的要求。对于上述投标保函格式，投标商在向银行申请开列时，不得更改。任何更改都将导致废标。

8.2.3 投标承诺与联合体

【示例 8-23】 擅自修改工程量，投标承诺不响亮

【示例简介】 某依法必须进行招标的工程施工项目，招标人在对投标文件和评标报告进行审查过程中，发现排名第一的中标候选人某市建筑工程集团没有实质上响应招标文件的要求。招标文件明确规定，投标文件必须按照工程量清单规定的格式填写相应子目的单价及合价，同时满足其中给出的分为及数量要求，否则为非响应性投标。排名第一的中标候选人建筑工程集团对其中一项主要项目的工程量，由招标文件工程量清单中的 28456m³ 调整为 8456m³，并据此进行了报价。但评标委员会对投标人某建筑工程集团投标评审的结论是响应性投标，并将其推荐为第一中标候选人，从而引发其他投标者的强烈不满，将评标委员会告到行政监督部门。

【示例点评】 显然，本案评标委员会违反了有关法律法规的规定。《招标投标法》第

41 条规定：“中标人的投标应当能够满足招标文件的实质性要求，并且经评审的投标价格最低。”《招标投标法实施条例》第 51 条规定：“……投标文件没有对招标文件的实质性要求和条件作出响应的，评标委员会应当否决其投标。”《工程建设项目施工招标投标办法》第 52 条规定：“标文件不响应招标文件的实质性要求和条件的，招标人应当拒绝，并不允许投标人通过修正或撤销其不符合要求的差异或保留，使之成为具有响应性的投标。”

本案中招标人某建筑工程集团投标代理人擅自将工程其中一项主要项目的工程量做了修改、调整，并以此为椐进行报价，实际上是对招标文件未能做出实质性响应，按照上述法律法规有关条款，应作废标处理。评标委员会将其作为中标人是错误的。

评标委员会出现了错误那么对此次招标活动如何处理？招标人中存在两种意见：第一种意见——本案中的某建筑工程集团为非响应性投标，招标人应该将其作为废标处理。按照有关规定，招标人可以直接确定排名第二的中标候选人乙为中标人；第二种意见——中标人某建筑工程集团为非响应性投标，而评标委员会的评标结论为响应性投标，所以该结论不能作为定标依据。本次招标无效，应该重新招标。

第一种意见认为某建筑工程集团为非响应投标，应该拒绝，招标人可以直接确定排名第二的中标候选人乙中标人。提出这一意见的依据是《工程建设项目施工招标投标办法》第 58 条：“依法必须进行招标的项目，招标人应当确定排名第一的中标候选人为中标人。”“排名第一的中标候选人放弃中标、因不可抗力提出不能履行合同，或者招标文件规定应当提交履约保证金而在规定的期限内未能提交的，招标人可以确定排名第二的中标候选人为中标人。”此案并不符合招标人可以确定排名第二的中标候选人为中标人的法定情节，自然不能适用相应条款。

第二种意见认为某建筑工程集团为非响应投标，评标委员会推荐错误；本次招标无效；应该重新招标。对于这种意见的不妥之处在于评委会作出的评标报告只是对工程量有个别计算错误，不应该导致重新招标，应按照《工程建设项目施工招标投标办法》第 79 条规定：“评标无效时，应当依法重新进行评标或者重新进行招标。”重新评审或者重新招标虽然都可以，但针对这个特定的项目来说，选择重新评审显然更为合理。

【示例 8-24】 联体投标有门槛，资质不就高就低

【案情简介】 某单位准备建筑一图书馆，建筑面积 5000m²，预算投资 400 万元，建筑工期 10 个月。工程采取公开招标的方式进行。由于该项工程设计比较复杂，根据建设局的建议，对参加投标单位的资质要求是最低不得低于二级资质，拟投标的五个单位中，甲、乙、丁单位为二级资质，丙单位为三级资质，戊单位为一级资质，而丙单位的法人代表是住建局的亲戚，建设单位招标领导小组在资格预审时出现了分歧，正在犹豫不决时，丙单位提前组成联合投标体，经过丙单位法人的私下活动，建设单位同意让丙单位和甲单位组成联合体投标，并明确向甲暗示，如果不按照此方式投标，项目有可能被乙单位承包。甲为了获得该项工程，只得同意与丙单位联合承包该项工程，并同意将停车楼交给丙单位施工。于是，甲单位与丙单位联合获得了成功。甲单位与建设单位签署了《建设工程施工合同》，甲单位和乙单位也签署了联合协议书。

【示例点评】 本案中建设单位存在诸多违法问题。在此，我们单就联合体的组成是

否合法加以分析。根据《招标投标法》第31条的规定："两个以上法人或者其他组织可以组成一个联合体，以一个投标人的身份共同投标。"联合体各方均应当具备承担招标项目的相应能力；国家有关规定或者招标文件对投标人资格条件有规定的，联合体各方均应当具备规定的相应资格条件。"由同一专业的单位组成联合体，按照资质等级较低的单位确定资质等级。"本案甲、丙单位同属于施工企业，丙单位属于三级资质，甲单位属于二级资质，丙单位与甲单位组成联合体，依照法律规定联合体资质应该视为三级，不符合招标单位文件规定的资质要求，所以联合体资质不合招标文件规定的实质性要求。甲单位与丙单位组成的联合体无效，其投标应作废标处理。

【示例8-25】 联体资格有异议，判定废标有疑虑

【示例简介】 某年6月某县政府采购中心接受委托就某公路建设工程进行公开招标。根据文件次次招标采购中，施工企业必须具有"市政功用工程施工总承包三级（含）以上资质。"本次招标允许联合体投标。截止投标截止到目前，采购中心工收到了4份投标文件，其中两份投标文件为联合提投标。

开标后，甲、乙两个联合提在评标环节显示出了各自的优越性：甲联合体报价最低，乙联合体的施工方案最优。由于次次采购的资金有限，招标文件中价格分所占比重较大，最终甲联合体中标。

采购结果公布后，乙联合体提出质疑：甲联合体中的一家施工企业根本就不具备招标文件中要求的市政公用工程施工资质。按照法律规定，甲联合体应该做"废标"处理。对此，采购中心的回复为：根据《政府采购货物和服务招标投标管理办法》第34条规定："两个以上供应商可以组成一个投标联合体，以一个投标人的身份投标。""以联合体形式参加投标的，联合体各方均应当符合政府采购法第22条第1款规定的条件。""采购人根据采购项目的特殊要求规定投标人特定条件的，联合体各方中至少应当有一方符合采购人规定的特定条件。"据此，在这次投标中，联合体中只要有1家施工企业具备："市政公用工程施工总承包三级（含）以上资质。"这个联合体就是合格的投标人。

由于对答复不满意，乙联合体向当地财政部门提起投诉，请求判定甲联合体的为废标，取消其中标资格。最终，当地财政部门支持了乙联合体的请求。

【示例点评】 业内专指出，本案例为公路建设工程招标，根据《政府采购法》第4条规定："政府采购工程进行招标投标的，适用招标投标法。"因此，采购中心无论是在招标过程中还是再受理投标人质疑时，都应该依据《招标投标法》相关规定。案例中，采购中心用《政府采购货物和服务招标投标管理办法》中关于联合体投标的规定解决供应商提出的质疑显然是不符合法律规定的。

业内专家提醒：采购项目中允许联合体投标时，尤其要注意《招标投标法》和《政府采购货物和服务招标投标管理办法》中关于联合体投标规定的区别。根据《招标投标法》第31条的规定："联合体中各方均应具备规定的相应资格条件；"而在《政府采购货物和服务招标投标管理办法》第34条的规定中，只要联合体各方有一方符合采购人规定的特定条件就可以成为合格的投标人。所以在具体操作中，应特别注意不同类别的采购所适用的法律不同，切勿把货物、服务采购与工程采购应适用的法律弄混了。

9 常见招标无效法律纠纷案例

9.1 招标人违反法定程序

9.1.1 审批、核准与接收

【示例9-1】 先斩后奏忙招标，项目没批要赔偿

【示例简介】 某化工公司为扩大生产，拟在某地区建造以新厂房，于是向有关单位申请办理各项审批手续，为了赶进度，在各项审批手续未获批准之前，该公司对建设项目进行了招标工作，公司要请招标代理机构编制了招标文件，发布了招标公告，有6家建筑公司看了招标公告后，决定参与投标。于是，投标人在勘察了现场后，认真地制作了标书，投标当日6家潜在的投标人按时到达投标地点，却被化工公司工作人员告知，由于该项目靠近本市市区，容易引起环境污染，市政府不同意在该地区建设化工厂，该项目未获通过。为此，化工公司决定撤销该建设项目，全场愕然。由此，引起6家投标单位与建设单位——化工公司的法律纠纷。

【法院判决】 通过法院审理，认为招标人化工公司明显违反《招标投标法》有关规定，在该项目未获批准的情况下，将工程进行招标，判定招标无效。对存在过失而造成的他人损失进行赔偿。退还六家公司的投标保证金外，还应赔偿造成六家单位的实际损失。

【示例点评】 《招标投标法》第9条第1款规定："招标项目按照国家有关规定需要履行项目审批手续的，应当先履行审批手续，取得批准。"可见，按照国家规定需履行审批手续的招标项目，应当先履行审批手续。根据现行的投融资管理体制，许多项目大多需要经过国务院、国务院有关部门或省市有关部门的审批。只有经有关部门审核批准后，而且建设资金或资金来源已经落实，才能进行招标。对开工条件有要求的，还必须履行开工手续。

此外，对于那些不属于强制招标项目的范围，但需要政府平衡建设和生产条件的项目，或者国家限制发展的项目，或者台港澳和外商投资的项目，也要按有关规定进行审批。这些项目也需经履行审批手续并获批准后，才能进行招标。

(1) 审批制：国家直接投资和资本金注人的政府投资项目，要对项目建议书、可研报告、开工报告进行审批。程序为：1) 项目单位首先向发改委等项目审批部门报送项目建议书，依据项目建议书批复分别向城乡规划、国土资源和环境保护部门申请办理规划选址用地预审和环境审批；2) 项目单位向发改委等项目审批部门报送可行性报告，并附规划选址、用地预审和环境审批文件；3) 项目单位依据可研报告批复文件向城乡规划部门申办规划许可手续，向国土资源部门申办正式用地手续。

(2) 核准制：对于那些不使用国家直接投资和资本金注人的企业投资项目，属于《政府核准的投资项目目录》内的，对项目申请报告进行核准。程序为：

1) 项目单位分别向城乡规划、国土资源和环保部门申办规划选址、用地预审和环评

审批手续；2）项目单位向发改委等项目核准部门报送项目申请报告，并附规划选址、用地预审和环评审批文件；3）项目单位根据核准文件向城乡规划部门申办规划许可手续，向国土资源部门申办正式用地手续。

（3）备案制：对于既不使用国家直接投资和资本金注入，也不在《政府核准的投资项目目录》内的企业投资项目，实行备案制度（一般为网上备案）。程序为：1）项目单位必须首先向发改委等备案管理部门办理办案手续；2）备案后，分别向城乡规划、国土资源、环境保护部门申办规划选址、用地和环评审批手续。

（4）对于申请政府投资补助及贷款贴息的项目，审批《资金申请报告》。

需要指出的是，并不是所有的招标项目都需要审批，只有那些"按照国家有关规定需要履行审批手续的"，才应当先履行审批手续，取得批准，否则，招标无效。从我国推行招标投标的情况看，一些地方或部门在未履行报批手续或报批后尚未获准的情况下，即开始发售标书，或者先施工后招标。这是违反程序的作法，一旦项目未被批准，会造成不必要的损失。根据《民法通则》中"无效的民事行为，从行为开始起就没有法律约束力"的规定，投标企业和中标企业的利益根本得不到保障。

本案例某化工公司在各项审批手续未获批准之前，该公司对建设项目进行了招标工作，违反了有关法律规定。除招标无效外，由于其自身过错而造成六家投标单位的经济损失，招标人应承担投标人的实际经济损失。

在招标过程中，作为招标人一定要遵守国家有关法律规定，不能在建设项目尚未获批准的情况下，擅自招标，一旦由于某些原因项目未获批准，招标人不得不终止招标，从而造成投标方的利益损失，必然面临行政、民事责任。

同时，投标单位在投标实践中，应重视招标项目的合法性，对建设单位的招标项目的审批手续给予充分的重视，应查明实施招标项目履行了哪些审批手续，是由谁批准的以及什么时候批准的。并从审批结果、审批主体是否适格，是否按规定期限进行审批等各个角度对招标项目的合法性进行审查，规避由于招标方项目未经批准，使自己的合法权益遭受侵害，从而带来不必要的经济损失。

【示例 9-2】　躲在酒店搞招标，该公开的不公开

【示例简介】　2007 年 1 月 1 日，某行政监督部门收到投诉举报资料，反映某住宅工程电梯设备招标存在违规行为。2007 年 1 月 2 日至 7 日监督部门对此进行了调查，收集了相关资料，并对建设单位、招标代理单位进行了询问。

该次招标电梯设备种类为载客电梯，共 44 台。据调查，该次招标首先由招标代理单位电话通知了 10 家单位报名，后经资格预审选四家单位参加投标。2006 年 11 月 11 日上午 11 时起在市某大酒店进行开标、评标，评标委员会推荐中标候选人是甲电梯有限公司、乙电梯有限公司，最后由建设单位确定乙电梯有限公司为中标人，中标价为 2244 万元，2006 年 12 月 12 日建设单位向乙电梯有限公司发出了中标通知书。

【示例点评】　本案件主要案由是按规定应该公开招标却未公开招标的采购建筑工程设备案，这在招标投标类违法违规中具有一定的代表性。根据本案具体违法事实，最终认定了该招标行为属于招标无效，对建设单位及招标代理单位均进行了处罚，体现了法律的严肃性。

目前建筑市场中，部分建设单位对重要建筑材料、设备的采购存在比较随意的情况，对《招标投标法》、《招标投标法实施条例》认识不够，认为由我出钱，想找谁采购都可以。有关国家法律法规规定有：

(1)《招标投标法》第3条："全部或者部分使用国有资金投资或者国家融资项目的勘察、设计、施工、监理以及与工程建设有关的重要设备、材料等的采购，必须进行招标；范围内的工程建设项目且达到下列标准之一的，必须进行招标：重要设备、材料等货物的采购单项合同估算价在50万元以上的；……"

(2)《工程建设项目施工招标投标办法》第11条："全部使用国有资金投资或者国有资金投资占控股或者主导地位的工程建设项目，应当公开招标。"

本案例中，建设单位含有国有股份且国有股份占主导，该工程为住宅工程，又电梯设备合同价有2000多万元，已属于应公开招标的范围。但实际该电梯设备招标未进市招标投标中心交易，未接受市建设工程招标办监督，属于招标无效。而招标代理单位作为专业的组织招标单位，应该熟知招标投标的相关法律法规，在明知该招标行为应该是公开招标情况下，私自在某大酒店进行，未进市招标投标中心交易，未接受市建设工程招标办监督，显然是违法的招标行为。为此，依法对建设单位、招标代理单位进行了处理：

(1) 建设单位：根据《招标投标法》第49条："必须进行招标的项目而不招标的，责令限期改正，可以处项目合同金额5‰以上10‰以下的罚款的规定，责令改正，予以行政罚款，且招标无效。"

(2) 招标代理单位：根据《工程建设项目施工招标投标办法》第73条："招标人或招标代理机构有下列情形之一的，有关行政监督部门责令其限期改正，根据情节可处3万元以下的罚款；情节严重的，招标无效。"本案属于其中第5款应当公开招标而不公开招标的情形，予以行政罚款。

通过本案例可见，作为建设单位要加强建设市场法律法规的学习，熟知基本建设程序，尤其要注意对建设工程招标程序等其他环节的把握。同时，招标代理单位作为招标行为的执行者，要加强自律，严格遵守招标投标相关法律法规的规定，引导建设单位招标行为走上合法途径。

【示例9-3】　核准手续未履行，擅改方式方法不容

【示例简介】　某国有资金占控股房地产公司计划在某市区开发60000m² 的住宅项目，可行性研究报告已经通过国家发改委批准，资金为自筹方式，资金已完全到位，已有招标所需的设计图纸及技术资料，因急于开工，组织销售，临时决定采用邀请招标的方式，并向7家施工单位发出了投标邀请书。经过选择，房地产公司在7家施工单位中选择了1家公司作为中标单位。不久，有人以未经批准采用邀请招标方式招标为由，将房地产公司告到有关行政监督部门。经过调查，行政监督部门下发《通知》，要求其整改，但房地产公司并未执行，反而加快工程后续工作。对此，行政监督部门宣布此项目此次招标无效，并依据法律、法规对其他方面作了相应的处罚。

【示例点评】　《工程建设项目可行性研究报告增加招标内容和核准招标事项暂行规定》（原国家计委9号令）第11条规定："项目建设单位在招标活动中对项目审批部门核准的招标范围、招标组织形式、招标方式等作出改变的，应向原审批部门重新办理有关核

准手续。"第13条还规定："项目建设单位在报送招标内容中弄虚作假，或者在招标活动中违背项目审批部门核准事项，按照国办发〔2000〕34号文的规定，由项目审批部门和有关行政监督部门依法处罚。"

《招标投标法实施条例》第7条规定："按照国家有关规定需要履行项目审批、核准手续的依法必须进行招标的项目，其招标范围、招标方式、招标组织形式应当报项目审批、核准部门审批、核准。""项目审批、核准部门应当及时将审批、核准确定的招标范围、招标方式、招标组织形式通报有关行政监督部门。"

《工程建设项目施工招标投标管理办法》第10条规定："依法必须进行施工招标的工程建设项目，按工程建设项目审批管理规定，凡应报送项目审批部门审批的，招标人必须在报送的可行性研究报告中将招标范围、招标方式、招标组织形式等有关招标内容报项目审批部门核准。"第73条："不按项目审批部门核准内容进行招标的；有关行政监督部门责令其限期改正，根据情节可处3万元以下的罚款；情节严重的，招标无效。"

依据有关法律以及文件规定，对未办理招标方案的处理：依据国家发改委2010年6月11日对建设工程领域突出问题专项治理项目抽样调查情况通报，对未按照规定核准招标投标事项的项目，项目未招标，该项目应按照规定重新核准招标事项。

对未办理招标方案核准手续而进行招标的，应当按照法律法规的规定进行行政处罚。对单位直接负责的主管人员和直接责任人，依法予以行政处分，其他法律规定，责令改正，情节严重的，招标无效。

【示例9-4】　公开招标改邀请，核准内容不执行

【示例简介】　某省重点工程项目通过法改委核准，核准方式为公开招标，计划于2009年12月28日开工，后来建设单位为了赶工程进度，自行决定采取邀请招标方式。于2008年9月8日向通过资格预审的甲、乙、丙、丁、戊五家施工承包企业发出了投标邀请书。该五家企业均接受了邀请，并于规定时间于9月20日至22日购买了招标文件。招标文件中规定10月18日下午4时是招标文件规定的投标截止时间，11月10日发出中标通知书。经过评委会评审，丁单位中标。行政监督机构了解情况后，及时对业主下发《通知》，要求其改正，并给予罚款。但业主仍然我行我素，12月28日丁施工单位进场准备开工。行政监督部门再次发放《通知》，宣布该项目招标无效。对单位直接负责的主管人员和直接责任人，依法予以行政处分。

【示例点评】　这是一起典型的不按项目审批部门核准内容进行招标，擅自改变招标方式而导致招标无效的案例。公开招标是一种最能体现充分竞争和"三公原则"的采购方式，对于大型建设工程是普遍采用的一种招标方式。当然，公开招标也存在着程序环节多，采购周期长，费用较高等缺陷。所谓邀请招标，也称选择性招标，由采购人根据供应商或承包商的资信和业绩，选择一定数目的法人或其他组织（不能少于3家），向其发出招标邀请书，邀请他们参加投标竞争，从中选定中标的供应商。邀请招标能在一定程度上能够弥补上述缺陷，而且又能相对充分地发挥招标优势，特别是在投标供应商数量不足的情况下作用尤其明显。因此，邀请招标可以作为公开招标的一种辅助、补充方式，但两者有截然不同的区别。《工程建设项目施工招标投标办法》第73条规定："不按项目审批部门核准内容进行招标的，有关行政监督部门责令其限期改正，根据情节可处3万元以下的

罚款，情节严重的，招标无效。"

【示例9-5】 "谁中吃谁"搞招标，核准备案抛九霄

【示例简介】 四川省某一重点工程，总投资超过8亿元，其中首期工程的概算近3亿元人民币。作为招标业主代表兰某某在招标中与所有想来投标的承包商展开了"车轮式"密谈。为了获得兰某某的"关照"，参与投标的企业纷纷许诺"事成重谢"，对于许诺给自己好处的承包企业，兰某某将工程招标报名情况、投标企业业绩要求、中标方式等秘密信息——泄露，甚至安排下属将主体工程项目初设方案的详细资料交给企业。按照有关规定，招标文件一旦上报主管部门备案，没有经过批准不得擅自修改。但兰某某对与自己有利益勾结的承包企业"有求必应"，私自篡改已上报备案的招标文件，降低业绩门槛帮助承包企业入围。为了方便投标企业进行非法操作，兰某某又将主观操作空间较小的"合理低价"评标办法，改为"综合打分"的评标办法，甚至与招标代理中介一起为投标企业出谋划策。

【示例点评】 本案招标代表兰某某的行为已经触犯国家多条法律，应该受到法律的严惩。仅从擅自改变上报核准招标内容来看，此招标无效。《工程建设项目招标投标办法》第73条规定："不按项目审批部门核准内容进行招标的，有关行政监督部门责令其限期改正，根据情节可处3万元以下的罚款；情节严重的，招标无效。"

9.1.2 文件接收不合法

【示例9-6】 截止日后收标书，引火烧身受惩处

【示例简介】 某省政府在一次建设工程公开招标投标过程中，经过资格审核，有六家施工单位符合资质要求并如期购买了招标文件。到投标截止日，其中五家投标人按时到达开标现场并进行了登记，当招标代理机构工作人员宣布投标截止时间已到不再接受新的标书时，匆匆赶到的第六家投标人却声称，招标文件规定的投标截止时间是北京时间，而北京时间还差1分钟才到投标截止时间，于是引发现场争执和混乱。

现场监督的当地建设局和监察局的工作人员商议后提议，先征求其他5家投标人的意见，出人意料的是5家投标人均同意接受第六家投标人的投标，于是5家投标人均出具了"同意接受第6家投标人的投标，且不投诉"的书面承诺，当时在场的监察局和住建局的工作人员也出具了相应的书面证明。最后，招标代理机构在各方签订承诺的前提下同意迟到的一家参加最后投标。于是开标、中标、签约、履约一切按正常程序运作，尽管其余同意延迟时间的5家为自己的承诺付出了未能中标的代价，但均信守了承诺，谁也没有对这次违规操作进行投诉。

令人意外的是，开标结束约两月后，组织招标投标的招标代理机构突然接到了当地住建局的处罚通知，由于在投标文件的截止时间后接受投标文件，招标无效，并被处罚款，金额15000元，并建议将招标代理机构列入不良记录名单。被罚的招标代理机构不服，被迫走上行政复议和诉讼之路，但最终以其败诉和不得不承受更重处罚而结案。

【示例点评】 此案例中，招标代理机构在投标截止时间后接受标书的教训在业界是深刻的，颇发人深省。

（1）一切应该以法律为准绳。首先，就这个案例来看，招标代理机构作为主持招标投

标活动的主体，其具体操作明显违反了法律的具体要求。《招标投标法》第28条规定："投标人应当在招标文件要求提交投标文件的截止时间前，将投标文件送达投标地点……在招标文件要求提交投标文件的截止时间后送达的投标文件，招标人应当拒收。""应当"从法理上表明这是一个强制性的规定，遗憾的是，当时招标代理机构没有坚持遵循法律的原则，而是选择了征求其他当事各方及监督部门的意见，因此，最终落得自吞苦果。

（2）市场经济的规律就是谁消费谁买单，法律处罚的对象也只能是法律做出明确规定的实施了违法行为的主体。尽管当时在场的各方当事人均在承诺上签了字，但招标代理机构应该明白自己在招标过程中所处的主导地位，最终是否接受迟到标书的权力握在自己手里，有关法律约束的对象只是自己，违反了法律规定承担相关责任的主体也只能是自己。《工程建设项目施工招标投标管理办法》第73条明确规定："在提交投标文件截止时间后接收投标文件的，有关行政监督部门责令其限期改正，根据情节可处3万元以下的罚款；情节严重的，招标无效。"尽管当场其他投标人都作了书面同意的保证，但此行为已经违反了法律、法规的有关规定，招标代理机构只能接受行政监督单位给予的处罚。

【示例启示】　通过本案介绍，我们可以得到以下启发：

（1）中介如何行使权力维护权利？由于客观原因，不可能所有的计时工具一同指向同一时点。这就提出投标截止时间如何确定的问题，目前，招标投标业共同默认的行规是投标截止的时间由招标代理机构掌握和决定。

因此，招标代理机构在具体操作过程中应该认真履行自己的义务，以便更充分地行使权力。譬如，在招标文件中对于时间依据做适当提示；具体负责的工作人员及时比照标准时间核对自己的计时工具；在招标会现场，主持招标的工作人员通过事先强调以及电话催促投标人等方式，提醒有关当事人加强时间观念。这样，当工作人员以自己的计时工具为依据宣布时间截止时，不但招标代理机构行使职责时理直气壮，即使因迟到而被拒接标书的当事人也能心服口服，因为是他自己主动放弃依法行使自己的权力。

同时，有关专家也就此表达了自己的忧虑：即行政权力在具体运作过程中有时过于强势，往往将"监督"变异为"干涉"，到底如何规范监督部门的工作，维护其他各方当事人权利，法律没有更细化的规定，实践中也很难。在这个案例中，本来各方协议上就有住建局和监察局工作人员的签字，由于行政人员在行使公权力时代表的是所任职的行政机关，所以，当时住建局就已经违背了自己的工作职责，他不但没有依法制止不合法行为的发生，反而为违法行为的实施助了一臂之力。事后让招标代理机构为自己的不守法行为付出应有的代价，纵然于法有据，但于理不妥，难以服众。

因为如果招标代理机构在这个案例中是"主犯"，那么其余的3家无疑是"从犯"，主犯已经依法受到经济上的严惩，投标人一方的从犯也不经意间为此付出了代价，可负有监督职责的行政部门为什么就轻而易举地脱了干系？这样的"依法处罚"又怎能培养和加强社会公众对法律和行政部门的信任和尊重？

（2）亡羊补牢，为时不晚。虽然工程建设项目招标投标领域目前质疑和投诉不断，给政府部门工作提出了许多新的问题，但牺牲和教训换来的应该是迈向成熟的思索和行动，现在亟须解决的问题应该是：加强有关招标投标法律法规的解释，以使其具体规定更加细化，弥补法律应用过程中出现的漏洞；汇编有关法律法规，以避免效力相同的法规令出多门，具体应用时让人无所适从；规定招标代理机构承担相关义务的同时，应该明确其可以享受的权利，加强对招标代理机构应该行使权力的保护；理顺和矫正政府采购中各监督机关的职责，主要应该防止行政滥权，杜绝变"监督"为"具体执行"；严厉查处公务人员在中介机构的兼职和挂职行为，法律中有关回避制度的规定应该在政府采购中加以借鉴和应用推广。

9.1.3 投标数量不法

【示例 9-7】 少于 3 家仍定标，招标活动判无效

【示例简介】 2007 年 6 月 27 日，丙公司通知甲公司要对某建设工程设备进行公开招标采购，索要材料并告知准备。2007 年 12 月 13 日，受丙公司委托，乙公司在相关法定媒体发布招标采购公告，对丙公司某设备在国内进行公开招标。2007 年 12 月 27 日在对该项目进行了公开开标，参与投标的厂家分别是甲公司和丁公司两家，评标后，第三人丁公司因综合分数第一而中标。甲公司向乙公司多次就开标与评标提出质疑，但最终无果。甲公司因本次投标失败，受到经济损失，并认为招标活动违法，将乙公司和丙公司诉至法院。

原告甲公司认为，2007 年 6 月 27 日，在收到丙公司招标通知后，甲公司为此积极准备，配专人到澳大利亚厂家进行商洽。由于此次投标的人数少于法定的 3 人，依法应当重新招标，乙公司没有重新招标而确定了第三人丁公司为中标人，违反了《招标投标法》的强制性规定。由于被告招标投标活动违法，并不遵守承诺，致使原告本次投标失败，给原告造成经济损失 27783.24 元人民币，其中支付标书费 1000 元，保证金利息 150 元，手续费 108 元，差旅费 27525.24 元，现要求被告赔偿原告损失。

被告乙公司认为：乙公司与丙公司在此次招标过程中程序并无不当，且为原告甲公司事后认可。涉及本案的项目设备国内代理商仅为两家，丙公司从丁公司处租赁设备。某设备在国内尚无生产商，实践中，全部为从国外进口，鉴于此，由于工期紧张，急需设备，为避免由于招标该设备引起的不必要麻烦，丙公司现已从丁公司处租赁设备以满足工期。原告诉讼请求中所称的经济损失并不存在。被告丙公司同意第一被告意见。

【法院判决】 乙公司代理的"某设备"招标程序无效；乙公司于本判决生效之日起 10 日内赔偿甲公司损失费 1497 元；驳回原告甲公司的其他诉讼请求。

【示例点评】 本案的焦点是，本案中的招标投标活动是否合法有效，本次招标投标是否应重新进行？关于招标投标活动的效力。招标投标活动有效，必须以其程序合法为前提。本案中，被告并未能提供充分有效的证据证明已经向中标人发出中标通知书，并同时将中标结果通知所有未中标的投标人。被告未通知未中标人结果的行为，是对法律及部门规章相关规定的违反。

本案中，投标截止日和开标当日共计有两个潜在投标人提交了投标文件，此情形下，乙公司作为招标人未依照法律的规定重新招标，仍旧继续唱标、定标等招标投标的程序，显系违反法律强制性规定的行为。因此，本案中的招标无效。

关于是否应该重新进行招标投标。招标投标是以订立招标采购合同为目的的民事活动，是民事主体之间订立合同的一种特殊方式，除了法律规定必须采用招标投标的方式订立合同的项目外，民事主体可以自由选择是否采用招标投标的方式订立合同。本案中，招标项目不属于依法必须进行招标的项目，根据合同自由原则，被告丙公司享有自由选择合

同订立方式的自由。因此，虽然招标投标无效，但被告并不必须重新进行招标投标。

9.2 公告颁布与文件发放

9.2.1 招标公告颁布

【示例 9-8】 公告颁布要慎重，发布渠道有规定

【示例简介】 某国从国际开发组织获得一笔贷款，准备用于某项工程项目，与国际开发组织协商后，招标人决定采用国际竞争性招标方式进行招标，并通过以下渠道发布了招标广告：(1) 政府公报刊登广告；(2) 在本国官方的英语广播电台和电视台的英语节目中播发招标信息；(3) 通知世界上生产该水泵技术力量最强的 8 个驻该国大使馆的商务处。结果被国际开发组织要求该国重新发布招标公告，否则，招标无效，将不予贷款。

【示例点评】 这是一个借用国际开发组织贷款项目进行招标公告行为不规范的例子。按照国际开发组织的规定，借款人必须准备并向国际开发组织递交一份总招标采购公告，国际开发组织收到总招标采购公告后，免费为借款人将该公告在联合国出版的《发展商务报》上予以刊登。若采购金额很小，则可不这样做，但至少应在该国国内普遍发行的一种报纸上刊登要求参加资格预审或参加投标的广告。在本案例中，政府公报不是该国国内普遍发行的报纸，电台或者电视台的广播也不是国际开发协会要求的书面形式的广告。同时，只向 8 个国家的大使馆商务处发出招标通知，也是违反原则的，因为国际开发组织规定，所有世界银行会员国的供应商或者承包商都有资格参加协会信贷项目的采购。所以，如果发通知，就必须通知所有世界银行会员国。

根据我国《招标投标法》第 16 条规定："招标人采用公开招标方式的，应当发布招标公告。""依法必须招标的项目的招标公告，应当通过国家指定的报刊、信息网络或者其他媒体发布。"因此，如果依法必须招标的项目没有通过国家指定的媒体发布，可能招致相关利害关系人提出请求，要求有关行政管理机关或者人民法院撤销招标文件或者宣布招标文件无效，从而引起法律纠纷，产生法律风险。

为了规范招标公告的发布行为，保证潜在投标人平等、便捷、准确地获取招标信息，国家发展改革委员会于 2000 年 7 月 1 日发布施行了《招标公告发布暂行办法》（原国家计委 4 号令），该办法第 4 条强调："依法必须招标项目的招标公告必须在指定媒介发布……任何单位和个人不得非法限制招标公告的发布地点和发布范围。"该办法第 3 条第 2 款规定："指定媒介的名单由国家发展计划委员会（现国家发改委）另行公告。"同时，该办法第 19 条还规定："任何单位或者个人认为招标公告发布活动不符合本办法有关规定的，可向国家发展计划委员会（现国家发改委）投诉或者举报。"

不过，我国财政部于 2004 年 9 月 11 日发布施行的《政府采购货物和服务招标投标管理办法》第 14 条规定："采用公开招标方式采购的，招标采购单位应当在财政部门指定的政府采购信息媒体发布招标公告。"该办法"第 15 条规定：采用邀请招标方式采购的，招标采购单位应当在省级人民政府财政部门指定的采购信息媒体发布资格预审公告。"可见，国家发改委和财政部规定的发布媒体是不同的，这不仅是部门权力之争的问题，还是招标投标管理机制不规范的问题。应该说，政府采购采用招标投标方式的，政府采购下的招标投标只是招标投标的属概念，即招标投标的一种种类而已，所以政府采购的招标投标应当

服从《招标投标法》；而国家发改委根据《招标投标法》所制定的《招标公告发布暂行办法》已经规定指定媒体的名单由国家发改委公告。《招标投标法实施条例》第15条则进一步确定："依法必须进行招标的项目的资格预审公告和招标公告，应当在国务院发展改革部门依法指定的媒介发布。"对于这一问题，我们认为国家应该修改有关法律和规章，并从理顺管理机制入手，着力解决法律、法规和规章的协调问题，应当避免目前的多头监管局面，实行单一的统一执法主体，实施统一监管，从而避免目前在招标投标领域中国家多个部委都在监管，却又监管不协调、监管不到位和监管不力的"军阀"混战局面。

【示例 9-9】　公告发布缩范围，意在规避为他人

【示例简介】　某招标项目属于基础设施项目，关系到社会公共利益，根据规定必须进行公开招标。因某种原因，该项目的招标人希望甲单位中标。但如果通过正常途径进行招标，招标人无法掌控招标的结果，于是招标人利用了公告发布环节：将招标公告只发布在了某一发行量不大的不知名的地方报纸及网站上。结果只有少数几家单位来投标，除了甲单位，其他几家投标单位的实力比较弱。在评标的时候，评委推荐甲单位中标，招标人如愿以偿地让自己事先有意向的甲单位中标。

【示例点评】　招标人未在指定媒体上发布公告，违背了招标投标公开原则，间接排斥了潜在投标人，应追究招标单位及相关个人的责任。《招标投标法》第16条："依法必须进行招标的项目的招标公告，应当通过国家指定的报刊、信息网络或者其他媒介发布。"该法第62条还规定："任何单位违反本法规定，限制或者排斥本地区、本系统以外的法人或者其他组织参加投标的，为招标人指定招标代理机构的，强制招标人委托招标代理机构办理招标事宜的，或者以其他方式干涉招标投标活动的，责令改正；对单位直接负责的主管人员和其他直接责任人员依法给予警告、记过、记大过的处分，情节较重的，依法给予降级、撤职、开除的处分。""个人利用职权进行前款违法行为的，依照前款规定追究责任。"

《招标公告发布暂行办法》第4条规定："依法必须招标项目的招标公告必须在指定媒介发布。""招标公告的发布应当充分公开，任何单位和个人不得非法限制招标公告的发布地点和发布范围。"该办法第18条还规定："任何单位和个人非法干预招标公告发布活动，限制招标公告的发布地点和发布范围的，由有关行政监督部门依照《招标投标法》第62条的规定处罚。"

《工程建设项目施工招标投标办法》第73条规定："招标人或招标代理机构有下列情形之一的，有关行政监督部门责令其限期改正，根据情节可处3万元以下的罚款；情节严重的，招标无效。"本案属于其中第1款（未在指定的媒介发布招标公告的）的规定，给予其以下处罚：罚款，并宣布招标无效。

9.2.2　招标文件发放

【示例 9-10】　截标时间若不足，判定无效要慎重

【示例简介】　2003年6月23日，经某县建设局（现住建局）审查批准，县人民医院在县日报上发布招标公告，为门诊二、三号楼的土建工程进行公开招标，总造价350万元。根据招标公告公布的时间，从6月25日至6月30日，县医院在建设工程交易中心设点，接受投标单位的报名并发放招标文件。在7月10日14时30分递交投标文件截止时

间之前，共有43个单位报名参加投标。7月10日下午，县医院在县监察局、公证处和建设局（现住建局）等单位相关领导以及工作人员的现场监督下，公开进行第一阶段即经济标部分的开标。经评委现场打分，市第三建筑工程公司（下称"市三建"）等8家投标企业入围，在经济标部分胜出。

7月21日，招标投标活动进行第二轮开标（技术标评分）。最后，综合经济标和技术标的得分，市三建以92.3分的高分夺冠。在场的评委和监督人员均签名予以认可，县公证处于当日对本次招标结果的合法性发出确认公证书，县人民医院和县建设工程招标投标办公室随即向市三建联合核发了《建设工程中标通知书》。就在市三建与该县医院准备签订合同时，县建设局（现住建局）于2003年8月11日向双方发出《通知》，以招标文件从发出之日到报名截止时不足20天为由，认定本次招标无效。市三建不服，将建设局（现住建局）起诉到法院。在法定的举证时间内，被告建设局（现住建局）拒不提交任何证据。

【法院判决】　县人民法院在一审判决中认为，被告作为行政机关，负有举证的责任，不举证应当视为其所作出的《通知》没有事实和法律依据。国家部委联合制定的《工程建设项目施工招标投标办法》第73条第1款规定："招标人或招标代理机构有下列情形之一的，有关行政监督部门责令其限期改正，根据情节可处3万元以下的罚款；情节严重的，招标无效。"该条款列出10种情形，其中第4项为"依法必须招标的项目，自招标文件开始发出之日起至提交投标文件截止之日止，少于20日的。"显然，只有情节严重的，才能宣布招标无效，否则，被告只能根据查明的事实以及违规情节的轻重作出相应的处理。因此法院认为，本次招标活动从2003年6月25日发出招标文件，到7月10日下午提交投标文件截止之日共16天，云安县人民医院的招标活动确有不妥之处，但尚未达到情节严重的程度。而整个招标投标过程是在被告及相关职能部门的现场监督和见证下完成的，招标投标单位主观上没有违规的故意，被告在《认定通知》中也未认定上述时间不足属于情节严重的情形，由此认定原告的招标无效不当。2003年9月11日，县法院作出一审判决，撤销县建设局（现住建局）的《通知》。

【示例点评】　《工程建设项目施工招标投标办法》第73条对招标无效的规定，主要是从招标程序上来规定的，对于不符合工程建设项目招标程序要求且情节严重的，招标监督机构可以认定为招标无效。招标无效的情形一般出现在发出招标公告至投标截止到日前这一阶段，依据民法理论，招标公告属于要约邀请，投标书属于要约，投标截止到日前的邀约阶段，合同还没有成立，还不能通过仲裁和诉讼的方式认定招标无效，招标投标法的立法本意，是通过公正、公平、公开的招标来选择最优的投标人。为使各投标人获取的充分的信息，规定："依法必须招标的项目，自招标文件开始发出之日起至提交投标文件截止之日止，少于20日的。"但有一个前提条件：出现上述情形且情节严重的，招标监督机构可以认定为招标无效。所谓"情节严重"是指所采取的手段比较恶劣、产生的结果比较严重，负面影响比较突出。上述行为虽然属于法规所列招标无效的行为，但是并非"故意"，从效果来看，按照文件规定的截止日期，已经有48家单位参与了投标，并没有产生大的不良影响。市第三建筑公司中标又在监察局、公证处和建设局（现住建局）等单位相关领导以及工作人员的监督之下进行的，因此，法院判决是正确的。

【示例 9-11】   发出、发售有不同，20 天满足不满足？

【示例简介】   受某招标人的委托，具有相应资质的招标代理机构就该单位所需货物进行国内公开招标。2009 年 12 月 30 日，该项目分别在当地指定的报刊和网络上发布资格预审公告，同时发售资格预审文件（2009 年 12 月 30 日至 2010 年 1 月 7 日）；2010 年 1 月 11 日 10 时，招标代理机构对提交了资格预审文件的投标单位进行了资格预审。2010 年 1 月 17 日，招标代理机构受到招标人对资格结果的书面确认。2010 年 1 月 18 日，招标代理机构通知 7 家合格投标申请人购买招标文件。2010 年 1 月 18 日至 2010 年 2 月 9 日，有 6 家合格投标申请人购买了招标文件。2010 年 2 月 10 日 9 时 30 分招标代理机构组织进行了公开开标，开标会议结束后，进行了评标。2010 年 2 月 23 日，在发布资格预审公告的同一网站上发布了该项目的招标结果公示，对结果无质疑。2010 年 3 月，发出中标通知书。

至此，该项目本应该结束。但不料，2010 年 9 月，招标代理机构接到纪检部门通知，有人匿名提出"此次招标项目从招标文件发出起到开标之日不足 20 天，当属于招标无效"的投诉。

招标代理机构接到通知后，对该问题进行了回复：本公司于 2010 年 1 月 18 日通知所有 7 家合格的投标申请人购买招标文件。2010 年 1 月 18 日至 2010 年 2 月 9 日，共有 6 家合格的投标申请人购买了招标文件。由此可见，从招标文件发售到开标之日满足《招标投标法》关于 20 日的规定。

通过调查，纪检部门得知，在招标代理机构通知 7 家合格投标申请人购买招标文件后（1 月 18 日），有 3 家于 2010 年 1 月 24 日购买了招标文件，有 2 家合格投标人于 2 月 3 日购买了招标文件，有 1 家于 2010 年 2 月 4 日购买了招标文件；还有 1 家合格投标人没有购买招标文件。据此，纪检部门认定招标文件发出之日应为 2010 年 1 月 24 日，截止到 2010 年 2 月 10 日，招标文件发出时间不足 20 日。招标代理机构对此认定结果不服，进一步提出，依据《机电产品国际招标投标实施办法》第 27 条规定："招标文件的公告期即招标文件的发售期，自招标文件公告之日起至投标截止日止，不得少于 20 日。"该项目于 2009 年 12 月 30 日发布资格预审公告，至 2010 年 2 月 10 日开标，时间完全满足有关规定的要求。

【示例点评】   招标过程中往往会涉及很多"时间"、"时限"，招标投标人、代理机构一定要透彻理解《招标投标法》等相关法律、法规规定中的"时限"问题，并严格遵守执行，否则将引起纠纷。

本案之所以出现时间方面的争议是由于纪检部门和招标代理机构所依据的法律、法规不同而引起的。纪检部门认定不满 20 天，是根据《招标投标法》第 24 条之规定："自招标文件开始发出之日起至投标人提交投标文件截止之日止最短不得少于 20 日。"依据《招标投标法释疑》的解释："依法必须进行招标的项目，自招标文件开始发出之日起至投标人提交投标文件截止之日止，最短不得少于 20 日。招标人在招标文件中规定的此项时间，可以超过 20 日，但不得少于 20 日。这段时间的起算是从第一份招标文件开始发出之日起。从"释疑"中我们可以看出：20 日的开始计时之日是招标文件的"发出"，而不是"发售"——即招标代理机构可以"发售"招标文件，但是如果没有人买，则并不等于没有"发出"。招标代理机构的理由是货物类国内招标，但我国尚无针对货物产品国内招标的相关法律法规或规定。因此，遇到此类问题时，大多参照《机电产品国际招标投标实施办法》的相关条款进行解释。根据该实施办法第 27 条的内容，可以认为本项目满足 20 天的规定。

最终，纪检部门采纳了招标代理机构的意见。虽然此事至此告一段落，但招标代理机构也认为此案中确实还存在不少值得反思和探讨的问题，招标投标活动得以顺利完成，有赖于完善的法律法规体系，对此还应加快法律建设与规范。有专家认为：为避免此类争议再次发生，招标人或招标代理机构可以在公告中提前规定一个招标文件的发售期，在发售期结束后在计时 20 个日历天，然后再开标。

9.3 招标人行为违反法定

9.3.1 招标人串通行为

【示例 9-12】 他人预算做标底，相互串通被处理

【示例简介】 某省文化厅歌舞剧院经济适用住宅楼工程，项目总投资 4500 万元，建筑面积 34464m²，于 2005 年 12 月 22 日办理报建手续，委托市某招标代理公司组织招标，1 月 17 日开标，有 4 家投标单位参加投标，最后，中标单位为甲建筑工程公司。据人举报在招标过程中，省文化厅歌舞剧院、甲建筑工程某公司、招标代理公司相互串通，招标代理机构将甲建筑工程公司做的预算书加盖造价师和预算员资格专用章后，作为招标代理公司在该工程招标的标底。

行政监督部门经查情况属实，认为以上行为违反了《工程建设项目施工招标投标办法》第 34 条第 1 款、依据《招标投标法》第 50 条，对该工程招标投标存在的违法违规问题，做出以下处理决定：

（1）省文化厅歌舞剧院经济适用住宅楼工程招标无效，中标结果也无效。为不影响工程建设进度，省文化厅歌舞剧院应尽快重新组织招标；

（2）在调查期间，暂停甲建筑工程公司在省建筑市场一切投标活动，并在信息网上予以公告。

【示例点评】 这是一起典型的招标人虚假招标行为导致招标无效、中标也无效的例子。从这个案例可以看出，招标人是串标的主导行为人，招标代理机构是串标的实际操作人，而投标人只是使用垫资等不正当竞争手段想获取工程而已。

《招标投标法》第 50 条规定的是招标代理机构对其违法行为应承担得法律责任。根据上述事实，依据第 50 条规定，对招标代理机构应作如下处罚：（1）处 5～25 万元的罚款；（2）对其主管人员和直接责任人的罚款为以上罚款的 5%～10%；（3）有违法所得没收违法所得；（4）情节严重的暂停直至取消招标代理资格；（5）构成犯罪的，依法追究刑事责任；（6）给他人造成损失的，依法承担赔偿责任；（7）招标无效。由此影响中标结果的，中标无效。

《招标投标法》第 51 条规定的是招标人对其限制、排斥投标竞争的违法行为应承担的法律责任。根据上述事实，依据本条规定，应对招标人作如下处罚：处以 1 万元以上 5 万元以下罚款。《招标投标法》第 52 条规定的是招标人对其泄漏可能影响公平竞争的情况的行为和泄露标底的行为所负的法律责任。根据上述事实，依据本条规定，应对招标人给予

警告，可作 1 万元以上 10 万元以下罚款，对单位直接负责的主管人员和其他直接责任人员依法给予处分，构成犯罪的，依法追究刑事责任。

由于串标的主要操作者是招标代理机构，因此，招标投标法对代理机构对串标的处罚重点是代理机构。因为串标的主导行为人是招标人，所以对招标人的处罚也是严厉的。但在该省对本次违规招标的处理中，对已发现的违规违法行为，仅宣布招标无效，重新招标，对招标代理机构和招标人却没有处理，值得商榷。

9.3.2 限制、排斥行为

【示例 9-13】 资格预审排名次，参标人员受排斥

【示例简介】 某一供电局大型工程实行竞争性招标，在招标通告刊出后，有 18 个投标人购买了资格预审文件，并在规定的截止时间内报送了资格预审文件。供电局根据资格预审文件规定的评分标准进行评审后，结果有 12 个投标人达到资格预审文件规定的合格标准。但招标人认为，获得投标资格的潜在投标人太多，并考虑到这些承包商今后准备投标的费用太高，便决定再按照得分高低，取得分高的前 6 名，向他们发出投标邀请书，邀请其前来购买招标文件进行投标。同时，招标方通知了其他未通过资格预审的潜在投标人。其他潜在投标人得知他们已达到预审文件规定的投标合格标准，但未获得投标邀请书，认为受到歧视和排斥，便向监管部门投诉。监管部门经审查后，认为招标人存在排斥和歧视招标人的行为，这违反了我国的《招标投标法》，对招标人作出了 3 万元罚款的处罚决定，并要求其立即予以改正，邀请所有合格的潜在投标人参加投标。

【示例点评】 本案是一起招标过程中，招标方违反法律程序进行招标引发的纠纷。在招标过程中，招标人以获得投标资格的潜在投标人太多、投标人今后准备投标的费用太高作为理由，不向符合预审合格的所有潜在投标人发出招标投标邀请书，这是一种漠视法律的行为，间接对部分潜在投标人进行了排斥，甚至有歧视的可能。

招标投标的程序在法律法规中是有明确规定的。例如《工程建设项目施工招标投标办法》第 19 规定："经资格预审后，招标人应当向资格预审合格的潜在投标人发出资格预审合格通知书，告知获取招标文件的时间、地点和方法，并同时向预审不合格的潜在投标人告知资格预审结果。"招标方违反程序，违背公平竞争等经济秩序，剥夺了其他资格预审合格者的公平竞争权，损害了他们的中标机会利益和合同机会利益。由此，招标人将为此付出代价，必须进行改正，并承担行政罚款的法律后果。

【示例启示】 从本案中，供电局作为电网建设的招标方应得到以下启示：

（1）招标文件或资格预审文件的制作是具有法律效力的，供电局应加强对招标投标文件制作的重视。

（2）招标文件或资格预审文件的制作内容，应符合法律法规的要求，避免出现排斥和歧视性条款，由法务部门进行最后审查，防范各种法律风险。

（3）招标文件的发出、澄清、修改等程序，供电局应严格按照法律程序，避免出现曲解法律含义，做出违背法律的行为。具体应注意以下事项：

1）建立招标监督小组，并加强对招标程序的合法性进行监督。

2）招标文件程序的每一个环节最终应流向供电局法务部门，由其把关，将最大限度地降低、避免法律风险。

3）注意法律法规对招标方采取通知方式的时间限制和形式要求，保存和搜集证据，防范诉讼风险。

【示例 9-14】 合谋设置排斥款，8 家单位剩 3 家

【示例简介】 2004 年广东湛江市某中教学楼工程，其承包商与业主单位、招标中心工作人员合谋在资格预审文件中规定了 3 个排他性的条件，结果只有 8 家单位可参加资格预审报名，经过资格预审又刷掉了 5 家，最后只剩下 3 家投标单位入围，而这 3 家投标单位都是同一个承包商挂靠的，实际上是按照承包商挂靠的几家建筑企业的条件进行"量身定做"，有意排除了其他对手。

【示例点评】 本案是一起典型的排斥潜在投标人的案例。该案行为公然违反国家有关招标投标法律法规。我国《招标投标法》第 18 条规定："招标人不得以不合理的条件限制或者排斥潜在投标人，不得对潜在投标人实行歧视待遇。"《房屋建筑和市政基础设施工程施工招标投标管理办法》第 7 条也规定："招标人不得以不合理条件限制或排斥潜在投标人，不得对投标人实行歧视待遇，不得对潜在投标人提出与招标工程实际要求不符的过高的资质等级要求和其他要求。"《招标投标法实施条例》第 32 条规定："招标人不得以不合理的条件限制、排斥潜在投标人或者投标人。"招标人有下列行为之一的，属于以不合理条件限制、排斥潜在投标人或者投标人：

（1）就同一招标项目向潜在投标人或者投标人提供有差别的项目信息；

（2）设定的资格、技术、商务条件与招标项目的具体特点和实际需要不相适应或者与合同履行无关；

（3）依法必须进行招标的项目以特定行政区域或者特定行业的业绩、奖项作为加分条件或者中标条件；

（4）对潜在投标人或者投标人采取不同的资格审查或者评标标准；

（5）限定或者指定特定的专利、商标、品牌、原产地或者供应商；

（6）依法必须进行招标的项目非法限定潜在投标人或者投标人的所有制形式或者组织形式；

（7）以其他不合理条件限制、排斥潜在投标人或者投标人。

本案的发生在当地引起了较大的震动，湛江市行政监督部门做出中标无效通知，该招标中心正副主任被捕，招标中心不能正常运作，湛江市建设局（现住建局）和监察局临时抽调部分人员应付日常工作。另一方面，在招标投标工作中，被抽取的部分专家为了避嫌，找各种借口不肯参加评标工作，给招标投标工作带来了很大的负面影响。

9.3.3 其他违规的行为

【示例 9-15】 画蛇添足多句话，招标答疑变誊清

【示例简介】 某招标代理机构受建设方委托，组织公开招标。开标前 1 天，代理机构专门召开答疑会，就承包商提出的问题进行解答。某承包商因对招标文件中的某一项目包括的内容不清楚，向招标代理机构提出疑问，代理机构口头给予答复之后，为体现公平，又将答复内容以书面形式在网上公布，向社会公开。除对该项目包括哪些内容作解释外，又告知："其他有关内容仍按原招标文件办理"。开标时，有 8 家承包商参加了投标，

在开标现场，投标承包商均对代理机构的解释内容签字确认，表示同意。最终，乙供应商被评标委员会推荐为中标候选人。招标活动结束后，未中标甲承包商向招标代理机构提出质疑：招标代理机构的公示涉及对原招标文件的实质性改变，应该属于澄清；按照法律规定，澄清应在开标前15天进行。此次招标活动是不合法的，投诉其招标无效。

【示例点评】 根据有关招标投标法律法规规定，答疑和澄清是有区别的，答疑和澄清可从以下3个方面加以区别，最主要的应该看其内容上有无对招标文件产生实质性的改变。从时间上看，答疑可以根据情况在开标前进行，没有明确时间要求；而澄清或者修改应当在提交投标文件截止时间的15日前。从内容上看，答疑只对有关疑问进行解答，不涉及对招标文件内容的实质性改变；而澄清或者修改的内容为招标文件的组成部分。从方式上看，答疑是口头的，不要求在指定媒体公布；而澄清或者修改应当是书面的，在指定媒体公布，并书面通知所有招标文件收受人。本案中，答疑的前一句话解释了某项包括的内容，但后一句话"其他有关内容仍按原招标文件规定"，在理解上有歧义。可以认为：某项内容以这次答疑为准，而其他有关内容仍按原招标文件规定，这样就属于澄清了。根据《招标投标法》第23条："招标人对已发出的招标文件进行必要的澄清或者修改的，应当在招标文件要求提交投标文件截止时间至少15日前，以书面形式通知所有招标文件收受人。"该澄清或者修改的内容为招标文件的组成部分。本案澄清在开标前一天进行不合法，违反法律规定，所以本案应作招标无效处理。画蛇添足，节外生枝，多一句话往往引起一连串不必要的麻烦。此案提醒从业人员，在招标活动中要慎重处理每一个细节。

【示例9-16】 评审工作已完结，要求重审无依据

【示例简介】 某招标文件的《评标细则》规定，对投标进行详细评审的程序如下：先进行技术评审，技术评审合格的，再进行商务评审。经评标委员会评审，某投标人甲公司通过了技术评审和商务评审，被评标委员会推荐为中标人。此时，招标人提出甲公司的技术标存在一些不符点，要求评标委员会重新评审，并最终以甲公司技术标存在不符点为由，由评标委员会宣布甲公司的投标为"废标"，实际是否定了此次的评标结果。甲公司认为其已经经过技术评审，成为推荐的中标人，再次评审技术标并宣布其投标为废标侵害了其权利，招标投标双方因此产生争议。

【示例点评】 尽管招标投标双方受到"招标程序契约"的约束，但评标委员会的评标过程是独立的和保密的，在推荐中标人前，评标委员会可以对甲公司的投标文件进行重新评审。但是，在推荐中标人之后，评标工作已经结束，招标人要求重新启动评审程序，对评标委员会推荐的中标人再次评审，违反了"招标程序契约"，应当对投标人承担违约责任。如果确属评标委员会推荐中标人有误，评标委员会应当对招标人承担责任。

10 常见评标无效法律纠纷案例

10.1 评标标准和方法

10.1.1 改变评标标准和方法

【示例 10-1】 评委擅自改标准，评标无效有依据

【示例简介】 "我们单位总共投了 5 个标段，除了报价不一样，各个标段的其他所有的投标资料都是一样的，项目管理人员和机器设备也都一样，开标后，5 个标段的报价也是所有投标人中最低的，可是为什么我们单位只中标 A 标段，其他标段不中标？不可能呀！"工程建设项目刚刚公布评标结果，一个投标人就打电话给项目负责人抱怨。第 2 天，该投标人便向招标代理机构依法提出质疑，认为评标委员会的评审有问题，要求确定其单位中标所有的标段。

接到投标人的质疑后，招标代理机构仔细查阅了该投标承包商的投标文件，发现该投标承包商的确投了 5 个标段，投标报价是所有投标人中最低的，5 个标段的投标文件除了报价不同外，其他都相同。

招标代理机构查看评标委员会的评审资料后发现，评标委员会之所以没有推荐其中标所有标段，是因为招标单位要求这 5 个工程建设项目同时开展，并且 5 个项目分布在全省16 个地市，一个投标人不可能同时在全省 16 个地市进行施工业务，同样的项目管理人员和机器设备也不可能在 5 个项目中同时使用，因此评委在评审时同意本次评标每个投标人只能中标一个标段，不能同时中标两个以上的标段。同时，评标委员会按照评审惯例，决定 5 个标段按照 A～E 的顺序来评标，如果某投标人已经在前面的标段中标则自动退出后面标段的评审。

根据上述两个评审标准，质疑承包商的报价最低，在 A 标段中标后，就不能再中标其他标段，因此评标结果是该承包商只中标 A 标段，不能中标其他标段。但招标文件的评审标准是：采用综合评分法，按照投标人的综合得分从高到低排序（综合得分相同的按照监理方案的得分排序）得分最高的为中标人。评标委员会在评审中决定的是："本次评标每个投标人只能中标一个标段，不能同时中标两个以上的标段。5 个标段按照 A～E 的顺序来评标，如果某投标人已经在前面的标段中标则自动退出后面标段的评审……"的评标方法和标准在招标文件中并没有反映。

招标代理机构感觉到问题比较严重，要求评标委员会对在评审时才决定的评审标准是否合法作出书面说明，评标委员会则认为每个投标人只能中标一个标段，不能同时中标两个以上的标段是根据项目的特点得出的结论，招标文件在对本项目的说明中已经说明 5 个标段同时开展以及各标段分布在全省 16 个地市的事实，而一个投标人不可能用同样的人员和设备在全省 16 个地市同时开展施工业务。按照 A～E 的顺序来评标是一直以来的惯例，并且招标文件也是按照 A～E 的标段来排列和介绍的，这样评标并不违法。

拿到评委的说明后，招标代理机构准备按照评委的说明答复质疑承包商，但仍感觉有些问题把握不准：评委是否可以在招标文件规定的评审标准外，根据项目的特点和一般惯例增加新的评审标准和方法并且以新增加的评审标准和方法直接决定投标人是否中标？

【示例点评】 本案例是评委未按照法律规定，擅自增加、改变评标方法与标准的例子，应引起评标专家的注意。

（1）评标无效。评委擅自增加评审标准的做法是违法、违规的，该项目须重新评标或重新招标。

1）评标委员会在招标文件预定的评审标准之外增加了新的评审标准和方法是违法行为。《招标投标法》第40条规定："评标委员会应当按照招标文件确定的评标标准和方法，对投标文件进行评审和比较。"原国家计委、原国家经贸委、原建设部、铁道部、原交通部、原信息产业部、水利部联合制定的《评标委员会和评标方法暂行规定》第17条规定："评标委员会应当根据招标文件规定的评标标准和方法，对投标文件进行系统的评审和比较。""招标文件中没有规定的标准和方法不得作为评标的依据。"《工程建设项目施工招标投标办法》第79条规定："使用招标文件没有确定的评标标准和方法的，评标无效，应当依法重新进行评标或者重新进行招标，有关行政监督部门可处3万元以下的罚款。"

2）评标委员会之所以增加评审标准和方法是因为按照招标文件规定的评审标准无法推荐合格中标人，不能得出评审结果，而招标单位特别强调了时间的紧迫性，所以就临时新增两个评审标准。如果不新增两个评审标准将会出现一个投标人中标5个标段，而根据投标人的能力客观上不可能履行所有的合同。《招标投标法》第41条规定："中标人的投标应当符合下列条件之一：①能够最大限度地满足招标文件中规定的各项综合评价标准；②能够满足招标文件的实质性要求，并且经评审的投标价格最低，但是投标价格低于成本的除外。"第42条规定："评标委员会经评审，认为所有投标都不符合招标文件要求的，可以否决所有投标。""依法必须进行招标的项目的所有投标被否决的，招标人应当依照本法重新招标。"

（2）评审标准不能随意变更

1）评标委员会只能严格按照招标文件规定的评标方法和标准进行评审。评审是招标投标法律制度的基本要求，是保证招标制度公开、公平、公正的基本前提，必须严格执行。

2）招标单位在项目评审中不应发表误导评委的言论，更不能以时间紧迫等为由要求评委在招标文件规定的评标标准之外设定新的评标标准。《招标投标法》第37条规定："评标由招标人依法组建的评标委员会负责。""依法必须进行招标的项目，其评标委员会由招标人的代表和有关技术、经济等方面的专家组成。"招标人作为招标人代表参加评标，也是评标委员会成员之一，也必须严格遵守评标委员会的各项规定，在项目评审中与其他评标委员会成员享有同样的权利并承担同样的义务，没有任何特权。

3）没有明确规定的评标方法不应以惯例来代替。虽然一般的项目评审顺序是按照标段的英文字母顺序开展的，本案中A～E标段也是这样排列的，但这并不必然是评标的顺序，特别是这样的评标顺序决定着中标结果时，更不能想当然地以惯例来代替没有预先规定的评审方法。

4）不仅仅是工程施工招标项目、勘察设计招标投标、工程建设项目招标投标要严格坚持"招标文件中没有规定的标准和方法不得作为评标的依据"的原则，而且政府采购的货物和服务招标也同样要坚持，否则就容易造成采购项目重新招标的后果，评标委员会就要承担相应的法律责任。《政府采购货物和服务招标投标管理办法》第49条规定："评标委员会成员应当履行下列义务：②按照招标文件规定的评标方法和评标标准进行评标，对评审意见承担个人责任。"第55条规定："在评标中，不得改变招标文件中规定的评标标准、方法和中标条件。"第77条规定："评标委员会成员有下列行为之一的，责令改正，给予警告，可以并处1000元以下的罚款：……⑤未按招标文件规定的评标方法和标准进行评标的，评标无效，上述行为影响中标结果的，中标结果无效。"

【示例10-2】　评标办法临时变，遭受质疑标无效

【示例简介】　某建设项目经批准组织邀请招标，在规定开标时间和地点，招标人主持并邀请投标人和有关部门共同参加召开了开标会议，共有4家投标人投标。开标会上，招标人首先宣读了评标办法，甲公司对此表示质疑，认为招标单位在开标现场公布的评标办法与招标文件相关的部分内容上有变动，评分办法不公平，当场提出不同意修改后的评标办法，声明不再参与开标会议，要求撤回其投标文件并在所有投标文件正式拆封、唱标前退出会场。招标人征得纪检委研究同意，对甲公司提交的投标文件不退还、不拆封、不唱标，对其余3家的招标文件拆封唱标、评标，并授权评标委员会根据修改的评标办法按招标文件约定的评标程序评审，直接确定了中标人。之后，未中标投标人丙公司投诉并核实有位专家与中标人存在利害关系，甲、丙两公司在规定时间内向有关监督管理部门投诉。

【示例点评】　本案例招标人存在以下不妥之处：（1）招标人确定和使用修改后的评标标准和方法不符合有关法规的规定，评标无效；（2）投标人甲公司在开标后宣布撤出投标文件不符合有关法规的规定。开标时即表示提交投标文件的时间已截止，如果投标人撤回投标文件的，其投标保证金将被没收；（3）招标人对甲公司已递交的投标文件开标后不应退还，但不拆封不唱标不符合有关规定；（4）招标人授权评标委员会根据修改的评标办法评审和评标委员会按照修改后的评标办法对投标文件进行评审和比较，并确定中标人的行为违反国家有关法规的规定，评标无效；（5）评标委员会专家同某投标人有利害关系，其组成人员不符合有关法规的规定评标无效。

【示例10-3】　评标一波又三折，都是标准惹的祸

【示例简介】　浙江绍兴市某项环境改造工程（C、D区工程）系必须招标的政府投资建设项目，该工程施工招标的招标人为绍兴市某区工程建设办公室。2009年5月招标人发布招标文件，招标文件约定的工程报价方式为"采用工程量清单计价方法。明标底、造价下浮率计分法"，评标办法及标准为"采用造价下浮评分法（下浮幅度按11%～17%、步长0.5%为一档），设评委对投标人资格、商务标进行评审"。招标文件第1章投标须知第6条开标会议程序第5项规定："启封商务标书，所有符合下浮幅度范围的投标下浮率的算术平均值（保留小数点后一位）为投标入围基准下浮率，在所有符合下浮率幅度范围的投标中，取最近入围基准下浮率的10家投标人进入资格审查及商务标评审（接近程度一样的，以下浮幅度大的优先选取；下浮率幅度相同的，抽签决定）；资格审查或

者商务标符合性审查不合格的投标文件为无效标"。后根据投标人的书面质疑，2009年6月5日招标人统一出具书面答疑纪要，纪要中对上述开标会议程序第5项修改为："启封商务标书，所有符合下浮幅度范围的投标下浮率（保留小数点后两位）的算术平均值（保留小数点后两位）乘以修正系数后作为投标入围基准下浮率（修正系数为0.95、0.97、0.99、1.01、1.03、1.05六个数值，由招标人随机抽取一个），在所有符合下浮率幅度范围的投标中，取最接近入围基准下浮率的10家投标人进入资格审查及商务标评审（接近程度一样的，以下浮幅度大的优先选取；下浮率幅度相同的，抽签决定）。资格审查或者商务标符合性审查不合格的投标文件为无效标"。

该工程2009年6月22日开标，共45家单位投标，其中44家单位均按照招标答疑要求下浮率保留小数点后两位，只有一家投标人的报价为14.2525%，保留了小数点后4位。在开标现场，湖北省建工第五建设有限公司当场进行了投诉，要求对该单位的投标作废标处理。但评标委员会未按招标文件约定的评标办法和标准初审投标文件，未将14.2525%报价的投标人的投标文件作为废标排除在入围投标人范围之外，后湖北省某建设工程有限公司继续投诉，招标人根据具有招标投标活动监管职能的绍兴市公共资源交易管理办公室的处理决定，于2009年6月30日重新组建评标委员会进行评标，评标结果拟确定的中标人为湖北省某建设工程有限公司和浙江省东阳市某园林古典建筑公司（联合体投标人），并于2009年7月1日在绍兴市公共资源交易中心网站发布中标公示。但是，在2009年9月10日，在未有任何否定前述拟中标人或撤销评标结果的情况下，招标人在同一网站又发布了同一项目的所谓"复评结果公示"，公示中拟确定的中标人变更为浙江中联建设集团有限公司，变更的理由是"公示期间有投标单位投诉，有关主管部门调查后认为2009年6月30日重新组建评标委员会进行评标的程序不到位，责令复评。于2009年9月8日进行了复评。"

【示例点评】

（1）上述其中一家投标人的投标下浮率14.2525%属于未实质性响应招标文件，不属于有效投标，依法不得入围。根据上述案例介绍可知本案下浮率是唯一的报价数字，也是投标人能否入围及中标与否的关键数据。

答疑纪要明确基准下浮率计算方法依据的是各投标人所报的下浮率，入围单位又是依据计算得出的基准下浮率选择的，因此下浮率的上报方法（保留小数点后2位）是招标文件中最主要的实质性条款，根据我国《招标投标法》第27条："投标人应当按照招标文件的要求编制投标文件。""投标文件应当对招标文件提出的实质性要求和条件作出响应。"的规定，所有投标人都必须响应。

根据各投标人实际投报的下浮率可知，45家投标单位中，44家投标单位所报的下浮率均严格响应了"保留小数点后两位"的要求，因此可断定该投标要求本身清晰且明确具体，并不会造成投标人理解上的偏差。现所有投标人中唯一一位投标人以小数点后4位14.2525%投报下浮率，因此属于投标人未实质性响应招标文件的明确要求，根据《工程建设项目施工招标投标办法》第50条："投标文件有下列情形之一的，由评标委员会初审后按废标处理：……未按规定的格式填写，内容不全或者关键字迹模糊、无法辨认的"规定，在所有投标文件中14.2525%下浮率的投标人的投标报价不属于有效的投标，应在初审后按照废标处理，依法应被剔除出入围范围。

（2）其中一家投标人投报的 14.2525％下浮率的误差不能够认定为无关紧要的细微偏差，其未作废标处理必将严重影响入围单位的选择及中标价格。

《招标投标法》第 39 条规定："评标委员会可以要求投标人对投标文件中含义不明确的内容作必要的澄清或者说明，但是澄清或者说明不得超出投标文件的范围或者改变投标文件的实质性内容。"投标人的澄清或说明，不得有下列行为：①超出投标文件的范围；②改变或谋求、提议改变投标文件中的实质性内容。所谓改变实质性内容，是指改变投标文件中的报价、技术规格（参数）、主要合同条款等内容。这种实质性内容的改变，目的就是为了使不符合要求的投标成为符合要求的投标，或者使竞争力较差的投标变成竞争力较强的投标。

因此，其中一家投标人报误的 14.2525％下浮率，明显属于未响应招标文件的实质性内容。根据本案的具体情况，下浮率是投标文件中最主要的实质性内容，是确定投标人能否入围以及能否中标的唯一报价数据，它是计算基准下浮率和中标下浮率的主要依据，必须完全符合招标文件的要求。招标文件明确规定"中标价＝（标底－暂定价）×中标下浮率＋暂定价"，误投的 14.2525％下浮率绝对不属于细微的偏差。所以误投的 14.2525％下浮率不能算是含义不明确、不一致，更不是计算错误，不属于可以澄清或说明的范围。

（3）原评标委员会在评标前应明确上述误差的性质并先行确定 14.2525％下浮率的一家投标人的投标文件为废标，否则势必影响评标结果。

《招标投标法》第 40 条规定："评标委员会应当按照招标文件确定的评标标准和方法，对投标文件进行评审和比较；设有标底的，应当参考标底。""评标委员会完成评标后，应当向招标人提出书面评标报告，并推荐合格的中标候选人"。本案中招标答疑是招标文件的组成部分，招标答疑明确约定了投标的报价采用造价下浮率法，评标标准也是采用造价下浮率评分法，为了使报价统一，特约定下浮率保留小数点后两位。因此原评标委员会在开标后，应严格按照招标文件约定的评标办法及标准审核投标文件，对于未对招标文件提出的实质性要求和条件作出响应，未按规定格式填写的投标文件，应视为废标，这样才能体现公开、公平、公正和诚实信用的原则。

（4）招标人对评标结果实施"复评"违反《浙江省招标投标条例》第 37 条规定，中标公示期间"投标人及其他利害关系人可以向招标人提出异议或者向有关行政监督部门申请核查。""有关行政监督部门经核查后发现招标投标过程中确有违反《中华人民共和国招标投标法》和其他有关法律、法规且影响评标结果公正性的，应当责令招标人重新评标或者招标。"原国家发展计划委员会等七部委《评标委员会和评标方法暂行规定》第 44 条规定："向招标人提出书面评标报告后，评标委员会即告解散。"《浙江省人民政府关于严格规范国有投资工程建设项目招标投标活动的意见》第 14 条规定："需要重新评标的，必须依法重新组建评标委员会，原评标委员会成员不得进入重新组建的评标委员会。"以上规定充分说明，在某项环境改造工程（C、D 区工程）施工招标的评标结果公示期间，即使有投标人投诉并经核查发现确有违规行为且影响评标结果公正性的，那么招标人也应重新评标或者重新招标，重新评标必须依法重新组建评标委员会，而不能无据"进行复评"。

可见，无论是 2009 年 6 月 22 日组建的评标委员会，还是 2009 年 6 月 30 日重新组建的评标委员会，在完成评标工作向招标人提交书面评标报告后就均已不复存在。现招标人召集 6 月 22 日组建的原评标委员会成员进行所谓"复评"，并公示"复评结果"，其复评行为不仅于法无据，而且从根本上违反了上述各项有关重新评标的行政规定。

综上所述，招标人在收到投诉受理机构的处理意见后应严格按照法律法规及政策的规定程序，重新组织评标委员会，并通知所有投标人到场，进行再次的评标。评标委员会的专家应该研究招标投标的相关法律法规，严格执行法律法规的规定，客观公正地选择入围单位，确定中标人。

【示例 10-4】 评委评审有权限，招标文件为准绳

【示例简介】 在一工程建设项目设备的政府采购中，考虑到参与此次投标的承包商太多，为了保证评审的质量，根据招标文件的规定，招标代理机构将评标环节分两个阶段。第一阶段，评标委员会主要是对投标人的资格进行审查，然后通过综合打分的方式，由高分到低分选出前 8 家投标人进入第二阶段的评审。开标之后，所有投标人须在开标现场附近等候，待第一阶段评审结束后，招标单位将及时公布进入第二阶段评审的名单……。

开标当天，评标工作大约进行到 1 小时 40 分钟的时候，招标代理机构公布了进入第二阶段评审的 8 家投标人。在第一轮评审中被淘汰的甲公司当即提出质疑："我们公司成立的时间比戊、辛两家公司要早，业绩也比他们好很多。怎么反倒是他们入围了？而且，据说这两家公司还都不给员工交社保，如果是真的，那他们就不是合格的承包商。"

接到甲公司的质疑后，招标代理机构第一时间联系了当地社保部门，很快就确认了戊、辛两家公司未给员工缴纳社会保险的事实。情况反馈到评标委员会后，评标委员会根据有关法律法规认定，这两家公司为不合格的承包商。

取消这两家承包商进入第二阶段的评审资格后，招标代理机构组织评标委员会对第一阶段筛选出来的 6 家投标人进行评审。次日，招标代理机构公布了评审结果。当天，甲公司又向招标代理机构提出了质疑：此次招标的评审环节未执行招标文件中："评标委员会将在评标的第二阶段对第一阶段选出的 8 名投标人的投标文件进行初审、复审，以确定中标人"的规定。

招标代理机构在答复质疑时称，我们考虑到进入第二阶段的另外 6 家承包商能够完全满足本次的招标需求，经向该招标项目领导小组汇报并经批准，不再递补其他承包商进入第二阶段评审。因不满招标代理机构的质疑答复，甲公司又向当地行政有关部门提起了投诉。

当地行政有关部门审理投诉后认为：代理机构在取消戊、辛两家公司进入第二阶段的评审资格后，应当按照招标文件的规定，从高分到低分的顺序递补两家投标人，选足 8 家候选承包商进入第二阶段的评审。据此，当地行政有关部门做出了这样的处理决定：责令招标代理机构按照招标文件的规定，从高分到低分的顺序递补两家承包商，选足 8 家候选承包商进入第二阶段的评审。

【示例点评】 必须进行招标投标的项目就必须依法招标，来不得半点马虎。在招标活动中，除了工程建设项目招标投标的相关法律法规之外，招标文件同样具有法律效力和约束力，不得擅自更改。

《招标投标法》第 40 条规定："评标委员会应当按照招标文件确定的评标标准和方法，对投标文件进行评审和比较。"《工程建设项目货物招标投标办法》第 57 条规定："评标过

程中，使用招标文件没有确定的评标标准和方法的，应当依法重新进行评标或者重新进行招标。"由此可见，招标文件的严肃性和法律效力毋庸置疑。评标委员会在评标时，应当严格按照招标文件的规定进行评审。

上述案例中，招标文件既然规定了将选出 8 名投标人的投标文件进入第二阶段的评审，那么，招标代理机构就应当严格按照该规定执行。作为代理机构，对于自己制作的招标文件应当充分地尊重，招标文件是整个招标活动的重要依据，如果在招标执行过程中动辄修改，那么招标的质量将难以保证。同时，作为招标代理机构，也要考虑自身操作的规范性问题。上述案例中，如果代理机构按照招标文件的规定进行了递补承包商的工作，那么甲承包商就无话可说了，代理机构也避免了这次意外之祸，从工作方法的角度考虑，招标机构也应当依招标文件办事。代理机构的一点失误，招致了整个项目的重新评审，从而使得整个项目的操作成本大为提高，其教训不能不说是惨重的。

案例中，除了招标代理机构的问题外，评标委员会也没有把好关。根据《招标投标法》相关规定，评标委员会成员应当按照招标文件规定的评标方法和评标标准进行评标；在评标中，不得改变招标文件中规定的评标标准、方法和中标条件。评标委员会成员不按招标文件规定的评标方法和标准进行评标的，责令改正，可处以 3 万元以下罚款，情节严重的，招标无效，重新评标或重新招标。在代理机构失于规范的同时，评标委员会也顺水推舟，这种做法是极不负责任的。评标委员会作为项目评审的中枢应当切实负起责任，坚决抵制不符合招标文件的做法，确保设备质量和效率。

【示例 10-5】　　资格后审要严格，标准方法先确定

【示例简介】　　某基层人民法院新建审判大楼工程多联体智能化空调机组及配套设备公开招标如期举行，6 家供应商在招标文件规定的投标截止时间前提交了投标文件。该项目采取资格后审方式，以综合评分的高低为序确定中标候选人。

在资格后审阶段，资格审查委员会按照招标文件规定的资格审查办法和合格投标人的资格条件，对投标人提交的作为投标文件组成部分的资格后审资料逐一进行审查，对个别投标人审查资料复印件不够清晰等情况进行了质询和澄清，并与相关资质证书原件进行了核对。根据资格后审结果，评标委员会确定除投标人"己"不符合招标文件规定的资格后审条件外，甲、乙、丙、丁、戊等 5 家投标人资格审查合格进入后续评审程序。最后，评标委员会按照招标文件规定的综合评估要素及其评分标准，对 5 家合格投标人投标文件进行打分，最后确定甲公司作为中标人。

在评标结果公示期间，乙公司先后向招标人提出质疑并向招标采购监管部门和市纪检监察部门投诉，反映评标委员会采用的资格审查办法与招标文件规定不一致，资格审查不公正，甲公司不能作为中标人，其主要事实和理由是：资格后审过程中，资格审查委员会曾要求乙、戊等公司提交相关资质证书原件进行核查，而没有对甲公司企业法人营业执照和资质证书原件实施核查，要求取消甲公司的中标候选人资格。

招标采购监管部门对乙公司投诉反映的情况很重视。经查证，该项目评标委员会由 7 人组成，其中采购人代表两人，另 5 名技术经济专家均为异地评委，且均为从专家库随机抽取组成，评标委员会的组成符合相关法律规范；招标文件明确该招标项目的资格审查方式为资格后审，招标文件中载明投标人提供的资格后审资料中应包括企业法人营业执照复

印件和相关资质证书复印件，并用括号提示投标人"所提供的资料应带原件备查"，在开标、评标、定标及无效投标文件的条款中，明确在资格后审过程中，投标人"未按招标文件要求提供相关证书、资料原件备查或提供不全的，其投标文件无效"，不能进入后续评标程序；在资格审查过程中，资格审查委员会对部分投标人在投标文件中的相关资格审查资料提出了澄清要求，对复印件不够清晰的要求投标人提交备查原件并进行了比对查验。乙公司投诉反映资格后审中评标委员会对部分投标人提交的资格审查资料进行质询和澄清的情况属实。但澄清过程既没有改变招标文件规定的合格投标人的资格条件，也没有要求或接受投标人提供的任何补充资料，由于部分投标人提供的复印件不够清晰，评标委员会要求其按照招标文件的约定提供"备查"的相关证书原件比对查验，并不是必须对所有投标人的相关营业执照和资质证书等原件"必查"。澄清及原件核验比对并非招标文件规定的对每一个投标人资格后审的必经程序。

受理投诉的政府采购监管部门针对乙公司的投诉，经过调查分析，在弄清事实真相后，认为资格后审不违背相关法律法规规定和招标文件的要求，乙公司诉求取消甲公司中标候选人资格的事实和理由不成立。随后，政府采购监管部门将投诉查处情况及处理意见向上级行业主管部门及有关部门作了汇报，并商请市纪检监察部门及招标人约谈投诉人乙公司法定代表人及其他相关人员沟通情况，交换意见，落实投诉处理决定，保证了项目的正常进行。

【示例点评】　因资格后审引发质疑与投诉的本案案情并不复杂，但对招标投标各方当事人而言，有以下启示：

（1）明确资格后审标准及方法。当采购项目适宜采取资格后审方式时，其合格投标人的资格要求及其资格后审操作规程应当在招标文件中充分表达。

资格后审程序一般在开标后的评标阶段由评标委员会负责实施，资格后审不合格的投标人的投标作为无效标处理。与资格预审相比，资格后审有压缩招标采购周期、提高招标采购工作效率的显著特点，但也相应压减了资格审查结果通知、公示以及投标人质疑与澄清的过程。一旦投标人对招标文件中资格后审要求在理解上形成歧义，就可能造成中标结果公示后的异议、质疑与投诉。此时再处理质疑与投诉的实际效果也稍显迟缓。

因此，如果采取资格后审方式，招标人及其招标代理机构应当在招标文件中专设资格后审章节，详细说明资格后审的资格条件、评审标准及审查程序和方法。如本案中可以在资格后审澄清与说明条款中明确表述：资格审查委员会根据资格审查需要，可以书面方式要求投标人对提供的资格后审资料进行澄清和说明，或对资格后审复印资料提供原件查验核对，投标人应当按照评标委员会的要求以书面方式作出澄清、说明或提供相关资料原件核查。投标人不予澄清说明或没有提供原件核查的，其资格审查不予通过，投标文件做无效标处理。资格后审操作规程清晰明确和充分表达可以帮助投标人正确理解。

（2）以资格审查资料为依据。资格后审应当严格按照招标文件中明确的合格投标人的资格条件和资格审查程序进行。资格审查委员会可以根据资格审查的具体情况，对投标人资格条件相关资料内容不明确或不一致的地方要求投标人予以澄清，但资格后审的依据只能是投标人在投标文件中提交的资格审查资料，资格审查委员会不得要求也不应当允许投标人提供任何外部证据或补充资料。

资格审查委员会（评标委员会）只能依据招标文件规定的资格审查标准和办法以及投

标人在投标文件中提交的相关资料进行资格审查并确认投标资格是否合格。否则，就实质上构成在投标文件规定的投标截止时间以后接受了投标人提交的补充投标文件，违反了在投标截止时间以后提交的投标文件招标人应当拒收的相关法律规定。

（3）结果应当公开和公示。由于资格后审一般在开标后的评标阶段进行，其与评标定标过程呈连续不间断状态，简化了资格预审结果公告后招标人与投标人之间沟通反馈的程序，虽然投标人对资格后审的异议可以在中标结果公示期间一并提出质疑与投诉，但在评标结果确定后处理投诉一般均处于被动地位，其实际效果往往与事前的主动沟通有一定差距，因此，招标人应当通过必要的形式公示资格后审结果，及时与相关投标人沟通资格后审不合格的原因。

10.1.2 评标标准和方法内容违法

【示例 10-6】 "量身定做"招标书，锁定目标无效

【示例简介】 2011 年 2 月，武汉地铁运营有限公司正式对外发布"武汉市轨道交通二号线一期工程站内平面广告媒体代理经营"的项目招标结果，3 家竞标公司中，出价最低的某某省广告股份有限公司以 7 亿多元中标，而出价高达 10 多亿元的深圳报业集团则意外落败。深圳报业集团就此提出异议。此事经媒体曝光后在社会上引起巨大反响。

经查，武汉地铁集团下属的武汉地铁运营公司制发的《武汉市轨道交通二号线一期工程站内平面广告媒体代理经营招标文件》中，涉及户外广告设置位使用权的处置，但处置方案未经武汉市城管局、市国资委等部门制定，更未报经武汉市人民政府批准。该公司此次户外广告设置位使用权的处置未履行法定程序。

武汉市纪委、市监察局迅速组织有关部门通过进一步调查查明：邓某某身为受政府委托管理地铁衍生资源策划、招商、经营管理的负责人，在负责地铁二号线广告招标过程中，故意违反国家招标投标相关法律政策规定，滥用职权，采取为投标人"量身定做"招标文件，要求投标人推荐评标专家名单，擅自组建专家库，以及影响评委评分等方式，帮助某某省广告公司以低于深圳报业近 3 亿元的报价中标。在此过程中，邓某某收受某某省广告公司相关人员贿赂 30 万元。有关部门判定招标无效。

2012 年 4 月 5 日，经武汉市人民检察院提请批捕，湖北省人民检察院以涉嫌受贿罪对武汉地铁运营公司邓某某作出批准逮捕决定。作为评委之一，邓某某被查明在此事件中收受省广股份贿赂 30 万元，另在其他活动中收受其他贿赂 100 万元。涉嫌行贿的投标方已有 3 人被立案侦查。

10.2 评委会组建组成

10.2.1 评审委会组建不合法

【示例 10-7】 评审委会搞内定，抽取原则没执行

【示例简介】 某市招标代理机构受建设单位的委托，组织一个预算金额为 800 余万元的工程项目的公开招标工作。按照当地行政监督部门的规定，代理机构在开标截止时间前 1 小时，进行了评审专家的手工抽取。与被抽中的 5 名评审专家沟通后，招标代理机构工作人员发现，有两名专家在外地出差，一人因工作关系无法前来评标。开标在即，专家

数量却未能达到法定人数，怎么办？招标人代表与代理机构商议，"我们单位的两位同事也是专家库里的经济专家，干脆就让他们来填补这个空缺吧。"时间紧急，招标代理机构于是接纳了招标人的建议，加上招标人代表共5人组成了评标委员会。

按照招标文件的要求，评标委员会最后从5家合格投标承包商中选出乙承包商成为第一中标候选人。结果，开标后的第3天，中标公告刚刚发出，代理机构就收到了甲承包商的质疑——评标委员会组成不合法，要求重新招标。代理机构的答复最终当然无法说服有理有据的承包商，最终，此案件被投诉到当地行政监督部门，该项目招标结果被判评标无效。

【示例点评】　根据《工程建设项目施工招标投标办法》第79条规定："评标委员会的组建及人员组成不符合法定要求的，评标无效。"这样一个简单的案例，却反映出存在于某些地方代理机构专家抽取方面的问题：一是评审委员会的评审专家应以怎样的方式产生，二是何时为抽取评审专家的最佳时间节点？

（1）专家抽取须把关。"抽取专家虽不是招标程序的第一步，也不是最后一步，但却直接影响到最终的招标结果。"评标作为招标投标活动的关键环节，评标委员会独立履行评标，任何人不得干涉。这是评标委员会的法定权利。此外，不论是组成时间，还是构成人员，评标委员会的组成必须谨慎。如果评标委员会组成存在问题，那么，不管招标组织操作得多规范，评审结果都难以让人信服。

按照《招标投标法》及《评标委员会和评标方法暂行规定》的要求，评标委员会的专家成员应当从省级以上人民政府有关部门提供的专家名册或者招标代理机构的专家库内的相关专家名单中确定。按前款规定确定评标专家，可以采取随机抽取或者直接确定的方式。一般项目，可以采取随机抽取的方式。案例中"内定"评审专家的做法显然有违公平。

而对于特殊情况，《评标委员会和评标方法暂行规定》也有明确规定，技术特别复杂、专业性要求特别高或者国家有特殊要求的招标项目，采取随机抽取方式确定的专家难以胜任的，可以由招标人直接确定。

（2）时间节点要控制好。开标前几个小时才进行评审专家的人工抽签，难免出现这样或那样的问题。有些地方目前开始实施专家抽取的自动化。按照项目的要求，系统会提前1天向被抽取的专家发出语音通知，如果遇到专家不能到场的情况，就会继续进行自动抽签、语音通知。

评审专家名单在项目结果确定前应该保密，所以，过早抽取，难免有泄密的隐患，但如严格按照规定，即在开标前确认评审专家，操作起来并不容易实现。由于目前各地评审专家库内的专家大多为兼职，硬性管理难度较大，不提前沟通，很难保障专家在通知当天到岗。

（3）招标人不宜做评审专家。《评标委员会和评标方法暂行规定》规定："评标委员会由招标人或其委托的招标代理机构熟悉相关业务的代表，以及有关技术、经济等方面的专家组成，成员人数为5人以上单数，其中技术、经济等方面的专家不得少于成员总数的2/3。"此项规定自然是为了限制和平衡招标人在招标项目评审中的作用。本案例中以"我们也是库里的专家"为理由，招标人代表要求参与评标是不合法的。纵使这两位招标人代表以专家身份参加了评标，这一次也是绝对不可以的。招标人不得以专家身份参与项目评审，这是法律明确规定的。不仅如此，《招标投标法》第37条、《招标投标法实施条例》第46条等相关法律法规规定了评审专家的回避原则："与投标人有利害关系的人不得进入相关项目的评标委员会，已经进入的应当更换。""评标委员会成员与投标人有利害关系的，应当主动回避。""任何单位和个人不得以明示、暗示等任何方式指定或者变相指定参加评标委员会的专家成员。"

【示例 10-8】 评委结构不合法，评标无效效率差

【示例简介】 某依法必须进行招标的工程设备安装工程，开标后，招标人组建了总人数5人的评标委员会，其中招标人代表1人，招标代理机构代表1人，政府组建的综合性评标专家库抽取3人，组成5人评审委员会。最终作出评审结果。招标结束后，以评委会组成不合法为由，有人向行政监督部门举报，被认定评标无效。

【示例点评】 本案中招标人和招标代理机构各派了1个人参加评标，所占比例超过了总人数的1/3，评标委员会的组成违反了《招标投标法》第37条，以及《评标委员会和评标方法暂行规定》第9条的规定："评标委员会由招标人或其委托的招标代理机构熟悉相关业务的代表；以及有关技术、经济等方面的专家组成，成员人数为5人以上单数，其中技术、经济等方面的专家不得少于成员总数的2/3"的规定。根据《工程建设项目施工招标投标办法》第79条："评标委员会的组建及人员组成不符合法定要求的，评标无效，应当依法重新进行评标或者重新进行招标，有关行政监督部门可处3万元以下的罚款。"行政监督部门作出如上处理是正确的。

10.2.2 成员违反回避制度

【示例 10-9】 招标评标一家亲，未有回避白费劲

【示例简介】 某中学塑胶跑道、人造草坪工程委托该县招标代理机构进行公开招标。该工程建设规模跑道面积7800m²、人造草坪面积9878m²；承包方式为包工包料，一个标段；今年4月份开始招标，要求整个工程必须在8月中旬结束并通过验收。经建设单位及其主管部门和招标监管机构3单位负责人商定：因项目特殊，评标委员会除由2名建设单位参与咨询、考察人员外，招标人还应从本地专家库中，指定与塑胶跑道工程特别相近的设计类、监理类和市政造价类各1名，共5人组成全权负责投标文件的评审工作。招标投标管理机构、教育主管部门、公证处等单位监督了开标、评标的全过程。

在有关部门的监督下，通过评标委员会成员6个小时认真仔细的评审，向招标人推荐出第一中标候选人甲公司，公示两个工作日。在招标公示期间，第二中标候选人乙公司投诉评标委员会成员与第一中标人甲公司存在利害关系：5名评委会成员中有3人应该执行回避制度。投诉书称：第一，建设单位的经办人员在考察中多次接受供应商的请吃，并进浴场下舞池；中标单位法人委托人还为招标单位经办人（并且是这次评标委员会成员）黄某和蒋某提供3次请吃、浴场结算单；第二，在评标的第1天晚上，由建设单位经办人黄某介绍，中标单位甲公司法人委托人与指定评标人之一、设计院长徐某在某茶吧内接触长达1个半小时，商谈内容不详，另外据悉，徐某是甲公司法人委托人的表舅。

【行政处理】 接到投诉，经监管机构调查，黄某和蒋某承认确有此事，还上交了"第一中标候选人甲公司"赠送的价值300余元的游行包两只，并一再表示自己是以学校

事业为重，出于公心认真评审的，没有将第一中标人甲公司的"授意"带到评审中；由建设单位、招标代理机构和招标投标监管机构商定的评标专家徐某等3人在话吧内商谈1个多小时，且徐某与甲公司法人委托人有亲属关系均属实。可见黄某、蒋某以及徐某与第一中标候选人甲公司已存在利害关系，应该回避评标是不容辩解的。徐某身为省级聘任评标专家，理应执行回避制度，尤其是招标代理机构在召集评标委员会成员会议上，提及并要求执行回避制度而不回避，理应受到了处理。行政监督部门认定，此次评标无效，新组建的评审委员会重新评标。并对相关人员进行了处理。经重新组建评委会，最终，乙公司中标。整个工程的预计总价为325.8万元，最终中标价为278.24万元，节约近50万元。

【示例点评】 这是一起评标委员会成员违反回避制度的案例，对于评标专家参评，国家法律有明确的规定。

有哪些情形的，不得担任评标委员会成员？2001年7月5日发布的《评标委员会和评标办法暂行规定》明确规定，有下列情形之一的，不得担任评标委员会成员：（1）投标人或者投标人主要负责人的近亲属；（2）项目主管部门或者行政监督部门的人员；（3）与投标人有经济利益关系，可能影响对投标公正评审的；（4）曾因在招标、评标以及其他与招标投标有关活动中从事违法行为而受过行政处罚或刑事处罚的。评标委员会成员有前款规定情形之一的，应当主动提出回避。

《评标委员会和评标办法暂行规定》第13条："评标委员会成员应当客观、公正地履行职责，遵守职业道德，对所提出的评审意见承担个人责任。""评标委员会成员不得与任何投标人或者与招标结果有利害关系的人进行私下接触，不得收受投标人、中介人、其他利害关系人的财物或者其他好处。"评标委员会成员和与评标活动有关的工作人员不得透露对投标文件的评审和比较、中标候选人的推荐情况以及与评标有关的其他情况。前款所称与评标活动有关的工作人员，是指评标委员会成员以外的因参与评标监督工作或者事务性工作而知悉有关评标情况的所有人员。

依据上述法律法规规定，本案中，黄某、蒋某以及徐某与第一中标候选人甲公司已存在利害关系，应该回避评标是不容辩解的，已影响到对投标公正的评审；按照法律规定，应作出评标无效等处理。

10.3 评委会成员行为

10.3.1 行使权利不当

【示例10-10】 评标滥用澄清权，评标无效引纠纷

【示例简介】 招标代理机构受业主委托，公开招标工程建设项目某项设备，该设备技术复杂价格不菲。开标当天，有5家承包商前来投标，经过评标发现在采取综合评分法的情况下，位居前两名的乙公司和丙公司，不但得分相同，而且总报价也相同。此时，评委会中的招标人代表提出，在丙的投标文件中未表明此设备的单项报价，应启动澄清程序，由丙公司派代表对此进行说明，此提议得到其他评委会成员的默许。丙公司代表在澄清中，表示其所投的货物为进口产品，技术国际领先。最后，评委会经过协商确定，在总报价相同的情况下，乙公司所投货物为国产，技术指标和单价都明显低于丙公司，由此认为乙公司的总报价实际上高于丙公司，推荐丙公司为第一中标候选人。但是，在中标通知

发出后，立即引起乙公司的不满，在质疑未取得满意的答复后，向行政监督部门提出了投诉。

【行政决定】 行政监督部门经过调查核实，评标过程情况属实，行政监督部门作出评标无效，重新评标的结论。

【示例点评】 此案例应该关注两个问题：一是评标委员会认为丙公司未标某设备的单价，要求投标人进行澄清，是否合法？澄清程序在何种情况下可以启动？二是采取综合评分法进行评标，在评分和报价相同的情况下，应该如何确定中标候选人的排序？

（1）评标委员会认为丙公司未标某设备的单价，要求投标人进行澄清的做法确实不妥，属于典型的"滥用澄清权"。《招标投标法实施条例》第52条："投标文件中有含义不明确的内容、明显文字或者计算错误，评标委员会认为需要投标人作出必要澄清、说明的，应当书面通知该投标人。""投标人的澄清、说明应当采用书面形式，并不得超出投标文件的范围或者改变投标文件的实质性内容。""评标委员会不得暗示或者诱导投标人作出澄清、说明，不得接受投标人主动提出的澄清、说明。"

《评标委员会和评标方法暂行规定》第19条明确规定："评标委员会可以书面方式要求投标人对投标文件中含义不明确、对同类问题表述不一致或者有明显文字和计算错误的内容作必要的澄清、说明或者补正。""澄清、说明或者补正应以书面方式进行并不得超出投标文件的范围或者改变投标文件的实质性内容。"投标报价属于投标实质性内容。

上述案例的情况根本不属于上述法律规定的澄清适用范围，此时要求投标人澄清，显然是为澄清者无形中增加了竞争的砝码。为了成为最后的赢家，投标人的随意解释可构成对投标文件实质性内容的更改，这是有关招标投标法律所不能够允许的。

（2）既然评标委员会要求丙公司进行澄清的做法不妥，那么，遇到评分和报价相同的情况下，应该如何确定中标候选人的排序？对此工程建设项目招标投标部门规章中没有明确具体的规定，招标人应当在招标文件中加以规定，如果招标文件中也没有规定，应当同时推荐为第一候选中标人，在这种情况下，评标委员会最好将投标设备技术指标的优劣情况在评标报告中明确描述，由招标人在定标时参考使用。

【示例 10-11】 同一项目多次评，滥用权力违法定

【示例简介】 某一工程建设项目经历了3次评标和确定中标人的曲折经历，第一次评标结果作出后，甲公司中标后，乙公司以评标委员会评标有误，以评标委员会剥夺其对细微偏差澄清权利为由，请求有关部门作出评标无效重新评标处理。然而，招标人未经调查处理就组织了第二次评标，第二次评标维持了第一次评标的结果，仍然确定甲公司为中标人。乙公司仍然不服，继续投诉。招标人为此组织了第三次评标，最终乙公司中标。招标人向乙公司发出中标通知书。

【行政处理】 有关部门在处理这一案件时认为，评标由招标人依法组建的评标委员会负责，非经法定程序不得撤销评标结果，第一次、第二次评标结果被投诉后，未经调查，也未发现存在任何问题，更缺乏行政监督部门的处理意见招标人就随意组织重新评标，根据有关法律法规规定，第一次评标结果合法有效，为此作出了维持第一次评标结果的结论。

【示例点评】 本案是涉及评标由评标委员会负责的典型案例。《招标投标法》确立了

评标由评标委员会负责的制度，这一制度不同于招标代理制度，招标代理机构受命于招标人的指示办理招标事宜，而评标委员会虽然由招标人依法组建，但在评标过程中，并不受命于招标人，具有评标的自主权，非经法定程序，评标结果不得任意改变。本案中，第一、第二次评标结果作出后，未经过任何程序就被否决，将评标委员会的评标视为儿戏，随意更改，显然不符合法律的规定。招标人要重新招标，首先必须具备法定的或者约定的重新评标的条件，显然本案仅仅被乙方进行投诉，在投诉事实尚未调查清楚之前招标人就贸然否决评标委员会的前两次评审结果，缺乏重新评标的法律依据，在此情形下，招标人重新评标的行为非常轻率，应当认定为评标无效。

10.3.2　成员违法行为

【示例 10-12】　随意收取好处费，帮助他人谋利益

【示例简介】　2009 年，北京市某区某小学委托招标代理公司就该校教学楼装修和操场维修项目进行公开招标。某建筑装饰有限公司为达到中标目的，该公司的代理人胡某某与老同学评标委员会成员之一的阴某某串通，在评分时请给予照顾，并许诺事成后给予"好处费"。评标前，阴某某在评标委员会中做工作，唆使评标委员会其他成员给该公司打最高分，超出其他投标人的分数，使该公司中标。事后，胡某某送给阴某某一张价值人民币 5000 元的"权金城"会员卡。经过调查审理，情况属实，区行政监督部门对此次评标作出评标无效，撤销中标通知书的行政处理决定。按照法律规定，阴某某受到处罚。

【示例点评】　根据《工程建设项目施工招标投标办法》第 79 条："评标委员会及其成员在评标过程中有违法行为，且影响评标结果的，评标无效，应当依法重新进行评标或者重新进行招标，有关行政监督部门可处 3 万元以下的罚款。"

对于评标委员会成员收取投标人的财物或者其他好处的，按照《招标投标法》第 56 条规定："（1）给予警告；（2）没收收受的财物，可以并处 3000 元以上 5 万元以下的罚款；（3）对有所列违法行为的评标委员会成员取消担任评标委员会成员的资格，不得再参加任何依法必须进行招标的项目的评标；（4）构成犯罪的，依法追究刑事责任。"

【示例 10-13】　评标滥用澄清权，实质改变惹祸端

【示例简介】　某依法必须进行招标的工程建设项目货物采购项目，评标委员会经过初步审查，认为投标人甲投标人的货物与招标文件中要求的货物技术规格、参数、性能、制作工艺等方面基本一致，但其价格过高。为此，招标人代表建议评标委员会进行了以下两项澄清，要求投标人甲做进一步说明：一是如果中标，在现有的报价基础上可否再下浮 1%～3%；二是如果中标，针对货物中的一些关键配件，可否在招标文件要求的供货范围之外免费提供。在规定的时间内，投标人甲及时进行了回复，承诺如果中标，在原投标报价的基础上可上下浮 2%，但没有承诺免费提供配件，因为其价格太贵。但承诺对于配件可以优惠 20%。招标人对投标人甲的回复较满意，于是评标委员会推荐了投标人甲为第一中标候选人。其他投标人了解此事后，向行政监督部门投诉，行政监督部门作出评标无效的处理。

【示例点评】　《招标投标法》第 39 条规定："评标委员会可以要求投标人对投标文件中含义不明确的内容作必要的澄清或者说明，但是澄清或者说明不得超出投标文件的范

围或者改变投标文件的实质性内容。"这里的实质性内容，《招标投标法》第43条界定了投标价格、投标方案等为投标文件的实质性内容。《评标委员会和评标方法暂行规定》第19条又进一步规定，评标委员会可以书面方式要求投标人对投标文件中含义不明确、对同类问题表述不一致或者有明显文字和计算错误的内容作必要的澄清、说明或者纠正。澄清、说明或者纠正应以书面方式进行并不得超出投标文件的范围或者改变投标文件的实质性内容。

本案中，招标人通过评标委员会向投标人甲发出的两项澄清内容，即：（1）如果中标，在现有的报价基础上可否再下浮1‰～3‰；（2）如果中标，针对锅炉中的一些关键部件，如喷油嘴，可否在招标文件要求的供货范围之外免费提供一套等，属于法律明确规定不允许澄清的内容。评标委员会的这种行为，实质上等同于代替招标人在确定中标人之前，与投标人甲的投标价格、投标方案进行了谈判，许可了投标人甲二次报价，二次递交投标范围，违反了《招标投标法》第43条关于在确定中标人之前，招标人不得就投标价格、投标方案等实质性内容与投标人进行谈判的规定。

评标委员会要求投标人澄清的内容，属于投标文件的实质性内容，相当于要投标人甲进行了二次投标报价，违反了法律赋予评标委员会的职责。本案中，评标委员会的行为超越了法律赋予其的权限。

依据《工程建设项目货物招标投标办法》第57条规定："评标委员会及其成员在评标过程中有违法违规、显失公正行为的，该评标结果无效，招标人应重新进行评标或重新进行招标。"

【示例10-14】 评标成员收贿赂，判定无效依案情
【示例简介】 某建设单位有一项目公开招标，通过资格预审有五家公司参与投标后，招标人组织评委会组织进行评审，经过评审后甲公司中标。另一参与投标的乙公司不服结果，认为评标委员会有人收取了甲公司的贿赂，甲公司应属于中标无效。有关部门经过调查，发现确有人受贿，确认情况属实，并对评标委员会各成员评分情况进行了查看和分析，对有关人员进行了处理。但认为中标结果依然有效。乙公司对处理结果表示不理解，提出了行政诉讼。
【示例点评】 认定中标无效必须有严格的限定，没有造成一定的严重结果，不能确认为无效，本案例行为虽然是违反法律规定的，同时对有关人员进行了处理，但其影响力尚未影响到中标后果，因此，不能认定中标无效。

11 常见投标无效法律纠纷案例

11.1 投标人不合法

11.1.1 利害关系人参标

【示例11-1】 多家公司一法人，共同投标不相宜

【示例简介】 某工程建设项目的招标文件中规定：凡两家或两家以上公司为同一法人代表或其中一家公司为另外一家公司单一最大股东的，不能同时参与同一项目相同标段的投标活动，一经发现，将视同投标无效。没想到，招标文件发出后不久，有人便提出了异议，原因是在这次投标中甲公司和乙公司的法人代表是同一人。甲公司辩称：其与乙公司属于独立核算单位，在市场上是竞争关系，而且他们在参与投标时，所标报价、施工技术与组织方案都不一样，能形成有效竞争。另外，他们两家公司在其他地区都是作为合格独立法人参与投标的，而且前几年两家公司都可以同时参加组织的招标，在之前参与组织的项目投标中，并没有判定投标无效。

接到质疑后，该招标负责人表示，招标文件的规定是为了更好地遵守《招标投标法》的公平原则，并无不妥，但甲公司却坚持自己的意见。

【示例点评】 这是《招标投标法实施条例》颁布之前，法规尚未完善时的一个案例。当时在回答质疑时，有关部门认为，这一招标文件作出上述规定并无不妥。这样的规定虽然限制了同一法定代表人的企业和控股关联企业的投标权利，但是这种限制是符合公平原则的，因为根据《招标投标法》招标人可以根据项目的特殊要求，规定承包商的特定条件。项目的特殊要求不仅仅是工程的特殊要求，也有该行业的特别情况、市场竞争的特殊情况等等，工程的特殊要求应该是很多的。比如上述案例中，行业内存在一个人控股多家企业的情况，可能导致围标。针对这一特殊情况，招标人可以对投标人资格作出限制。因而本案例中的招标文件规定可以给潜在投标人提供一个更加公平的竞争平台。

另外，《工程建设项目施工招标投标办法》第16条规定："招标人可以根据招标项目本身的特点和需要，要求潜在投标人或者投标人提供满足其资格要求的文件，对潜在投标人或者投标人进行资格审查；法律、行政法规对潜在投标人或者投标人的资格条件有规定的，依照其规定。"这就说明招标人有权根据项目特点提出投标人应当具备的实质应标资格条件。

如果"同一法定代表人的多家公司参与同一项目相同标段的投标"被允许，那么，一个人就可以注册多家企业参加同一项目相同标段的投标了，那围标串标就太容易了。对其他投标人来说也是不公平的。《招标投标法》等法规也规定了投标人之间不得相互串通投标报价，不得妨碍其他投标人的公平竞争，不得损害招标单位或者其他投标人的合法权益。为此，"同一法定代表人的多家公司参与同一项目相同标段的投标"是完全不被允许

的。建设工程领域中对此的相关法律法规有:

《工程建设项目施工招标投标办法》第35条规定:"投标人是响应招标、参加投标竞争的法人或者其他组织。""招标人的任何不具独立法人资格的附属机构(单位),或者为招标项目的前期准备或者监理工作提供设计、咨询服务的任何法人及其任何附属机构(单位),都无资格参加该招标项目的投标。"

《工程建设项目货物招标投标办法》第32条规定:"法定代表人为同一个人的两个及两个以上法人,母公司、全资子公司及其控股公司,都不得在同一货物招标中同时投标。""一个制造商对同一品牌同一型号的货物,仅能委托一个代理商参加投标,否则应作投标无效。"

2012年2月1日开始实施的《招标投标法实施条例》第34条则明确规定:"与招标人存在利害关系可能影响招标公正性的法人、其他组织或者个人,不得参加投标。""单位负责人为同一人或者存在控股、管理关系的不同单位,不得参加同一标段投标或者未划分标段的同一招标项目投标。""违反前两款规定的,相关投标均无效。"这将规章上升到法规层次。

【示例 11-2】 关联企业同投标,是否有效很难评

【示例简介】 在一次公开的政府采购工程项目中,采购代理机构接到部分供应商提出质疑:本项目投标人甲、乙两家是关联企业,不应参与同一项目的投标。代理机构接到质疑后立即展开调查,通过工商部门提供的资料发现了这样的情况:甲、乙两家公司的法人并不是同一人,但二人确是夫妻关系,而且两家的公司股东也完全相同。面对这一情况,代理机构犯了难,该如何处理这件事情呢?

【示例点评】 有业内专家指出,处理这个问题主要还是看招标文件有没有这方面的约定。法律法规方面这方面的规定只是在《工程建设项目货物招标投标办法》第32条规定:"法定代表人为同一个人的两个及两个以上法人,母公司、全资子公司及其控股公司,都不得在同一货物招标中同时投标。"另外,《招标投标法实施条例》第34条规定:"与招标人存在利害关系可能影响招标公正性的法人、其他组织或者个人,不得参加投标。""单位负责人为同一人或者存在控股、管理关系的不同单位,不得参加同一标段投标或者未划分标段的同一招标项目投标。""违反前两款规定的,相关投标均无效。"本案中甲、乙两家公司并不属于上述规定的范畴之内。有专家认为:针对这种情况,首先要搞清什么是"关联企业"?在我国关联企业只是一个税收上的概念,而不是法律概念,在招标投标实践中,尽管有些招标人或代理机构利用招标文件限制关联企业同时投标,但是关联企业是很难准确地加以界定。所以除非采取了列举和谨慎的表述,一般情况下是很难适用的。本案中甲、乙两家公司仅仅因为是股东相同,法人代表为夫妻关系,是不足以认定他们是关联企业的。例如,两家企业主营产品不同,且从来没有业务往来,也不存在一个公司控股另一个公司的情形,那么,这两家公司的关系肯定不会构成税法意义上的关联企业。在例如,如果这对夫妻关系不和而"闹离婚",很有可能成为真正意义上的竞争对手。所以从目前的证据来看,甲、乙公司并不存在法律禁止的情形,也没有构成该项目招标文件投标无效的情形,他们参加政府采购应该是合法的。

当然,甲、乙两家公司的情况很自然地会使人产生这两家公司有串标或围标的嫌疑感

觉。但疑罪从无，不能仅仅因为怀疑就认定人家一定有问题。专家建议，代理机构此时应认真地看一下两家公司的投标文件，有没有相同之处。比如人员构成上有相同的名字、报价、资质证书、厂家授权相似或雷同等。如果发现确有问题，应及时反映是招标代理机构的职责。

对此情况的处理专家建议：要避免此类问题发生，应在招标文件中对所谓的关联企业投标进行准确的表述和明确地限制。此外，关于供应商提起的质疑，应要求质疑方提供证据材料或证据来源，因为质疑是民法调整的范畴，可以适用"谁主张谁举证"的原则。

11.1.2 联合体组成资质

【示例 11-3】 联合体成员无资质，反倒诉讼牵头人

【示例简介】 2009 年 3 月 18 日，甲研究院与乙公司及某大学签订《组成联合体投标协议书》，3 方组成联合体参与丙公司某项工程投标。投标联合体以乙公司为牵头人，甲研究院、北京某大学为成员，以联合体方式参与竞标，联合体各方出具授权委托书，授权乙公司工作人员吕某某全权负责投标事宜。2009 年 8 月 22 日，吕某某代表投标联合体递交了投标书，并由乙公司交纳了投标保证金。

2009 年 8 月 25 日为投标截止日，招标人丙公司进行了开标和现场答疑工作，并随后进行评标和资格复审工作。2009 年 8 月 26 日，招标人在资格复审过程中，发现投标文件中没有甲研究院的资质证书，发函要求联合体澄清有关资质文件等问题。而甲研究院未能提供证据证明其具备相应资质。2009 年 9 月 24 日，乙公司向丙公司发出由吕某某签署的"退出竞标"的传真并随后提交了传真原件。丙公司将投标保证金退还给了乙公司，联合体退出竞标。2010 年 4 月 27 日，甲研究院以联营合同纠纷为由，向中级人民法院提出诉讼，请求判令乙公司赔偿直接损失和间接损失 2000 万元。随后，甲研究院提交《补充民事起诉状》，将案由变更为共同侵权，请求追究乙、丙两单位的招标投标侵权责任，索赔2500 万元。

【法院审理】 经法院审理，对此案的具体事实进行了确认，确认结果如下：

(1) 本次招标为工程总承包，范围包括：12#、13#标段的设计、制造、设备及材料供货、土建施工、安装、调试、试验及检查、服务、培训等。

(2) 招标文件要求：投标承包商应为具有环保设施乙级以上设计资质证书的独立法人或者投标联合体。若组成投标联合体，联合体各方均应具有以上资质证书；联合体中必须明确一方为责任方，责任人对本次投标负全部责任。联合体只能以责任方的名义进行投标，投标文件应提供联合体各方共同签订的协议。投标文件中必须提供联合体中其他各方对责任方的充分、有效、真实的商务和技术授权文件，以便负责方能够对本次投标负全部责任。在投标文件中联合体各方应按照招标文件的有关要求分别提交各自的资质文件，不符合招标文件要求的投标无效。

(3) 联合体各方签订并向招标人提交了《组成联合体投标协议书》，约定被告乙公司为牵头人，联合体各方皆向招标人出具授权委托书，受权被告乙公司工作人员吕某某为委托代理人，全权负责处理投标事宜。

(4) 联合体向招标人提交《投标书》，投标文件中没有原告甲研究院符合招标要求的

资质证明，投标保证金 200 万元由乙公司交纳。

（5）招标人在资格复审中向投标联合体发函，要求澄清无资质证书问题。

（6）庭审中原告甲研究院没有提供证据证明自己具有环保设施乙级以上设计资质证书。

（7）被告丙公司要求被告乙公司对无效投标进行书面确认，作为返还投标保证金的依据，被告乙公司通过传真方式予以确认，丙公司将投标保证金返还给乙公司。

（8）原告不能证明其提交的费用依据为用于本次投标所发生的费用，其提交的工程利润证据与本案无关。

【法院判决】 基于庭审查明的事实，法院认为：招标投标法规定了投标联合体成员应具备招标文件要求的资格，该规定是对投标人民事行为能力的强制性要求，投标人应当具备招标文件要求的资格，否则没有参与投标的民事行为能力。被告丙公司根据工程招标投标范围制作招标文件，要求投标人应具有环保设施乙级以上设计资质证书，符合招标投标法的规定，投标人应当具备和提交相应资质，投标联合体各方都应具备和提交符合招标文件要求的资质证书。但投标书中，没有原告甲研究院的资质证书，原告未提供证据证明其具备相应资质，原告甲研究院没有参与本次投标的资格，不具有以联合体成员身份参与本次投标的民事行为能力。因此，因原告无民事行为能力，原告甲研究院与被告乙等签订的组成联合体协议书无效，联合体投标无效。被告招标人丙公司应当返还投标保证金，被告乙公司对投标无效作出书面确认作为被告丙返还投标保证金的依据，不违反事实和法律，联合体投标由被告乙公司交纳投标保证金，被告招标人丙公司将保证金返还给乙公司符合法律规定，两被告不构成侵权，不应当承担民事责任。同时，原告不能提供损失事实依据和法律依据，故对原告的诉讼请求不应予以支持。法院依据查明的事实，依法驳回原告的全部诉讼请求。

【示例点评】 本案例主要涉及以下几个问题：一是《组成联合体投标协议书》是否有效；二是本次联合体投标是否有效；三是乙公司向丙公司提出退出竞标，乙公司接受丙公司退还的投标保证金是否构成侵权；四是合同法关于赔偿合同履行认可的利益损失的规定是否适用于本案？

（1）联合体协议书是否有效？甲研究院无招标文件要求的资质证书，不具备组成联合体的主体资格，其签订的组成联合体协议书无效。《招标投标法》第 31 条规定："两个以上法人或者其他组织可以组成一个联合体，以一个投标人的身份共同投标。""联合体各方均应当具备承担招标项目的相应能力；国家有关规定或者招标文件对投标人资格条件有规定的，联合体各方均应当具备规定的相应资格条件。"本案中，招标文件明确规定："投标人应具有环保设施乙级以上设计资质证书的独立法人或投标联合体，联合体各方均应具有以上资质证书，在投标文件中标明联合体各方应按照招标文件要求分别提交各自的资质文件。"

根据上述法律及招标文件规定，投标联合体成员应具备招标文件要求的"环保设施乙级以上设计资格证书"资格条件，甲研究院不具备投标联合体成员资格，也就无签订组成联合体协议的民事权利与民事行为能力。根据合同法的规定，合同主体应具有相应的民事权利与民事行为能力。因此，甲设计院签订的《组成联合体投标协议》因违反法律强制性规定而无效。

（2）联合体投标是否有效？本案联合体投标为投标无效。根据前述法律规定，投标联合体各方均应具备相应的资格条件，甲研究院无招标文件要求的资格证书，投标联合体因此不具备投标资格，不具备本次投标的民事权利和民事行为能力。根据《民法通则》第58条规定："无民事行为能力的人实施的民事行为无效，因此，联合体投标因违反法律的强制性规定，投标无效。"

（3）乙公司向丙公司提出退出竞标，乙公司接受丙公司退还的投标保证金是否构成侵权？乙公司以传真方式对投标无效进行确认，招标人丙公司将投标保证金退还给乙公司的行为合法，不构成侵权。《民法通则》第61条规定："民事行为被确认为无效或被撤销后，当事人因该行为取得的财产，应当返还给受损失的一方。"本案甲研究院因无响应的资格证书，导致联合体无投标资格，投标无效。根据前述规定，丙公司应当返还投标保证金。基于投标无效的事实，乙公司向丙公司发出"退出竞标"的传真，丙公司返还投标保证金的行为并非双方协商撤销投标，而是对投标无效依法进行处理的行为，该传真是对投标无效事实的书面确认，作为丙公司退还投标保证金的依据。因投标保证金由乙公司交纳，丙公司应当将投标保证金返还给乙公司，乙公司有权接受退还的投标保证金。因此，乙公司与丙公司基于投标无效的事实，由乙公司向丙公司发出"退出竞标"传真，以书面确认的方式作为丙公司返还投标保证金的依据，丙公司将投标保证金退还给乙公司符合法律规定，并非协议撤标，不构成侵权。

根据《招标投标法》第54条规定："投标人以他人名义投标或者以其他方式弄虚作假，骗取中标的，中标无效，给招标人造成损失的，依法承担赔偿责任；构成犯罪的，依法追究刑事责任。"在招标人丙公司已经发现甲公司无资质证书事实的情况下，如果投标联合体，特别是投标联合体的乙公司，继续隐瞒事实，骗取中标，将会造成更加重大的损失，承担更为严重的法律后果。因此，退出竞标是依法而为的行为，也是必然作出的选择。

（4）合同法关于赔偿合同履行认可的利益损失的规定是否适用于本案？甲研究院要求乙公司赔偿直接和间接损失没有事实依据和法律依据。根据甲研究院没有响应资格证书导致投标无效的事实，乙公司和丙公司行为并不构成侵权，依法不应当承担任何侵权责任。同时，甲研究院提供的所谓直接损失依据为326张"记账凭证"和相关票证，该部分证据中的"记账凭证"所列费用项目为甲研究院单方记录，缺乏客观性，全部326张"记账凭证"和相关票证与本案缺乏关联性，不能作为认定本案侵权损失的事实依据。甲研究院提供的"设备工程记账凭证及发票"、"记账凭证及发票"、"销售NFT-4T记账凭证及发票"、"项目（工厂）用料库存商品分类账及利润测算表"等证据与本案缺乏关联性，不能作为认定本案侵权损害事实的依据。而且本案原告甲研究院的损失计算更是缺乏起码的事实和法律依据，原告与被告乙公司等3方组成投标联合体参与丙公司工程项目的竞标，由于原告甲研究院不具有招标文件要求的资格证书，导致投标无效，联合体被迫退出竞标，何谈以1.37亿元中得1号标段，以2.35亿元中得13号标段？既未中标，又何谈工程承包合同，何谈工程承包合同纠纷？既无工程承包合同纠纷，又怎能适用《合同法》第113条的规定来计算工程承包合同如果得以履行将获取的可得利润？如此荒唐的诉讼，不可能得到法院的支持。

11.1.3 联合体成员单投标

【示例11-4】 联合体本是一家人，单独行动行不通

【示例简介】 某一工程建设项目公开招标投标，在评标的过程中，评审委员会发现，有一单独投标单位与联合体成员单位名称相同，经过核查情况确实是同一单位，随即判定该单独投标人和联合体投标均无效。

【示例点评】 根据相关规定：两个以上法人或者其他组织可以组成一个联合体，以一个投标人的身份共同投标。联合体各方签订共同投标协议后，不得再以自己名义单独投标，也不得组成新的联合体或参加其他联合体在同一项目中投标。《招标投标标法实施条例》第37条进一步明确规定："联合体各方在同一招标项目中以自己名义单独投标或者参加其他联合体投标的，相关投标均无效。"

11.2 投标人发生变化

11.2.1 单独投标人变化

【示例11-5】 中标之后有变化，判定无效有争议

【示例简介】 甲建设工程公司参加一项当地政府投资土建项目的投标活动，甲公司报名后通过资格预审，并顺利参加了开标。期间相隔半个月时间，并没有任何投标人及招标人对甲公司提出任何异议。开标后由甲公司作为第一中标候选人进行了中标公示，在中标公示阶段，招标人以"中标候选人的经营、财务状况发生较大变化"为理由，要求取消其中标资格。当地政府会议经过讨论认定投标无效，发函给招标投标中心建议对甲公司作出取消中标资格处理。最终，取消了甲公司的中标资格。此次招标文件中，并没有写明出现此种情况下会做出投标无效或取消中标资格的条款。

甲公司对此提出质疑：（1）投标人发生变化，这样的取消中标资格符合法律规定或程序吗；（2）招标人（或评标委员会）认为可能影响履约能力的依据是什么；如何判定一个企业有否履约能力；（3）资格预审通过，已作为潜在合格投标人，不在开标前提出履约能力却在中标后提出，是否有法律依据？

【示例点评】 在招标过程中，未定标前，投标人发生变化的，招标人可以按照《招标投标法实施条例》第38条规定执行："投标人发生合并、分立、破产等重大变化的，应当及时书面告知招标人。""投标人不再具备资格预审文件、招标文件规定的资格条件或者其投标影响招标公正性的，其投标无效。"

本案发生在投标人中标之后，单位发生了变化，依照《招标投标法实施条例》第56条："中标候选人的经营、财务状况发生较大变化或者存在违法行为，招标人认为可能影响其履约能力的，应当在发出中标通知书前由原评标委员会按照招标文件规定的标准和方法审查确认。"对本案的处理多数专家认为：

（1）招标文件有没有载明《招标投标法实施条例》第56条的情况，不是招标人启动履约能力审查程序的必要条件。

（2）中标公示期间，该公司没有发生新的情况，不等于在资格预审后到中标公示前这期间该公示没有出现"合并、分立、破产等重大变化，或者存在招标投标方面的违法行为"。而这个变化，恰好是在中标公示时招标人才掌握到此情况。

（3）履约能力审查的主体应为原评标委员会，履约能力审查的标准和方法应与招标文件的一致。（资格预审项目的，相应作出调整）。"当地政府会议"研究是典型的行政干预，违反法律规定，投标人可以根据作出"决定"主体的属性，选择异议、投诉和诉讼。

也有专家认为，为兼顾效率与公平，启动履约能力审查程序，需要满足以下条件：

（1）在启动原因上，必须是中标候选人的经营状况发生变化或者存在违法行为，且招标人认为可能影响其履约能力的，如果招标人认为不影响其履约能力的，则不需要启动该程序。

（2）在时间阶段上，必须在评标结束后，中标人确定前。如果在评标过程中出现有关情形，由评标委员会在评审时一并审查即可。

（3）履约能力审查的主体为原评标委员会，是为避免招标人滥用本条规定擅自变更评标结果，同时也是尽可能淡化评标专家主观因素影响，确保前后评审尺度统一。

（4）履约能力审查的标准和方法，为招标文件规定的标准和方法，不得另搞一套标准。

11.2.2 联合体发生变化

【示例 11-6】 中途退出联合体，投标无效白费力

【示例简介】 甲、乙、丙 3 家公司在某工程建设项目中组成联合体，已签订了联合体投标协议书，并已通过预审并入围。但过后其中丙方由于某种原因要求退出联合体，无奈之下，牵头人甲公司经过乙公司同意，又找到丁公司替补丙公司。评审委员会了解到这一情况，判定联合体投标无效。甲、乙公司随后向丙公司要求经济赔偿。

【示例点评】 根据《招标投标法实施条例》第 37 条规定："招标人接受联合体投标并进行资格预审的，联合体应当在提交资格预审申请文件前组成。资格预审后联合体增减、更换成员的，其投标无效。"关于向丙公司索赔问题，如果协议中有违约责任的约定，应按约定。如果没有约定，应按守约方实际损失赔偿，包括甲、乙公司为投标准备工作所花费的费用等，适用《合同法》的相关规定。不过即使按照原组成进行投标，联合体也不一定中标，所以赔偿范围应该是有限的。

11.3 投标人不法行为

11.3.1 串通投标行为

【示例 11-7】 同台电脑制标书，3 份文件出一处

【示例简介】 上海某区建设工程招标投标管理办公室查处了一起串通投标违规案件，避免了一起违法招标投标骗取施工项目事件的发生，从而保证了该区建设工程招标投标工作继续沿着公开、公平、公正的方向发展，也有力地保障了其他投标单位的合法权益。该案涉及的某厂房改建工程，总投资额 350 万元，邀请招标，3 家投标单位参加投标。3 月 9 日开标时，招标办监管人员发现似有串标嫌疑，当场明确要进一步调查。同时招标办从市安质监总站相关信息中获悉在对施工投标的电脑监控中，发现这 3 家投标单位在制作投标书时使用过同一台电脑。该事件引起了区招标投标办主任的高度重视，主任立即召集招

标投标办有关执法人员研究进一步调查取证，具体布置了工作任务。

次日，招标办通过评标专家审核了上述 3 家投标单位（3 家投标公司简称甲、乙、丙公司）的投标标书，认定 3 家投标单位串标并签字确认，予以"投标无效"的处理。为此，招标办立刻进行行政调查，将评标情况通知了建设方，及时终止该项目招标投标活动，该项目重新招标，建设方表示充分理解并支持我们工作。

招标办及时收集这 3 家单位的投标文件，对其内容作了对比分析，发现了 3 家投标文件中有很多相同或相似的表述，更加证实了他们投标过程相互串标的事实。其后，招标办通知 3 家投标单位的负责人前来谈话，进一步了解事件真相，并作了笔录。3 家单位的负责人均承认了事前串通投标的行为，也承认在同一时段用同一台电脑制作电子投标书的事实，愿意接受处罚。其中甲公司还写了书面检查，表示要认真吸取教训。

根据调查和获取的资料分析，串通投标的 3 家单位是以甲公司为主，其余两家作陪衬。乙公司的投标文件，是由甲公司制作的，而丙公司称投标信息是甲公司提供并邀其参加陪标的。

【行政处理】 招标办在处理该案时，考虑违规有主有从，情节有重有轻，3 家违规单位都是初犯，故作出如下处罚决定：

（1）对甲公司按其投标工程总报价 345.5306 万元的 5‰进行罚款，共计 17300 元。

（2）对乙公司、丙公司的违规行为提出警告整改，以教育为主。上述两公司表示要吸取教训，不再犯。

（3）对甲公司的行政处罚决定书于 3 月 22 日发出，该单位已于当天交付罚金，该案处理完毕。从发案到调查取证直至处理结束，仅 10 余天时间。处理结果不留尾巴，没有后遗症，被处理对象口服心服，维护了法律的尊严。甲方对再次重新招标表示满意。

【示例点评】 这是一起刚刚进入招标评审活动就被行政监督机关发现的投标人之间有串标嫌疑，由评标委员会被认定为投标无效的案例。串标是招标投标活动中存在的违法行为的一种表现形式。招标活动期间，一旦发现有串标行为，评审委员会有权作出"投标无效"的决定，由行政监督机关对其作出相应的惩罚。此案处理的法律依据如下：

（1）判断违法依据。招标办认定，3 家单位串通投标的行为均已违反了《招标投标法》第 32 条第 1 款规定："投标人不得相互串通投标报价，不得排挤其他投标人的公平竞争，损害招标人或者其他投标人的合法权益。""投标人不得与招标人串通投标，损害国家利益、社会公共利益或者他人的合法权益。禁止投标人以向招标人或者评标委员会成员行贿的手段谋取中标。"《招标投标法实施条例》第 40 条第 1 款："不同投标人的投标文件由同一单位或者同一个人编制，视为投标人相互串通投标。"

（2）处理惩罚依据。依据《招标投标法》第 53 条规定："投标人相互串通投标或者与招标人串通投标的，投标人以向招标人或者评标委员会成员行贿的手段谋取中标的，中标无效，处中标项目金额 5‰以上 10‰以下的罚款，对单位直接负责的主管人员以及其他直接责任人员处单位罚款数额 5%以上 10%以下的罚款；有违法所得的，并处没收违法所得；情节严重的，取消其 1 年至 2 年内参加依法必须进行招标的项目的投标资格并予以公告，直至由工商行政管理机关吊销营业执照；构成犯罪的，应依法追究刑事责任。""给他人造成损失的，依法承担赔偿责任。"

此案件事实清楚，证据确凿，处罚依据和处罚决定得当。该区建设工程招标投标管理办公室充分考虑违规事实的主从轻重，并以教育为主。且由于其及时介入，使该次招标投标违规活动得到及时纠正，尚未造成严重后果。违规方对处罚决定都表示愿意接受，从中吸取教训，绝不再犯。

【示例 11-8】 串通投标压低价，想占便宜反吃亏

【示例简介】 戴某某与他人合伙串通一气去投标，本以为可低价中标，没想到不但没捞到任何好处，还损失了数万元。2008 年 5 月，某县一集体企业公开招标。戴某某和刘某某等 5 人商量好后一起去参加投标，他们事前串通约定：不要将标价提得太高，这轮投标不论谁中标，大家私底下还要举行一次投标，两次投标的差价，要拿出来给未中标者平分。

后来，刘某某以 14 万元中标，并交给村集体企业 2 万元押金。次日，戴某某和刘某某等 5 人聚在一块又举行了一次投标。投标前大家约定：每人预交 2 万元押金（刘某某以交给村集体企业的押金相抵），如果此次中标者不把差价拿出来分，则没收 2 万元押金，并重新投标。结果，戴某某以 19 万元中标，他依约拿出 5 万元给刘某某等 4 人平分，并付给刘某某 2 万元后拿到了村集体企业出具的押金收条。

不料，村集体企业发现了戴某某等人的串通投标行为，不但没和戴某某签订承包合同，还没收了 2 万元押金。戴某某后悔不迭，连忙到当地县人民法院起诉，要求刘某某退还 2 万元。近日，法院审理后判决驳回了戴某某的诉讼请求。

【示例点评】 我国《招标投标法》第 32 条规定："投标人不得相互串通投标报价，不得排挤其他投标人的公平竞争，损害招标人或者其他投标人的合法权益。""投标人不得与招标人串通投标，损害国家利益、社会公共利益或者他人的合法权益。""禁止投标人以向招标人或者评标委员会成员行贿的手段谋取中标。"

戴某某与刘某某等人串通一气故意压低标价，其行为违反了民事活动的诚实信用原则，严重损害招标方的利益，同时也给村集体企业造成一定的经济损失，因此，村集体企业有权没收 2 万元投标押金。戴某某与刘某某串通投标，他们之间的转包行为是非合法的承包合同转让关系，戴某某付给刘某某的 2 万元，实际上是刘某某把违法行为造成的损失转嫁给了戴某某，两人形成的也不是合法的债权债务，同样不受法律保护，故法院判决驳回了戴某某的诉讼请求。

11.3.2 采取行贿手段

【示例 11-9】 花钱行贿"一买通"，投标无效又判刑

【示例简介】 2009 年，北京市丰台区某某小学委托丰台区政府采购中心就该校教学楼装修和操场维修项目进行公开招标。某市金陵建筑装饰有限公司为达到中标目的，与区政府采购中心副主任阴某某串通，并许诺事成后给予"好处费"。评标前，阴某某唆使评标委员会校方代表胡某某给金陵公司打最高分。评标中，阴某某将其他评委打分情况泄露给胡某某，胡某某在阴某某指使下调低了其他公司分数，使金陵公司中标。事后，阴某某送给胡某某一张价值人民币 5000 元的"权金城"会员卡。丰台区财政局作出撤销中标通知书的行政处理决定。阴某某受到开除公职处分，胡某某受到开除党籍、开除公职处分。

【示例点评】 贿赂是投标人谋取中标的常用手段，也是导致投标无效的重要原因。本

案是一起中央工程治理领导小组办公室公布 20 起工程建设领域招标投标环节典型案件之一。在我国工程建设领域突出问题专项治理工作开展以来，各地区、各有关部门加大查办案件工作力度，查处了一批发生在工程建设领域招标投标环节的典型案件。截至 2012 年 3 月底，全国共查处工程建设领域违纪违法案件 21766 件，其中涉及招标投标环节的 3305 件，占 15.2%。案件查处情况表明，工程建设领域招标投标环节腐败案件仍然易发多发。为此，就有关监督管理机构干部而言，要认真贯彻第十七届中央纪委第七次全会和国务院第五次廉政工作会议精神，加大办案力度，突出办案重点，以《招标投标法实施条例》颁布实施为契机，继续突破一批招标投标环节的违纪违法案件。要深挖细查违规问题背后隐藏的腐败问题，重点查处领导干部利用职权违规插手干预工程建设项目招标投标活动收受贿赂的案件。要通过查办案件，注意发现体制机制和制度上的漏洞，建立健全从源头上有效防治腐败的长效机制。涉及在招标投标活动中禁止贿赂的主要法律法规有：

(1)《招标投标法》第 32 条："禁止投标人以向招标人或者评标委员会成员行贿的手段谋取中标。"

(2)《招标投标法实施条例》第 72 条："评标委员会成员收受投标人的财物或者其他好处的，没收收受的财物，处 3000 元以上 5 万元以下的罚款，取消担任评标委员会成员的资格，不得再参加依法必须进行招标的项目的评标；构成犯罪的，依法追究刑事责任。"

(3)《工程建设项目施工招标投标办法》第 74 条："投标人以向招标人或者评标委员会成员行贿的手段谋取中标的，……由有关行政监督部门处中标项目金额 5‰以上 10‰以下的罚款，对单位直接负责的主管人员和其他直接责任人员处单位罚款数额 5%以上 10%以下的罚款；有违法所得的，并处没收违法所得；情节严重的，取消其 1 至 2 年的投标资格，并予以公告，直至由工商行政管理机关吊销营业执照；构成犯罪的，依法追究刑事责任。给他人造成损失的，依法承担赔偿责任。"

(4)《工程建设项目施工招标投标办法》第 77 条："评标委员会成员收受投标人的财物或者其他好处的，……有关行政监督部门给予警告，没收收受的财物，可以并处 3000 元以上 5 万元以下的罚款，对有所列违法行为的评标委员会成员取消担任评标委员会成员的资格并予以公告，不得再参加任何招标项目的评标；构成犯罪的，依法追究刑事责任。"

(5)《评标委员会和评标方法暂行规定》第 54 条："评标委员会成员收受投标人、其他利害关系人的财物或者其他好处的，……评标委员会成员或者与评标活动有关的工作人员向他人透露对投标文件的评审和比较、中标候选人的推荐以及与评标有关的其他情况的，给予警告，没收收受的财物，可以并处 3000 元以上 5 万元以下的罚款；对有所列违法行为的评标委员会成员取消担任评标委员会成员的资格，不得再参加任何依法必须进行招标项目的评标；构成犯罪的，依法追究刑事责任。"

11.3.3 他人名义投标

【示例 11-10】 投标借用他人名，分赃围标法不容

【示例简介】 王某某，男，江苏省某某县人，2006 年 3 月经朋友介绍认识了季某某，两人都是从事建筑装修业务，一来二去，就产生了合谋串标赚钱的想法，并把目标盯在天宇大厦的装修工程上。2006 年 9 月至 11 月期间，天宇大厦营业大厅和部分楼层的装修工

程公开对外进行工程招标，王某某在本身无资质的情况下，以缴纳相当比例的管理费并负责薪水、税金、规费等条件，分别借用深圳长江家具装饰有限公司等3家公司报名投标；季某某以同样方法借用了江苏港安装饰有限公司、南京银河装饰有限公司等3家公司报名投标。王某某与季某某决定合作围标。由王某某负责与招标方协调，季某某负责制作3家公司的标书，事成之后，两人平分该工程，各得50%的利益，并且签订利益共享协议。经资格预审后，深圳长江、江苏港安、南京银河3家公司入围。其3家公司入围后，被另外其他一家入围公司发现，以两人借用他人名义，骗取中标为由，向招标代理单位、评标委员会提出异议。经过评委会核实，情况属实，宣布3家公司投标均无效。

【示例点评】　本案中王某某、季某某显然是借用他人名义投标的行为。同时，还犯有串标行为，已经触犯了法律，情节是十分严重的。有关主要法律法规有：

（1）《招标投标法》第33条："投标人不得以低于成本的报价竞标，也不得以他人名义投标或者以其他方式弄虚作假，骗取中标。"

（2）《招标投标法实施条例》第42条："使用通过受让或者租借等方式获取的资格、资质证书投标的，属于招标投标法第33条规定的以他人名义投标。"

（3）《工程建设项目施工招标投标办法》第75条："投标人以他人名义投标或者以其他方式弄虚作假，骗取中标的，中标无效，给招标人造成损失的，依法承担赔偿责任；构成犯罪的，依法追究刑事责任。"本案例在评标过程中发现投标人有借用他人名义投标行为，及时作出了投标无效的决定，并按照法律法规规定，进行了处理。

（4）《工程建设项目施工招标投标办法》第48条："投标人不得以他人名义投标。前款所称以他人名义投标，指投标人挂靠其他施工单位，或从其他单位通过转让或租借的方式获取资格或资质证书，或者由其他单位及其法定代表人在自己编制的投标文件上加盖印章和签字等行为。"

11.3.4　弄虚作假行为

【示例11-11】　剑走偏锋玩猫腻，弄虚作假一场空

【示例简介】　某市交通局在市新城区建设汽车客运站决定进行建设施工，并成立"建设指挥部"负责工程建设的组织领导和监督指导等工作，指挥部发布招标公告，公开进行招标。文件规定：建筑企业资质要求为二级以上。招标开始后，先后有12家建筑企业报名投标，经指挥部对报名企业资质和企业申报业绩考核后，市联建公司、市友谊公司等5家建筑企业参加投标，5家建筑施工企业分别报送了标书及有关材料。联建公司投标报登记表中填写的投标人名称是市联建公司，法定代表人：康某某（被委托人周某某），企业等级为工业与民用建筑施工二级企业，报名人、联系人均为周某某，项目经理是陈某某，资质等级为工民建二级。

指挥部收到5家投标企业标书后，在规定日期组织评委进行评标过程中，友谊公司对联建公司资格向公证处提出异议，其以联建公司报名联系人周某某系市宏业公司经理，项目经理陈某某是宏业公司的项目经理（无项目经理资质证书），且有虚报业绩的行为为由，认为联建公司本次投标违反招标投标的有关规定，实属弄虚作假行为，要求指挥部予以复议，并对市联建公司的违法行为予以处罚。后经评审委员会复议、事实确认后，宣布联建公司此次投标无效。

【示例点评】 该案的焦点是联建公司是否具有合法的资格。周某某系市宏业公司法定代表人，参与联建公司报名投标。陈某某系市宏业公司的项目经理，参与联建公司投标的，其所提供考核的业绩也均未非联建公司承建，实属虚报业绩、欺骗招标单位。且联建公司注册资金数额过低，不具备二级企业资质标准。实属弄虚作假行为，其投标应属无效。本案涉及的有关法律有：

(1)《招标投标法》第 33 条："投标人不得以低于成本的报价竞标，也不得以他人名义投标或者以其他方式弄虚作假，骗取中标。"

(2)《招标投标法》第 26 条："投标人应当具备承担招标项目的能力；国家有关规定对投标人资格条件或者招标文件对投标人资格条件有规定的，投标人应当具备规定的资格条件。"

(3)《招标投标法实施条例》第 42 条："提供虚假的财务状况或者业绩；提供虚假的项目负责人或者主要技术人员简历、劳动关系证明；提供虚假的信用状况的；……属于招标投标法第 33 条规定的以其他方式弄虚作假的行为。"

(4)《中华人民共和国公司法》第 149 条第 5 款规定的"董事、经理不得自营、或者为他人经营与其所任公司同类的营业或者从事损害本公司利益的活动。"

(5)《工程建设施工招标投标管理办法》第 25 条第 5 款："投标单位应向招标单位提供近 3 年承建的主要工程及其质量情况；材料应是真实可靠的。"

(6)《民法通则》第 58 条第 7 款：以合法形式掩盖非法目的的，其民事行为无效，无效的民事行为，从行为开始起就没有法律约束力。

(7)《建筑市场管理规定》第 26 条：任何单位和个人都不得出让资质证书、营业执照、图签、银行账号等，……可以根据情节，予以警告、通报批评、没收非法所得、责令停止勘察设计或施工、责令停产整顿，降低资质等级、吊销营业执照等处罚，并处以 2 万元以下的罚款。借用他人资质不但中标无效而且还要承担由此造成损失的法律责任。

(8)《中华人民共和国建筑法》(主席令第 46 号)第 12 条第 1 款："从事建筑活动的建筑施工企业、勘察单位、设计单位和工程监理单位，应当具有符合国家规定的注册资本的规定。"

12 常见中标无效法律纠纷案例

12.1 投标人不法行为

12.1.1 投标人资格作假

【示例 12-1】 使用注销公司证，告知义务未履行

【示例简介】 2006 年 7 月 18 日，某地甲建设公司向招标方和行政监督提出要求，将乙公司中标的 6 个标段改由甲公司签订合同并履行。经查乙公司持有市场准入证，2005 年因企业重组合并到甲公司，同时，2005 年 12 月 9 日乙公司已办理了工商注销手续。乙公司注销后，甲公司未履行告知义务，在未有办理市场准入证的情况下，继续使用乙公司的资质和印章参加投标活动。2005 年 12 月至 2006 年 4 月期间，甲公司以乙公司的名义先后中标 6 个标段，甲公司以乙公司的名义中标后，因无合法依据签订相关合同，遂提出变更，由甲公司签订相关合同，遭拒绝后，有关部门宣布其中标无效。

【示例点评】 乙公司注销后，甲公司以乙公司的名义继续参加投标活动，其中标无效。

（1）乙公司注销后，已经丧失法律主体资格。《中华人民共和国公司登记管理条例》规定：经公司登记机关核准注销登记，公司终止。乙公司于 2005 年 12 月 9 日乙公司办理了工商注销手续，就丧失了其法律主体地位，没有资格再做任何交易了。

（2）甲公司以乙公司的名义投标，中标无效。《招标投标法》第 5 条规定："招标投标活动应当遵循公开、公平、公正和诚实信用的原则。"第 54 条规定："投标人以他人名义投标或者以其他方式弄虚作假，骗取中标的，中标无效，给招标人造成损失的，依法承担赔偿责任；构成犯罪的，依法追究刑事责任。"

甲公司在未取得市场准入资格的情况下，为躲避市场监管，不履行告之义务，而继续以乙公司的名义进行投标交易活动，其行为有悖于诚实信用的原则，属于弄虚作假，严重违反了《招标投标法》的有关规定，扰乱了建设工程市场公平竞争的秩序，并侵犯了招标人以及其他投标人的利益，中标当属无效。

（3）带来法律和安全风险。甲公司的行为不仅扰乱了市场公平竞争的秩序，而且有可能为招标人带来不可预料的法律诉讼风险和安全风险。

【示例启示】 这一案例涉及一个关键问题，就是在市场激烈竞争的环境下，招标人要严格审查投标人的资信问题。本案中如果甲公司缺乏履约能力，或是其他单位个人盗用乙公司的名义进行履约，都有可能对招标人带来法律和安全风险。这一案件说明在招标投标交易活动中严格审查对方的主体资格、资质等资信状况的重要性，在招标中，招标人要加强对欲交易的单位资信状况的调查力度，掌握对方的经营状况、了解其资信情况，避免与信誉差的投标人进行交易，最大限度地避免经济纠纷的发生，在发生经济纠纷时，也有利于招标人把握主动权。

12.1.2 投标人串标行贿

【示例 12-2】 3 人本是同根生，相互串标法不容

【示例简介】 2011 年 6 月，诉讼人北京丁公司李某某、北京甲公司虎某某、北京乙公司吴某某以及丙公司的姚某某作为各公司的承包商代表参加了北京某大学政府采购工程项目的整个开标过程。经过评标委员会评标，最后中标的是北京甲公司。北京某建设工程有限公司李某某经过了解发现，虎某某、吴某某以及姚某某均为甲公司的在职职员，根据这一事实，北京某建设工程有限公司李某某，以 3 被告甲、乙、丙公司存在串通投标的行为为由，诉至人民法院，要求认定 3 被告存在串通投标行为，涉案政府采购项目中标无效，且赔偿原告损失 20 万元。

【法院审理】 经过证据交换、补充证据交换以及 4 次庭审，一审法院总结了本案涉及的三个争议焦点，即：一是原告有无诉讼主体资格；二是 3 被告是否串通投标；三是如 3 被告串通投标，应如何承担法律责任。

(1) 关于原告丁公司的诉讼主体资格。由于甲、乙公司同时提出"原告在参加投标时因没有按照投标文件要求提供有效的资信证明和近 3 个月的社保缴纳记录而未能通过资格审查，被认定为无效投标。因此，原告丁公司不是招标投标的法律关系主体，不是本案适合诉讼主体"。

一审法院认为，北京某大学发布招标公告后，丁公司购买招标文件、递交投标文件、从哪家开标活动，以实际行动响应招标并从参加投标竞争，属于《反不正当竞争法》主席令第 10 号规定的"经营者"，与本案存在直接利害关系，有权提起本案之诉，诉讼主体适格。评标委员会和主管机关以某种理由认定某投标人投标无效，并不当然消除投标人与招标、投标、开标、评标、中标等行为的利害关系。因中标结果尚未发生法律效力，且招标投标各环节均与投标人存在明显利害关系，故甲、乙公司以丁公司商务废标为由否定其诉讼主体资格于法无据，本院不予采信。

(2) 关于 3 被告是否串通投标。在庭审过程中，原告丁公司向甲公司与乙公司发问，3 个投标代表均是一家公司的在职员工作何解释？甲公司称吴某某代表乙公司参加投标是个人行为，乙公司称不知道吴某某未从甲公司离职，所以才会出现试用并派其参加投标的情况。丙公司在领取完诉讼材料后，无正当理由拒不到庭参加诉讼，而甲公司称确有 1 名员工为姚某某，但没有委派姚某某投标，怀疑丙公司的投标代表姚某某与甲公司的姚某某是否同一身份。第三人北京某大学以及北京某招标公司称没有义务核实投标代表的身份。

一审法院审理认为，涉案项目投标人共有 4 家，除原告丁公司外，被告甲公司、乙公司、丙公司的投标代表分别为虎某某、吴某某、姚某某。因甲公司为虎某某、吴某某、姚某某缴纳社会保险费，视为甲公司和虎某某、吴某某、姚某某存在劳动关系。为此，原告主张 3 被告的投标代表虎某某、吴某某、姚某某都是北京甲公司员工，支持这一事实的证据已经形成明显优势，而 3 被告均未提交充分的相反证据，本院对原告主张的这一事实予以采信。投标时竞争性邀约行为，各投标人应独立行动、互相竞争。3 被告的投标代表都是北京甲公司的员工，在投标代表委任上存在明显的人事混同，可以认定 3 被告在投标过程中存在意思联络，构成串通投标行为。

(3) 关于 3 被告的法律责任。在 3 被告如何承担法律责任问题上，法院的法官们作出如下认定，《招标投标法》第 53 条规定："投标人相互串通投标的，中标无效，给他人造

成损失的，依法承担赔偿责任。" 3 被告串通投标，甲公司的中标结果依法无效，3 被告还应承担原告丁公司因此而所受损失。但是，投标时竞争性邀约行为，投标行为受《招标投标法》、《政府采购法》和招标文件的限制，中标结果具有不确定性。3 被告串通投标固然违法，但即使 3 被告没有串通投标，原告也未必中标。因此，3 被告串通投标行为和原告没有中标的结果不存在直接因果关系，不能把原告中标后的预期利润作为确定被告赔偿数额的计算依据。但是，原告为本案维权支出的律师费和公证费，数额合理，理由正当，3 被告应负连带赔偿责任。

【法院判决】 经法院审理判决如下：（1）北京某大学该采购项目，中标无效；（2）本判决生效之日起 10 日内，被告甲、乙、丙公司赔偿原告丁公司××元；（3）驳回原告丁公司的其他诉讼请求。

【示例点评】 本案是一起典型的围标案例，应引起投标人的重视，不能为了经济利益而不顾法律。

（1）法院准确运用了优势证据规则。本案中，作为投标人之一的原告丁公司，所提供的证据已到极致。在提起诉讼以及诉讼过程中，原告丁公司向法院提交了招标公告、招标结果公告、质疑函、答复函、录音光盘及文字整理稿、财政部投诉处理决定书、证人证言、公证书、委托代理协议、发票等。鉴于我国现有的招标投标制度设计，各个投标人的投标文书以及评标委员会的评标文件无法公开，原告又向法院提交了调查取证申请，要求调取 3 被告的投标文件，向法院提交了调查吴某某、姚某某缴纳社保情况的申请。

而 3 被告无法回避吴某某、姚某某的身份，也无法合理解释吴某某、姚某某的投标行为，所以被告提交的证据在证明力上无法形成优势。剩下的只能是狡辩。甲公司称吴某某代表乙公司参加投标是个人行为，乙公司称不知道吴某某未从甲公司离职，所以才会出现试用并派其参加投标的情况。甲公司称确有一名员工为姚某某，但没有委派姚某某投标，怀疑丙公司的投标代表姚某某与甲公司的姚某某是否同一身份。在此问题上，法院准确运用优势证据规则，进行了精辟的论述：

1）如甲公司、乙公司陈述属实，则"吴某"现象已属巧合，而"吴某＋姚某"则属于连续巧合，可能性极小。同一案件出现连续巧合，实属罕见，如无证据，难以置信。

2）虽然北京某国际招标公司称未审查投标代表身份，但投标记录表和投标人签到记录表上均有姚某某签字，开标现场主持人、在场人员也见过姚某某。如两个"姚某某"不是同一身份，甲公司、乙公司完全可以提交姚某某的劳动合同、签字文件、简历、照片、身份证明材料等证据，通过照片对比和笔迹比对轻松摆脱指控。但是，甲公司拒绝提交上述证据，丙公司拒不参加诉讼，均应自行承担相应不利后果。

（2）该案为串通投标行为的认定树立了标尺。本案中，甲公司、乙公司以及丙公司的投标代表均为甲公司的在职员工，而涉案采购项目的最终中标人就是甲公司。按照一般人的生活常识，甲公司、乙公司以及丙公司之间肯定有问题。从法律上分析，主观上有意思联络，客观上实施了串标行为，当然构成串通投标行为。有人可能会问，你们也没提交甲公司、乙公司以及丙公司意思联络的证据啊？从民事诉讼来看，对原被告之间的主张以及提供的证据资料，法官已准确运用了优势证据规则，对被告的诡辩进行了合理怀疑，并最终认定构成串通投标行为。如果非要有证人证言或犯罪嫌疑人、被告人供述这一更能体现意思联络的言词证据，那么，公安侦查机关可以走到台前了。因为在刑事法律中，存在串通投标罪这一罪名。

（3）暴露出我国招标投标活动监管制度急需完善。我国招标投标活动中，到底有多少串通投标的情况发生，没有任何机关或部门进行过统计。串通投标行为的存在不容置疑，但真正受到处罚的却又寥寥无几。归根结底，既是因为串通投标行为过于隐蔽，又是因为招标投标活动有一条复杂的利益链条，更是因为监管部门的监管不力。

在普通的招标投标活动中，出现串通投标的行为，侵害的无非是民事平等主体的合法权益。但在政府采购活动中，一旦出现串通投标行为，受伤的不仅是本分的投标人，作为提供政府预算的国家也成了冤大头，而作为纳税人的全国公民无疑是真正的受害者。因此，完善我国招标投标活动监管制度不仅是为了规范招标投标活动，也是为了维护国家利益，当然，这也关乎每个公民的切身利益。

【示例 12-3】 相互协助编预算，串通投标惹祸端

【示例简介】 1996 年 5 月 20 日某市第一中学拟建一幢男生宿舍楼，该市建设局（现称住建局）建设工程招标投标办公室负责该宿舍楼工程招标工作。该市丰盛建筑装潢公司、市建筑安装工程总公司、市第二建筑工程公司均将投标书送至市建设局招标办封存，投标报价分别为 288.8 万元、276.8 万元、277 万元。市建筑安装工程总公司为市第二建筑工程公司编制了工程预算书。1997 年 6 月 2 日，招标办公布宿舍楼工程标底价为 2 920 977 元，市建筑安装工程总公司得分最高而中标。随后市丰盛建筑装潢公司以市建设局（现称住建局）向两被告泄露标底，二被告串通压低标价，排挤原告丰盛而使市建筑安装工程总公司中标。请求法院判决确认市建筑安装工程总公司中标无效；确认原告丰盛建筑装潢公司中标。市建设局（现称住建局）和建安、二建两被告赔偿经济损失 58 万元。随后，原告又将对市建设局（现称住建局）起诉撤销和对"确认原告中标"的诉讼请求撤诉。

【法庭辩论】 被告市建筑安装工程总公司辩称：我公司预算员为二建公司编制工程预算书，并不违反有关规定，我公司与二建公司没有串通投标，请求驳回原告丰盛公司的诉讼请求。被告市第二建筑工程公司辩称：我公司请市建筑安装工程总公司预算员代为编制工程预算书，是业务人员之间的善意协助，没有串通投标，请求驳回原告的诉讼请求。

【一审审理】 市中级人民法院认为：原告市丰盛建筑装潢公司与被告市建筑安装工程总公司、市第二建筑工程公司共同参加建设工程投标，被告市建筑安装工程总公司为市第二建筑工程公司编制工程预算书，根据《反不正当竞争法》第 15 条第 1 款："投标者不得串通投标抬高标价或压低标价"和《某某省实施〈中华人民共和国反不正当竞争法〉办法》第 50 条："投标者和招标者不得实施下列不正当竞争行为……投标者之间就标价之外其他事项进行串通，以排挤其他竞争对手"的规定，其行为构成串通投标、压低标价的不正当竞争行为，故被告市建筑安装工程总公司中标应确认无效。原告市丰盛建筑装潢公司要求两被告赔偿经济损失的诉讼请求证据不足，法院不予支持。

【一审判决】 市中级人民法院依照有关法律规定，判决如下：（1）被告市建筑安装工程总公司在市中学男生宿舍楼建设工程中中标无效；（2）驳回原告市丰盛建筑装潢公司要求赔偿经济损失的诉讼请求。案件受理费 10810 元，财产保全费 1500 元，合计 12310 元，

由市丰盛建筑装潢公司负担 4103 元，市建筑安装工程总公司负担 4104 元，市第二建设工程公司负担 4103 元。

【二审上诉】 一审法院判决后，市建筑安装工程总公司不服，向省高级人民法院提出上诉。上诉人市建筑安装工程总公司上诉称：

（1）上诉人建筑安装工程总公司没有中标，根本不存在中标无效；（2）上诉建筑安装工程总公司的预算员为二建公司编制预算纯属个人行为；（3）市丰盛建筑装潢公司投标的钢筋翻样预算书也是上诉人建筑安装工程总公司的预算员编制的。请求撤销原判，驳回市丰盛建筑装潢公司的诉讼请求。被上诉人市丰盛建筑装潢公司辩称：一审判决认定事实清楚，请求驳回上诉，维持原判。

【二审审理】 省高级人民法院除查明一审法院查明的事实外，另查明：在投标过程中，市建筑安装工程总公司为市第二建筑工程公司编制了工程预算书，市建筑安装工程总公司的预算价值为 2 863529.70 元，市第二建筑工程公司预算价值为 2 844 847.14 元。1996 年 12 月 24 日，市工程造价管理处定额科科长张某某将市中学男生宿舍楼的招标标底送至市建设局（现称住建局）招标办，标底为 2 980 977 元。市建筑安装工程总公司预算员稽某某遇见张某某，询问标底情况。同日，稽某某即了解标底并了解到其投标报价与招标标底相差较大，原因在计算口径上不一致。12 月 25 日，市建筑安装工程总公司由稽某某与市工程造价管理处张某某联系，要求就计算口径问题进行协调。后经市招标办审标，标底定为 2 920 977 元。

省高级人民法院认为：在市丰盛建筑装潢公司与市建筑安装工程总公司、市第二建筑工程公司共同参加市中学男生宿舍楼建设工程招标、投标过程中，市建筑安装工程总公司为市第二建设工程公司编制工程预算书的行为属于串通投标行为，构成不正当竞争。同时，在开标之前市建筑安装工程总公司通过非正当途径知晓标底情况，属于泄标行为。原审法院判决市建筑安装工程总公司中标无效并无不当。上诉人提出其预算员为二建公司编制预算书属个人行为，该主张与事实不符。1997 年 6 月 2 日开标后，经审标确定为市建筑安装工程总公司中标是事实，上诉人称没有中标也不能成立。上诉人称市丰盛建筑装潢公司投标的钢筋翻样预算书也是其预算员编制的，缺少证据证明，也不能支持。

【二审判决】 省高级人民法院依照《民事诉讼法》（主席令 10 届 75 号）第 153 条第 1 款第 1 项之规定，作出如下判决：驳回上诉，维持原判。一审案件受理费 10810 元、财产保全费 1500 元。合计 12310 元，由市建筑安装工程总公司承担 50 元，市第二建筑工程公司承担 50 元，市丰盛建筑装潢公司承担 12210 元。二审案件受理费 10810 元，由市建筑安装工程总公司承担。

【示例点评】 本案主要存在两个关键问题，一是两被告的行为是否属于串通投标行为，二是市建筑安装工程总公司是否存在泄标行为。

（1）两被告的行为是否属于串通投标行为。本案中市建筑安装工程总公司为市第二建筑工程公司编制工程预算书的事实是清楚的，但对这种行为的性质如何认定，当事人双方各执一词，原告方认为是串通投标行为，被告方则认为是正常的业务协助，此为本案争议的焦点。从本案的客观方面看，市中学宿舍楼工程总价近 300 万元，而市建筑安装工程总公司和市第二建筑工程公司的工程投标报价也只是相差 2000 元。应该说，市建筑安装工程总公司在为大丰市第二建筑工程公司编制投标预算书时是明知这样做会产生压低标价，排挤竞争对手的不良后果，并且是希望或至少是放任这种结果的发生，主观上具有串通投标的故意。一、二审法院均认定两被告的行为属于串通投标，无疑是正确的。《某某省实施〈中华人民共和国反不正当竞争法〉办法》对《反不正当竞争法》作了补充，规定串通投标不仅仅是在标价上进行串通，还包括投标者之间就标价之外的其他事项进行串通。结合本案情况，两被告的投标预算书在工程钢材、木材、水泥用量、工期、施工方案等方面都十分相似，根据上述规定，两被告也已经构成了串通投标。

（2）市建筑安装工程总公司有泄标行为。市工程造价管理处将市中学男生宿舍楼标底定为 2 980 955 元，并将此标底送市建设局招标办封存，但市建设局招标办在审标时将标底定为 2 920 977 元。二审查明，这是由于招标办向市建筑安装工程总公司泄露标底造成的。原告起诉时称第一被告中标无效的理由有两条：一是泄标，二是串通投标。一审法院因为原告撤回了对市建设局的起诉而对泄标行为未作审查，仅审查了串通投标。人民法院应就原告的诉讼请求进行全面审查。一审法院在这方面有欠缺，二审法院对泄标作了补充调查是正确的，充分保护了当事人的诉权。

（3）关于诉讼收费的负担。本案原告有两个诉讼请求，一是确认中标无效；二是要求两被告赔偿经济损失 58 万元。第一个请求属非财产性的确认之诉，第二个请求属财产性的给付之诉，《人民法院诉讼收费办法》国务院令第 481 号第 6 条规定："原告提出两个以上诉讼请求，被告提出反诉，第三人提出与本案有关的诉讼请求，人民法院需要合并审理的案件受理费根据不同的诉讼请求，分别计算收取。"一审法院在判决驳回了原告的财产之诉后仍将财产之诉的诉讼费判决由原告和两被告分担，显然于法无据、于理不合。最高人民法院《关于民事诉讼收费几个问题的批复》法司复［1986］22 号第 3 条规定，第二审人民法院在审理上诉案件时，发现第一审法院对案件实体部分的处理正确，但收取诉讼费有误，应当在终审判决中予以纠正。本案二审法院对一审诉讼费进行改判，将一审财产之诉的诉讼费用判处由原告负担是正确的。

当前，招标、投标机制已经在市场经济的各个领域被广泛采用，因招标、投标发生的纠纷也将大量出现，本案的审理对其他类似案件的审理将提供有益的借鉴。

【示例 12-4】 拉拢行贿招标人，高分中标被撤销

【示例简介】 2009 年，北京市丰台区第五小学委托丰台区政府采购中心就该校教学楼装修和操场维修项目进行公开招标。南京银建建筑装饰有限公司为达到中标目的，与区政府采购中心副主任阴某某串通，并许诺事成后给予"好处费"。评标前，阴某某唆使评标委员会校方代表胡某某给银建公司打最高分。评标中，阴某某将其他评委打分情况泄露给胡某某，胡某某在阴某某指使下调低了其他公司分数，使银建公司中标。事后，阴某某送给胡某某一张价值人民币 5000 元的"权金城"会员卡。丰台区财政局作出撤销中标通知书的行政处理决定。阴某某受到开除公职处分，胡某某受到开除党籍、开除公职处分。

【示例点评】 这是 2012 年中央工程治理领导小组办公室公布的 20 起工程建设领域招标投标环节典型案例。教训是深刻的，值得人们深思。政府投资项目施工招标投标中存在一定程度的商业贿赂问题，商业贿赂破坏了公平竞争的市场秩序，严重损害了公共利益。

商业贿赂已成为工程建设市场化面纱下的"潜规则"。据有关方面统计，近年来查处的行贿受贿案件中，发生在工程建筑施工领域的约占 1/3。2006 年 1 月至 7 月，全国检察

机关共立案侦查工程建筑施工领域的商业贿赂犯罪案件 1608 件，占商业贿赂犯罪案件总数的 26.31%. 在政府投资项目建设实施特别是其中的招标投标环节，商业贿赂问题更为严重。政府投资项目招标投标中的商业贿赂与一般商业贿赂相比，具有行贿对象复杂、手段隐蔽、环节繁多、目的多样等特点。

（1）行贿对象复杂。政府投资项目招标投标中行贿主体明确，多为施工企业的经营管理者。行贿的对象则较为复杂，一是从事工程建设项目监督管理的政府官员，二是建设单位的项目负责人或承办人以及建设单位委托的招标代理机构，三是招标监管机构人员，四是评标委员会成员，五是其他投标企业。

（2）手段隐蔽。采取的手段已从以往简单的权钱交易过渡到权钱物交易，从简单的物质化贿赂过渡到物质化、非物质化贿赂相互结合，多以貌似合理合法的形式，如劳务费、信息费、顾问费、服务费、赞助费、车船费、吃喝、娱乐、外出考察的面目出现，甚至提供子女出国留学等，手段隐蔽难辨。

（3）环节繁多。在招标投标中的编制标书、资格预审、投标、组织评标等环节，都有可能产生商业贿赂的问题。

（4）目的多样。商业贿赂的目的是请求中标，但依据行贿对象的不同，行贿的目的包括谋求指定中标、谋取明招暗定、泄露标底、避免出现举报等问题、希望评委打出倾向性分值、寻求陪标、串标或挂靠，等等。这些特点应引起有关部门的关注。招标投标当事人更应该引起足够重视。商业贿赂违法行为一经查处，不但中标结果无效，而且责任人将受到党纪政纪处分，结果是非常严重的。

【示例 12-5】 私下允诺好处费，压低报价谋中标
【示例简介】 2005 年 10 月 9 日，某市土地收购储备中心通知该市金成拆房有限公司法定代表人张某某、市腾龙拆房有限公司法定代表人何某某以及顾某某、过某某、苗某某、谢某某等人参加原某数码科技有限公司房屋拆房招标会。此外，其他有意参与投标人员通过各种途径获悉此事后，以自己所在公司名义或者借用他人的资质凭其他公司名义缴纳保证金后报名参加招标投标。

金成拆房有限公司法定代表人张某某，为了使自己公司能够低价中标，10 月 9 日晚，伙同邢某某召集王某某、苏某某、谢某某、尤某某等人，采用向各参加投标单位支付人民币 10 万元到 30 万元不等好处费的利诱手法，要求他们在填写标书报价时不得高于 80 万元。收取张某某好处费的 10 人当场允诺照办。投标时，其他单位标书中的报价均为 81 万元以下，市金成拆房有限公司最终以 92 万元的低价如愿中标。中标后，张某某给了邢某某 15 万元，给了苗某某、谢某某各 10 万元。

【法院判决】 法院审理认为，被告单位市金成拆房有限公司、市腾龙拆房有限公司、市长发拆房有限公司以及市捷威物业管理有限公司、被告人张某某、邢某某、何某某、顾某某、过某某、苗某某、王某某、苏某某、谢某某、尤某某以非法手段相互串通投标报价，扰乱了招标投标活动秩序，损害了招标人的利益，实属情节严重，其行为已构成了串通投标罪，并为共同犯罪，被告单位构成单位犯罪，依法均应负刑事责任。各被告单位、被告人在串通投标中相互商讨，对串通投标行为的实现均起着重要作用，不能区分主、从犯。各被告人归案后认罪、悔罪态度较好，所得赃款已经退出，并主动缴纳罚金，可酌情

从轻处罚。

据此，法院判处上述被告单位犯有串通投标罪，并处罚金 10 万元至 15 万元不等的罚金；以串通投标罪判处上述被告人有期徒刑 10 个月至两年，缓刑 1 年至 2 年不等的刑期，并处 10 万元至 15 万元不等的罚金。

【示例点评】 本案中标无效是肯定的，同时责任人受到应有的法律惩罚。从 1979 年我国一些建筑企业开始参加国际的招标投标活动至今，招标投标活动在我国已经走过近 30 年的发展历程，招标投标活动从无到有、从初具雏形到渐成体制，招标投标管理的政策法规形成了国家法律、部门规章、地方规定及招标机构制度等不同层面互相补充的较为完善的体系。招标投标制度在控制项目资金和防止腐败方面的作用是有目共睹的，为发挥市场配置资源基础性作用，深化投资体制改革立下了汗马功劳。然而，尽管招标投标市场发展迅速，但我国的招标投标领域仍然存在着一些不容忽视的问题。包括市场围标、串标、弄虚作假、转包和违法分包；招标代理从业人员参差不齐；代理市场恶性竞争等现象。甚至，工程建设招标投标活动中行贿受贿、内幕交易等腐败行为也时有发生。一位长期从事建筑行业的业内人士告诉记者，造成这种现象主要有几个原因：

（1）利益驱动。建筑工程的高额利润，经常会使建筑企业的"包工头"们动歪脑筋，甚至不择手段。在一些编标管理不严格的地方，一些建筑企业不是把心用在如何提高企业素质和管理水平上，而是千方百计地寻找"捷径"，直接把功夫放到如何窃取标底上。加之许多地方在编标时监督不力，以至于工程招标投标工作流于形式。

（2）旧习惯旧观念的影响，不顾国家利益的本位主义、地方保护主义在作祟。

投标人在进行投标时提供虚假资料，违反了诚实信用的政府采购基本原则，给造假者自身，也给整个政府采购秩序造成了不良影响。要扼制这种风气，消除这些现象，需要相关主管部门加强监督，约束各方主体，完善相关的制度，进一步健全市场。投标企业更应加强自律。

12.2 招标人不法行为

12.2.1 降低投标人资质

【示例 12-6】 四级资质变合格，降低门槛开绿灯

【示例简介】 2010 年 7 月 12 日上午，在某县建委第五楼会议室召开了县邮政局办公楼改招待所装饰工程投标会，县建设总公司、万钦公司、雅特公司、新华公司等 4 家单位参与竞标，竞标结果为县建设总公司得第一名，万钦公司名列第二，其他两公司为第三、四名。县建设总公司为中标单位。当日下午，万钦公司按《省建设工程招标投标异议或投诉管理办法》之规定，向县招标办公室投诉。其理由是：县建设总公司可能存在资质、串标等问题，应重新确定中标单位等。

县建设工程招标投标领导小组办公室经查于 2010 年 7 月 20 日做出对万钦装饰公司《关于县邮政局属办公楼改招待所装饰工程投标异议投诉状》的复函。该《复函》认为万钦公司投诉的县建设总公司与雅特公司、新华公司串标，经调查，没有确凿证据证明前述 3 个公司串标，但在调解中发现，应当具备承担该招标项目能力的投标人达不到 3 个，随后决定：

（1）县建设总公司及项目经理李某某中标无效；（2）招标人应当依照《招标投标法》第28条规定，重新招标。万钦公司对该《复函》未认定"串标"和重新确定中标单位不服，于2010年7月21日向上级市建设工程招标办公室提出复审申请，市招标办于2010年7月31日做出《招办复审结果通知》，以万钦、雅特、新华装饰等投标单位都未出示《项目经理资质等级证书》为由认定其投标无效，确认招标人应重新招标，对串标嫌疑，另作处理。万钦公司对市招标办的复审通知不服，向本院提起行政诉讼。

【法庭辩论】 原告万钦公司不服市建设委员会（以下简称市建委）、市建设工程招标办公室2010年7月31日做出的《招办复议决定》，于2010年8月18日向市中级人民法院提起行政诉讼。

原告万钦公司诉称：按《招标投标法》第26条规定："招标文件对投标人资格条件规定的"可以进行招标，招标单位制定的招标文件是合法有效的。本次投标的四家公司项目经理均符合招标文件约定的具有项目经理培训证。四家投标人的资格均在招标文件发出前进行了审查并允许投标，并已经参加了投标。按《招标投标法》第28条规定："投标人少于3个的，招标人才依法重新招标。"本次招标活动不属于重新招标的范围，是完全合法有效的。《省建设工程招标异议或投诉管理办法》第15条规定："投诉或复审处理结论做出后，如影响招标结果的，按结论重新确定中标单位……"《招标投标法》第64条也明确规定："中标无效的，应当依照本规定的中标条件在其余投标人中重新确定中标人或依照本法重新进行招标。"据此，万钦公司应确定为合法中标人。而不应该宣布招标活动无效，进行重新招标投标。

其次，装饰装修业属于轻工新兴行业，不适用原省建委〔1998〕1260号文件，此文件只针对建筑工程，不应涵盖装饰装修工程。再次，原告在异议投诉和复议申请中根本没有涉及本次招标是否合法和项目经理资质等问题，其只主张了县建设总公司串标，应依法宣布中标无效和确定原告递补中标的问题。被告对"串标"问题不答复，属行政不作为，面对申请人没有主张的问题又作了答复，被告违反了行政法不告不理原则。其复议决定程序不合法。此外，根据《行政处罚法》的规定，被告做出具体行政行为应适用听证程序，属程序严重违法。综上所述，被告做出的行政复议决定违反法律规定，应依法予以撤销，同时确定原告取得中标权利。

被告住建委招标办答辩称：根据《招标投标法》第26条规定："国家有关规定对投标人资格条件或者招标文件对投标人资格条件有规定的，投标人应当具备规定的条件。"《建筑法》第14条规定："从事建筑活动的专业技术人员，应当依法取得相应的执业资格证书，并在执业资格证书许可的范围内从事建筑活动。"为了贯彻《省建筑施工企业项目经理资质管理实施细则》，省住建委印发了《关于全省建筑施工企业项目经理实行持证上岗制度的通知》的一条明确规定，从"1999年1月1日起，建筑施工企业在投标承包工程时应提供项目经理资质证书原件，无相应项目经理资质的建筑施工企业不得参与投标"。

被告答辩人认为：即使招标文件可以对投标人资格条件做出规定，但不能与法律和国家的有关规定相悖。原告与招标人县邮政局协议，将承担该工程的项目经理要求取得四级资质等级证书及其以上降低为项目经理培训合格即可，明显违反《招标投标法》第26条、《建筑法》第14条，以及《省建筑施工企业项目经理资质管理实施细则》的规定。

关于要求确认原告为中标单位的问题，因原告及其他2名投标人均不具备投标资格，依照《招标投标法》（第21号令）第28条、第64条规定，本次招标无法"重新确定中标人"，只能依法重新招标。此外，原告认为装饰装修是轻工新兴行业，不是建筑行业。根据《省建筑管理条例》第3条规定："本条例所称建筑活动，是指新建、扩建、改建的建设工程（包括土木建筑工程……，建筑装饰装修工程等）的勘察、设计、施工……"，因此，装饰装修工程应包括在建筑工程中，装饰装修业应接受建委的行政管理。

其次，原告认为答辩人没有对"串标"的问题做出结论，是行政不作为，而被告的答辩人则作了答复，违背了不告不理的原则。关于"串标"问题，市住建委已对此立案，并在调解阶段，而在7个工作日内，根据调查的有关情况，做出"发现有串通嫌疑需继续调查"的书面结论，以上所作的能说不作为吗？根据《省建设委员会文件》第4条规定："各级招标投标监督管理机构仍代表建设行政主管部门，对招标、投标活动实施全过程监督管理。"原告称应不告不理的理由显然不能成立。原告认为答辩人在做出复议决定前应采用听证程序，根据《行政处罚法》第42条的规定："行政机关是对管理相对人做出责令停产、停业、吊销许可证或者执照，较大数额罚款等行政处罚决定之前，才适用听证程序。"综上所述，答辩人于2000年7月30日所作的复审结果通知，事实清楚，程序合法，适用法律准确，处理结果适当。

【法院判决】 经过法院审理判决如下：

（1）联建公司在永城市新城长途客运站工程建设项目招标活动中，中标无效。

（2）友谊公司为"永城市新城长途客运站"工程建设项目中标单位。

（3）判决生效30日内，永城市交通局与永城市友谊建设工程有限责任公司依据招标文件、投标书等签订工程建设承包合同。

案件受理费43810元，其他诉讼费用5000元，合计48810元。被告负担10000元，第三人负担38810元。

【示例点评】 参加投标的企业及其申报的项目经理，必须具备相应的资质等级。依据《招标投标法》、《建筑法》、该省住建委有关文件的授权，对在省境内参与招标投标企业的项目经理资质等级做出了具有强制效力的明确规定。而县邮政局在此次招标活动中，招标文件约定项目经理取得培训合格证即可，该约定低于国家强制性规范的要求，显然是违法的。县、市两级招标行政管理机关据此认定此次招标活动无效，导致中标无效，并要求招标单位重新招标是正确的，其处理于法有据。

对于万钦公司提出本次招标活动是合法有效的，只是鉴于其他3家招标单位有串标违法行为，应重新选择中标单位，确认万钦公司中标的主张。法院认为，《招标投标法》第17条规定："招标人采用邀请招标方式的，应当向3个以上具备承担招标项目能力，资级良好的特定的法人或者其他组织发出投标邀请书。"本法第28条规定："……投标人少于3个的，招标人应当依照本法重新招标。"本案中，四家投标单位，其中有3家项目经理未取得符合法律要求的资质等级。故依照《招标投标法》本次招标只能宣布无效，进行重新招标。而不能适用《招标投标法》中重新选择中标单位的规定，原告的请求于法不符，本院不予支持。

对于这次招标中所谓"串标"的问题，被告已立案并作了大量的调查取证，获至了初步结论，将另案做出处理，原告诉称被告不作为的主张于事实不符，不能成立。对于原告说被告查处了原告未举报的项目经理资质问题，违反了"不告不理"的法律原则的主张，不能成立。行政机关在执法活动中，按照法律的要求，有义务积极、主动、全面地履行行政管理、监督的职责，不适用诉讼中"不告不理"原则。对于本案中被告的行政复议决定是否应适用"听证程序"的问题，实际上，被告做出的市招办《复审结果》是一种行政复议决定而不是一种行政处罚决定，因而做出该行政处理决定不应该适用《行政处罚法》的规定。故被告在本案的行政复议中未适用"听证程序"是正确的。综上所述，被告 2010 年 7 月 31 日做出的《市招办复审结果》，事实清楚，证据充分，适用法律正确，程序合法。依照《行政诉讼法》第 54 条第 1 款第 1 项之规定，判决如下：维持市建设工程招标办公室 2010 年 7 月 31 日做出的《市招办复审结果》的法律效力，案件诉讼费 100 元由原告承担的处理是正确的。

【示例 12-7】 收取贿赂被惩罚，判定无效要慎重

【示例简介】 某建设单位有一项目公开招标，通过资格预审有 5 家公司参与投标后，招标人组织评委会组织进行评审，经过评审后甲公司中标。另一参与投标的乙公司不服结果，认为评标委员会有人收取了甲公司的贿赂，甲公司应属于中标无效。有关部门经过调查，发现确有人受贿，确认情况属实，并对评标委员会各成员评分情况进行了查看和分析，对有关人员进行了处理。但认为中标结果依然有效。乙公司对处理结果表示不理解，提出了行政诉讼。

【示例点评】 根据有关法律规定，中标无效的情形有：（1）招标代理机构违反本法规定，泄露应当保密的与招标投标活动有关的情况和资料的，或者与招标人、投标人串通损害国家利益、社会公共利益或者他人合法权益的，影响中标结果的，中标无效。（2）依法必须进行招标的项目的招标人向他人透露已获取招标文件的潜在投标人的名称、数量或者可能影响公平竞争的有关招标投标的其他情况的，或者泄露标底的；影响中标结果的，中标无效；（3）投标人相互串通投标或者与招标人串通投标的，投标人以向招标人或者评标委员会成员行贿的手段谋取中标的，中标无效；（4）投标人以他人名义投标或者以其他方式弄虚作假，骗取中标的，中标无效；（5）依法必须进行招标的项目，招标人违反本法规定，与投标人就投标价格、投标方案等实质性内容进行谈判的，影响中标结果的，中标无效；（6）招标人在评标委员会依法推荐的中标候选人以外确定中标人的，依法必须进行招标的项目在所有投标被评标委员会否决后自行确定中标人的，中标无效。但认定中标无效必须有严格的限定，没有造成一定的严重结果，不能确认为无效，本案例行为虽然是违反法律规定的，同时对有关人员进行了处理，但其影响力尚未影响到中标后果，因此，不能认定中标无效。

12.2.2 招标人串通投标

【示例 12-8】 修改标底为朋友，关照中标判无效

【示例简介】 甲公司拟采用国有资金投资 3000 万元修建一座现代化办公楼，该公司按照国家有关规定，以公开招标方式，择优确定承包人。经过招标、投标、开标、评标、定标程序后，评标委员会根据招标文件确定的合理低价中标原则并参考招标标底，经过评审合议，确定了 3 家中标候选单位，并提交了评标报告，供招标人确定中标单位，其排序顺序为：第一名甲单位：报价 2760 万元；第二名乙单位：报价 2810 万元；第三名丙单

位：报价 2920 万元。

根据评标委员会的评标报告和招标文件确定的评标原则，乙单位不可能中标，其法定代表人李某与招标人分管基建工程的领导张某是老同学，于是李某找到张某，并向其许诺，若中标，待完工结算后，按照本工程利润的 5％给其回报。于是张某在下面作了大量的工作，并在招标领导小组定标会上介绍说，由于计算底标时有疏忽，本工程的最低底价应该是 2790 万元，故评标结果有误，其排位顺序应该是乙公司为第一。另外，乙公司在本单位承建了不少工程，合作一向很好，质量也没出现过问题，让其承揽该项工程比较放心。于是招标领导小组决定，鉴于甲公司报价低于标底，应该作废标处理。作出了由乙公司中标的决定，并向乙公司发出了中标通知书，同时也向未中标的单位发出了通知。甲公司事后知悉了该信息，遂向有关行政监督机构举报。

【行政处理】 经过调查核实，行政监督机关作出了本次中标无效，重新招标的决定。

【示例点评】

（1）《招标投标法》允许设置标底，标底是评标委员会确定中标候选人的重要依据。供评标时防止串通投标、哄抬标价和分析报价合理性参考使用，但不得作为决定废标的直接依据。招标标底属于高度保密事项，且一旦确定，不能随意更改，同时还要防止投标人围绕标底投标带来的风险。本案中，招标人为了达到非法目的在定标时修改标底，并将标底作为废标的一项条件，违反了法律、法规、规章的规定。

（2）评标委员会作出评标报告后，招标人只能在评标报告中确定的中标候选人中确定中标人。使用国有资金的应当确定第一名中标候选人为中标人。《招标投标法》第 40 条规定："招标人根据评标委员会提出的书面评标报告和推荐的中标候选人确定中标人。"第 57 条规定："招标人在评标委员会依法推荐的中标候选人以外确定中标人的，依法必须进行招标的项目在所有投标被评标委员会否决后自行确定中标人的，中标无效，责令改正，可以处中标项目金额 5‰以上 10‰以下的罚款；对单位直接负责的主管人员和其他直接责任人员依法给予处分。"《评标委员会和评标方法暂行规定》第 48 条规定："使用国有资金投资或者国家融资的项目，招标人应当确定排名第一的中标候选人为中标人。"本案中，张某为了达到私人目的，通过修改标底的方式，推翻了评标委员会的推荐意见，来主导定标结果使其利害关系人中标，属于严重违法行为甚至涉嫌犯罪。招标单位因中标无效，重新招标将遭受巨大经济损失。

【示例 12-9】 注册资金不合格，蒙混过关谋中标

【示例简介】 2007 年 4 月，北京某出版局委托某招标公司举办"中国书刊宣传信息化工程第三批招标"项目，招标邀请书载明投标人的注册资金须在 200 万元以上。投标单位北京某科贸公司实际注册资金仅为 50 万元，但却凭借注册资金为 500 万元的虚假营业执照通过了招标公司的资格审查。

第一次招标投标以流标结束。不久后，湖南某数据中心公司向招标公司、出版局发函举报科贸公司实际注册资本为 50 万元，不具备投标资格。2007 年 5 月，招标公司发布"宣传信息化工程"项目第二次招标文件，投标人的注册资金下调至 50 万元以上。科贸公司仍然使用注册资金为 500 万元的虚假营业执照参加了投标，并最终中标，并就该项目与出版局签订了合同。

随后，数据中心公司以出版局和招标公司与投标单位科贸有限公司恶意串通，不正当竞争，诉讼至法院。

【法院判决】 海淀法院经审理认定，科贸公司构成不正当竞争，出版局、招标公司与科贸公司违反招标投标法规定，判决科贸公司在该项目的中标无效，其与出版局连带给付原告数据中心公司经济损失5万元，招标公司承担连带赔偿责任。

【示例启示】 我国《招标投标法》第53条规定："投标人相互串通投标或者与招标人串通投标的，投标人以向招标人或者评标委员会成员行贿的手段谋取中标的，中标无效，处中标项目金额5‰以上，10‰以下的罚款，对单位直接负责的主管人员和其他直接责任人员处单位罚款数额5%以上，10%以下的罚款；有违法所得的，并处没收违法所得；情节严重的，取消其1年至2年内参加依法必须进行招标的项目的投标资格并予以公告，直至由工商行政管理机关吊销营业执照；构成犯罪的，依法追究行事责任。""给他人造成损失的，依法承担赔偿责任。"

科贸公司在第一次招标过程中，使用虚假营业执照进行投标，行为显属不正当竞争，违反招标投标法有关规定。当数据中心公司向招标公司和出版局举报时，招标公司和出版局没有采取必要措施进行审核，其行为系对科贸公司恶意投标行为的默认。

另外，出版局与招标公司在已知科贸公司存在欺诈行为的情况下，却允许该公司仍使用虚假的营业执照参与第二次投标并最终中标，而且出版局和科贸公司在签订《合同书》时将项目内容变更，将项目招标内容扩大，亦有损数据中心公司合法竞争的权利。为此，法院认定出版局与招标公司犯有共同侵权责任是正确的。

【示例12-10】 自愿招标进程序，定标也要守法律

【示例简介】 某外商投资房地产公司将自己本不属于强制招标的项目向国内5家施工企业发出投标邀请函和招标文件。5家投标人随即在文件规定期限内递交了投标书，经过开标、评标，评标委员会向房地产发包人递交了书面评标报告，并推荐了候选人。但房地产公司并没有在投标人中确定中标人，而是向投标人范围外的另一家施工公司发出了中标通知书，并签订了工程总承包合同。

该工程项目开工后，房地产公司发现工期严重滞后，并且存在着大量质量安全隐患，经双方协商后无果，房地产公司通知承包人解除承包合同并要求该承包人立即撤离施工现场。承包人对此不予理会，房地产公司随即将承包人诉至法院。

【法院辩诉】 在法庭审理过程中，双方围绕承包合同效力发生争议。发包人认为工程承包合同有效，要求解除承包合同，并赔偿其工期延误、质量缺陷所造成的损失。承包人施工单位则答辩认为：承包合同无效，要求按照有关法律规定，发包人房地产公司应支付其已施工部分的工程款并赔偿其窝工等经济损失。

【法院判决】 法院审理后认为，中标无效，其合同无效，发包方赔付施工单位工程款等损失。

【示例点评】 我国建设项目招标投标范围有明确的规定，并非所有的建设工程合同都必须采取招标投标的方式来订立。非强制招标投标项目是否采取招标投标的方式订立合同，原则上是当事人（发包人）自愿选择的结果。非强制招标项目一旦进行招标活动，是否适用于招标投标法？其行为是否受到招标投标法的约束？由于认识不同，往往成为招标

投标法律责任风险点。

根据《招标投标法》第 3 条和《工程建设项目招标范围和规模标准规定》第 2 条至第 7 条的规定，结合本案项目的具体情况分析，本案项目应不属于"必须进行招标"的建设工程项目。但是根据《招标投标法》第 2 条的规定："在中华人民共和国境内进行招标投标活动，适用于本法的规定。"既然该项目进行了招标活动，就应该遵循招标投标法的有关规定，不得自定中标人。

全国人大法律工作委员会制定的《招标投标法释义》中也指出：在被界定为招标投标活动的，实际上有两种情况，一种是强制性招标，另一种是自愿招标。而招标投标法对两种情况都是适用的，该项目仍然要在关键环节上遵循招标投标法律。

有观点认为，根据《招标投标法》第 3 条和原国家发展计划委员会 2000 年 5 月 1 日发布的《工程建设项目招标范围和规模标准规定》，以上涉案项目不属于"必须进行招标"的建设工程项目，因此不适用《招标投标法》。但是，依据是《招标投标法》第 2 条（在中华人民共和国境内进行招标投标活动，适用本法）和全国人民代表大会法律工作委员会编写的《招标投标法释义》一书，对有关问题作了如下释义。

《招标投标法释义》第 1 部分《绪论 招标投标活动的基本法律规范》指出："…在被界定为招标投标活动的，实际上也是有两种情况，一种是强制性招标，另一种是自愿招标。而招标投标法对两种情况都是适用的，所以这部法律在调整范围方面是有一定灵活性的，这种灵活性又明显地表现在自愿招标方面…"

《招标投标法释义》第 2 部分第 1 章总则对《招标投标法》第 2 条说明如下："…招标投标法以招标投标活动中的关系为调整对象。""凡在我国境内进行的招标投标活动，不论是属于该法第 3 条规定的法定强制招标项目，还是属于由当事人自愿采用招标方式进行采购的项目，其招标投标活动均适用本法。""当然，根据强制招标项目和非强制招标项目的不同情况，招标投标法有关条文了有所区别的规定。""有关招标投标的规则和程序的强制性规定及法律责任中有关行政处罚的规定，主要适用于法定强制招标的项目…"

除上述依据外，《招标投标法》的权威性有赖于实践中对程序的严格遵守，自愿招标的项目仍应在关键环节上严格遵守《招标投标法》，原因在于：一是招标投标活动是严肃的商业活动，参与各方均应该遵守诚实信用原则；二是投标人参与投标花费了人工和成本，对投标人的劳动应予以保护；三是维护招标投标活动的严肃性有助于维护市场经济竞争秩序。由此可见，本涉案项目适用《招标投标法》当无疑问。

《释义》第 2 部分第 5 章法律责任对《招标投标法》第 57 条说明为，"…依照本法第 40 条的规定，招标人应在依法组建的评标委员会所依法推荐的中标候选人中确定中标人，而不能通过别的方式确定中标人，否则评标委员会依法进行的评标就失去了意义…招标人在评标委员会依法推荐的中标候选人以外确定中标人的…应当依法限期责令改正，即由对招标投标活动负有行政监督职责的行政机关要求招标人停止违法行为，并采取改正措施，依照法律在评标委员会推荐的中标人中确定中标人；或者依照法律重新进行招标。"《招标投标法》第 57 条规定，"招标人在评标委员会依法推荐的中标候选人以外确定中标人的，中标无效。"

依据《最高人民法院关于审理建设工程施工合同纠纷案件适用法律问题的解释》第 1 条的规定，中标无效必然导致合同无效。

根据《合同法》第 58 条的规定，合同无效或者被撤销后，因该合同取得的财产，应当予以返还；不能返还或者没有必要返还的，应当折价补偿。有过错的一方应当赔偿对方因此所受到的损失，双方都有过错的，应当各自承担相应的责任。在本案中，承包人已施工的在建工程属于"没有必要返还"的情形，招标人应对承包人已施工的工程在证明质量合格的前提下予以折价补偿。如双方对质量及造价有争议，应通过质量及工程审价鉴定解决。

由于在建工程存在质量缺陷，且招标人应对导致合同无效承担主要过错，依据《最高人民法院关于审理建设工程施工合同纠纷案件适用法律问题的解释》第 2、3、11 条的规定，如承包人愿意修复且修复合格的，承包人有权要求参照合同约定支付工程价款；修复不合格的，招标人仅支付合格部分的工程款；承包人拒绝修理的，招标人有权要求减少支付不合格部分的工程款。

一旦双方明确支付数额，承包人退场后，招标人应重新在推荐的中标候选人中确定中标人。作为受害者的投标人有权依据《合同法》第 59 条的规定要求招标人退还投标保证金（当事人恶意串通，损害国家、集体或者第三人利益的，因此取得的财产收归国家所有或者返还集体、第三人），并依据《合同法》第 42 条的规定，依法追究招标人的缔约过失责任。

12.2.3 招标人标外定标

【示例 12-11】 定标原则有规定，标外定标行不通

【示例简介】 2009 年 1 月 14 日，江苏某商务公司计划开发建设家纺城（该项目属于强制招标项目），遂向 4 家建筑公司发出了招标书，同年 1 月 26 日至 28 日，4 家建筑公司均向商务公司发出了投标书。同期，商务公司委托了招标投标办公室的专家评委参与议标。1 月 29 日经议标，其中 1 家为评标第一名，但商务公司并未当场定标。事后也未在 4 家中确定中标者。

同年 2 月 9 日，商务公司另向国内某冶金建设公司发出了"中标通知书"，双方并签订施工承包合同 1 份，约定：工程由冶金公司总承包；合同价款暂定为 3000 万人民币，决算审定价为最后价；发包方预付承包方合同价款 300 万元等。商务公司预付工程款后，冶金公司进入工地履行合同中，商务公司又于 2009 年 11 月称，合同未经招标而无效，要求被告离场、退还预付款。承包单位某冶金建设公司遂向法院起诉。

【法院判决】 依据《招标投标法》第 57 条："招标人在评标委员会依法推荐的中标候选人以外确定中标人的，依法必须进行招标的项目在所有投标被评标委员会否决后自行确定中标人的，中标无效"。法院判定中标无效，合同也无效，判商务公司赔偿冶金建设公司由此产生的利益损失。

【示例点评】 招标投标的目的是通过评标委员会本着公平、公正、科学的原则从投标者中选择合适的承包者，以确保工程质量和更加经济。评标委员会经过评标后，再在评标委员会推荐的名单外，招标方定标，就失去了招标投标的意义，属于违反招标投标法的行为，标外定标合同无效。《招标投标法》第 57 条规定："招标人在评标委员会依法推荐的中标候选人以外确定中标人的，依法必须进行招标的项目在所有投标被评标委员会否决后自行确定中标人的，中标无效，责令改正，可以处中标项目金额的 5‰以上，10‰以下的

罚款；对单位直接负责的主管人员和其他直接责任人员依法给予处分。"

原建设部于 2001 年 5 月 31 日发布的《房屋建筑和市政基础设施施工工程招标投标管理办法》规定："施工新单项合同结算价在 200 万元人民币以上或项目总投资在 3000 万元人民币以上的，必须进行招标。"故本案工程项目应属强制招标投标范围，被告未参与工程的招标投标，其取得"中标通知书"直接违反了招标投标法的规定，中标无效，原、被告的承包合同也无效。按照《合同法》第 97 条规定："合同解除后，尚未履行的，终止履行；已经履行的，根据履行情况和合同性质，当事人可以要求恢复原状、采取其他补救措施，并有权要求赔偿损失。"

12.3　代理人不法行为

12.3.1　代理人串通投标

【示例 12-12】　中介机构不中立，串通各方谋私利

【示例简介】　2002 年 10 月，某省招标代理公司受某市地税局的委托，就该局新建综合大楼所需的地温螺杆式热泵机组的采购及安装服务向国内公开招标，邀请该种热泵机组的生产商或供应商投标，甲公司、乙公司等 7 家单位在规定的期限内投标。2002 年 11 月 12 日，由省招标代理公司主持开标、唱标，某省公证处对这一过程进行公证。此后由评标委员会进行了询标、评标。2002 年 12 月 2 日，评标结果公示，乙公司中标。

招标工作完成后，甲公司起诉被告省招标代理公司、乙公司在地税局新建综合大楼所需的地温螺杆式热泵机组采购及安装服务的招标投标活动中相互串通，侵害了原告公平竞争的合法权益。据此，请求法院判令乙公司中标无效，乙公司、地税局签订的《地温螺杆式热泵机组采购合同》无效，乙公司和省招标代理公司赔偿原告经营利润损失 37.2 万元、商业信誉、商品声誉损失 20 万元。

【法院初审】　原审法院经审理认为：本次招标标的与中标标的内容一致，原告甲公司关于被告改变了招标标的主张不能成立。省招标代理公司向原告出具的《技术参数比较》虽然对原告的设备有所贬低，但并未扩散，更未对原告及其设备造成社会评价的不利影响，因而不构成对原告商业信誉和商品声誉之侵权，原告就此向省招标代理公司索赔 20 万元的诉讼请求不能成立。

根据《建筑法》第 2 条第 2 款、第 26 条第 1 款规定："本法所称建筑活动，是指各类房屋建筑及其附属设施的建造和与其配套的线路、管道、设备的安装活动。""承包建筑工程的单位应当持有依法取得的资质证书，并在其资质等级许可的业务范围内承揽工程。"《招标投标法》第 18 条规定："国家对投标人的资格条件有规定，依照其规定。"上述法律规定属于强制性法律规范，当事人必须遵守。本案所涉招标标的中央空调主机机组及其配套设备的安装，双方均一致认为范围限于空调主机机房内主机及相关配套设备的安装，不包括主机机房以外的空调管道、管网及末端设备的安装。很明显，该安装服务系作为空调生产商、供应商的随附义务。该安装服务虽然属于建筑工程中的安装工程，从事该项工程的企业依法必须取得建筑资质。但从本案所涉公示的招标文件规定，凡响应邀请并具有法人资格、有地温双螺杆式热泵机组生产或供应能力的国内企事业单位即为合格投标方，招标文件未规定投标人应当具有建筑资质。由此可以认定，招标文件中规定的"中标者须承

担的安装服务"，是作为中标者必须履行的义务，但并未限定为中标者必须亲自履行的义务。因此，不能因富尔泰公司未提供上述资质而否认其投标人资格。对原告创新公司所述乙公司没有建筑企业资质不具备投标人资格之诉由，本院不予采纳。

本案原告甲公司虽举证证明本次招标活动中，存在招标代理机构允许招标人地税局相关人员进入评标现场，第一被告省招标代理公司出具对甲公司与乙公司产品在不同条件下进行性能对比的违规事实，但甲公司并未充分证明招标公司出具对比资料的时间早于开标之时或发生于评标之中，也未充分证明地税局对评标活动存在不当干扰或串通行为。因此，原告甲公司诉称3被告之间存在相互串通，实施了不正当竞争行为的证据不足。综上所述，依据《民法通则》第54条、《反不正当竞争法》第2、15条规定判决：驳回原告甲公司的诉讼请求。案件受理费10730元，由甲公司负担。

【二审辩诉】 经过一审判决，创新公司不服上述判决，向上级法院提起上诉。

1. 上诉人创新公司上诉辩称

(1) 一审判决认定乙公司符合本案投标人资格，严重违反了法律规定。一是一审判决以招标文件未要求投标人具有建筑业企业资质为由，认定乙公司具有本案投标人资格，违反了《建筑法》第2、13条、《招标投标法》第26条的规定；二是设备安装应该是主义务，一审判决以空调设备安装是随附义务为由，认定乙公司符合本案投标人资格违法；三是，一审判决以中标人不必亲自履行安装义务为由，认定乙公司符合本案投标人资格违反了《建筑法》第28、29条的规定。

(2) 评标中存在不正当竞争行为，造成评标结论违反公平、公正原则。组建不合法的评标委员会；评标偏离招标文件规定的评标内容和方法；抬高乙公司的机组性能，贬低上诉人的机组性能。《技术参数比较》已经在社会上扩散，并造成了社会评价不公的影响，故一审判决认为《技术参数比较》不构成对上诉人商业信誉和商品声誉的侵权不客观。

(3) 定标中存在不正当竞争行为，侵害了上诉人公平竞争的合法权益。理由如下：

1) 违反定标程序。一是没有在法定期内公示中标候选人。二是没有依法公示中标候选人名单，本案评标委员会推荐了两名中标候选人，但只公示了一个；三是招标人在中标候选人公示前，具函确定中标人，违反了中标候选人公示后，招标人才能确定中标人的规定。

2) 改变招标项目名称。招标文件公示的项目名称为"机组采购及安装服务"，但中标候选人公示、中标通知书的项目名称却取消了安装服务。被上诉人改变招标标的的目的是为了让乙公司中标，这也证明了被上诉人之间相互勾结的事实。

3) 相互勾结、弄虚作假共同欺骗市招标投标办公室以维护中标。招办〔2003〕1号文件和对陈某某的调查笔录证明了乙公司将安装工程分包给丙安装公司，并在投标文件中明确，同时也证明省招标公司确已向市招标投标办公室提交了乙公司的《指定安装单位说明》，其指定安装单位的《营业执照》、《建筑业企业资质证书》。但二审法院调取的乙公司的投标文件中没有上述文件。

由此可见，乙公司在投标时没有指定安装单位，也没有提交丙安装公司的执照和资质证书。市招标投标办公室就此事进行调查时，乙公司与省招标公司勾结，伪造了《指定安装单位说明》，丙安装公司的《营业执照》、《建筑业企业资质证书》。乙公司与省招标公司相互勾结，共同欺骗市招标投标办公室，导致市招标投标办公室作出维护乙公司中标的决定。

（4）上诉人已举证证明上诉人被侵权的可得利益损失。由于被上诉人之间相互勾结，使乙公司违法中标，侵害了上诉人对本案招标项目的经营权。依据《反不正当竞争法》规定，被上诉人应当赔偿上诉人经营利润损失。按每年减少两个200万元的项目计算，1年的利润损失就有35万元。上诉人还提交了经法定审计机构审定的《利润表》，一审对此没有采信是不公正的。请求二审法院依法支持上诉人的诉讼请求，将本案发回重审或依法改判。

2. 被上诉人省招标代理公司答辩称

（1）一审对本案的处理结果是正确的，依法应予维护。上诉人的诉讼请求之一是要求确认乙公司的中标无效，而市地税局是依照评标委员会的评标结论所推荐的首选单位决定了中标人，实际上法庭应当审查在评标结论下达之前是否存在行为人违法的事实。本案招标投标活动程序合法，省公证处证明了招标、投标、开标、唱标符合《招标投标法》和招标文件的规定。除非原告甲公司提交足以导致能够推翻公证证明的相反证据，否则法庭应当根据公证书确认在评标结论下达前不存在行为人违法的事实。因此，上诉人要求废标的主张应不予支持。

（2）上诉人关于将招标的机组采购及安装服务改为机组采购证明被上诉人之间相互勾结的观点是错误的。上诉人混淆了招标文件中的"安装服务"和"安装工程"的概念，安装服务不能够等同于安装工程。招标文件没有要求投标人具有安装资质，该项目的真实目的是"地温螺杆式热泵机组采购"，安装、调试、培训以及其他类似服务系设备采购的随附义务，属于该项目中的非主体、非关键性部分。招标项目及其实质内容自始没有发生改变。招标文件规定投标人可以对招标文件提出质疑，但上诉人在投标时从未对招标文件提出质疑，其已丧失了这项权利。

（3）上诉人关于乙公司不具备建筑业企业资质而导致其投标人主体资格不符的观点，依法不能成立。本案招标对安装资质没有要求，乙公司的营业执照也证明其具有安装其自行生产制造的产品的资格。

（4）上诉人关于省招标公司出具《技术参数比较》的行为贬低了上诉人的机组性能，并在社会上扩散，侵害了上诉人的商业信誉与商品声誉的观点与事实不符。上诉人提交的《技术参数比较》仅是传真复印件，不具备法人行为的基本特征，故《技术参数比较》非省招标公司出具。一审根据常招办〔2002〕2号文件中"招标公司确实出具了1份性能比较资料"的陈述，认定《技术参数比较》由省招标公司出具是错误的。《技术参数比较》实际发生在评标结果产生以后，没有影响中标结果。《技术参数比较》仅仅将上诉人的真实的产品参数和乙公司的真实的产品参数摘录列表，未作任何评论或评断，没有贬低上诉人的产品，也没有在社会上扩散。

（5）上诉人要求赔偿无法律依据，一审依法驳回其请求完全正确。上诉人已经落标，其没有和招标人签订合同，不存在经营利润。至于所谓"商业信誉、商品信誉"损失更是于法无据。省招标公司在中介服务中无非法损害上诉人或其他被上诉人的行为，上诉人应自行承担其没有中标的法律后果。

综上，请求二审法院依法维持原判。被上诉人乙公司答辩称与被上诉人地税局答辩称

（略）均请求二审法院驳回上诉人的上诉。

【二审判决】 二审法院认为：《建筑法》第 2 条第 2 款、第 26 条第 1 款规定："本法所称建筑活动，是指各类房屋建筑及其附属设施的建造和与其配套的线路、管道、设备的安装活动。""承包建筑工程的单位应当持有依法取得的资质证书，并在其资质等级许可的业务范围内承揽工程。"《招标投标法》第 18 条规定："国家对投标人的资格条件有规定，依照其规定。"上述法律规定属于强制性法律规范，当事人必须遵守。

本案所涉安装服务属于建筑工程中的一种活动，从事该项工程依法必须取得建筑资质。原审法院关于从事涉案安装服务的企业必须取得建筑资质的认定正确，予以维持。虽然招标文件并未要求投标人应当具有建筑资质，但是根据《招标投标法》第 26 条规定："投标人应当具备承担招标项目的能力；国家有关规定对投标人资格条件或者招标文件对投标人资格条件有规定的，投标人应当具备规定的资格条件"，无论对于招标项目中的主体、关键性工程，还是非主体、非关键性工程，投标人除应具备招标文件规定的资格条件之外，还应知晓国家对投标人资格条件的有关规定，并具备相应的资格条件。

本案招标标的是热泵机组采购及安装服务，开标记录显示安装服务是招标项目中的非主体、非关键性工程，系投标人应当履行的主义务之一，而不是设备采购的随附义务。乙公司作为投标人必须具有完成安装服务所需的建筑资质，但乙公司未提供建筑资质证书，其不具有建筑资质。

在庭审过程中查明，在市招标投标办公室处理投诉时，省招标代理公司向该办提供的投标人乙公司的投标文件中含有未向本院提供的他人建筑资质证明及其他文件，省招标公司、乙公司对此矛盾不能予以澄清。因此，应当认定投标人乙公司与招标代理机构省招标公司之间存在不正当联系的行为。

在本案所涉安装服务要求投标人具备建筑资质，而乙公司没有该资质的情况下，乙公司与省招标公司在甲公司投诉后，为达到使乙公司中标的目的，相互串通伪造乙公司投标文件中的《指定安装单位说明》、丙安装公司《建筑业企业资质证书》、《企业法人营业执照》，使市招标投标办公室依据伪造的投标文件，认定乙公司已将安装服务依法分包给丙安装公司，错误地作出维护中标结果的处理决定。乙公司与省招标公司串通伪造乙公司投标文件的行为损害了国家利益、社会公共利益，破坏了招标投标活动的公平性，损害了甲公司的合法权益，违反了《反不正当竞争法》第 2 条第 1 款"经营者在市场交易中，应当遵循自愿、平等、公平、诚实信用的原则，遵守公认的商业道德"的规定，构成不正当竞争。上诉人关于乙公司与省招标代理公司相互勾结以骗取市招标投标办公室维护中标的行为构成不正当竞争行为的上诉理由成立，本院依法予以采纳。

《反不正当竞争法》第 20 条第 1 款规定："经营者违反本法规定，给被侵害的经营者造成损害的，应当承担损害赔偿责任，被侵害的经营者的损失难以计算的，赔偿额为侵权人在侵权期间因侵权所获得的利润；并应当承担被侵害的经营者因调查该经营者侵害其合法权益的不正当竞争行为所支付的合理费用。"

同时，《招标投标法》第 50 条第 1 款规定："招标代理机构……与投标人串通损害国家利益、社会公共利益或者他人合法权益的……给他人造成损失的，依法承担赔偿责任。"在被侵害的经营者的损失难以计算，侵权行为人没有获得利润或者利润无法查明时，侵权行为人的赔偿责任并不能免除。人民法院可以根据权利人遭受侵害的实际情形公平酌定赔偿额。创元公司主张赔偿其经营利润损失 37 万元的诉讼请求，证据不足，本院根据侵权行为的性质，酌情确定由乙公司和省招标公司共同赔偿创元公司 15 万元。

关于省招标代理公司制作的《技术参数比较》，其数据都来自乙公司与甲公司的投标文件。其中，乙公司的数据采自其投标文件中的实用工况数据，而甲公司的数据采自其投标文件中的标准工况数据。评标委员会出具的技术参数比较表对乙公司、甲公司产品各项指标的技术参数（除制冷剂外）的具体数值或评议都一致，各项指标对应的结论都为合格。在此情形下，市地税局要求省招标公司出具有关投标入围产品节能效果比较，省招标公司于评标完成后 8 日、中标通知书发出之前形成并出具了《技术参数比较》。

根据《招标投标法》第 40 条第 2 款之规定："招标人根据评标委员会提出的书面评标报告和推荐的中标候选人确定中标人"，招标人只能将评标委员会的书面评标报告作为唯一书面依据，在评标委员会推荐的中标候选人中确定中标人。本案省招标公司在评标委员会提出的书面评标结论之外出具该《技术参数比较》，其行为违反了《招标投标法》第 5 条的规定："招标投标活动应当遵循公开、公平、公正和诚实信用的基本原则"，但缺乏充分证据证明省招标公司与常德市地税局在这一行为中存在串通。《技术参数比较》数据来自两家公司的投标文件，其没有扩散，也没有对甲公司及其设备造成不利社会评价的影响。因此，省招标公司出具《技术参数比较》不构成对甲公司商业信誉和商品声誉的侵权，甲公司据此要求省招标公司与乙公司赔偿 20 万元损失的诉讼请求不能得到支持，原审判决对此的认定正确，本院予以维持。

省招标公司与乙公司串通伪造乙公司投标文件的行为，造成市招标投标办公室针对创新公司的投诉做出了错误的判断，并使得本案招标活动最终确定了乙公司为中标人，其对本案所涉招标项目的中标结果具有实质性影响，故法院认为，因乙公司与省招标代理公司存在串通行为并影响中标结果，且该串通行为系弄虚作假、骗取中标的行为，根据《招标投标法》第 50、54 条第 1 款之规定，乙公司中标无效，因中标而导致的乙公司与市地税局签订的合同当然无效。鉴于本案合同已经履行，合同无效将导致返还财产、折价补偿的法律后果，使国家财产蒙受巨大损失，为维护社会关系的稳定，应维持该合同履行的现状，乙公司空调及机房配套、附属设备由地税局保有，合同约定的价款作为折价款返还给乙公司。

关于中标候选人公示程序，《招标投标法》对中标候选人公示这一程序没有作出规定。本案评标委员会书面评标报告推荐两名中标候选人，即乙公司为首选，甲公司为候选，但仅公示了乙公司，且中标候选人公示在招标人确定中标人之后。中标候选人公示程序存在瑕疵，但该程序并非《招标投标法》所规定的必经程序，对确定中标人不产生实质性影响。关于上诉人所诉评标委员会的组成违法和评标偏离招标文件规定的评标内容和方法之诉由于缺乏充分证据，不能成立。

综上所述，因本案招标活动中省招标代理公司与乙公司存在串通伪造乙公司投标文件的行为，乙公司中标无效，因中标而导致的乙公司与地税局签订的合同亦无效。本案合同已经履行，合同无效将导致返还财产、折价补偿的法律后果，使国家财产蒙受巨大损失，为维护社会关系的稳定，应维持该合同履行的现状。招标代理公司与乙公司相互串通伪造乙公司投标文件中的《指定安装单位说明》、丙安装公司《建筑业企业资质证书》、《企业法人营业执照》的行为构成不正当竞争行为，应由省招标代理公司与乙公司共同承担赔偿创新公司损失 15 万元的民事责任。

本案一审判决程序合法，上诉人关于一审在诉讼程序上存在失误之诉由不能成立，本院依法不予采纳。原审判决认定部分事实不清，适用法律不当，依据《民事诉讼法》第153 条第 1 款第 2、3 项、《反不正当竞争法》第 2、20 条、《招标投标法》第 50、54 条第1 款、第 5 条、第 18 条第 1 款、第 26、33 条、第 40 条第 2 款、第 48 条以及《建筑法》第 2 条第 2 款、第 26 条第 1 款之规定，判决如下：

（1）撤销市中级人民法院民事判决；（2）乙公司在税务局综合大楼地温螺杆式热泵机组采购及安装服务招标项目的中标无效；（3）乙公司与税务局签订的《地温螺杆式热泵机组购销及安装服务合同》无效；（4）乙公司与省招标代理公司共同赔偿创新空调公司损失15 万元；（5）驳回甲公司关于要求省招标代理公司与乙公司赔偿其商业信誉、商品声誉损失 20 万元的诉讼请求。本案一审案件受理费 10730 元，二审案件受理费 10730 元，由乙公司负担 6904 元，省招标有限责任公司负担 10356 元，甲公司负担 4200 元。

【示例点评】 招标投标活动中，招标代理机构不得从事的违法行为有哪些？否则应承担哪些法律责任？

（1）根据《招标没标法》第 50 条的规定：招标代理机构不得从事的行为有：

1）违反本法规定，泄露应当保密的与招标投标活动有关的情况和资料的。本法第 22条规定："招标人不得向他人透露已获取招标文件的潜在批标人的名称、数量以及可能影响公平竞争的有关招标投标的其他情况。""投标人设有标底的，标底必须保密。"第 38 条规定："招标人应当采取必要的措施，保证评标在严格保密的情况下进行。"第 44 条第 3款规定："评标委员会成员和参与评标的有关工作人员不得透露对投标文件的评审和比较、中标候选人的推荐情况以及与评标有关的其他情况。"招标代理机构在代理招标时是以招标人的代理人的身份进行的，直接参与、组织招标投标活动，因此本法对招标人和评标委员会成员的上述要求同样适用于招标代理机构。招标代理机构泄露应当保密的与招标投标活动有关的情况和资料的，会影响投标人的公平竞争，达不到招标的目的。

2）违反本法规定，与招标人、投标人串通损害国家利益、社会公共利益或者他人合法权益。在招标代理活动中，招标代理机构与招标人之间的关系为代理人与被代理人的关系，招标代理机构处于代理人的地位。《民法通则》第 66 条第 2 款规定："代理人和第三人串通，损害被代理人的利益的，由代理人和第三人串通，损害被代理人的利益的，由代理人和第三人负连带责任。"第 67 条规定："代理人知道被委托代理的事项违法仍然进行代理活动的，或者被代理人知道代理人的代理行为违法不表示反对的，由被代理人和代理人负连带责任。"此外，在强制招标项目中，由于相当一部分资金来源于政府财政投资，还会出现代理人与被代理人，即招标代理机构与招标人相串通损害国家利益的情况。

（2）根据《招标投标法》第 50 条规定："招标代理机构从事前述违法行为的，除要受到行政处罚、甚至刑事处罚外，还应负以下损害赔偿责任。"

损害赔偿是指当事人一方因侵权行为或不履行债务而对他方造成损害时应承担赔偿对方损失的民事责任，包括侵权的损害赔偿与违约的损害赔偿。前者属于侵权责任的范围，后者属于违约责任的范畴。区分违约的损害赔偿与侵权损害赔偿的意义在于：首先，赔偿范围不同，侵权的损害赔偿可以包括对精神损害的赔偿，而违约的损害赔偿一般只包括财产损害赔偿，不包括对精神损害的赔偿；其次，举证责任不同，根据《合同法》的规定，违约责任实行无过错责任，只要行为人的违约行为造成了对方当事人的损失，行为人就应负民事责任，守约方无需就违约方的过错进行举证。与之相反，由于侵权责任一般实行过错责任，受害人欲使侵权行为人承担责任，必须证明侵权人在实施侵权行为之际具有过错，否则行为人不承担法律责任。

招标代理机构的前述违法行为属于侵权行为还是违约行为，需要具体分析：招标代理机构泄露应当保密的与招标活动有关的情况或者材料的行为，以及与招标人串通损害国家或者第三人利益的行为当然属于侵权行为，因此而产生的赔偿责任属于侵权责任；招标代理机构与投标人串通的行为违反了招标代理机构与招标人之间达成的委托代理合同所约定的义务；另一方面，招标代理机构与投标人串通的行为产生了侵犯对方人身、财产权益的后果。因此而引起的赔偿责任既属于侵权责任也属于违约责任，产生了侵权责任与违约责任的竞合。《合同法》第122条规定："因当事人一方的违约行为，侵害对方人身、财产权益的受损害方有权选择依照本法要求其承担违约责任或者依照其他法律要求其承担侵权责任。"

招标代理机构承担赔偿责任的前提是：行为人的行为给他人造成了损失。这里所说的"他人"，既包括招标人、投标人、第三人，还包括国家及社会公共利益。承担前述法律责任的主体是招标代理机构、招标代理机构直接负责的主管人员和其他直接责任人员。

招标代理机构承担前述法律责任，必须在实施违法行为时在主观上具有过错，包括故意和过失。在与招标人、投标人串通损害国家利益、社会公共利益或者他人合法权益的违法行为中，行为人在主观上应有进行违法行为的故意。这里所说的故意是指行为人对行为的目的和后果有足够认识或理解，并不是指行为人知道自己的行为属于违法行为

招标代理机构承担前述法律责任不以其违法行为造成了实际的损害后果为必要条件。只要行为人实施了前述违法行为并证明其在主观上有过错的，行为人就应当承担法律责任。

12.3.2 代理人受贿行为

【示例 12-13】 代理收取好处费，不符条件允入围

【示例简介】 2010 年，在襄阳市某拆迁还建房工程招标中，襄樊市大正工程项目管理有限公司工作人员杨某某收取投标人好处费，要求资格预审评审委员会组长王以文，将不符合条件的中基建设有限公司等 3 家公司登记为合格入围。福建某某建筑公司为达到中标目的，与项目管理有限公司串通投标。最后，福建某某建筑公司中标。行政监督机构接到举报后，经过调查情况属实，宣布中标无效。大正公司杨某某被处罚，并通报批评，并被取消招标代理资格 2 年。王某某被取消评委资格，记不良记录 1 次。

【示例点评】 本案依据《招标投标法》第 50 条："招标代理机构违反本法规定，泄露应当保密的与招标投标活动有关的情况和资料的，或者招标投标与招标人、投标人串通损害国家利益、社会公共利益或者他人合法权益的处 5 万元以上 25 万元以下的罚款，对单位直接负责的主管人员和其他直接责任人员处单位罚款数额 5%以上 10%以下的罚款；有违法所得的，并处没收违法所得；情节严重的，暂停直至取消招标代理资格；构成犯罪的，依法追究刑事责任；给他人造成损失的，依法承担赔偿责任；前款所列行为影响中标

结果的，中标无效。"本案件代理机构收取好处费，违反了《招标投标法》第 50 条的规定，损害了其他招标人的合法权益，宣布中标无效并给予相应的处理是正确的和必要的。

通过本案例我们可以看出工程招标代理机构在实际的招标过程中，其职能已经被严重架空，代理机构和人员甚至沦为商业贿赂犯罪的主体，直接参与商业贿赂犯罪。

1. 工程建设招投代理机构参与商业贿赂犯罪主要原因

首先，业主存在不规范行为的问题的存在。有的业主向投标人要"好处费"，要来的"好处费"进入私人腰包或进入单位的"小金库"；有的则向委托招标代理机构要中标服务费"分成"，看谁给的"分成"多就让谁来操作。还有的招标人本来资金不落实，却提前操作开"空头支票"，与中标人签订的合同迟迟不能执行。个别业主在招标方面违法违规现象的背后，往往隐藏着权钱、权色交易、玩忽职守等腐败行为。

其次，招标代理机构发展中存在不规范问题。主要表现有：一是有些代理机构内部无管理，无档案，后期服务没有保障。二是不按资质等级和资质类别开展代理业务，违规超范围承接代理业务。三是出借资格证书或允许其他单位或个人以本单位名义承揽招标代理业务。四是个别代理机构为承揽任务，违背市场竞争的基本准则，压低代理费，恶意竞争。五是盲目屈从于招标人要求，将实际违规操作合法化。如向招标人作一些不切实际的承诺，保证招标人中意的投标人中标等。六是因自身业务水平限制，导致招标代理工作失误，给招标人和投标人造成损失。七是招标人行为的不规范直接导致代理行为的不规范。招标代理机构发展中存在不规范为招标代理机构被利用，被架空或被牵涉进商业贿赂提供了温床。

再次，政府对代理机构的监管不力。代理机构的资质监管政出多门导致政府监管不力。一是尚未形成统一的或互认的资质管理机制——住建部、商务部、发改委、工信部和财政部等都有相应资质管理的职能和机构，要求各不相同。招标代理机构要完成一个整体项目的代理业务，必须同时具备多种资质；二是招标代理机构的市场准入标准不统一或审批尺度掌握不严，造成招标代理机构数量激增，整体素质不高，市场无序竞争，加大了不规范操作甚至违规操作；三是招标代理相关法规完善滞后，除《招标投标法》和《工程建设项目招标代理机构资格认定办法》外，目前国家尚未出台配套的招标代理机构管理办法，在一些情况下，使代理机构无所适从，也给政府实施有效监督管理增加了难度。无效的政府监管，是招标过程中商业贿赂泛滥的重要因素。

2. 预防工程建设招标代理机构参与商业贿赂的对策

我国刑法有"行贿罪"、"受贿罪"、"介绍贿赂罪"等方面的认定。相关的商业贿赂行为要受到对应的法律法规的制裁。我国对商业贿赂的治理机关包括检察机关、公安机关和国家工商行政管理局；这些为我们打击商业贿赂犯罪提供了有力的法律和制度保障。目前而言，结合上述分析，我们认为以下几个方面是预防工程建设招标投标领域商业贿赂迫切需要采取的对策：

首先，强化舆论宣传监督，增强经营者特别是业主的法律意识。有关部门要充分利用报纸、电视、广播等新闻媒体，大力宣传商业贿赂行为对社会的危害及国家有关制止商业贿赂行为的法律、法规，使广大经营者懂法、守法，增强法的威慑力，扩大法的覆盖面，并对查处的商业贿赂行为典型案例，通过新闻媒体予以曝光，以告诫社会，从而积极营造一个反对商业贿赂的社会环境和氛围。同时，加强对国家公务员、中介机构、事业单位和企业人员法律法规、纪律和职业道德等方面的教育，积极运用典型案例开展法制宣传和警示教育，增强其自觉抵制商业贿赂的意识，筑牢思想道德防线。

其次，政府要对招标代理机构进行总量控制，把好优胜劣汰关；代理机构要加强自律，规范发展招标代理机构。《招标投标法》和《工程建设项目招标代理机构资格认定办法》对招标代理机构的代理权限、从业门槛、行业自律都做了较为明确的规定，面对存在的问题，招标代理机构和各有关主管部门必须有清醒的认识。政府部门也应进一步转变职能，完善管理体制，加强立法监督，确定合理的准入门槛，同时加大市场行为检查监督，实行市场清出制，该清出的清出，该扶持的扶持，逐步实现管理行为法制化、管理形式科学化、管理主体知识化、管理过程信息化，提高行政管理水平和公共服务能力。代理机构必须不断加强自身建设，提高人员素质，完善管理制度，增加技术装备，依法经营、规范操作，不断提高业务能力，建立一些相应的职业道德规范和行业协会，对一些轻微的商业贿赂行为依靠道德规范给予处分，以弥补法律的不足。

再次，注重制度建设，加强和完善对权力的监督制约，确保权力正确行使。要建立健全工程建设中对权力的制约和监督机制，特别是要加强和完善对工程建设主管部门人员特别是工程建设主管部门领导的监督制约，防止"首长工程"，从源头上防治贿赂犯罪。要建立健全工程建设市场机制，将工程建设纳入法制化和制度化轨道，使隐蔽的工程建设变为公开的市场交易。同时，要规范和完善对招标投标环节、施工环节、检查验收环节等各个工程建设环节的制度建设，对招标投标环节、施工环节、检查验收环节等工程建设重点环节和重点部位权力行使的监督制约，防止暗箱操作和权钱交易，使工程建设各个环节做到信息公开、程序规范、竞争公平，保证工程建设市场公开、公平、公正。综合运用社会监督、政府专门机关监督、司法监督等多种监督制约形式，充分发挥各监督主体的积极作用，提高对工程建设进行监督制约的整体效能。

总之，严格执法、违法必究，加大对商业贿赂的打击力度，保证社会的公正。商业贿赂往往与政府的相关部门联系在一起。在中国的市场化改革尚未完成前，许多资源都掌握在政府手中，这就成为众多商人的寻租对象。一方面需要严格执法、违法必究，加大对商业贿赂的打击力度，对违法者保持足够的法律威慑力；另一方面，更需要提高执法水平，准确区分正常经营行为和商业贿赂的界限，只有这样才能打击真正的违法行为，保护正常代理机构的商业行为，才能既维护法律的权威，又保证社会的公正。

第3篇 对 策 篇

13 废标、标无效原因分析

13.1 废标的直接原因

"废标不废标，关键在标书。"招标文件是整个招标的灵魂，是招标人意志力的体现，招标是一个邀请，既然投标，也就是说同意招标文件的实质性要求，并承诺一旦中标即受其约束，投标文件便是这种承诺的表现。投标人既然参加投标，即证明其是完全同意招标文件实质性要求的。投标文件有时之所以出现不符招标文件要求之处，原因是多方面的，有来自资格文件不合要求方面的原因，也有商务条款或技术条款编制不妥造成的原因，也可能是其他方面原因造成的。上述原因分别阐述如下：

13.1.1 资格文件

招标公告和招标文件都对投标资格进行统一的规定，符合招标文件资格标准的投标人才是合格投标人，才有资格进入下一步评标，这个资格标准就像进入政府大楼前的各个台阶，只跨过一步或多步而没有跨过最后的一步也不能进入政府大楼。而招标文件中要求的资格标准条件，是通过投标人的各种有效证件、资料来实现的，比如法人营业执照、资质证书、法人代表授权书等等都是证明合法投标人的有效证件，所以投标人在投标报名时、封标前由于工作人员的疏忽大意，资料文件缺乏完整性、有效性和合格性，导致废标。

1. 缺乏完整性。投标文件要求对各个资料条件对应并完全响应。在招标公告或招标文件中都有关于证件方面的要求，这些证件分为两类：一类是营业执照、资质证书、安全生产许可证等准入类证书，此类证书一般都是开标时必须出示的，如不出示此类证书，后果就是直接导致投标被拒绝。

另一类就是企业各类认证、相关类似工程施工合同及获奖证明、项目经理等拟投入本项目的管理人员证件及业绩证明……这类证件往往是评标办法载明的加分项目，也就是招标人比较看重的能够证明投标企业履行合同能力一类，这类证件出示不全，投标不会被拒绝，但影响业绩和信誉得分，致使报价分值虽高，却不能够中标。

投标人经常出现的问题有：资格证明文件不全。比如，招标文件要求法人代表不能参加投标时，由委托代理人投标的，必须具有授权委托书和其授权投标代表的居民身份证，有些承包商在投标时，未带或只带了其中的一种。

2. 缺少有效性。在投标文件中要保证各个证件、资料的有效性。投标人经常出现的问题有：要求投标人带原件而未带的；要求复印件公证的未公证；证件过期而未年检的；

要求携带居民身份证而携带驾驶证或护照的；授权委托书写的名字与实际身份证不一致的；资格证明文件中法人代表人授权书或承包企业授权书要求加盖法人公章而加盖投标专用章或办事处、分公司印章的等都不是有效的证件和资料，这些都是产生废标的原因。需要说明的有两点：一是在投标过程中，如果所需证件正值年检怎么办？应该在争得招标人或代理机构同意后，到发证单位开证明，证明证件是有效的；只有发证单位的证明有效，自己开的或上级单位开的证明都不能证明投标人证件的有效性；二是联合投标时，联合体按照规定提交各方证明和资料，同时附上联合体协议书，否则，联合体的投标将被认定为废标。

3. 欠缺合格性。许多投标文件被认定为废标的原因，往往是由于证件的内容、格式不符合招标文件的要求，导致废标或无效投标。因此，投标人要保证各个证件的内容、格式符合招标文件的要求。投标人经常出现的问题有：招标文件规定了法人或法人代表授权书或企业授权书的格式而投标人未按照要求的格式填写。需要说明的是在工程建设项目货物招标投标中，如果受货物生产企业的约束投标人只能采用生产企业授权格式时，应该事先争得招标人或代理机构的书面同意，否则有可能导致废标。

13.1.2　商务条款

投标文件商务条款是对招标文件商务条款的响应。如果投标文件商务条款中的重要条款不能满足招标文件的要求，就有可能被评标委员会认定为废标，这是在招标投标实践中产生废标的重要原因之一。一般条款不能满足只能导致评标委员会打低分，因此，投标文件中的商务部分是十分关键的，应当引起注意。经常出现的问题有：

1. 工期过长，投标文件编制者，没能深入理解招标文件有关条款，考虑问题不全面，缺乏工作经验，没有满足招标文件的要求。比如，没有考虑招标文件所载明的具体情况，理解其精神。如某学校拟建学生公寓楼，供学生 9 月份开学时使用，投标人却将竣工日期安排到 10 月份。本来建公寓楼就是为了解决学生住宿问题，结果不但不能解决问题，可能还会带来一系列施工期间学生安全问题。同时要注意"日历天"和"工作日"的区别。

2. 要求调整投标文件载明工期的。例如，某工程招标项目在评标过程中，投标人发来书面函，对施工组织设计中存在的笔误进行勘误是可行的，但对其投标文件中超过招标文件计划工期的投标工期期限进行调整，则属于对实质性内容的修改，按照相关规定，该投标工期属重大偏差，应为废标。主要原因可能是投标准备工作不足，编制工期前没有进行深入的可行性研究。

3. 质量标准达不到招标文件的要求。投标人在投标书（函）或其附录中对招标文件规定的质量标准要求未写明"合格"；招标人有"质量奖项"要求的，投标人未在招标文件中"质量奖项"的空白响应栏上缺少响应性承诺。

4. 投标文件载明的付款方式不能满足招标文件的要求；招标文件往往出现付款条件苛刻，要求投标人垫资施工或完工后逐年归还，或首期付款比例偏低或不是直接支付使得投标人改变其条件而不能满足招标文件付款条件。

5. 投标有效期短于招标文件规定的有效期。

6. 投标人对相关法律规定不熟悉，没有按照招标文件规定的金额、比例、方式、有效期限等交纳保证金。例如工程建设施工招标项目的投标保证金应当超过投标有效期30日，而货物、服务类招标项目的投标保证金是和投标有效期一致，由于投标人对相关法律规定掌握不严谨，致使递交的投标保证金的有效期不足而被废标。

7. 由于投标人粗心大意，向招标人递交两份或多份内容不同的投标文件，或在一份投标文件中对同一招标项目报有两个或多个报价，且未声明哪一个有效的。

8. 投标函没有报价。投标函如果说副本没有报价，按照"投标文件正副本不一致，以正本为准"，可以以正本为准，最严重的是正本没有投标报价，只能被招标代理机构或评标委员会拒绝投标或作废标处理。

9. 投标报价过高，超出业主的预算或者与标底相差太远，中标的机会就会大大减少。

10. 投标人的报价明显低于其他投标人报价，或者在没有标底时明显低于标底，而投标人又没有说明材料或不能合理说明或提供相关证明材料的。

11. 投标人的报价高出设立的"最高限价"，可能将导致废标。

12. 投标文件的份数不符合招标文件的要求。完整的投标文件，一般都是有1份正本，几份副本和1份电子文本组成。所有的招标文件都会有一条这样或类似这样的要求。

13. 签章不全。现在为了防止出现不必要的麻烦和争议，几乎是所有的招标文件都要求投标文件的商务标部分要逐页签章，投标人不签章，招标人就有理由拒收或作为废标处理。

13.1.3 技术条款

技术部分条款包括施工组织设计，项目管理机构配备和分包项目情况，有以下原因可能直接导致废标：

1. 施工组织设计

（1）中间夹带隐含条款。例如，对大多数的约定俗成的施工工艺的"改进"、特殊技术措施的应用以及对招标文件中明确要求的否定等；

（2）施工组织设计针对性不强。施工组织顺序与招标文件要求不同，投标者不论什么工程都用一份施工组织设计，施工机械、方法从不改变，永远存在冬雨季施工，而不是针对冬季编写冬季施工，雨季编制雨季施工；

（3）施工组织设计不合理。承包商提出的施工技术方案不成熟，或者编制的施工方案不够详细具体，以及施工的各项计划安排、现场施工平面布置不合理等；

（4）施工组织设计未能在实质上对招标文件提出的所有要求进行实质性响应，不满足招标文件的要求。例如，招标文件要求实施四新技术未做响应、招标文件要求提出可行的技术工程质量、安全生产、文明施工、工程进度等措施而没有提供；

（5）施工组织设计只有文字表述，而没有附上相关图表的。

2. 项目组织机构组成

《招标投标法》第27条规定："招标项目属于建设施工的，投标文件的内容应当包括拟派出的项目负责人与主要技术人员的简历、业绩和拟用于完成招标项目的机械设备等。"工程项目组织由项目经理和各专业技术人员构成。项目经理的个人业绩和技术人员的专业构成是评标的重要考核指标。如果项目经理没有施工过类似工程项目，或者人员构成不合理等都会导致投标失败。

3. 拟分包项目情况。《招标投标法》第 30 条规定："投标人根据招标文件载明的项目实际情况，拟在中标后将中标项目的部分非主体、非关键性工作进行分包的应当在投标文件中载明。"第 48 条规定，投标人可以将中标项目的部分非主体、非关键性工作分包给他人完成，接受分包的人应当具备相应的资格条件。投标人在投标文件技术部分是否将非主体、非关键性工作分包的，未做明确说明的或者分包人不具备相应资格的将可能导致废标。

13.1.4　其他原因

1. 因遇到天气原因，碰到雨、雪、雾等影响交通的天气；由于路途遥远，车辆原因，出现车辆抛锚，飞机误点、交通拥堵等；导致在投标截止日后递交投标文件；

2. 未按照招标文件的要求对投标文件予以密封；

3. 投标人之间的标书，投标书内容多处相同或相似；

4. 利用过去投标文件电子版编制投标文件，却忘记更改招标文件编号或投标日期；

5. 投标人资格条件不符合国家有关规定和投标文件要求的或投标书字迹不端正，无法辨认等，又不按照评委会要求予以澄清、说明或者补正；

6. 投标代表由于各种原因未能按时参加开标会议。

13.2　废标深层次原因

13.2.1　追求高额利润

追求高额利润是造成编制投标文件不规范导致废标的思想因素。个别投标人不顾招标投标活动必须坚持的"三公一诚"原则，为利所驱，预期利益定得太高，不着眼从企业内部经营管理上挖掘，引用先进的四新技术，设计出高效的施工组织方案，而是只着眼于标书编制的"技巧"调整。虽然在某些方面反映出竞标人对招标投标活动的透彻观察及适应能力，但这不是长久之计，有时甚至会陷入不必要的法律纠纷之中，不但未达到预期目的，而且会遭到意外损失，酿成"偷鸡不成反倒蚀把米"的局面。

在市场经济中，企业追求经营利益无可非议，否则企业将无法生存。但这种利益的获取应是建立在公平、公正、公开和诚信基础之上的，不能以损害建设单位和其他投标人利益作为前提。损害他人利益，单纯追求企业利益最大化，并非企业的长久之计，往往会影响到企业的信誉，甚至失去中标的机会，丧失正常利润的取得。在投标中，投标人应积极挖掘企业内部管理潜力、以企业自身质量、技术能力去展示自身形象，而不应为了追求高额预期利润，在投标"技巧"上动心思，费精力，以所谓"技巧"去争取超额利润，投标人要树立正确的利益观，才能使企业永远立于不败之地。

13.2.2　思想认识模糊

对招标文件与投标文件相互关系的认识存在一定分歧则是投标文件不规范的认识因素。对于招标文件与投标文件关系的看法，投标人往往"仁者见仁、智者见智"。一种观点认为，投标文件是合同订立程序中的要约，投标人中标是招标人对投标文件的认可和承诺，对投标文件的认可，当然包括对技术文件和商务文件的认可。有些投标人认为，投标文件存在某些"技巧"调整行为，是正当的行为，显示了投标人经营决策的明智，有利于提高投标的竞标力。关键在于评标委员会能否在评标过程中发觉并加以遏制；如未被发觉，则有利于提高企业中标的概率；另一种观点认为，招标文件在承包合同正式解除之前都是有效的，企业如果中标，在履行合同过程中，如果发现投标文件中的不规范行为与招标文件、现行计价程序、招标文件规定不符时，也可以进行修复。投标人正是依据这种观点在投标文件中实施不规范行为，应该讲这种认识具有一定的广泛基础。但这种错误认识却是给企业带来废标风险的原因，而且还会为合同的履行埋下法律风险的隐患。

13.2.3 粗心大意所致

导致废标的原因往往不是企业的竞争力或人才水平，也不是编制投标文件的技术问题、对招标文件的理解问题，而是由于投标人缺乏一丝不苟的工作态度，粗心大意造成的。下面3个小案例都是投标人的粗心导致废标的实证。

【示例1】 未能逐页小签。某国际招标项目要求投标文件要逐页小签，某一投标人整个文件都编制得不错，但经审查却发现有三页文件没有小签，经各级相关部门的审核，该投标文件最终未予通过。仅仅因为这三页文件没有小签丧失了资格，确实可惜，也说明一丝不苟的态度的重要性。

【示例2】 报价少打了一个"万"字。2007年1月16日，受采购人委托，某招标公司就当地民政局信息系统建设工程项目监理进行公开招标，截至开标前，共收到了五份投标文件。开标后，出现了一个又一个"意外"：甲公司承诺书上的报价少打了一个"万"字；乙公司的投标文件居然没按招标文件的要求盖骑缝章；更荒唐的是，丙公司的投标文件中竟然装有招标文件。评标委员会只得将他们按照废标处理。

【示例3】 工程建设项目投标函没填写报价。工程建设项目唱标的时候一般只唱投标函，而且只唱投标函需要投标人填写的空格内容。某工程建设项目在唱标时，碰到一个特殊情况，投标人在投标函未填写报价，而投标报价汇总表有详细的报价和汇总价。是唱标还是不唱，这种情况，投标人的报价是否需要按照汇总表的报价唱标，若需要，如何操作开标流程，若不需要唱标，又应在开标现场如何说？这给代理机构出了难题。

13.2.4 法律法规生疏

投标人对有关法规不熟悉也是导致废标的原因之一。例如：在招标工作中联合体投标是比较常见的一种情况。对于联合体投标保函的递交，各招标代理机构往往是根据经验来规定。比如，要求其中任何一家都可以全额提交，只要数额满足招标文件的要求即可，不一定要求联合体成员各方都提交，或者联名提交。但在利用世界银行贷款项目的招标采购中，要求联合体成员必须以联合体所有成员的名义共同提交保函。如果保函是以某一方的名义单独提交，即使金额满足招标文件的要求，也会被判定为不合格的保函，从而丧失投标资格，被判为废标。

13.3 导致标无效原因

13.3.1 招标无效的直接原因

1. 招标人不具备招标条件而进行招标。由于某种原因，招标人未能履行审批、核准、备案手续进行招标活动的，将直接导致招标无效。

2. 招标文件编制粗糙、字迹模糊。目前有些国内工程招标的招标文件编制的比较粗糙，不够详尽。存在合同专用条款没有具体地明确，工程量清单、工程报价编制原则阐述的不够明晰，评标办法和标准不够详细等问题，甚至违反招标投标法关于招标文件的规定，使得有些项目在招标投标过程中，投标人对相关条款理解有所不同，各投标人的报价较混乱，失去了公平竞争的条件，引发投标人对招标结果质疑、投诉增多，导致招标无效。

3. 招标文件公布发放有失公允。例如，招标公告范围未按照指定媒体发布、招标文件发售时间太短，留给投标人编制标书的时间不够充分等都有可能导致招标无效。

13.3.2 招标无效的深层原因

1. 法律意识淡薄，不按照程序办事。招标行业的快速发展，使得招标人与招标机构鱼龙混杂。很多的招标存在着不按政策、程序办事，随意性很强的问题。例如：招标投标项目未经过批准就招标；招标文件不报审备案，不在指定媒体发布招标公告，缩小公告发布范围；发标后不够20天开标，随意更改评标原则等等。看似进行了招标，缩短了招标周期，殊不知"欲速则不达"，投标人的投诉、质疑在所难免，同时也给项目的执行留下了隐患，使业主本该享受的优惠政策得不到，蒙受不该得到的处罚和损失。

招标是一个政策、程序非常强的工作。多年的招标实践证明，只有认真领会、贯彻招标投标法律、法规，严格地按程序办事，自觉地接受监督，才能使中标者赢得硬气，落标者输得服气，才能使业主满意，项目管理部门、招标监督部门放心，才能使招标取得圆满的成功。不按照招标程序办事是导致招标无效的主要原因。

2. 法律知识不足，人员素质差。招标人对招标投标法律知识欠缺，对有关条款不熟悉，是导致招标无效的原因之一。例如，招标公告以及资格预审文件的发放，法律有明确的规定，但由于办事人对法律了解不够，往往可能导致招标无效的法律后果。有关法律法规规定，必须招标的项目，建设工程项目招标，自招标文件开始发出之日起至投标人递交投标文件截止之日止不得少于20日；对于机电产品中大型设备或成套设备则不少于50日；市政公用事业特许经营项目中资格预审申请文件不得少于30个工作日，编制投标文件不得少于45个工作日；科技项目是从招标公告或投标邀请书发出之日到提交投标文件截止之日不得少于30日等。由于招标人对法律不熟悉，出现记忆错误，在编制招标文件时自然将相关日期或工作日搞错，造成截标时间过短，违反了法律关于截标时间的规定，并可能导致招标无效。

再如，由于办事人员未及时在法律规定的媒体上发布招标公告；或未在指定媒体上发布；或刊载在指定媒体偏僻的地方，不易被人看到，或缩小公告发布范围，使众多投标人错失投标，影响了公开、公正、公平的招标原则，有可能遭到潜在投标人的投诉，导致本次招标发生"流产"。

3. 招标人急功近利，唯利是图。当前，招标人急功近利的心理，常作出违反法定的行为，并导致招标无效的后果。招标人行为导致招标无效的原因有：

（1）"暗度陈仓、规避公开"。依法必须招标的工程项目不在法律规定的指定地点内进行招标，选择比较偏僻的地方进行评标活动，从而削弱行政和社会的监督力度，大作手脚，达到内定单位中标的目的。

（2）"排斥竞争，以邀代招"。想方设法找借口搞邀请招标，或降低招标公告的广知性，缩小投标参与人范围以达到既排斥潜在投标人，又内定中标队伍的目的。

（3）"表明倾向，度身招标"。个别领导干部利用职权和职务，介绍工程施工单位，背后指挥、操纵招标投标机构，让某某单位"必须中标"，工作人员只得暗箱操作，采取加设参加投标或加分的特定条件、故意泄露标底等办法，使关系单位如愿以偿。

（4）"量体裁衣，制定文件"。招标人预先内定中标人，量体裁衣、明招暗定，在编制招标文件、制定评标标准时以此为基准，确保投标人在评标过程中中标。

（5）"未经审批，急忙招标"。招标人为赶工期等原因，在项目未经过批准、审核、备案的情形下，擅自招标的。上述违反行为都可能导致招标无效。

（6）"唯利是图，相互串标"。一些招标人唯利是图，与投标方相互串通一气，对投标人泄露标底，面授机宜，收取贿赂，为投标人中标提供方便和帮助。

4. 代理机构不按照规定招标

代理机构不按照规定招标，导致招标无效的具体原因有以下几个方面：

（1）"中介不中，唯利是图"。招标代理人唯利是图，或唯业主招标人单位领导意见是从，或与投标方串通一气。评标办法不够科学合理，多数评标只用几个小时甚至更短的时间，许多评委有时连所评工程的大体情况都不了解，就参与评标了。

（2）招标代理机构与招标人串通在评标委员会依法推荐的中标候选人以外确定中标人以及自行确定中标人。

（3）招标代理机构以不合理的条件限制或者排斥潜在投标人，对潜在投标人实行歧视待遇。即招标人对于必须进行招标的项目，招标代理机构为招标人与投标人牵线搭桥就投标价格、投标方案等实质性内容进行谈判。

（4）招标代理机构泄密、招标代理机构与招标人、投标人串通，即：①依法必须进行招标的项目，招标代理机构向他人透露已获取招标文件的潜在投标人的名称、数量或者可能影响公平竞争的其他情况；②设有标底的招标项目，招标代理机构泄露标底；③投标人之间相互串通或者与招标人、招标代理机构串通投标。

（5）招标代理机构与招标人虚假招标。在进行虚假招标中，一个常见的手法便是内定一个投标人，再找几个根本不可能中标的投标人作为陪衬来搞假招标。在这一过程中招标人和招标代理机构利用对投标人资格审查的权力，将不可能中标的投标人（作为陪衬的投标人）从招标活动中排除掉，直接侵害了其他潜在投标人的合法权益，影响招标的公开、公平和公正，该行为可能导致招标无效。

（6）受贿。受贿是指招标代理机构接受投标人的贿赂，以使投标人在招标过程中得到特殊照顾，谋取中标。代理机构有关人员违反法律规定，收受投标人贿赂的，一经被发现将导致招标无效，同时招标代理机构则可能因此涉嫌刑事犯罪中的商业贿赂，而承担刑事责任。

（7）招标代理机构在所代理的招标项目中投标、代理投标或者向该项目投标人提供咨询的，接受委托编制标底的中介机构参加受托编制标底项目的投标或者为该项目的投标人编制投标文件、提供咨询的，依照《招标投标法》第50条的规定追究法律责任。

13.3.3　评标无效原因

1. 评标专家内部原因

（1）对评标权力的滥用。个别评委评标权力的滥用是当前导致评标无效的重要原因。对评标权力的滥用主要体现在评标中擅自改变、增加招标文件没有规定的评标方法或标准、评标标准和方法含有倾向或者排斥投标人的内容，妨碍或者限制投标人之间竞争、有的评委甚至不顾标书实际情况恶意拉分，给意向单位打最高分给竞争对手打最低分的情况也偶有发生。这些都有违反评标活动公平、公正的基本原则，损害了大多数投标人的合法权益，从而导致评标无效的风险。

（2）对法律不熟悉，素质参差不齐。多数评标专家是某一领域的技术专家，没有经过系统的法律知识培训，对国家或地方法规了解不够，懂技术的不懂经济，懂经济的不懂技术，经济和技术不能有效的结合进行评审，使评标产生偏离法规的轨道。另外，评标人员素质参差不齐，缺乏应有的责任心，许多评委有时连所评工程的大体情况都不了解，就参与了评标。由于招标文件过于强调商务标的评分，使得评标成了评报价，报价不看单价分析，单纯着重报价高低，且整个评分方法重定性评分，轻定量评分。

（3）个别评委觉悟不高，违法乱纪。个别评委思想觉悟不高，违法违纪，为一己私利，公然置国家法律于不顾，违反职业道德，谋取私利。例如应该回避的不回避，为他人谋取利益、对投标人泄露评分情况、私下接触投标人；收受利害关系人的财物或者其他好处；向他人透露对投标文件的评审、比较、中标候选人的推荐以及与评标有关的其他情况；不能客观公正履行职责；无正当理由，拒不参加评标活动等。这些行为一经举报将导致评标无效的法律后果。

（4）有些评标专家面对新形势经验不足。当前我国工程建设项目规模越来越大、建筑越来越高、技术越来越复杂，招标文件规定的要求日趋复杂化、多样化，面对新形势，评标专家显得经验不足，容易产生评标偏差，引起承包商的投诉。

（5）缺乏应有职业谨慎态度，忽视评标程序。由于个别专家缺乏足够的职业谨慎，容易忽视评标程序，在评标工作中产生了工作失误或过错。例如评标专家在评审中未能严格履行程序，对作为依据的评标文件理解不透或疏忽遗漏，从而作出片面或错误判断并导致评标无效结果的也不在少数。

2. 评标专家外部原因

（1）招标投标当事人期望结果与评标结果之间差异，常常会使评标专家卷入不愉快的责任纠纷之中。招标投标当事人总是希望评审专家能够：1）在技术上胜任评标能力，以正直、独立和客观的态度进行评标工作；2）每个供应商都期望评审专家能发现自身物品或服务的优点和竞争对手的错误和瑕疵，尤其是有些承包商前期投入比较大，一旦不中标，很可能会想方设法寻找评审过程的瑕疵，以寻求心理平衡。然而，在客观上由于项目本身的复杂性、新技术新产品的不断涌现、招标投标文件语言如技术指标等表达方面的局限性，以及现代高超造假技术等，使评标专家在准确判断、鉴别真伪时受到相当大的限制。再加上主观方面由于评标专家经验不足，对新建筑性能和市场行情把握不够等，都可能导致评标结果出现偏差。

（2）招标投标评标模式的内在局限是导致评审专家法律风险的技术因素。一般的评审程序是：评委在项目开标前1天才受到邀请，事先根本不知道评审对象的具体内容。评标时，一般要求评标专家在半天或1天的时间内，对十几份，有时甚至几十份、上百万字的投标文件是否实质性响应招标文件要求（如技术参数的满足程度等）进行严格把关、详细评定。在这么短的时间内准确完成如此繁重的任务，确实相当困难，评标结果出现偏差或出现评标工作失误在所难免。同时，招标投标评标方法上存在漏洞。例如，采取综合评分法进行评标，其中：商务标（价格分值）的比重一般为40%左右，技术标比重一般为60%左右，而技术标的比重主要由专家评分来决定，评标专家在招标投标过程中掌握了"生杀大权"。因此，掌握着自由裁量权的评标专家成了一些承包商重点"攻关"、设法追逐的对象。使评标专家成为投标人的"代言人"。

（3）企业经济关系和评审项目复杂性增加了评标风险。在当今经济转型环境中，股份制、国有、个体等各种经济形式及各种经济联合体投标层出不穷。除了技术指标鉴定评判外，评标专家还要对投标人商务条件及资格进行审查，这就要求评标专家不仅是技术专家，还应该是法律专家、经济专家，有时还要求是真伪鉴别专家。处在这样复杂的环境中，评标专家责任日益沉重。

（4）工程招标投标当事人法律意识的增强和投诉或诉讼低成本可能是导致评标专家易遭投诉风险的另一个重要原因。随着社会法制化教育的广泛普及，社会公众的法律意识逐步增强，公众日益注重运用法律手段来维护自己的利益。投诉或诉讼成本很低，加上法院某段时间内出现明显倾向于保护承包商的趋势，也可能导致承包商因评审结果未达到期望值趁机投诉评标专家。

（5）评标环境受到不同程度的倾向性干扰。在评标会上，有些招标人总是想方设法绕过监管人员的监督向专家评委暗示授标意图，而有些招标方代表更是随意发表带有授标意图的倾向性意见来诱导专家评委。对于这些或明或暗的指示，大多数专家评委还是能够不受干扰公正评标的，但也有少部分专家评委会不顾自己的职责予以迁就。

（6）市场环境的干扰，监督管理制约机制不完善是评标风险的环境因素。近年来，各级各部门逐步开始重视评标专家库的建设和管理，也制定出台了一些制度，但还存在不少问题。首先，招标投标中心的评标专家库先天不足，数量少、质量差，尤其是特种行业的专家少，不能满足招标投标工作的现实需要。有些地方的专家一年需要参加评标20多次，使投标人拉拢评标专家成为可能。其次，现在专家参与评标工作基本上属于个人行为，不受所属单位的管理和监督，而招标投标中心与评标专家也是一种"松散型"的协作关系，招标投标中心在招标投标时才通知专家来参加，结束后只支付一定数额的评标费用，对评标专家的教育、管理和监督基本上处于真空状态。

13.3.4 投标无效原因

1. 应标人投标无效

（1）资格不合法定

应标人资格不符合法定或招标文件的要求，例如，不具备资格、资质、业绩等条件。

（2）相关利益人应标

1）与招标人存在利害关系可能影响招标公正性的法人、其他组织或者个人参加投标的，导致投标无效。

2）单位负责人为同一人或者存在控股、关联关系的不同单位，参加同一标段投标或者未划分标段的同一招标项目投标的行为，导致投标无效。

3）法定代表人为同一个人的两个及两个以上法人、母公司、全资子公司及其控股公司，在同一货物招标中同时投标的，导致投标无效。

4）一个制造商对同一品牌同一型号的货物，委托两个或两个以上代理商参加投标的，导致投标无效。

（3）客观状况发生变化

1）资格预审后投标人情况发生变化，投标人发生合并、分立、破产等重大变化的，没有通知招标人；投标人不再具备资格预审文件、招标文件规定的资格条件或者其投标影响招标公正性，导致投标无效。

2）招标人接受联合体投标并进行资格预审的，联合体在提交资格预审申请文件后组成的；资格预审后联合体增减、更换成员的。

3）联合体各方在同一招标项目中以自己名义单独投标或者参加其他联合体投标的。

2. 应标人行为无效

投标人为了谋取中标，通过采取弄虚作假、收受贿赂、相互串通手段投标，导致投标无效，具体表现主要有以下几个方面：

（1）使用通过挂靠高资质企业，伪造企业发展状况、经营业绩等，骗取中标；以受让或者租借等方式获取的资格、资质证书投标，使用伪造、变造的许可证件；提供虚假的财务状况或者业绩；提供虚假的项目负责人或者主要技术人员简历、劳动关系证明；提供虚假的信用状况等弄虚作假行为。

（2）收买业主或招标人单位领导和工程负责人、参与评标的专家评委、招标投标代理机构工作人员等，合谋中标。

（3）投标人与招标人之间进行互相勾结，组成临时联盟，相互约定提高或压低投标报价，实施排挤竞争对手的行为。如在开标前，将其他投标人的情况告知某投标人，或协助某投标人撤换标书；或与招标人商定，在招标投标时压低报价，中标后给招标人额外补偿。

（4）投标人之间约定抬高报价，在投标前先进行内部竞价，内定中标人后再投标，最后以最低评标价（工程和货物行业）或最高评标价（服务行业）中标。

（5）投标人之间的恶性竞标。如某招标项目在评标过程中，投标人的报价低于原标的30%。该投标人的报价明显低于合理报价或标底，使得其投标报价可能低于个别成本，评标人在询标时就会要求该投标人作出书面说明并提供相关证明材料。投标人如果不能合理说明或者不能提供相关证明材料，则由评标委员会认定该投标人的投标报价低于成本报价竞标，其投标作投标无效处理。

如果投标人在应标时不提供相应的证明材料和合理说明，反而对其报价进行修改，这种对其报价进行修改的做法实际上是二次报价，明显改变了原投标文件的实质内容，投标文件按投标无效处理。

13.3.5 中标无效原因

1. 不正当竞争行为是主因

导致中标无效的原因是多方面的，既有来自投标人违反法定方面的原因，也有来自招标人或代理机构违反法定方面的原因，情况比较复杂。但究其综合概括原因在于不正当竞争行为的存在。《反不正当竞争法》第27条从保护和鼓励公平竞争，制止不正当竞争的角度，对招标投标行为做出明确规范："投标者串通投标，抬高标价或者压低标价；投标者和招标者相互勾结，以排挤竞争对手的公平竞争的，其中标无效。"据此规定"串通投标"属于法律禁止的不正当竞争行为。

有关招标投标法律法规对不正当竞争行为的表现形式的描述已经为实际操作中认定不正当竞争行为提供了依据。在招标投标活动中发现有上述行为的，招标投标管理部门应进行调查取证，一旦认定有不正当竞争行为。按照规定给予处罚。认定不正当竞争行为的程序一般为：先由质疑招标投标结果及过程的招标者或者投标者提出异议，再由主管部门进行调查取证——即对不正当竞争行为的取证和认定的主体是全国各级建设工程招标投标管理办公室和各地建设主管部门。

2. 滋生不正当竞争行为的原因

（1）法律法规不完善，法制建设相对滞后。现有法律法规不够严谨完善。目前建设工程招标投标的法规主要是《招标投标法》、《招标投标法实施条例》、《工程建设项目施工招标投标办法》及住建部令和各地相关规定，法律法规的配套法规实施细则十分缺乏，投标竞争非常激烈，竞争者差距微弱，法规留下有机可乘的空间可能容易引发不正当竞争行为的发生，影响中标结果。

《招标投标法》颁布已有10多年的时间，所对应的建筑市场条件发生了很大变化，部分条款已不能适应市场环境需要，对招标投标过程中导致招标无效、评标无效、投标无效和中标无效这些新问题、新动向缺乏详细、明确的**依据**，处罚依据缺失。虽然近年来，有关部门针对招标投标市场存在的问题下发了一些文件、各地方政府也出台了许多有关的地方性规章，对法律空白进行了补充，但由于其法律层次较低，实行起来也较为困难。

（2）法律法规之间缺乏协调，存在矛盾之处。《招标投标法》与《政府采购法》相互之间存有不协调之处，对于有关概念、认定依据表述有所不一，彼此缺乏有机的衔接和统一，给标无效的判断带来一定的影响。虽然2012年2月开始施行的《招标投标法实施条例》在淡化冲突、两法衔接方面上作了一定的努力，但是也很难予以统一。

（3）行政监督管理体制不完善，针对违规现象无强制性处理措施。近几年，为了加大工程建设反腐败力度，各级纪检、监察、财政、审计等部门积极介入工程招标投标的监督。这些措施对维护招标投标的严肃性起到了一定作用。但在实践中，则存在职责不明，主次不清。流于形式的问题。参与监督的部门角度各不相同，没有明确分工，参加人员也是临时指派，起到的作用并不明显。由于监督部门多，反而使政府主管部门行使监督的职能受到削弱。

（4）招标投标市场运作机制不健全，有机可乘。首先，有的建设单位对涉及施工招标投标制度的工程业务不熟悉，招标文件编制较粗糙，特别是工程量清单与实际出入较大，导致标底不准确，变更较多影响招标投标文件的公正性。其次，由于监督机制不健全，泄露标底，串标等情况时有发生；同时，施工企业因自身需要，为达到中标目的，有意压低报价，采用微利标，无利标甚至亏损标，致使投标书编制缺乏规范性。

（5）评标过程的不足。现在工程建设招标投标流程中很多投标人按照自身的理解制定评标规则，不按照国家的要求和规则成立评标小组，甚至有的业主单位干扰评标结果。上述种种情况很大程度影响了评标过程的规范流程及公正公平。正是这些不规范的操作才给了内定施工单位这样的不良现象以可乘之机。在评标过程中，国内很多企业运用综合打分法进行评标，这样的方法利于人们的主观操作却不利于公平竞争的开展，并且权重的赋予很多时候也表现出了一定的不合理性。在现阶段，合理低价的评标方法应该是在除去设计、监理等招标外最为适用且具有竞争性的方法，应广泛予以推广。

（6）诚信体系不完善，公信力约束差。近几年，各行业、各部门都在着手诚信评价体系的建设，对违法违规企业起到了一定的作用，但效果不明显，没有与业务承揽切实挂钩，没有与评标系统连接。信息不对称造成投标单位故意隐瞒不良记录，评标专家只能简单查看投标书，依据不良记录记载内容进行评标，真实情况无从了解。

（7）招标投标知识匮乏，导致招标人法制观念淡薄。我国落实招标投标制度以来已有10多年的时间，也颁布了一系列的法律法规，但在建筑业领域突出问题专项治理中，招标投标过程中仍存在大量的腐败问题。出现这些问题的关键是对招标人和代理公司的招标投标法律法规、知识的学习不到位，以及金钱的诱惑力。当前仍然有一些领导干部认为招标人就应该在招标投标活动中说了算，甚至认为，自家单位买东西无需别人管，项目建设想要哪家干由自己定，别人管不着。这些领导的招标投标法律知识的匮乏可见一斑。

（8）招标人利用招标投标谋取私利。招标投标市场金额大、竞争激烈，尤其是建设工程招标投标，长期以来有"金山银路"的说法，一旦在中标建设工程招标，就意味丰厚的利润回报，因此投标人为了谋取中标，采取各种手段和招标人"搞好关系"，而有的领导也借在招标活动中的优势地位与某些投标人串通起来，为投标人提供"特殊服务"，慷国家利益之慨，谋个人私利。

14　废标风险对策要点

在招标投标活动中，投标人面对的是投标文件被废掉的风险，既浪费了企业有关人员的时间和精力，也增加了企业的成本，甚至陷入法律纠纷之中。那么，如何才能规避废标所带来的风险呢？作者认为，导致废标的原因是多方面的，作为投标人首先应作好以下几个方面的工作：一是要编制有实质性响应的投标文件；二是要掌握好编制具有实质性响应投标文件的方法；三是要注意处理好投标活动的细节问题。

14.1　编制实质性响应文件

《招标投标法》是一部关于建设工程招标方式和程序、参与主体、建设工程合同等方面规定的实体法。该法第27条第1款规定："投标人应当按照招标文件的要求编制投标文件。投标文件应当对招标文件提出的实质性要求和条件作出响应。"同时，《工程建设项目施工招标投标办法》第52条规定："投标文件不响应招标文件的实质性要求和条件的，招标人应当拒绝。"如何理解上述法律条文中的"实质"二字？有关法律法规对此没有专门的诠释。有人认为"实质"就是对招标文件的完全响应，有的认为是对投标报价的响应，也有的认为是对招标合同条款的响应等等，各种说法不一而足，以致在实际操作中各执已见，莫衷一是。因此，弄清"实质响应"这一概念是每一位承包商的一道显而易见但需要认真思考的问题。

14.1.1　实质响应是合同的基础

1. 建设工程招标投标过程实际上是一个订立买卖合同的过程。当事人订立合同，采用要约、承诺方式。要约人提出订立合同的条件，受要约人完全接受，表明双方的意思表示一致，合同的订立过程结束。要约是一方当事人向另一方当事人提出订立合同的条件，是希望对方能完全接受此条件的意思表示。发出要约的一方称为要约人，受领要约的一方称为受要约人或承诺人。要约是招标投标中经常使用的一个专业术语，它与投标人的承诺形成一个矛盾的统一体，没有要约，巧妇难为无米之炊，承诺也就不能存在，只能先有要约，然后才能出现承诺。要约存在于承诺之中，或承诺包含在要约之中，则称为实质响应，如果要约不能在承诺中完全体现而有所折扣，那么就不能说是实质响应，或者只能说响应不充分。

2. 招标与投标实质上是一种买和卖的行为，只不过这种买与卖完全遵循着公开、公平和公正的原则，按着法律规定的程序和要求进行，这与传统的工程建设项目承揽模式相比，无论从管理思想还是方式都有很大的不同。对于招标方来说，招标的所有要求和条件完全体现在招标文件之中，这些要求和条件就是评标委员会衡量投标方能否中标的依据，除此之外不允许有额外的要求和条件。而对于投标方来说，必须完全按照招标文件的要求来编写投标文件，如果投标方没有按照招标文件的要求对招标文件提出的要求和条件作出响应，或者作出的响应不完全，或者对某些重要方面和关键条款没有作出响应，或者这种响应与招标文件的要求存在重大偏差，就可能导致投标方投标的失败。例如，某招标文件确定投标有效期为 90 天，而有的投标企业并没有响应，在投标文件中却明确自己的投标有效期为 60 天。这样既使你的投标文件做的再出色，其他方面的承诺再好，仅此一条，在评标开始前的符合性检查中就会被淘汰出局的。

14.1.2 实质性响应的基本要素

1. 基本要素分类。招标文件的内容大致可分为三类：一是关于编写和提交投标文件的规定，载入这些内容的目的是尽量减少符合资格的承包商或供应商由于不明确如何编写投标文件而处于不利地位或其投标遭到拒绝的可能性；二是关于投标文件的评审标准和方法，这是为了提高招标过程的透明度和公平性，因而是非常重要的，也是必不可少的；三是关于合同的主要条款，其中主要是商务性条款，有利于投标人了解中标后签订合同的主要内容，明确双方各自的权利和义务。其中，技术要求、投标报价要求和主要合同条款等内容是招标文件的内容，统称实质性要求。

2. 基本具体内容。所谓招标文件实质性响应招标文件的要求，就是投标文件应该与招标文件的所有实质性要求相符，无显著差异或保留。如果投标文件与招标文件规定的实质性要求不相符，即可认定投标文件不符合招标文件的要求，招标人可以拒绝该投标，并不允许投标人修改或撤销其不符合要求的差异或保留，使之成为实质性响应的投标。投标文件的实质性响应应从以下几个方面加以考虑：

（1）基本条件的实质响应：投标人是否符合参与投标承包商的基本条件（见《招标投标法》第 26 条、《工程建设项目施工招标投标办法》第 35 条规定），承包商只有满足了上述条件，才能算是一个基本满足投标条件的承包商。如超出经营范围投标、资格证明文件不全、投标文件无法人代表签字、或无法人代表有效委托书和相关身份证明等没有满足招标文件要求，那么该投标则有可能被拒绝或成为废标。

（2）特定条件的实质响应：《工程建设项目施工招标投标办法》第 16 条规定："招标人可以根据招标项目本身的特点和需要，要求潜在投标人或者投标人提供满足其资格要求的文件。"投标承包商除了应满足基本条件外，还应满足特定项目的特定条件。一方面，投标人一定要搞清楚，招标人到底是要求哪个特定的资质，你是否具有这个特定资质，而且投标人所提供的各种资质证书必须是投标人本身所具有的，名称保持一致（母公司使用子公司或子公司使用母公司的证书都不会被认可）。另一方面，对某些技术、材料、设备的特定要求。如要了解招标文件中对施工技术需要有何特殊要求，需要采取什么施工新技术？对建设材料有何特殊要求，是否需要有关建筑材料检测中心出具的安全质量证书？建设工程信息产品有何特殊要求，是否需要工信部颁发的入网许可证等一些特定要求。还有，投标人有时也会要求投标人对某些重要设备、材料提供原生产厂商的产品特别授权等。再次，就是技术规范的实质响应，每一个建设工程项目都有其特定的技术规范要求，投标文件只能满足或优于（正偏离）主要技术规范要求，而不能低于（负偏离）主要技术规范要求，否则其投标肯定要被废掉。这些均属于特定资质条件的实质响应。

（3）合同条款的实质响应：是否接受招标人提出的合同条款。招标人在招标文件中一般都会把合同条款告知投标人，要求投标人接受该要约，以免中标后双方就合同条款扯皮。

（4）投标质量工期实质性响应：质量标准、竣工期限、施工组织设计（施工方案）必须明确；投标文件载明的招标项目工期不能超过招标文件规定的期限；必须按招标文件中规定的工期时间作出响应。质量保证期的实质响应：关于工程质量的保证期法律法规有明确的规定。这里主要是指与建设工程有关的设备、货物的质量保证期，这是一个很重要的指标，也是与投标报价密切相关的一个指标。

（5）投标保证金的实质响应：为了防止投标人在投标有效期内随意撤回自己的投标文件，或者对招标文件所作出的响应和承诺反悔，从而影响招标工作和对其他投标人带来损害，招标文件中都明确投标人要提交投标保证金。对工程建设项目招标法律规定，投标保证金不得超过招标项目估算价的 2%。对投标保证金，建设工程所在地的承包商只需带支票即可，非所在地的承包商则要了解招标人的账号、开户行，并将投标保证金提前汇出以使保证金在投标截止前到账（要考虑到不同银行间的转账时间），或开好汇票、银行保函，投标时或投标前当场交给招标人。必须进行招标项目的境内投标单位，以现金或者支票形式提交的投标保证金应当从其基本账户转出。凡是没有提交投标保证金或投标保证金的有效期不满足招标文件要求的，都将被视为非响应性投标而予以拒绝。

（6）联合体投标的实质响应：除非该项目的招标文件明确规定不接受联合体投标，否则就可以视为招标人接受联合体投标。

（7）投标报价的实质响应：所有的招标人都希望通过招标选择工程质量高而且报价低的承包商合作，而所有的投标人不仅希望自己能中标，而且中标后又有一定的利润率。因此，价格因素是评价中标与否的决定性因素之一，也是招标文件中重要的实质响应内容。在确定投标报价时，有的企业以为自己是龙头老大，也有的认为自己具有某一方面的绝对优势，对于招标文件规定的报价格式、要求内容等并没有采取慎重态度，如投标函格式、开标一览表中所要求的价格、工期、质量保证期等内容发生漏项或数据误写，报价明细表中的公开报价、折扣、汇率、人民币报价格式等没有按照要求提供等，将大大增加废标的风险。招标交易方式与其他交易方式在价格方面的根本区别就是前者有法律规定，其操作具有规范性要求，即招标投标活动必须按照国家和有关招标主管部门的规定进行。评标时，评标委员会是按照《招标投标法》和招标文件的规定进行评标的，即获得经评审的投标价格最低。

（8）投标有效期的实质响应：所谓投标有效期，是指投标文件对招标文件做出的所有响应和承诺在投标截止时间后的一段时间内都是有效的和不可变更的。在招标文件的投标资料表中都明确本次招标的投标有效期时间。如招标文件规定投标有效期为 30 天，就是说投标文件中的所有响应和承诺在这 30 天内是有效的和不能反悔的。在目前的工程建设项目招标投标或国家招标中均规定："投标有效期不满足要求的投标将被视为非响应性投标而予以拒绝"。设立投标有效期的目的是为了保证招标投标活动的顺利进行，从而保护大多数投标人免受损害。投标人在投标时必须要满足招标人的投标有效期要求，在投标有效期内，对招标投标双方均具有约束力。

按一般程序，从投标截止后开始开标到评标结束，不太复杂的建设工程项目大体需要 15 天左右时间；评标委员会提出书面评标报告后，应当自收到评标报告之日起 3 日内公示中标候选人，公示期不得少于 3 日。中标通知书由招标人发出。招标人和中标人应当自中标通知书发出之日起 30 日内，按照招标文件和中标人的投标文件订立书面合同。招标文件要求中标人提交履约保证金或者其他形式履约担保的，中标人应当提交；拒绝提交的，视为放弃中标项目。招标人要求中标人提供履约保证金或其他形式履约担保的，招标人应当同时向中标人提供工程款支付担保。由此看出，投标有效期即是为了保证投标截止时间到中标人提交履约保证金或保函的整个招标投标过程正常结束时所需要的时间。

在投标有效期内，投标承包商不能因为市场变化等原因改变投标文件中的某些承诺或撤回投标文件，否则投标保证金将被没收；由于某些特殊原因，在原投标有效期截止之前，如招标人要求投标人延长投标有效期时，投标人可以同意也可以不同意延长，如果不同意延长，投标保证金不会被没收；如果中标人接到中标通知书后在规定的时间内不与招标方签定合同或不按规定提交履约保证金或保函，招标方可以取消该中标决定，并没收其投标保证金。总之，投标有效期属于实质性要求，投标人必须满足其条件，否则按废标处理。

（9）其他实质性响应：投标文件载明的技术规格、参数及其他要求等不符合招标文件的要求的；投标人在提交投标文件的截止时间前，没能将投标文件送达投标地点的；投标企业在投标截止时间后对投标文件做必要的补充、修改，甚至撤回投标文件的；以及其他投标文件附有招标人不能接受的条件等，都不是对招标文件作出的实质性响应。

14.2　实质性响应有效方法

对招标文件要求作出完全的实质性响应，关系到每个参加投标的承包商能否中标，作为一般承包商来讲，要做好一个项目的投标文件，光有良好的愿望还只是一个方面，尚必须对参加的每一个投标项目作出仔细的推敲和科学的安排，方能得到胜利的果实。其方法有如下几个方面：

14.2.1　分块法

招标文件一般有几个方面，如前文所述，即价格、技术、服务3大块，那么如何才能保证3大块都能做到恰如其分的准确解读，而不被遗漏？最有效的办法，就是分解招标文件，让本公司通晓价格、技术、服务等方面的人才分别理解招标文件的有关章节，对照招标文件的文本格式草拟投标文件，这样做较一个人困在斗室里"闭门造车"要科学、简便，同时，也发挥了群策群力的效果，是一个不可多得的好方法。

14.2.2　询问法

招标投标是一个朝阳事业，在我国实行不久，需要投标人不断地摸索，总结经验、汲取教训。最可行的办法就是向制作招标文件的招标单位或代理单位询问，对其中一些不能明白的概念、规定和要求，以书面的方式征询意见，同时可以将自己草拟的投标文件样本拿给他们看，看是否做到了完全响应，如果没有完全响应，怎样改进，可以要求他们作出肯定的答复。

14.2.3　查阅法

招标投标工作是一项边学边干边成熟的工作，没有哪一个先天就是老师，只有不断地学习才能不断地进步。为了求得对招标文件的正确理解，必须从多方面、多渠道进行学习，可以通过互联网信息查询、供应商之间相互切磋、图书馆资料查询，还可以向行政监管部门请教。

14.2.4 观摩法

招标投标行业在我国方兴未艾，各种各样的学习培训班很多，有关的业务知识讲座、研讨活动也层出不穷，作为一个有志在招标投标领域有所作为的承包商朋友，可以或多或少地抓住机遇，将其作为学习提高的加油站，对于增强在招标投标活动中的胜算是大有裨益的。

14.2.5 外请法

如果没有足够的有经验的专业人员去编制这样完整的投标书，那么最好的办法是委托专业的咨询服务机构（如工程咨询公司、工程造价咨询公司等）编制。通常专业的咨询机构具有专业齐备的工程技术人员和丰富的经验，可以提高投标书的质量和中标机会。

14.3 应该注意的细节问题

14.3.1 编制投标书阶段

1. 编制投标书前和编制投标书的过程中认真阅读招标文件。这对所有投标人来说都是十分关键的一步。一般来说，招标文件对招标内容、工程量清单、技术要求、递交投标文件的地点和截止时间、投标文件的格式及其他相关要求有清楚的交代。通过阅读招标文件，对招标的要求有全面和清楚的了解，在编制投标文件时，就能提高效率和避免错漏。有些投标人听了招标工作人员的口头解释和说明，就急于编制投标文件，这样往往会出现问题。因为招标文件往往由专业人员编制，并经过多次的审核和修改。招标工作人员可能对相关的内容掌握不够全面，或者因为时间关系，无法将招标要求作全面的介绍。由此而出现问题的经验教训是很多的。不但编制投标文件前要认真阅读招标文件，在编制招标文件的过程中，也应该对照招标文件进行检查，以避免出现偏差。

2. 及时提出需要澄清及答复的问题。在编制投标书的过程中，如发现有不清楚，且会影响投标价或投标书的内容之处，特别是有关工程范围、工程量、工期、质量技术指标、投标文件格式、内容要求、签署和盖章要求、密封要求、资质要求、投标保证金要求等，一定要搞清楚，如存在模糊的地方，应及时向招标人提出书面的澄清或答疑要求，以便使标书编制的准确无误。

3. 严格按照规定格式进行投标文件的编制、填写的内容必须全面、明确、字迹工整、易于辨认。否则，有可能产生废标。

14.3.2 标书编制后阶段

1. 要多人多轮审查。在投标截止时间允许的情况下，不要急于密封投标文件，要多人、多轮全面审查。在投标文件编制好以后未装订、密封之前，要另选派一名技术人员对照招标文件要求从头至尾再审核几遍，这一程序非常重要，是减少废标必不可少的环节。

2. 检查投标价计算的正确及合理性。由于投标书编制的周期一般很短，而且对投标价格需要进行修改、调整，因而比较容易出现投标价格的计算错误。由于投标价计算错误而出局的示例数不胜数。因此，一定要对投标价的计算进行检查，避免出现计算错误。同时也要运用经验对投标价格进行检验、对比，看看投标价格是否超出合理的范围。

3. 检查投标文件前后的一致性。投标文件中，有很多内容是前后相关或前后应该一致的。因此，在投标文件编制完成后，应检查有关内容的前后一致性。比较重要的如投标总价表中各部分价格与后面各部分详细计算价格的一致，工程量与招标文件所列工程量的一致，有关措施费与施工组织设计方案内容的对应，工期与施工组织设计中进度计划的一致，质量保证方案中的质量和技术规格、指标与招标文件所要求的质量和技术规格、指标的符合，招标文件各项要求的响应性等等。

4. 检查投标文件的完整性。在开始投标文件的印刷、装订前，检查投标文件的完整性十分重要。只有投标文件完整无缺，才能确保投标书不被认定为废标。检查应对照招标文件逐项进行。

5. 检查签名和盖章的完整性。投标文件签署和盖章完成后，要一一进行检查，避免应该签名和盖章的文件缺少签名盖章。这一步骤也十分重要，如果重要的文件或部位没有签名和盖章，就可能使投标文件成为废标。特别是招标文件的封面，许多投标人常常没有盖章，而很多招标文件明确要求，投标文件必须加盖投标人的公章。如果不清楚某个文件或页面是否需要盖章，最好是盖上。因为多盖公章没问题，少盖一个章，投标文件就可能成为废标。

6. 注意投标函上一定要同时加盖企业公章（不能是合同专用章）和法定代表人的印章。若是由授权代表人签章，则必须提交法定代表人的授权委托书原件并且委托书应当详细写明委托权限和委托日期。这个细节问题是非常重要的，在招标投标的实践中往往会遇到因投标函加盖项目经理的印章，而无法认定是否为代表人授权委托书原件或由于记载不清而导致废标的案例。

7. 检查投标文件的密封是否符合要求。在将投标文件送交招标人之前，应检查投标文件是否已按招标文件的要求密封，如果要求附上电子文档的是否已附上。当上述这些检查都完成后，就可以等待将投标文件送交招标人了。

8. 决不要采用不真实的资料数据。在编制投标文件的过程中，绝不要使用不真实的或变造、涂改过的材料、数据。细心和有经验的评标专家很容易发现其中的破绽。即使能蒙混过关，也随时面临被检举揭发或以后被发现的可能。这样做是得不偿失的。

14.3.3 投递投标书阶段

1. 注意投标的截止时间。招标公告、招标文件、更正公告都详细地规定了投标的截止时间，一定要在规定的截止时间之前、到指定地点送达投标文件，参加投标的工作人员在时间上一定要留有余地，并充分考虑天气、交通等情况，超过规定的截止时间的投标将作废标处理，没有一点余地。

2. 注意包封的符合性。由于地域不同、招标代理机构不同，对投标文件的密封要求也不相同，一定要按照招标文件的要求进行密封，对加盖印章有要求的，一定要按招标文件要求加盖有关印章。一些地方为了减少评标时的人为因素，规定进入评标室的技术标部分不得有任何标记，要求投标文件商务标部分与技术标分别装订、分别密封，并规定了技术标使用的字号、行距、字体、纸张型号等，对招标文件有此要求的，投标人在制作、装订和密封投标文件时，要倍加小心，因没有按招标文件要求进行制作、装订、密封投标文件，而作废标处理的情况天天都在发生，应引起大家的高度重视。

3.当一个招标文件分为多个标段（包）时，要注意不要错装、错投。一个招标文件分为多个标段（包）时，招标文件对投标文件如何装订都提出了要求。当一部分供应商生产、代理的产品为系列产品时，且一个供应商投多个标段（包）时，在装订投标文件时容易出现失误。往往应将多个标段（包）分别装订的投标文件装订到一起，一旦遇到这种情况，应引起大家的注意。

4.在招标人不允许提交备选方案的情况下，尽量不要提交两份或两份以上内容不同的投标文件，不要在一份投标文件中报两个价，如果已经报出了两个价，则必须对报出的哪个价作为有效报价进行声明。否则，会产生废标风险。

5.投递投标书的方式最好是直接送达或委托代理人送达，以便获得招标机构已收到投标书的回执。在招标文件中通常就包含有递交投标书的时间和地点，投标人不能将投标文件送交招标文件规定地点以外的地方，如果投标人因为递交投标书地点发生错误，而延误投标时间的，将被视为无效标而被拒收。如果以邮寄方式送达的，投标人必须留出邮寄时间，保证投标文件能够在截止日期之前送达招标人指定的地点，而不是以"邮戳为准"。

6.招标人要求提供投标担保的，应在提交投标文件的同时，按招标文件的要求及时、足额向招标人提供投标保证金（投标保函），提交投标保证金的应保管好银行进账单等凭据，提交投标保函的，应保存签收回执，以防止废标风险。

7.在以联合体投标的情况下要注意：（1）联合体各方均能满足招标文件的要求；（2）联合体各方必须签署联合投标协议；（3）联合体各方必须指定牵头人，由其代表联合体进行投标；（4）投标保证金（投标保函）以联合体牵头人的名义提交；（5）在提交投标文件时，应一并提交联合体各方签署的有投标人公章和法定代表人印章的联合投标协议；（6）指定牵头人的应提交联合体各方法定代表人出具的授权委托书原件。

14.3.4 投标人开标阶段

1.携带证件以备检验。一是参加投标要注意携带原件；二是随时准备检验，一般情况下是在开标之后、唱标之前，按招标文件要求检验资格证明文件，此时，没有携带原件或招标文件规定的其他有效证明文件的将作废标处理。

招标文件已将有些项目作为评分因素的，如近几年类似业绩、工程施工招标中的项目经理证书等，在开标之后，评标委员会还要对这些证件进行审验，参加投标携带此证件的人员，应随时准备检验。

2.注意其他投标承包商投标是否有效。一是注意其他投标承包商资格证明的有效性。一般情况下，在检验投标承包商资格证明文件时，代理机构会要求参加投标的承包商各委派一名代表来监督其他承包商提供的资质证明有效性情况，委派的代表要认真负责，注意其他投标企业提供的资格证明文件是否有效。二是注意其他投标承包商的投标报价的有效性。其他投标承包商的投标报价是否低于成本，是否高于招标文件规定的预算或最高限额，是否提供报价折扣，报价折扣在唱标时是否进行了唱标等。

3.投标代理人不要中途退场，以便随时了解情况和回答招标代理机构可能提出的各种问题。

14.3.5 评审委评标阶段

1. 委托代理人不要中途离开现场。在评标的过程中，评标委员会在审阅投标文件时，难免会遇到一些疑问，要求委托代理人以书面形式对投标文件中含义不明确的内容作必要的澄清或者说明。这就要求委托代理人不要中途离开现场，随时准备就评委提出的问题进行解释或答复。在规定的时间内评标委员会若多次找不到委托代理人，一是会产生不好的印象；二是容易误解为放弃了投标，容易错失中标机会。

2. 当投标报价被评标委员会认定为明显低于其他投标报价或低于标底或低于个别成本（企业成本），并被要求予以澄清或说明时，应与评标委员会积极进行沟通、澄清和说明，以最大限度防止投标文件被认定为废标。并且应当注意的是，说明或澄清一定要以书面的形式（加盖公章和法定代表人印章）做出并要求评标委员会给予签收回执。附编制投标书常见错误检查汇总表，如表 14-1 所示，仅供读者参考。

编制投标书常见错误检查

表 14-1

项目	序号	内 容
封面	1	封面格式是否与招标文件要求格式一致，文字打印是否有错字
	2	封面标段、里程是否与所投标段、里程一致
	3	企业法人或委托代理人是否按照规定签字或盖章，是否按规定加盖单位公章，投标单位名称是否与资格审查时的单位名称相符
目录	4	投标日期是否正确
	5	目录内容从顺序到文字表述是否与招标文件要求一致
	6	目录编号、页码、标题是否与内容编号、页码（内容首页）、标题一致
投标书及投标书附录	7	投标书格式、标段、里程是否与招标文件规定相符，建设单位名称与招标单位名称是否正确
	8	报价金额是否与"投标报价汇总表合计"、"投标报价汇总表"、"综合报价表"一致，大小写是否一致，国际标中英文标书报价金额是否一致
	9	投标书所示工期是否满足招标文件要求
	10	投标书是否已按要求盖公章
	11	法人代表或委托代理人是否按要求签字或盖章
	12	投标书日期是否正确，是否与封面所示吻合
修改报价声明书（或降价函）	13	修改报价的声明书是否内容与投标书相同
	14	降价函是否按招标文件要求装订或单独递送
授权书、银行保函、信贷证明	15	授权书、银行保函、信贷证明是否按照招标文件要求格式填写
	16	上述三项是否由法人正确签字或盖章
	17	委托代理人是否正确签字或盖章
	18	委托书日期是否正确
	19	委托权限是否满足招标文件要求，单位公章加盖完善
	20	信贷证明中信贷数额是否符合业主明示要求，如业主无明示，是否符合标段总价的一定比例

项目	序号	内　　容
报价	21	报价编制说明要符合招标文件要求，繁简得当
	22	报价表格式是否为招标文件要求格式，子目排序是否正确
	23	"投标报价汇总表合计"、"投标报价汇总表"、"综合报价表"及其他报价表是否按照招标文件规定填写，编制人、审核人、投标人是否按规定签字盖章
	24	"投标报价汇总表合计"与"投标报价汇总表"的数字是否吻合，是否有算术错误
	25	"投标报价汇总表"与"综合报价表"的数字是否吻合，是否有算术错误
	26	"综合报价表"的单价与"单项概预算表"的指标是否吻合，是否有算术错误。"综合报价表"费用是否齐全，特别是来回改动时要特别注意
	27	"单项概预算表"与"补充单价分析表"、"运杂费单价分析表"的数字是否吻合，工程数量与招标工程量清单是否一致，是否有算术错误
	28	"补充单价分析表"、"运杂费单价分析表"是否有偏高、偏低现象，分析原因，所用工、料、机单价是否合理、准确，以免产生不平衡报价
	29	"运杂费单价分析表"所用运距是否符合招标文件规定，是否符合调查实际
	30	配合辅助工程费是否与标段设计概算相接近，降低幅度是否满足招标文件要求，是否与投标书其他内容的有关说明一致，招标文件要求的其他报价资料是否准确、齐全
	31	定额套用是否与施工组织设计安排的施工方法一致，机具配置尽量与施工方案相吻合，避免工料机统计表与机具配置表出现较大差异
	32	定额计量单位、数量与报价项目单位、数量是否相符合
	33	"工程量清单"表中工程项目所含内容与套用定额是否一致
	34	"投标报价汇总表"、"工程量清单"采用 Excel 表自动计算，数量乘单价是否等于合价（合价按四舍五入规则取整）。合计项目反求单价，单价保留两位小数
对招标文件及合同条款的确认和承诺	35	投标书承诺与招标文件要求是否吻合
	36	承诺内容与投标书其他有关内容是否一致
	37	承诺是否涵盖了招标文件的所有内容，是否实质上响应了招标文件的全部内容及招标单位的意图。业主在招标文件中隐含的分包工程等要求，投标文件在实质上是否予以响应
	38	招标文件要求逐条承诺的内容是否逐条承诺
	39	对招标文件（含补遗书）及合同条款的确认和承诺，是否确认了全部内容和全部条款，不能只确认、承诺主要条款，用词要确切，不允许有保留或留有其他余地
施工组织及施工进度安排	40	工程概况是否准确描述
	41	计划开、竣工日期是否符合招标文件中工期安排与规定，分项工程的阶段工期、节点工期是否满足招标文件规定。工期提前要合理，要有相应措施，不能提前的绝不提前，如铺架工程工期
	42	工期的文字叙述、施工顺序安排与"形象进度图"、"横道图"、"网络图"是否一致；特别是铺架工程工期要针对具体情况仔细安排，以免造成与实际情况不符的现象

项目	序号	内　　容
	43	总体部署：施工队伍及主要负责人与资审方案是否一致，文字叙述与"平面图"、"组织机构框图"、"人员简历"及"拟用人职务"等是否吻合
	44	施工方案与施工方法、工艺是否匹配
	45	施工方案与招标文件要求、投标书有关承诺是否一致。材料供应是否与甲方要求一致，是否统一代储代运，是否为甲方供应或招标采购 临时通信方案是否按招标文件要求办理。（有要求架空线的，不能按无线报价）。施工队伍数量是否按照招标文件规定配置
	46	工程进度计划：总工期是否满足招标文件要求，关键工程工期是否满足招标文件要求
	47	特殊工程项目是否有特殊安排：在冬季施工的项目措施要得当，影响质量的必须停工，膨胀土雨季要考虑停工，跨越季节性河流的桥涵基础雨季前要完成，工序、工期安排要合理
	48	"网络图"工序安排是否合理，关键线路是否正确
	49	"网络图"如需中断时，是否正确表示，各项目结束是否归到相应位置，虚作业是否合理
	50	"形象进度图"、"横道图"、"网络图"中工程项目是否齐全：路基、桥涵、轨道或路面、房屋、给排水及站场设备、大型临时设施等是否齐全
	51	"平面图"是否按招标文件布置了队伍驻地、施工场地及大型临时设施等位置，驻地、施工场地及大型临时设施工程占地数量及工程数量是否与文字叙述相符
施工组织及施工进度安排	52	劳动力、材料计划及机械设备、检测试验仪器用量表是否齐全
	53	劳动力、材料是否按照招标要求编制了年、季、月计划
	54	劳动力配置与劳动力曲线是否吻合，总工期天数量与预算表中总工期天数量差异要合理
	55	标书中的施工方案、施工方法描述是否符合设计文件及标书要求，采用的数据是否与设计一致
	56	施工方法和工艺的描述是否符合现行设计规范和现行设计标准
	57	是否有防汛措施（如果需要），措施是否有力、具体、可行
	58	是否有治安、消防措施及农忙季节劳动力调节措施
	59	主要工程材料数量与预算表工料机统计表数量是否吻合一致
	60	机械设备、检测试验仪器用量表中设备种类、型号与施工方法、工艺描述是否一致，数量是否满足工程实施需要
	61	施工方法、工艺的文字描述及框图与施工方案是否一致，与重点工程施工组织安排的工艺描述是否一致；总进度图与重点工程进度图是否一致
	62	施工组织及施工进度安排的叙述与质量保证措施、安全保证措施、工期保证措施叙述是否一致
	63	投标文件的主要工程项目工艺框图是否齐全
	64	主要工程项目的施工方法与设计单位的建议方案是否一致，理由是否合理、充分
	65	施工方案、方法是否考虑与相邻标段、前后工序的配合与衔接
	66	临时工程布置是否合理，数量是否满足施工需要及招标文件要求。临时占地位置及数量是否符合招标文件的规定
	67	过渡方案是否合理、可行，与招标文件及设计意图是否相符

项目	序号	内　　　容
工程质量	68	质量目标与招标文件及合同条款要求是否一致
	69	质量目标与质量保证措施"创全优目标管理图"叙述是否一致
	70	质量保证体系是否健全，是否运用 ISO 9002 质量管理模式，是否实行项目负责人对工程质量的终身责任制
	71	技术保证措施是否完善，特殊工程项目如膨胀土、集中土石方、软土路基、大型立交、特大桥及长大隧道等是否单独有保证措施
	72	是否有完善的冬、雨季施工保证措施及特殊地区施工质量保证措施
安全保证措施、环境保护措施及文明施工保证措施	73	安全目标是否与招标文件及企业安全目标要求口径一致
	74	确保既有铁路运营及施工安全措施是否符合铁路部门有关规定，投标书是否附有安全责任状
	75	安全保证体系及安全生产制度是否健全，责任是否明确
	76	安全保证技术措施是否完善，安全工作重点是否单独有保证措施
	77	环境保护措施是否完善，是否符合环保法规，文明施工措施是否明确、完善
工期保证措施	78	工期目标与进度计划叙述是否一致，与"形象进度图"、"横道图"、"网络图"是否吻合
	79	工期保证措施是否可行、可信，并符合招标文件要求
控制（降低）造价措施	80	招标文件是否要求有此方面的措施（没有要求不提）
	81	若有要求，措施要切实可行，具体可信（不作过头承诺、不吹牛）
	82	遇到特殊有利条件时，要发挥优势，如队伍临近、就近制梁、利用原有大型临时设施等
施工组织机构、队伍组成、主要人员简历及证书	83	组织机构框图与拟上的施工队伍是否一致
	84	拟上施工队伍是否与施工组织设计文字及"平面图"叙述一致
	85	主要技术及管理负责人简历、经历、年限是否满足招标文件强制标准，拟任职务与前述是否一致
	86	主要负责人证件是否齐全
	87	拟上施工队伍的类似工程业绩是否齐全，并满足招标文件要求
	88	主要技术管理人员简历是否与证书上注明的出生年月日及授予职称时间相符，其学历及工作经历是否符合实际、可行、可信
	89	主要技术管理人员一览表中各岗位专业人员是否完善，符合标书要求；所列人员及附后的简历、证书有无缺项，是否齐全
企业有关资质、社会信誉	90	营业执照、资质证书、法人代表、安全资格、计量合格证是否齐全并满足招标文件要求
	91	重合同守信用证书、AAA 证书、ISO 9000 系列证书是否齐全
	92	企业近年来从事过的类似工程主要业绩是否满足招标文件要求
	93	在建工程及投标工程的数量与企业生产能力是否相符
	94	财务状况表、近年财务决算表及审计报告是否齐全，数字是否准确、清晰
	95	报送的优质工程证书是否与业绩相符，是否与投标书的工程对象相符，且有影响性
其他复核检查内容	96	投标文件格式、内容是否与招标文件要求一致
	97	投标文件是否有缺页、重页、装倒、涂改等错误
	98	复印完成后的投标文件如有改动或抽换页，其内容与上下页是否连续
	99	工期、机构、设备配置等修改后，与其相关的内容是否修改换页

项目	序号	内 容
其他复核检查内容	100	投标文件内前后引用的内容，其序号、标题是否相符
	101	如有综合说明书，其内容与投标文件的叙述是否一致
	102	招标文件要求逐条承诺的内容是否逐条承诺
	103	按招标文件要求是否逐页小签，修改处是否由法人或代理人小签
	104	投标文件的底稿是否齐备、完整，所有投标文件是否建立电子文件
	105	投标文件是否按规定格式密封包装、加盖正副本章、密封章
	106	投标文件的纸张大小、页面设置、页边距、页眉、页脚、字体、字号、字形等是否按规定统一
	107	页眉标识是否与本页内容相符
	108	页面设置中"字符数/行数"是否使用了默认字符数
	109	附图的图标、图幅、画面重心平衡，标题字选择得当，颜色搭配悦目，层次合理
	110	一个工程项目同时投多个标段时，共用部分内容是否与所投标段相符
	111	国际投标以英文标书为准时，加强中英文对照复核，尤其是对英文标书的重点章节的复核（如工期、质量、造价、承诺等）
	112	各项图表是否图标齐全，设计、审核、审定人员是否签字
	113	采用施工组织模块，或摘录其他标书的施工组织内容是否符合本次投标的工程对象
	114	标书内容描述用语是否符合行业专业语言，打印是否有错别字
	115	改制后，其相应机构组织名称是否作了相应的修改

15　标无效风险对策要点

15.1　标无效风险对策

投标无效风险主要是由投标人的投标行为不合法定及招标文件的要求而引发的，风险防控对策也就是对投标人违法行为如何采取有效应对措施。投标无效风险对策要点包括：严格参标人的合法性、投标人改变对策和防止不正当竞争行为。

15.1.1　严格投标人非法参标

为了预防投标人相互串标、围标事件发生，落实公平交易的原则，确保所有投标人公平竞争的合法权益，法律规定，凡是与招标人存在利害关系可能影响招标公正性的法人、其他组织或者个人，不能参与同一项目或标段的投标。利害关系人包括：单位负责人为同一人或者存在控股、管理关系的不同单位。比如，有的施工企业在同一次招标中既以总公司名义、又以分公司名义参加投标，"一标两投"，将面临投标无效的风险。规避参标人不法化所带来的投标无效风险，对于投标企业本身来说，只能依靠约束自身行为，加强企业行为自律，尤其是承包企业领导应严格本系统对外投标程序、建立公司系统内部投标审批制度，加强对投标代表人的管理和监督，避免本企业参标人的合法性存在问题而带来投标无效的风险。

15.1.2　投标人改变风险对策

1. 有关招标投标法律规定，投标人发生合并、分立、破产等重大变化的，投标人不再具备资格预审文件、招标文件规定的资格条件或者其投标影响招标公正性的，其投标无效。为此，投标人在参与投标时应注意企业自身的内外部环境以及稳定性因素，应做好企业稳定性预期评估工作。对企业在投标有效期内以及完成承包工程期间可能面临的企业所有改变应该有一个清楚的估计，作到心中有数。

企业的稳定性是指对承包企业在内外环境的约束下，企业的资源分配和经营状况基本保持在目前状态和水平上的程度。企业的稳定性评估就是对这种稳定性所进行的估量。尤其是建设行业中小企业应予以高度重视，这是由于中小建筑企业相对于大型建设工程企业来说，经营业务单一、市场狭小，在资产规模、市场影响力、建筑产品占有率、资金充足率方面都处于劣势地位，且由于投资决策、资金、设备、人力短缺等原因导致企业投标市场的风险比大企业要高得多，企业内部的稳定性预期差。在招标投标市场中中小企业面临着相对更大的风险。

在招标投标实践中，做好企业稳定性评估工作是防控投标无效风险的有效对策。承包商企业内部的稳定性系数高，则在未来时间内企业发展较为平稳，这也是承包商企业参与投标活动的最佳时期。如果在投标期内承包企业发生重大变化，如合并、分立、破产、财务危机、人力资源发生动荡，投标人要及时书面通知招标人说明情况，避免承担更大的经济损失和其他法律责任。

2. 联合体改变风险对策

法律规定，资格预审后联合体增减、更换成员的，其投标无效。防范联合体改变风险，可以采取以下对策：

（1）投标人在采取联合体方式投标时，联合体主办人应选择那些彼此较为熟悉的，有过与自己合作经历的承包企业进行联合投标，这样联合体成员彼此相互了解和摸底，协作起来较为方便，具有相对的稳定性。避免由于首次合作彼此间沟通不足而产生纠纷，出现中途退出的情况。

（2）联合体组成不能"平时不烧香，急来抱佛脚"仓促联合，要留有充足的时间与联合体各方进行充分了解、沟通和协商；并应当在提交资格预审申请文件前组成联合体并完成联合体组成的必要程序。

（3）按照法律规定联合体企业应该签订联合体协议书，联合体协议书包括：联合体协议书、投标联合体授权主办方协议书两部分。联合投标协议书包括单位名称、建设工程项目招标编号；各方的权利与义务、主体方、参加方的法人代表签字盖章；地点邮编联系电话等，联合体各方成员应在本协议上共同盖章，不得分别签署协议书。应注意的是在各方的权利与义务部分中应当设有各方不得再以自己名义在本项目中单独投标，联合投标的项目责任人不能作为其他联合体或单独投标单位的项目组成成员或无故中途退出。因发生上述问题导致联合体投标出现标无效，联合体的其他成员可追究责任方的违约行为。

投标联合体授权主办方协议书，主要内容是对联合体主办人的授权和承诺，内容包括：联合体各方名称授权联合体主办方为本投标联合体主办方，联合体主办方负责投标项目的一切组织、协调工作，并授权投标代理人以联合体的名义参加项目的投标，代理人在投标、开标、评标、合同谈判过程中所签署的一切文件和处理与本次招标有关的一切事务，联合体各方均予以承认并承担法律责任。值得注意的是：本协议书必须完全注明联合体其他方组成成员。

签订联合体协议书明确法律责任与义务，可以避免资格预审后联合体内各成员发生改变、联合体增减、更换成员的情况发生，规避投标无效的风险。在招标投标中，如果一旦联合体发生变动，应尽量在预审前及时向招标人说明情况。

15.1.3 自觉抑制不正当竞争行为

在招标投标实践中，许多投标人出现串标、围标、陪标、贿标、骗标以及弄虚作假、挂靠单位等行为都属于不正当竞争行为。不正当竞争行为是产生投标无效风险的重要原因。有些投标人采取不正当竞争行为，破坏了公平、公正、公开的原则，实践中其结果是"偷鸡不成，反蚀把米"，有的则陷入法律纠纷之中不能自拔，甚至受到法律制裁。为此，投标企业对投标委托人应加强严格的管理和法制教育，投标委托人应进行合法的投标活动，自觉抑制不正当竞争行为发生，这是防控投标无效风险的重要措施和对策。如果做好了上述各项，就可以使承包企业的投标文件避免投标无效所带来的风险。当然，要想中标，还需要有合适的报价、优秀的施工组织设计和较强的实力等条件。

15.2　招标无效风险对策

招标无效风险主要是由招标人或代理机构的招标行为不合法定要求而引发的。因此，招标无效风险的防控主要是针对招标人或代理机构的不法行为。风险对策要点包括：按照法定招标程序办事、依法选择代理机构以及进一步完善行政监管模式，创新行政监督方式，从源头上强化对招标无效的监管。

15.2.1　严格按照招标程序办事

工程施工招标投标是我国建筑市场经济中的一种竞争方式，是双方当事人依法进行的经济活动，通过公平竞争择优确定中标人，是要约和承诺的实现，能够充分发挥价格杠杆和竞争机制的作用。而招标投标法定程序则是实现这种竞争方式获取成功的基础条件，在工程招标实践中，招标人没有严格按照程序办事，是导致招标人承担招标无效风险的重要原因。招标人在招标活动中应注意以下问题：

1. 招标人应按照法律法规规定，落实工程招标审核备案程序，并按照核准内容进行招标。

2. 发布招标公告或投标邀请书，公告应在指定的媒介发布。邀请招标的要依法发出投标邀请书。邀请招标方式与公开招标方式的不同之处，在于它允许招标人向有限数目的特定的法人或其他组织（供应商或承包商）发出投标邀请书，而不必发布招标公告。按照国内外的通常做法，采用邀请招标方式的前提条件，是对市场供给情况比较了解，对供应商或承包商情况比较了解。在此基础上，还要考虑招标项目的具体情况：一是招标项目的技术新颖而且复杂或专业性很强，只能从有限范围的供应商或承包商中选择；二是招标项目本身的价值低，招标人只能通过限制投标人数来达到节约和提高效率的目的。在实际中有其较大的适用性。但邀请招标虽然是一种有限竞争招标方式，但在邀请投标人之间也必须坚持公正、公平、公开的原则。因此，招标人必须向被邀请人发放邀请投标书。因此，投标人向被邀请人发放投标邀请书是邀请招标的必要程序，否则情节严重的招标无效。

3. 招标人或委托招标代理机构出售资格预审文件。自出售资格预审文件之日起至停止出售之日止，最短不得少于 5 个工作日。

4. 招标人应当给予投标人编制投标文件所需的合理时间，最少 20 个工作日。

5. 招标人对已发出的招标文件进行必要的澄清或者修改的，应当在招标文件要求提交投标文件截止时间至少 15 日前，以书面形式通知所有招标文件收受人。

6. 严格在提交投标文件截止时间后接收投标文件，应严格把握这一原则。

7. 开标时间应当在招标文件确定的提交投标文件截止时间的同一时间公开进行。

8. 应当公开招标的，必须在工程招标交易中心进行，接受有关部门的监督。

9. 按照法定方法在相应专业的专家库随机抽取评标专家。

10. 当有效投标人数未能达到 3 家，按照法律要求，应该重新进行招标，否则将面临着招标无效的法律风险。

招标工作是程序性非常强的工作，有其固定的一套法定操作流程，并以法律、法规的形式存在。在实际工作中情况往往千差万别，有些突发情况难以预料，如果处理不当，轻则导致招标无效，重则违法、违规，需要承担相应的行政责任、民事责任，风险极大。

建设工程招标流程如图 15-1 所示。

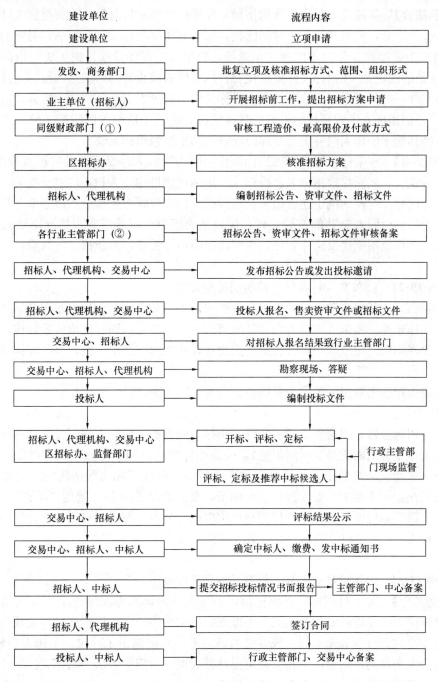

建设单位	流程内容

建设单位 → 立项申请

发改、商务部门 → 批复立项及核准招标方式、范围、组织形式

业主单位（招标人） → 开展招标前工作，提出招标方案申请

同级财政部门（①） → 审核工程造价、最高限价及付款方式

区招标办 → 核准招标方案

招标人、代理机构 → 编制招标公告、资审文件、招标文件

各行业主管部门（②） → 招标公告、资审文件、招标文件审核备案

招标人、代理机构、交易中心 → 发布招标公告或发出投标邀请

招标人、代理机构、交易中心 → 投标人报名、售卖资审文件或招标文件

交易中心、招标人 → 对招标人报名结果致行业主管部门

交易中心、招标人、代理机构 → 勘察现场、答疑

投标人 → 编制投标文件

招标人、代理机构、交易中心 区招标办、监督部门 → 开标、评标、定标 ← 行政主管部门现场监督

评标、定标及推荐中标候选人

交易中心、招标人 → 评标结果公示

交易中心、招标人、中标人 → 确定中标人、缴费、发中标通知书

招标人、中标人 → 提交招标投标情况书面报告 → 主管部门、中心备案

招标人、代理机构 → 签订合同

投标人、中标人 → 行政主管部门、交易中心备案

①涉及政府资金的项目经过此流程；
②重大建设工程同时经区发展改革局备案，以行业主管部门为招标人的项目由区招标办审核备案。

图 15-1　建设工程招标流程

【示例 15-1】 受理标书有时点，截标受理有风险

【示例简介】 某建设工程项目货物招标，在招标文件出售阶段，购买招标文件的潜在投标人超过了 3 家，但当开标截止时间已到，却只有两家投标人赶到现场，另外的投标人分别迟到了 1 分钟和 3 分钟才抵达开标现场。根据《工程建设项目施工货物招标投标办法》第 34 条的规定："在招标文件要求提交投标文件的截止时间后送达的投标文件，为无效的投标文件，招标人应当拒收""提交投标文件的投标人少于 3 个的，招标人应当依法重新招标"，但招标人考虑到投标人数的具体情况，接受了这两家的投标文件，进入评标阶段，后经其他未中标人向有关监督部门反映，结果被判招标无效。

【对策参考】 本来运行很顺利的招标工作，因为招标人违反招标的"游戏规则"，破坏了流程的进行，从而导致招标人、投标人、招标代理机构 3 方利益均遭受损失，前期所做工作全部白费。这样的例子还有很多，在接收投标文件时一定按照法律办事，凡是在开标会议开始后的时间点送达的投标文件，应该坚决拒收，不能因客观情况需要就破例受理，招标人一点也不能违反法律程序，否则将面临招标无效，重新招标的风险。

【示例 15-2】 公布文件时间异，提前安排是关键

【示例简介】 某地方政府的建设工程采购项目中，要求招标公告发布在多家指定媒体上，由于工作繁忙，招标人在公告发布日的当天下午才将公告同时送给多家媒体，由于各媒体运行效率不同，导致该招标公告最终出现在媒体上的时间不一致，有些媒体当天就给予发布了，有些媒体第 2 天才发布。当未中标人对招标结果存在异议时，发布公告时间不同也可能成为招标无效投诉的一个关键点。

【对策参考】 由于招标工作流程复杂、环节众多、涉及面广，所以导致招标无效风险骤增。发布招标公告、出售资格预审文件、招标人应当给予投标人编制投标文件所需的合理时间（法律中有明确的最少时间限定），公布招标文件时间不一致，就有可能在某一环节的时间上未达到法律规定，引发质疑和产生纠纷，形成招标无效的风险。由此可以看出，招标人在招标活动中，要注意每一个细节，要有充足的准备，做足"功课"，否则就有随时"下课"的可能。为此，招标代理机构应该对公告发布时间有比较充分的安排，提前做好招标文件公布的计划安排，防止此类风险的发生。

【示例 15-3】 评标标准有差异，标准、细则要统一

【示例简介】 某项目招标，在评标前，工作人员向评标专家发放了评分细则和评分表。在评审中，一位评标专家"无意"中发现招标文件中公布的评标标准与发放的评分细则有出入，有些评分项分值不同，该专家当场向工作人员提出了异议。工作人员解释说，在招标公告发布期间，由于国家相关政策出现重大调整，招标人认为招标文件的评标标准不太合理，可能导致中标结果不能令他们满意，所以修改了评分细则。招标人代表也当场确认该事实。评标委员会当场拒绝按照调整后的评分细则继续评分。经协调，该招标代理机构经过监督部门批准，最终宣布此次招标无效，重新组织招标。

【对策参考】 《工程建设项目施工招标投标办法》第 79 条规定："使用招标文件没有确定的评标标准和方法的评标无效，应当依法重新进行评标或者重新进行招标。"由于自招标文件开始发出之日起，至投标人提交投标文件截止之日止，至少有 20 天的等标期，

同时招标文件公布的评标标准必须细化到什么程度，相关法律法规未作明确规定，有些招标人便认为，只要是在开标前，评标细则都可以改。为避免出现评分标准和细则有差错的情况发生，防范此类风险，招标人应注意以下几个问题：

（1）在制定招标文件时，对评标标准尽量做到细化、客观、可操作。

（2）评分细则可以在招标文件规定的评标标准上予以细化，但不能改变原标准和打分因素。

（3）招标文件一旦发出，原则上不能有实质性修改，招标代理机构应做好宣传解释工作。确需修改的，应当在招标文件要求提交投标文件截止时间15日前，在监督部门指定的工程招标信息发布媒体上发布更正公告，并以书面形式通知所有招标文件收受人。

（4）招标代理机构工作人员在制定评分细则时，可能会与招标人进行多次沟通和修改，应以招标人最终确认的、与招标文件规定不违背的版本为准。

（5）招标代理机构应对涉及已发布的招标文件的修改（包括评分细则）履行严格的审批程序。

15.2.2　依法邀请代理机构

招标代理机构是招标人委托的代理招标人来组织招标投标活动的中介机构，是在招标投标活动中具体办理有关事宜招标人的代表，如果代理机构出现问题，将会直接导致招标无效。因此选择一个好的代理机构十分重要。如何选择好的招标代理机构，规避代理机构失误或过错带来的标无效风险呢？有以下几点：

1. 选择有资格的代理人。招标代理机构必须依法成立，办理工商注册登记手续，领取营业执照，代理机构从业必须依法取得国务院建设行政主管部门或者省、自治区、直辖市人民政府建设行政主管部门认定的工程招标代理机构资格。依据《工程建设项目招标代理机构资格认定办法》规定：工程招标代理机构资格分为甲级、乙级和暂定级。应该根据工程建设项目的规模确定相应等级的代理机构。法律规定：甲级工程招标代理机构可以承担各类工程的招标代理业务；乙级工程招标代理机构只能承担工程总投资1亿元人民币以下的工程招标代理业务；暂定级工程招标代理机构，只能承担工程总投资6000万元人民币以下的工程招标代理业务。依法选择代理机构是规避招标无效风险的关键措施。

2. 选择代理机构的具体做法。如果有几家招标代理机构同时参与一个项目代理权的竞争，招标人应当向招标代理机构说明项目基本情况和要求。然后，请招标代理机构分别设计项目实施方案。最后，召开由所有招标人参加的会议，听取招标代理机构的基本情况介绍，并对其提交的项目实施方案进行评审和比较，采取无记名投票的方式，选举招标代理机构。在评审和比较开始之前，可以对申请项目代理权的招标代理机构进行现场考察。如果招标项目的规模较大，建设周期较长，对于招标代理机构的选择就应该更加慎重。通常情况下，招标人应当制定一个量化评价指标系统，对招标代理机构进行定量评价，把项目代理权交给得分最高的招标代理机构。量化评价指标一般应包括招标代理机构的投资规模、专业技术人员的数量和专业水平、电子商务平台的先进性、安全性和适用性、市场信息资源占有量、对工程建设项目相关政策法规的理解程度和工程建设项目管理经验等等。

3. 高质量代理机构表现特点。一般来说招标人在考察招标代理机构时，好的代理机构有以下表现特点：

（1）代理业务比较繁忙——因为是一步一个脚印做起来的，怕丢失业务，自然对自身要求高，回头客户多，口碑好，所以忙，同时在各种指定媒体露面机会多。

（2）代理机构一般不张扬——被招标人在考察时，其接待周到但不一定热情，有什么说什么，甚至于敢把已服务客户的信息公开，为招标人提供验证调查线索。

（3）代理机构不轻易承诺——因为承诺的保证能做到，做不到的不承诺。

（4）代理机构费用不低——俗话说，好货不便宜，便宜没好货，因为是当事业来做，为了充分保证企业的正常运转，而且也知道只有自己做得最好，信心十足，所以在费用上不会做不正当竞争，更不会靠偏门谋取暴利，自然收费公道合理。

（5）办公气氛轻松融洽——办公室人员活跃，组织纪律性强，不会因为接受考察等改变办公气氛，更不会特意做假来骗考察人员的眼睛。

（6）办公环境整洁——细节决定成败，好的企业在平时的日常生活和管理中也是严格要求的，看企业就如看人。

4. 签订招标代理机构委托协议。择优确定了招标代理机构之后，招标人应依据规范的委托代理协议格式，组织招标人同招标代理机构签订委托代理协议，明确代理人和被代理人的权利和义务。委托代理协议格式文本对代理人和被代理人必须履行的义务已经有了比较明确和具体的规定，也可以根据项目管理的实际需要酌情进行调整、补充。明确被代理人对代理人的授权范围，是委托代理协议的核心内容，招标人应慎重对待。对代理人的授权应当尽可能明确具体，便于理解和操作。例如，哪些事项招标代理机构可以自行办理，哪些事项招标代理机构需要请示被代理人同意后才能办理，都应作出明确具体的规定。这就能有效地约束代理机构的行为，为招标人防控招标无效风险提供有利的法律保障。

15.2.3 创新行政监督管理方式

1. 监督事项前置，确保项目满足招标的基本条件。一个项目要进行招标投标，基本条件是项目得到批准、建设资金已落实、有满足施工的场地和指导施工的图纸。在目前招标投标监管模式下，因各部门分工的不同，招标投标监管部门对建设资金的落实和满足施工的场地在监管上处于空白状态，导致部分不具备招标条件的项目办理了招标投标，签订了施工合同，给合同履行带来了潜在的不利因素，造成合同纠纷。解决此类问题的关键是落实部分前置监督事项，如施工场地拆迁、三通一平、建设资金落实等问题先由工程施工许可管理部门进行监督落实，招标人凭工程施工许可管理部门出具的合格证明办理招标投标手续。

2. 引入专家论证制度，确保资审文件和招标文件的编制质量。对于合同金额3000万元以上的房地产开发项目和政府投资项目，实行资格预审文件和招标文件专家论证制度。资审文件和招标文件备案前，由招标人组织不少于3个具有高级职称、熟悉招标投标法律法规的专家对项目资审文件和招标文件进行论证，通过后才能到招标投标监管部门备案。这样做，有利于提高两个文件的编制质量，减少招标投标投诉；有利于减轻监管部门的工作量，把主要精力放在过程和环节监管上，提高行政工作效率。

15.3 评标无效风险对策

招标投标活动中的评标无效风险主要是因评标委员会组建和评标行为不合法定或招标文件要求而引发的。因此，评标无效风险防控对象是评标委员会以及成员的不法行为。风险对策要点包括：加强评标内控机制建设和评委信用制度建设、加强对评标专家的管理和创造公开透明的评标环境。

15.3.1 完善评标内控机制建设

1. 固化评标工作程序。要制定详细的评标规范，严格按照评标程序进行评审，不得随意减少中间环节，尤其是评标现场招标文件和评分标准学习、重大事项讨论、废标、投标无效界定等环节，一定要制定相关制度，按规范操作，避免评标专家评审的随意性、不规范性。同时努力通过计算机技术实现评标工作的程序固化，最大限度地避免评标不规范行为发生。

2. 强化评委独立评标。建立相互分离的评委独立评标室，明确规定重大事项讨论、集中学习的具体程序。此外，评委之间不得相互交流讨论，切实强化评标工作的独立性，提高评标专家的责任意识。对打分明显偏差的，要求在评标报告中说明打分原因，对评标专家不专、评标质量不高的列入考核范围。

3. 加强评标现场保密管理。评标现场有评标专家、招标代理、现场监管和服务人员，给评标工作的保密带来隐患，应当重点加强对招标代理机构的管理，尤其要对评标资料及投标文件的保管、查阅等进行严格规定。同时，大力推进远程异地评标，对评标专家进行不定点集中接送，切实保障评标专家与投标人的隔离。

4. 建立评标结果预警制度。全面梳理评标工作中客观分不一致、主观分偏差过大、报价较低的投标人中标情况等风险点，通过计算机技术自动分析和情况预警，全面控制评标工作失误情况，建立重点项目评标结果复核、异常打分书面说明制度。

5. 要求评标专家在参加项目评标前一律签署《公正评标承诺书》，保证评标工作的公平与公正，如有违反承诺书内容的行为，自愿承担相应的法律责任。

【示例 15-4】 避免替身来参评，评委身份要核牢

【示例简介】 甲专家接受了某工程招标代理机构的邀请，参加第 2 天由该工程代理机构组织的某项目的评审。不料，当天下午甲专家突然接到本单位的紧急通知，第 2 天需到外地出差。为了不影响第 2 天的项目评审，甲专家在未告知采购代理机构的情况下，即请本单位另外 1 名具备工程招标评审专家资格的同事代替其参加评审。该同事到达评审现场后，该工程代理机构经办人员未核对其身份，该同事即以甲专家的身份参加了评审。评审结果公示后，有承包商质疑，认为公布的评审专家名单与实际参加评审的专家不符，评审结果应属于无效。该工程代理机构经调查，发现情况属实，尽管该同事具备评审专家的资格，评审结果也客观公正，经行政监督部门认定，只能宣布评标无效。

【对策参考】 由于工程评标专家库是由各级建设部门负责统一建立的，为防止评标时出现评标专家身份有误的情形，在招标人或招标代理机构随机抽取评标专家时，专家库应能够提供相关专家的身份证明资料，负责通知评标专家的工作人员应提醒评标专家，在参

加评标时需带上有效身份证明。由于参加评标专家抽取的有关人员对被抽取专家的姓名、单位和联系方式等内容负有保密的义务，负责评标现场管理的工作人员事先可能并不知道评标专家的名单，因此，参加评标专家抽取的有关人员应将评标专家名单在评标前移交给评标现场的工作人员。

（1）在评标专家签到时，工作人员应核对其有效身份证明是否与名单一致。如出现不一致的情形，应请该专家解释其原因，无法提供令人信服的理由的，则不能接受该专家参加评审，而应及时通知负责评审专家抽取的工作人员，重新在专家库中抽取产生，涉及专家信息变更的，应及时提请建设行政监督部门变更。

（2）正确对待采购人或其他人员的倾向性提示。评标专家应按照招标文件确定的评标标准与方法，客观公正地评审每一份投标文件，评标依据只能是相关法律法规、招标文件和评标标准。评标专家应尽量避免外界因素的干扰，如遇到招标人评委，甚至是招标单位领导在评标现场一些倾向性的话语，评委应正确分析，只有按照事先确定的标准和程序评审，才能最大限度地降低评标专家面临的风险。

【示例 15-5】 评委打分不公平，复核制度是克星

【示例简介】 某公开招标项目采用的是综合评分法。评标委员会按照综合得分的高低顺序，向招标采购单位推荐了中标候选人。中标结果公布后，承包商甲提出质疑，认为评标标准中大多为客观分，按照他们的核算，即使主观分一分不得，其综合得分也比中标候选人高，中标结果明显不公平。招标采购单位组织评标委员会进行复审，发现评审专家在打客观分时，给予的分值不一，供应商甲应得的分数未给，导致其在报价较低、对招标文件的响应度很高的情况下，未能得到应得的分数。最终，经上报行政监督部门认定后，宣布评标结果无效，重新招标。

【对策参考】 评审结果的决定权在评审专家手中，而当前评审专家的综合素质不齐、专业水平不一、评审态度不同，且其权利和义务关系不对等，这使得评审环节中的风险转移给了招标单位。为了有效规避评审过程中存在的此类风险，招标单位应采取以下措施：

（1）事前明确独立评审权。对于评标标准中哪些评分项可以由评审专家发挥其自身专业优势、独立评审，在正式评审前应明确，从而不影响评审专家独立评审权。

（2）事中控制自由裁量权。对于评标标准中客观性的评分项，除价格分统一计算外，其余的客观分在评审专家之间应相对统一，符合则给予相同的分值，不符合则不给分，不能由评审专家自由裁量。

（3）事后保留结果复核权。复核的前提是不影响评审专家的独立评审，因此，要注意复核的内容：对于可以自由裁量的评分项，只要在标准分值范围内即可；对于客观评分项，主要复核是否存在有的给分、有的未给分，或者都给分、但分值不一的情形。如果复核时发现相关问题，应提醒评审专家；确实有明显错误又拒不更正的，招标单位应及时向行政监管部门汇报，请监管进行处理。

【示例 15-6】 评标、投标避关联，聘请专家定年限

【示例简介】 某招标代理机构组织某项目工程项目的招标工作，整个招标过程非常顺利。但中标结果公布后，却收到某承包商的质疑，认为公布的评标委员会成员中有位评委

两年前曾在中标承包商单位任职，评标结果应无效。经该招标代理机构调查，该评委承认两年前确实曾在中标承包商单位任职，目前已不在该单位，但在评标过程中并未有人要求其回避，自己也不知道需要回避。经调查，该评委在此次评标过程中并未做出偏向该承包商的评审，应该说并未影响到评标的公正性。

该招标代理机构对照《招标投标法》第37条："与投标人有利害关系的人不得进入相关项目的评标委员会；已经进入的应当更换"以及《评标委员会和评标方法暂行规定》第12条的规定，发现该法律规定并没有前置条件，认为尽管该评委没有做出偏向该供应商的评审，但明显与中标供应商有利害关系，属于应回避的情形，因此，最终由行政监督部门做出无效裁决。

【对策参考】 由于招标代理机构无法事先掌握参加评审的专家哪些需要回避，而一旦出现上述应回避而未回避的情形，标无效的后果却需要招标代理机构承担，因此，招标代理机构必须考虑如何规避类似的风险。

可以采取以下措施：一是事前预防——在随机抽取评审专家时，尽量避免通知近3年内有在与工程项目相关企业任职经历的专家；二是事中声明——事先制定好格式化的评标专家回避声明，明确需主动回避的几种情形，以及未主动回避应承担的责任；在评审现场，由评标委员会主任宣读回避声明，让评标专家了解自己的权利和义务；开标结束后，工作人员当场告知承包商评审专家的名单，主动询问评审专家是否需回避，如不需回避，则请评标专家在回避声明上签字确认；三是事后追究——一旦评标专家出现应回避而未回避的情形，则可根据其签署的回避声明，提请行政监管部门追究该评标专家应承担的责任。

【示例15-7】 唱标评标要相连，反馈机制是关键

【示例简介】 某招标代理机构组织工程项目货物的公开招标，有3家供应商参加投标。唱标时发现甲供应商的开标一览表上未加盖单位公章。负责唱标和记录的工作人员在唱标结束后，直接将开标一览表和开标记录移交给负责评审现场管理的工作人员，没有提及甲供应商的开标一览表未加盖公章一事。评标专家在评审甲供应商的投标文件时，其资格性检查和符合性检查均符合招标文件的要求。经综合评分，确定乙供应商为中标供应商。中标结果公示后，丙供应商提出质疑，认为甲供应商开标一览表上未加盖单位公章，按照招标文件规定，应属于无效投标，而本次招标对招标文件作出实质响应的供应商因此也就不足3家，按照法定应重新招标，本次中标结果亦无效。招标代理机构组织评标委员会复核，发现质疑情况属实，经行政监督部门审核，只能宣布中标结果无效。

【对策参考】 随着工程招标投标内控制度的不断完善，一些招标代理机构将具体招标工作分成了几个环节，建立了相互监督、防范风险的机制，因而每个环节之间的无缝衔接就显得尤其重要。根据《评标委员会和评标方法暂行规定》第8条的规定："评标委员会成员名单一般应于开标前确定，评标委员会成员名单在中标结果确定前保密。"因此，评标专家原则上不参加开标仪式，对于开标现场出现的异常情况无法直接了解。同时，评标专家偏重于对投标文件的评审，容易遗漏对开标时出现异常情况的处理。因此，招标代理机构应建立开标现场情况的反馈机制，对于开标时出现的异常情形，如开

标一览表没有单独密封、表上未加盖公章或没有授权代表签字、单价或总价计量单位有误、单价合计与总价不相符等情形，负责开标现场的工作人员应及时将有关情形反馈给评标委员会，由评标委员会根据工程项目招标投标的有关规定，对异常情形进行审定，无论是按照废标处理，还是以哪种报价为准，都应给招标代理机构出具书面意见，以避免事后返工，带来评标风险。

【示例 15-8】 该回避的就回避，评标人数留余地

【示例简介】 某工程建设项目货物招标，参与投标的承包商达 4 家（省内外各两家）。其评标委员会，由招标人按照法定要求组成评标委员会共 5 人，因相关技术人员缺乏，未安排备用评委（因为类似专业的人员能胜任评委资格的，在县级招标专家库中基本为零，数量相当有限）。正当评标时，有省外 1 家公司，向评审委员会反映称：省内有 1 家公司的投标当事人与该单位某 1 名评委（未指名）的关系"非同一般"，若不使用"回避制度"，可能影响公正评标。现场监督人员认为此事"非同小可"，且正处在评审过程中，若是反映属实，回避程序必然启动，否则将有损公正；然而，摆在现场监督人员面前的问题是：回避后评委数量不够的现实问题——怎样增补评委，其程序如何？

评审委员会一致认为：暂停评标是上策。暂停评标后，他们会同招标委员会，就相关问题进行询问查证；并在所有评委中进行相关法律规定、政策、利弊关系的宣传解释等工作，迫使当事人主动回避，使得本次"回避"顺利实施。为了确保评标工作继续进行，合法有效，新评委的产生既要体现严肃、公正、合法，还要考虑事后无投诉事件发生。经过认真分析研究，决定在征得各方同意后，临时从外单位抽调一名相关专业人员组成新的评标委员会继续进行评标。评标结束后，各投标公司以及招标人称：行政监管部门在本场招标活动中，坚持原则，不徇私情，处置案件得当、灵活，使用程序合法，较好地维护了投标人、招标人的合法权益，确保了招标工作公开、公平、公正、诚信透明的原则。

【对策参考】 本案招标代理人对问题的处理，给我们提供了如何避免评标无效的经验，有以下几点：

（1）加强预见性。特别是在对专业性极强的设备采购时，无论规模大小，其评标小组成员应尽量安排在 7～9 人以上，事前做好突发事件发生的预备方案，确保评审小组人数的合法有效，尽量避免临时抽调的麻烦。

（2）有的放矢。招标委员会，在对评委人员的资格审查时，对其社会基本情况要有所了解，特别是要掌握他们与供应商之间的有关情况，尽量提防和避免回避现象的发生。

（3）理由是否符合规定。认真分析回避的理由是否符合有关规定，笔者认为：应"回避"的原因及对象有下列几种，即：与投标公司（当事人）存在亲情关系；其他"特殊友情"关系（指非亲戚的同学、老乡等关系，及只因使用和可能需采购该产品、设备而建立的一种"特殊"关系，本案例回避就是按照该条实施）；个人经济往来关系；法律纠纷关系；其他原因形成的仇恨、冲突关系等。

（4）使用程序谨慎公开。为节约时间、减少分歧、增强透明度，必要时，评标委员会还应主动与各投标商进行磋商，征求他们的意见，尽量减少不必要的投诉事件发生。

15.3.2　加强对评委的监督管理

1. 加强对评标专家的继续教育，提高评委专家的法律水平和防控评标无效风险的意识。评标委员会成员大多数是某一方面的专家，有些委员对于相关招标法律法规不太熟悉。因此，要建立相对稳定的培训学习制度，培养专业、法律复合型评标人才。

2. 加强对评标专家的培训考试管理。加强评标专家考核。建立评标专家培训、考核的长效机制，完善评标专家的管理制度，加强评标专家的动态管理。

3. 应抓紧建立职称评定管理部门、招标投标中心、专家所在单位3部门联合的专家动态管理机制。

（1）建立完善评标专家征集和清退的长效机制，不断补充新的专家。对于多次违反法律规定的专家应及时清理出专家库，不得让其参与评标活动，积极培养新生力量，对于符合评标委员条件的青年专业技术人员，积极接收他们进入专家行列。

（2）依靠职称评定部门扩容优化专家库。招标投标中心应紧密依托各职称评定管理部门加强专家人才库的建设，吸纳高水平、高素质的专业人才。要突破地域局限大胆聘请外地专家，加强不同地区评标专家的横向交流，探索远程监控、异地抽取评委、异地网上评标等新方法。各职称评定管理部门应积极主动地向招标投标中心推荐优秀的评标专家，鼓励专家利用自己的学识为社会多做贡献。

（3）对评标专家进行专业划分、整合归类，以解决专家资源不足、部分专业评标专家过少的问题。

（4）加强对专家评标行为的有效监管。招标投标中心应注意加强评标专家的法律纪律、规定制度的教育，并积极探索电子评标、电子监察等科学有效的手段，加强对专家评标行为的监督，建立奖惩制度，对有不良行为的专家不仅要及时除名，还要向职称评定部门和专家所在单位进行通报。要建立严格有效的专家名册抽取保密制度，最大限度地防止专家与投标人私下交易。

（5）建立分工负责的专家日常教育管理制度。招标投标中心要加强与专家所在单位和职称评定部门的联系，共同做好专家的日常教育和管理工作。要建立招标投标中心与专家所在单位间的人才租赁制度，就各单位支持所属专家参加评标工作出台相应的鼓励政策。专家所在单位和职能评定管理部门，应根据招标投标中心提供的专家在评标活动中的表现情况，对其作风品行和业务能力进行定期考核，奖优罚劣，促使专家自觉提高业务能力、改进工作作风。

15.3.3　建立评标专家信用制度

1. 为使"诚信者受益，失信者惩戒"的机制在招标投标活动中得以体现，应建立招标投标信用制度。有关行政监督部门应当依法公告对招标人、招标代理机构、投标人、评标委员会成员等当事人违法行为的行政处理决定。

2. 对评标专家实行"一标一考核"制度，加强信用等级管理。评标结束后，应由监督部门征求投标人的意见，对评标工作进行总结、对评标人实施考核评价，将考核情况写入个人信用卡内。考核应分为若干等级，作为个人信用管理的重要内容。

3. 建立评标违规行为的通报机制，严格考核、严肃处理，对招标投标违法行为的处理决定应予以公告，确保评标专家队伍的风清气正。

15.3.4 创造公开透明评标环境

1. 创新评标监管方式。建立评标现场直播室，开通网上在线直播系统，要求招标人代表、纪检监察、监管人员通过电脑显示屏，对评标现场进行实时全程监督。

2. 建立招标文件的公示制度。建议对招标文件的审核要借助潜在投标人的力量，规定招标文件提前两个工作日公示，公示期间广泛征求意见，修改完善后再正式发布。

3. 加强评标信息化建设。通过建立计算机评标系统，将投标人的电子投标文件（包括商务标和技术标）全部导入该系统，由评审专家上机操作，对投标人价格评审等复杂的计算由电脑来完成，一方面大大缩短了评标的时间，另一方面使评审变得更加客观、公平、增加了评标的透明度，减少当事人的疑虑和猜测。

15.4 中标无效风险对策

中标无效风险主要是招标人、招标代理机构或投标人由于违反法定而带来的风险，具有主体的多元化和原因多样化的特点。在这里，我们主要从行政监督管理角度对此类风险的防控对策进行阐述。防控对策要点包括：创新行政监管模式、严肃查处违法案件、推进信用体系建设、创新招标代理体制和加快招标网络建设。

15.4.1 完善创新行政监管模式

1. 完善法律法规，问题提升到法律层面解决。随着建筑市场经济的发展，暴露出的问题也不断增多，影响着工程项目的顺利建设，也对项目管理者提出了不少的问题。在现在的法律法规构架下，许多问题已无法可依，虽然地方建设行政主管部门出台了一系列的规范管理性文件，但因为不是法的层面，影响力不大，效果不明显。如肢解发包、违法分包、转包问题，没有一个法律法规给予了明确的标准，操作难度大；如建设单位指定分包、指定主要材料、不按合同约定支付工程款等问题，没有相关的法律法规约束，也没有相关的罚则。在合同履行过程中，这些现实存在的问题是造成合同纠纷的主要因素，需要上升到法律层面，制定出一个操作性强、罚则分明的配套法律法规。

2. 规范招标代理行为，提倡招标代理合格分供方抽签制度。严格落实招标代理公司项目负责人制度和经办人员身份确认制度，杜绝资质挂靠现象。启动项目负责人约谈机制和考核评价机制，对于招标文件编制质量低劣，代理行为不规范的项目，通过约谈项目负责人和不良行为记分处理，增强项目负责人责任心，规范代理公司行为。建立招标代理公司合格分供方名录，一般项目，从名录中抽签选取。招标代理费超过 50 万元的项目，实行招标确定。防止招标人和代理公司串通一气运作中标人。

3. 招标投标项目后评估公示，促进招标投标全过程监督管理。制定《招标投标项目后评估管理办法》，进一步加大对招标投标项目的后评估。每年按招标投标项目总数和工程类别抽取 5% 的项目，组织专家对招投标程序的合法性，招标文件编制质量，是否存在围标、串标行为，评标专家评标行为的客观公正性、施工合同签订规范性等问题进行全面评估，评估结果在网上公布，并抄送招标人。通过评估公示制度，有效促进招标人和招标代理公司规范招投标代理行为，查找分析专家评标过程中存在的突出问题，提出评价建议，不断提高评标质量。在查找问题，客观评价，总结经验的基础上促进招投标监管部门改善监管方式，做到招投标全过程管理。

4. 招投标关键环节招标人确认，增强招标人的责任感。为规范招投标管理工作，减少招投标项目管理风险，增强招标人的责任心，实行招标人对招投标关键环节书面确认制度。招标人办理招标公告发布，资格预审文件、招标文件、施工合同备案等业务时均需出具由招标人法定代表人签字确认的同意事项说明书。

5. 严格执法，加大违法违规成本支出。《招标投标法》对招标人和投标人的违法行为的惩处主要以罚款为主，且最高不能超过合同金额的 10‰。这些处罚措施和力度与招投标人违法行为得逞后所得利益相比，成本太低了，不足以阻止招投标人为获得非法利益铤而走险。必须加大依法处罚力度，提高违法违规成本，除了中标无效、罚款等经济处罚外，还要采取降低资质、限制参与招标投标等措施，让其得不偿失，感到预期风险大于预期效益。

15.4.2 严肃查处违法违纪案件

要加大监管力度，严肃查处工程建设领域违法违纪案件，对于工程建设领域的违法违纪案件要深入调查研究，摸索新动向、新形式和新特点。

1. 要认真组织各单位排查工程建设和招标投标中的重点部位和关键环节存在的突出问题，查找各个环节的腐败风险点，主动加强预防和监督，保证权力运行到哪里、监督防范措施就跟进到哪里。要深化改革、创新制度、规范管理，加强市场建设，健全诚信体系，着力构建"权力配置科学合理、内部制衡有序规范、风险防范前置预警、监督制约到位有效"的管理体制。要坚持把加强思想道德建设与加强制度建设相结合，不仅要重视对业主单位、投标人的教育，也要注重对评标专家和中心工作人员的教育，多打招呼、多提醒，用正反典型事例教育他们，增强纪律意识。要加大监管力度，严肃查处工程建设领域违纪违法案件，严肃追究有关领导人员的责任，既要坚决惩处受贿行为，又要严厉惩处行贿行为，并注重对典型案件的深入剖析，认真查找体制机制制度方面的缺陷和漏洞，做到查处一起案件，教育一批干部，完善一套制度。

2. 要重视工程附属项目建设的腐败问题，探索科学有效的招标评标方式方法。各级各部门在抓好主体工程建设预防腐败工作的同时，对附属项目建设过程可能发生的腐败问题也要引起高度重视。要将工程附属项目建设的预防腐败工作与主体工程建设一起研究、一起部署、一起落实；对那些涉及金额大、关系人民生活安全的重点附属工程建设，要根据其特点制定专门的预防腐败措施。要积极借鉴主体工程建设招投标中的成功经验，探索科学有效的招标评标方式方法。

从各地的实践来看，"有效最低价评审法"在遏制腐败和节约资金方面有明显优势。有效最低价评审法就是以最低报价的投标人作为中标候选供应商，专家从最低报价的投标文件开始评审，直到选出符合招标要求的中标人。实施这种招标评标方式，符合市场经济体制下微观主体追求利润最大化的经营目标，真正用市场价格竞争的方式来选择中标候选人，有利于促使投标人不断改善经营管理、提高市场竞争力，有利于增强评标专家的责任意识，防止幕后交易的腐败行为发生。实施有效最低价评审法，要注意严厉打击恶意低价抢标行为，加强对标后的质量管理，建立质量终身负责制、保证担保制、项目法人责任制等，坚决防止价低质次和"低报价先中标、再提高造价"等畸形竞争行为的发生，建立健全优胜劣汰的招投标市场竞争机制。

15.4.3　积极推进信用体系建设

要积极推进招投标市场的信用体系建设，严厉打击不讲诚信破坏市场经济秩序的行为。要建立严格的招投标市场准入机制，将不讲诚信的企业排除在招投标活动之外。要加强对投标企业的诚信教育，建立诚信承诺书、诚信保证金等制度。要严肃查处招投标过程中各种失信行为，建立招投标失信企业"黑名单"制度，对投标企业不讲诚信的行为，通过网络或新闻媒体向社会公布。要建立企业不良行为信息共享机制，健全行贿犯罪档案查询系统，对发生不良行为的企业制定降低等级、限制资质等处罚性规定，让失信的企业付出惨痛的代价，让不讲诚信者追悔莫及。招投标中心也要注意加强对招标业主、招投标中心工作人员和评标专家的诚信教育，对失信行为从严从重处罚。

15.4.4　创新探索招标代理体制

加强招标代理市场管理，创新招标代理体制。招标人与代理机构同为招投标市场主体，地位应该平等的，但实践中代理机构处于弱势地位，招标人与代理机构的代理关系实际为以利益为纽带的"雇佣关系"。招标代理机构在代理过程中，始终处于依赖和顺从的状态，公正原则丧失。招投标代理工作直接或间接受来自招标人，甚至特权部门及其领导的干预，迫使代理机构用制定倾向性招标文件的手法排斥潜在投标人、串通"暗定投标人"、以收买评标专家等方式去实现合法程序下的非法中标。规范招标人的行为，必须加强对招标代理市场的管理，除了采取措施提高招标代理机构的人员素质、加强行业自律、建立诚信体系外，还应该做到以下两个方面：一是要对招标人自主选择招标代理机构的权力加以管理；二是要对招标人的某些违规行为，代理机构追查其责任，实施相应处罚，迫使代理机构改变对招标人违规行为视而不见甚至同流合污的态度。加强招标采购过程中对招标人行为的规范，有利于规范招标采购交易市场，净化社会风气，也有利于预防和减少领导干部在招投标领域的违法犯罪行为，既保护了国家人民的利益，也保护了干部。

15.4.5　加快招标信息网络建设

加快信息化基本建设，引入信息网络进行招标投标。用现代科学技术手段对招投标活动进行管理，尽量避免、减少招投标过程中人为因素的干扰，遏制围标串标，这是克服人为因素的有效手段。《招标投标法》规定国家鼓励利用信息网络进行电子招标投标，为招投标活动明确了发展方向。电子招标投标具有以下优点：

1. 网络化招标，招标人将招标公告和招标文件同时上网发布，所有符合资质要求的投标人都可以通过网上获取招标文件，不必事先报名和购买标书，这样一来，招标人事先就无法知道有哪些投标人参加投标，避免了招标人与投标人、投标人之间相互串标的可能。

2. 网络化投标，投标人制作电子投标文件，按照统一的格式要求进行制作。如：在建设工程招投标中，电子投标文件中的施工组织方案要求采用同样的字体和文字排版格式，商务标采用相应的造价软件生成统一的数据库文件，评委在评标时无法获知电子投标文件为哪个投标人的。

3. 网络化抽取评委，建立计算机语音随机通知评委的系统，通知评委由电脑完成，最后参加评标的评委名单也由系统密封打印，包括招标人在内的所有人员无法知道有哪些评委参加评标，使想事先与评委打招呼的人无机可乘。

4. 网络化评标，通过建立计算机评标系统，将投标人的电子投标文件（包括商务标和技术标）全部导入该系统，由评审专家上机操作，对投标人价格的评审等复杂性的计算由电脑来完成，一方面大大缩短了评标的时间，减少了评标委员会的工作量，另一方面使评审变得更加客观、公平。网上投标和网上评标，有效地避免过度废标、标无效的发生，有效地提高了监管工作的质效。

【示例 15-9】 模板固化通用条款，突显专用条款——遏制量身定制行为

【示例简介】 某建设公司与某开发区多次合作，以良好信誉给开发区领导留下深刻印象。此后，开发区要平整一场地，工程金额 4000 多万元。开发区领导暗示承办部门按该公司条件量身定制投标门槛，助其中标。当承办部门进入网络平台编制招标文件时发现，国家规定的"通用条款"根本无法变动，"专用条款"的编写全部用"蓝色字体"特别显眼。承办人不无感慨地说："这下'猫腻'搞不成了！"

【对策点评】 招标条件过于"个性化"，导致一些建筑公司被排斥在外，失去竞争机会。对此，网络招标平台可以利用信息技术"标准化"的程序规范功能，将国家发改委、住建部等九部委编制的标准施工招标文件范本编入专用标书制作模板工具，供招投标人自动编辑和生成招标公告、资审文件、招标文件、投标文件、评标报告等，便于监管；将根据工程特点编制的"专用条款"以不同颜色字体显示，便于"重点核查"。强力遏制"量身定制"行为。据一些试点城市透露，电子招标平台还实现招投标全程网上运行，双方无需见面即可办理。如今，每个招标项目往返于监管部门及交易中心的次数从 10 多趟减到 4 趟以内，提高了办事效率。

【示例 15-10】 潜在投标人隐身，投标相似度分析——围标串标难度倍增

【示例简介】 2011 年 9 月南京市某学校在网络招标平台挂出校区景观工程招标公告。10 月，工程如期开标评标。评标时该平台提出警告：投标文件"相似度"过高，存有"串标"嫌疑……市建设主管部门当即介入调查，很快就查实 3 家投标单位的投标文件均系一人所做，目前正深入核查是否存在"串标围标"事实。一经查实，将视情节给予这 3 家单位 6 至 24 个月不得参与政府投资工程招投标活动的处罚。

【对策点评】 "串标围标"行为严重破坏建设市场的交易环境，也是导致投标无效、中标无效的重要原因，更是招投标活动的监管重点、难点。电子招标平台全过程、全主体监控招投标活动，增加"围标串标"难度，提高"围标串标"成本。

让潜在投标人"隐身"，让欲搞"猫腻"者找不到"合作者"。过去，由于投标采取现场报名，很容易相互联系，造成"串标围标"。网络招标平台采用网上报名，包括招投标各方主体和交易市场、监管部门在内的所有人，在开标前都无法掌握潜在投标人的名单，"串标围标"难度加大。

网络招标平台"监控"关键节点，可以及时发现"串标围标"可疑行为。"该平台自动记录潜在投标人编制投标文件时使用电脑机器等的相关特征码、精准分析投标文件相似度，超前发现'围标串标'蛛丝马迹"。此外，网络招标平台还可以通过多家软件公司分功能共同开发、独立维护网络招标平台的方式，有效防止单一企业开发系统可能造成的招

投标信息泄露问题，严防"串标围标"行为。

【示例 15-11】 量化评分离散度，定期考核评标质量——督查异常履职

【示例简介】 专家孙先生受邀参加某市某园林工程的评标。进入该市的电子招标平台，孙先生对没有"印象"的投标企业草草"浏览"就给出了意见，"停留"时间仅 1 分 10 秒。他没想到的是，这一"匆匆浏览"行为被平台自动记录在案，并纳入建设主管部门对评委的年度考核中。

【对策点评】 评委掌握着投标人是否中标的"生杀予夺"大权，成了各利益方争抢的"香饽饽"。网络招标平台可以通过现代信息、网络技术加强对专家评委的监管，促其评标更趋客观、公正。

网络招标平台系统可以设置连接"封闭评标区"门禁指纹识别设施，自动记录评委参加评标活动的次数、签到时间、迟到早退等情况。

网络招标平台可以利用专门开发的数学分析模型对评委的打分偏差情况进行离散度分析，供监管部门考核评委时参考。评标系统采用多种办法对评委实施全过程、全方位考核，特别是可以自动记录所有评委阅读标书的时间和时长，有效促使评委更加客观谨慎的全面评审，能够促进评标质量的提升。

【示例 15-12】 全程固化办理痕迹，全天候监察异常——实时巡视

【示例简介】 2011 年 7 月 21 日，一封反映某政府投资项目招投标存有"猫腻"的举报信被送到执法监察室。该室工作人员通过特定"密钥"进入电子招标后台，核查举报信所反映项目的"办理情况"。逐个环节核查，逐个文件核实，逐个程序调查……不到 1 小时，初核便有了初步结果。过去往返相关单位调取证据，既费时，又易因"风吹草动"、"资料不全"影响调查；如今在平台上初核，既方便快捷、全面真实，又"波澜不惊"利于调查展开。

【对策点评】 从项目登记、发出招标公告，到评标结果公示、合同备案，全程 12 至 14 个环节的参与单位、人员、经办事项、时间节点、数据交换等关键信息全部"网上留痕"，有效保证了招投标过程的真实性、完整性和可追溯性……这是电子招标平台"行政监管"系统的"亮点"之一。

通过网络招标系统，建设工程招标过程中产生的所有电子文件均可集中电子存储，长时间完整保存；建设、纪检、审计、税务等部门可对招标投标活动实时监督和后续监察。"网络监察"就像一双无形的眼睛，能全程对监察对象在招标投标活动中的异常情况和重点关注项目的运行状况进行实时预警和监督检查，直接查询所有真实、无法改动的资料。

在网络招标系统的"信用平台"上，只要轻点鼠标，就轻松地查询到参与建设工程交易的施工、代理、监理等单位的基本信息、交易信息、信用信息。电子招标系统能够将企业优良信息、违法违规行为对社会永久公开，接受社会监督，特别是同行和竞争对手的实时监督。

16 废标、标无效有关问题探讨

16.1 对过度废标现象的思考

16.1.1 过度废标的表现

在我国，公开招标率逐年提高，在一定程度上避免了串通投标等腐败现象，但也增加了招标的难度和投入。招标人制定了许多详尽的废标条款来防止日后的合同纠纷，这本无可厚非，但废标条款的增多，在促使投标人规范投标行为的同时，也使废标现象大为增加。近年来，有关管理部门虽加强了招标投标法律法规的宣传和培训力度，但投标人尤其是很少参加投标的单位对招标方式和招标文件往往还是不甚了解，许多投标书因轻微瑕疵而导致废标的事件屡见不鲜。过度废标或称有失公允的废标主要表现在以下几点：

1. 过度废标对颜色的要求。在某市交警支队交通指挥中心工程招标中，该市二建公司仅因"封面"概念理解错误，投标文件制作不符合招标文件规定的颜色要求，而导致废标便是典型例证。由于市场竞争激烈，过度废标或称有失公允的废标，致使废标单位前期投入的资金血本无归，这些单位必然千方百计欲挽回损失，因此导致纠纷增加。招标人因纠纷解决尚需时日而延误工期，投标人因争标而互相指责、轮流上访则被迫陷入"文字游戏"的尴尬境地，最终无论结果如何，都将对各方造成一定的伤害。

2. 招标人有意设置圈套。目前，建设工程招标投标活动的监管方式已由审批式管理，改变为过程监督、依法登记备案和对违法、违规行为的查处，大多数招标操作都由招标代理机构完成。招标单位既是招标的组织者，又在评标委员会中占 1/3 的名额，极有可能利用自己的特殊地位帮助与自己有利益关系的单位做出有倾向性的选择，并刻意设置废标条款。

3. 利用废标条件排斥其他投标人。更有甚者，有些招标人背后与某一投标人勾结，排斥其他投标人参与公平竞争。比如有些招标人或代理机构在报审招标文件时故意在文字上作文章，将"或"改为"和"，使只具其一即可的并列条件变为必须同时具备的必要条件；对标书密封时要求同时加盖公章和法定代表人印鉴做为骑缝章，否则即为"未按招标文件要求密封投标书"，人为地增加废标概率和投标难度。

4. 设置较为含糊具有引申含义的条款。招标人设立的一些废标条款也明显的具有较为含糊的引申含义，如"未按招标文件规定装订和密封的"，"未按招标文件投标书规定的格式填写的"等，这些条款解释起来有很大的灵活性，使废标条件遍布整个招标文件，界定废标因此没有明确的底线，使投标人避免废标的难度加大。虽然《评标委员会和评标方法暂行规定》第25、26条详细规定了重大偏差的范围和细微偏差的概念，但第25条第7款："不符合招标文件中规定的其他实质性要求"及最后"招标文件对重大偏差另有规定的，从其规定"又封死了依据上述条款区分重大和细微偏差的可能。由此看来，从理论上讲，任何与招标文件规定不完全相符的瑕疵或偏差，无论实际是重大偏差还是细微偏差，都有可能被评标委员会依据上述条款认定为废标。

16.1.2 过度废标的危害

1. 过度废标将增加招标成本。建设工程项目招标投标的本意在于通过公开、公平、公正竞争的方式，选择合作对象，节约建设成本。而一旦投标文件被认定为废标，就等于提前宣告投标人出局，其所作出的努力与成本付诸东流。对于招标人而言，至少少了一个可选择的合作对象，并且如果将认定为废标的投标文件排除后，有效投标少于 3 家使得投标明显缺乏竞争，评标委员会可以否决全部投标，招标人还得依法应重新招标，而由此带来的损失也无法估量。如果投标人对废标认定结果不服而引起投诉、举报、诉讼等纠纷，行政、司法部门又将不得不付出大量的成本来调查处理。对废标问题的错误理解，对认定废标的草率与随意，不仅违背了招标投标制度的初衷，也浪费了大量的社会资源。

2. 过度废标可能将具有竞争力的投标人排斥在外。由于编制投标文件的时间紧迫、编制人员的粗心大意等因素，有些具有真正实力的企业可能在编制投标文件中存在一些纰漏或瑕疵，如果招标人过度废标，设立过高的门槛，将导致一些有实力的投标人难以继续参加后续的投标活动，失去竞标的机会。使得后续的投标活动的竞争激烈程度明显减弱，对于招标人报价的实现造成严重的阻碍。对并不影响其实质性响应内容的投标文件过度废标，将使招标人失去最为理想的中标人。

3. 过度废标将造成投标人经济损失。投标人投标需要花费大量的资金投入和时间投入。企业投标成本包括：信息收集费、报名费、招标文件费、投标书制作费（设计费、包装费、副本费）、市场价格预测费、出差交通住宿费及其他隐性费用以及风险费用等。另外，高额的投标保证金虽然在中标后能够转化为履约保障金，但对那些流动资金困难的企业来说，如果想来投标，必然要筹集到这笔资金，由此带来的资金使用费成为投标成本的一部分。如果未中标，退还投标保证金需要复杂的办理程序和时间，从而使得这笔资金不能及时收回，影响了企业资金的流动。单就一般工程而言，投标成本（除投标保证金因素除外）至少在 1 万至 2 万元左右。有失公允的废标现象，导致投标人被排除在招标投标活动之外，不能继续参加后续的招标投标工作，投标人在竞标前期所做的准备和努力将付之东流。而有失公允的废标现象往往会引起众多法律纠纷，还会无形中增加企业的法律成本，对投标人的经济效益及社会效益造成严重的损害。

4. 过度废标将影响招标人的声誉。有失公允的废标现象还有可能引起投标人对招标投标活动的公正性产生怀疑或不满，向有关部门投诉，不但会严重影响投标人对招标人其他项目投标的积极性和热情，而且将对招标人的声誉造成不好的影响，导致招标人的形象受到严重损害。因此，在招标投标活动中，要严格控制有失公允废标现象的出现，力争将产生的危害控制在最低范围内。

16.1.3 过度废标的建议

1. 投标人应慎重设立废标条件

除按照《工程建设项目施工招标投标办法》、《工程建设项目货物招标投标办法》、《房屋建筑和市政基础设施工程施工招标投标管理办法》第 35 条及《评标委员会和评标方法暂行规定》第 25 条规定的重大偏差和《招标投标法实施条例》应慎重增加废标条款，在兼顾法律效力的基础上尽量降低投标难度，避免与一些真正有竞争力的投标人失之交臂。再者对投标文件过于苛求，也有排斥和歧视潜在投标人的嫌疑，是与《招标投标法》的立法目的相悖的。

2. 评标委员会应当谨慎判定废标

应该认识到，要求一个投标文件完全满足招标文件的要求，没有任何疏漏是难以做到的。过于苛刻甚至吹毛求疵地要求投标文件满足招标文件所有细节，可能使一些各方面都很优秀的承包商被排除在选择之列。一般地说，如果投标文件中存在重大错误但对招标文件的实质性条款没有影响，那么，该投标文件应认定为非响应性的废标；相反，如果投标文件的偏差是轻微的违规，评标委员会应当认定其为响应性的有效标。

我们不能将招标舍本逐末地演变成一场现代"八股文"竞赛。招标首要的目的是帮助业主选择质量高、信誉好、价格低、工期合理的承包商，重点是衡量承包商的综合实力和施工管理水平，而不是"测验"投标时谁犯的形式上错误更少。招标作为优选中标单位，确定合同主要条款的过程，有别于签订合同，未尽事宜中过细的条款，过严的要求，可以在随后的合同订立中由双方谈判商定。

3. 慎重判定重大偏差及细微偏差

究竟什么错误和缺陷属于"重大偏差"，什么问题属于"细微偏差"，《评标委员会和评标方法暂行规定》第26条解释了细微偏差的具体含义："细微偏差是指投标文件在实质上响应招标文件要求，但在个别地方存在漏项或者提供了不完整的技术信息和数据等情况，并且补正这些遗漏或者不完整不会对其他投标人造成不公平的结果"。"细微偏差不影响投标文件的有效性。"

一般认为，下列情况可将投标文件的错误和缺陷归为细微偏差：（1）形式上的而不是实质上的，属于非实质性的缺陷，可以对缺陷进行更正，或者允许缺陷的存在不会对其他投标人造成损害；（2）缺陷对价格、质量、工程量或工期的影响同整个合同主要条款相比是微不足道的；（3）缺陷不会对投标文件的法律效力构成影响。此类缺陷就可认定为"细微偏差"。对于细微缺陷或违规，招标人可以给投标人一次更正的机会。在判断是否属于"细微偏差"时的一个重要考虑是违规行为是否给该投标人带来实质性的优势，而其他投标人则未享其利，即认定细微偏差的原则是它未对其他投标人的投标产生影响，未使自身投标地位发生改变。

4. 评标委员会认定的权威性有待加强

（1）提高评标专家的法律知识水平。现在废标认定是由评标委员会集体做出的，这就要求评标委员会的成员必须对招标的相关法律法规非常熟悉，并能对招标过程中投标人可能出现的各种错误和投标文件的各种瑕疵予以究竟是重大偏差还是细微偏差的正确判断。这对于大多数情况下几乎是首次参加评标的业主单位成员来说，几乎是不可能完成的任务。

做为另外2/3的评标专家，他们也许受过多次有关招标投标法律法规的培训，并有多次参加评标的实践经验，但面对花样翻新的各种投标偏差，在纷繁复杂的评标现场，身处高度紧张的评标过程中，在短时间内做出决断，难免有失公允。试想投标人在不少于20天的编标时间内尚且会出现偏差，评标专家难道就不会出错？加之评标专家都是临时抽取，根本没有充分时间熟悉招标文件。评标专家所擅长的毕竟只在其专业领域，单就废标界定这一内容则并非全是"专家"。在实践中，在集体讨论时有的评标专家易被周围专家的意见所左右，尤其易受业主方或招标方影响。如此看来，作为法律授权对投标文件有权做出"死刑判决"的评标委员会的意志，有时也难免出现"偏差"，由此做出有失公允的结论，往往是引发招标投标纠纷的重要原因。为此，加强对评标专家的管理，提高他们的法律知识水平具有十分重要的意义。

（2）完善法规建设，将废标条款具体化。现行的法律、法规、规章某些规定本身具有模糊性或原则性，使得评标委员会在具体适用时遇到不少问题，这给评标委员会认定废标增加了难度，同时也给相关行政部门处理投诉带来了难题。

例如，某工程项目招标投标中一个投标人在其投标文件的公司部分介绍了其关联单位，并在资信及业绩材料中同时放上了其关联单位的材料，评标后该单位中标。公示期间被另一投标人投诉其"弄虚作假"，要求认定该投标为废标，认定其中标无效，并要求招标人重新评标。某省行政监督部门处理后投诉人不服，又提起行政诉讼，案件的主要争议焦点即是如何理解"弄虚作假"？究竟是只要放上其他单位的材料（即使材料本身无伪造、变造问题）就构成"弄虚作假"骗取中标行为；还是必须要存在伪造、变造行为，并且该行为影响投标人得分才能构成"弄虚作假"骗取中标？而相关法律、法规、规章对什么是"弄虚作假"没有具体解释。评标委员会在评标中是根本没注意还是根本没意识到这个问题就不得而知了。

根据法律的相关规定，评标委员会成员应当由招标人代表和有关技术、经济等方面专家组成。在认定废标时，评标委员会成员不仅需要具有相关领域的技术、经济知识，而且更需要具备吃透相关法律、法规、规章规定的水平。为此，行政及立法机关也应进一步完善法律、法规、规章的规定，如进一步细化、明确现有的关于废标的规定，增加可操作性。

（3）公平合理地设立废标条款。招标文件对废标情形的规定，可以说一定程度上弥补了法律、法规、规章规定不易操作的缺陷，并且更契合每个建设工程项目本身的特点，是值得肯定和鼓励的。但除《政府采购法》有所涉及外，招标投标相关法律、法规、规章对招标文件规定废标的情形没有具体约束，这也往往成了实践中某些招标人与投标人串通的工具，招标人量身定标，设置过多苛刻、甚至不合理的废标情形，以帮助其中意的投标人、排斥其他投标人，这时的评标委员会就成了一个摆设。

另外，招标文件规定的废标情形，应关注于涉及实质内容的情况，对于投标文件不涉及实质性内容的形式或格式要求不应苛求，除非涉及"暗标"的情况。评标委员会在具体认定废标时，也应秉持这一原则。《招标投标法》第 39 条、《评标委员会和评标方法暂行规定》第 19 条等规定均显示了立法者对此的明确态度，并给予了投标人补救的机会。

从《合同法》上看，招标投标活动可以视作是一个合同协商订立过程，作为当事人之一的招标人，同样应当遵守公平原则及诚实信用原则，招标人发出要约邀请即招标文件应是真诚善意的，招标文件的内容应是公平合理的，不应设置不合理的交易条件，投标人基于真诚善意参与磋商，发出要约即投标文件，招标人组建的临时机构评标委员会选择要约即评标同样应遵守公平原则及诚实信用原则。如果招标人发出要约邀请是基于恶意（如早已内定中标人）或要约邀请内容（如废标情形）的规定不合理，造成投标人损失的，根据《合同法》第 42 条，招标人应当承担缔约过失责任。由此可见，招标文件规定废标情形应公平合理，评标委员会认定废标时应遵守公平及诚实信用原则，这也是《合同法》应有之本意。

5. 加强对代理机构的约束与对招标文件的审核监管

必须加强对招标代理机构的约束，特别要对招标文件加强审核管理，尤其是对废标条款设立要严加掌握，除法律法规明文规定的必要和必须的废标条款外，原则上不应增加新的内容。对原来含义不明确的废标条款，要么废除，要么明确写明是什么规定和要求。废标条款中实在无法全部囊括的应注明在招标文件中的位置，并加重显示。有些专家认为，完全没必要对不涉及实质性内容的投标文件格式滥加笔墨，只需保证投标文件在法律上的有效性即可。

关于对招标文件的审查监督，浙江省人民政府做出了有益的尝试，其于2009年4月2日发布的《关于严格规范国有投资工程建设项目招标投标活动的意见》（浙政发〔2009〕22号）中明确了有关行政部门对招标及招标文件的审查责任，如发现送交备案的招标文件有违反法律、法规、规章规定或相关标准以及存在不公平条款的，应当及时告知招标人，由招标人自行改正后重新备案；并且明确要求公示被废标的投标人及废标原因。

6. 加强法律法规培训，普及招标投标法律知识

加强招标人和评标专家在认定废标方面的法律法规培训，在经过评标委员会深思熟虑确认为废标后，应出具详细的法律依据和理由，由招标人开会宣布，以消除投标人误解和增强评标过程的透明度，避免引发不必要的纠纷。

7. 进一步促进对认定废标的信息公开

招标人宜在适当的场合公布废标的单位和原因，这样既可以使得废标单位不再犯相同的错误，也给其他投标单位形成压力，促使各投标人认真对待投标工作。

8. 招标文件的审查备案应充分利用技术手段

招标文件的审查备案应充分利用技术手段。如要求招标代理机构报送招标文件时附带软盘等，此举可有效防止个别单位和个人在招标文件备案时暗中更改关键字句。同时，有条件的地方要建立电子招标系统，通过电子招标平台进行招标、投标、评标，对招标投标活动进行有效的监控。

9. 普及推广招标投标文件范本，规范投标文件

《标准施工招标文件》、《行业施工标准招标文件》（2010年版）、《简明标准施工招标文件》（2012年版）和《标准设计施工招标文件》（2012年版）的颁布为招标文件的规范提供了很好的模版，应大力推广标准化招标文件。在投标前招标人可以给每个报名的投标人发售一份依照规范的投标文件制作的样本（注明仅供参考），使投标单位有章可循地填报投标文件，避免废标。

16.2 对标书包装、密封条款初探

16.2.1 案例所提出的问题

某项目评标结果公示期间，行政监督部门收到投诉，反映第一中标候选人的投标文件正、副本合并包装，不符合招标文件相关要求，投诉人认为该投标文件应为废标。本项目招标文件规定："投标人应将投标文件正本和全部副本分别封装在双层信封内，分别加贴

封条并盖密封章，标以'正本'、'副本'字样。不符合上述要求的投标文件招标人将不予签收。"招标文件同时规定："投标文件未按要求的方式密封者，将作为废标处理。"

行政监督部门针对投诉事项开展调查，结果证实投诉人反映情况属实。招标人根据行政监督部门的监督意见重新组织评标。重新评标结果认定第一中标候选人投标文件为废标，评标委员会重新推荐中标候选人。至此，投诉双方均无异议。

上述案例本身并不复杂，但相关部门在调查取证过程中还是费了一番周折。由于案例发生时交易场所尚未安装全过程监控系统，投标文件的包装在事后追认起来难度很大。最后，监督部门通过组织相关当事人质证，还原了事实真相，而被投诉人亦承认其投标文件为合并包装。

本案例虽然得到了比较完善的处理，但我们不得不思考其中的问题：招标人由于把关不严，受理了原本应予拒收的投标文件，是否应该承担相应的责任；投标人是否有权在开标环节事后对投标文件的密封性及包装提出质疑；投标人在开标现场对投标文件的密封情况提出异议，招标人应如何处理；招标文件为什么对投标文件包装提出如此严格的要求；其出发点是什么？等等。

16.2.2 对问题的法律分析

我们先了解一下法律法规的有关规定，《招标投标法》第 36 条："开标时，由投标人或者其推选的代表检查投标文件的密封情况，也可以由招标人委托的公证机构检查并公证；经确认无误后，由工作人员当众拆封。"

《工程建设项目施工招标投标办法》第 38 条："投标人应当在招标文件要求提交投标文件的截止时间前，将投标文件密封送达投标地点"。"招标人收到投标文件后，应当向投标人出具标明签收人和签收时间的凭证，在开标前任何单位和个人不得开启投标文件。"第 41 条："在开标前，招标人应妥善保管好已接收的投标文件。"第 50 条："投标文件未按招标文件要求密封的，招标人不予受理。"

《房屋建筑和市政基础设施工程施工招标投标管理办法》第 28 条规定："投标人应当在招标文件要求提交投标文件的截止时间前，将投标文件密封送达投标地点"。"招标人收到投标文件后，应当向投标人出具标明签收人和签收时间的凭证，并妥善保存投标文件。在开标前，任何单位和个人均不得开启投标文件。"第 34 条："开标应当按照下列规定进行：由投标人或者其推选的代表检查投标文件的密封情况，经确认无误后，由有关工作人员当众拆封。"

由此可见，法律法规强调的基本原则是投标文件应当密封递交，招标人在接收投标文件时应严格把关。投标文件经招标投标双方确认无误后，当场完成交接手续。如果发现投标文件密封状况不符合要求，招标人不应受理，并当场退回。此时，该投标人或许尚可补救，在截止时间前再次递交，合法获得竞标的机会，也使招标人多一份可选择的投标。投标文件一旦被接收，招标人应妥善保管，从接收到开标这段时间，招标人要对投标文件负保管责任。

16.2.3 案例对我们的启示

根据上述法律法规的要求，开标现场，招标人首先要组织履行投标文件密封情况的检查程序。可以提请投标人或者其推选的代表进行检查，也可以委托公证机构检查并公证。实际操作中，招标人往往不重视这一环节，不经投标人检查和确认即对投标文件进行草率拆封，打折履行法定程序，从而埋下事后发生纠纷的隐患。招标人的这种做法，不仅在无形中剥夺了投标人的法定监督权，严重的话还可能引发对本次招标投标操作程序公平、公正性的诟病。在检查过程中，若发现有投标文件未密封或密封不符合要求，投标人有权当场提出质疑。此时，招标人不能简单地将受到质疑的投标文件立即认定为无效标处理，笔者认为招标人应停止开标程序，并配合招标投标监管机构接受调查，界定责任后再作处理。

若发生上述情况，招标投标监管部门调查的对象首先是招标人。调查招标人是否破坏了密封，是否与投标人存在某种串通行为，是否泄露该投标文件中的秘密，或允许其投标截止后做了某种有利的变更等；其次，招标人是否徇私舞弊，将密封不合格的标书视为合格标书予以接收，并企图在开标时蒙混过关？核实后若发现，投标文件在递交时便是不合格的，但被招标人误接收（如本案例所发生的情况），则该投标文件应作无效标处理；若投标文件是在招标人保管期间出了问题，或招标人在接收时存在包庇行为，招标投标监管部门应严查事实真相，对涉嫌营私舞弊、串通投标的行为，从严处理，并判处招标人承担相应责任。

招标投标法律法规有关投标文件密封、包装的规定，是基于维护招标投标公平竞争原则的需要，而不是以此为择优的手段。只要投标文件密封良好，标记符合要求，件数双方确认无误，即可满足接收条件，进入开标程序。

因此，招标人在编制招标文件时，有关包装、密封的条款中大可抛弃这些附加条件，如：必须双层包装，必须分开包装，必须同时加盖公章并签字等等，废标条款中也应取消因包装、密封不符合要求而予以废标的条款。实践证明，这些附加条件只会削弱投标竞争性，产生纠纷和矛盾，对通过招标方式择优确定承包商没有大的正面作用和意义。招标人在开标时，要重视规范操作，严格履行法定程序，在拆封前规范组织投标文件密封情况的确认，以免后患。通过此类案例，招标投标双方都应各自吸取相应的教训。招标方应科学制定招标文件，合理设定相应条件，规范招标行为；投标方应仔细研读招标文件，若感觉有歧义或不理解的地方，及时与招标人沟通，避免因小失大，错失良机。

16.3　开标现场异议与答复探究

16.3.1　开标异议的法律规定

《政府采购法》与《招标投标法》法律体系在异议的提出和答复上规定有所不同。《政府采购法》第 51 条规定："供应商对政府采购活动事项有疑问的，可以向采购人提出询问，采购人应当及时作出答复，但答复的内容不得涉及商业秘密。"第 52 条："供应商认为采购文件、采购过程和中标、成交结果使自己的权益受到损害的，可以在知道或者应知其权益受到损害之日起 7 个工作日内，以书面形式向采购人提出质疑。"第 53 条："采购人应当在收到供应商的书面质疑后 7 个工作日内作出答复，并以书面形式通知质疑供应商和其他有关供应商，但答复的内容不得涉及商业秘密。"

2012 年开始实施的《招标投标法实施条例》第 44 条第 3 款规定："投标人对开标有

异议的，应当在开标现场提出，招标人应当当场作出答复，并制作记录。"此款对于异议的提出和异议答复时间、地点做了明确的规定。此处所指的投标人只包括提交了投标文件并参加了投标竞争的投标人；异议的提出和答复原则上口头进行，需书面记录并经双方签字确认后存档。同时，需要特别注意的是，开标异议的提出和答复都必须在开标现场进行，开标程序结束后或者离开开标现场再提出异议或答复异议都是不合法和无效的。对招标代理机构的开标工作提出了更高的要求，应当引起足够的重视。

16.3.2　开标异议的主体要求

（1）开标异议的主体要求是只有提交了投标文件并参加了投标竞争的投标人才能在开标现场提出异议。按照《招标投标法》第 25 条的规定："投标人是响应招标、参加投标竞争的法人或者其他组织。"据此，《招标投标法实施条例》第 44 条第 3 款所指的投标人是指提交了投标文件并参加了投标竞争的投标人，包含投标截止后撤销投标文件的投标人。下列投标人不是此处所指的投标人：未通过资格预审的申请人、逾期送达投标文件的投标人、不按照招标文件要求密封而被拒收投标文件的投标人、购买了招标文件但未提交投标文件的投标人和开标前撤回投标文件的投标人。

（2）其他利害关系人无权对开标提出异议。《招标投标法实施条例》在规定异议的提出时，其主体并不统一。潜在投标人或者其他利害关系人可以对资格预审文件、招标文件提出异议；投标人或者其他利害关系人可以对评标结果提出异议。但只有投标人才能对开标提出异议，潜在投标人和其他利害关系人都不能对开标提出异议。

（3）投标人只能对开标提出异议，不得对开标以外的事项在开标现场提出异议。开标时间有限，不可能在开标现场解决其他非开标的事情。因此，开标现场异议只限于开标事项。

（4）只能在开标现场提出。开标程序结束后、离开开标现场再提出的异议是不合法和无效的。

（5）招标人（含招标代理机构）答复异议应在开标现场当场做出，不应在开标结束后或者离开开标现场再进行答复。

（6）异议答复可由招标人或者招标代理机构作出。《招标投标法实施条例》第 13 条规定："招标代理机构在其资格许可和招标人委托的范围内开展招标代理业务，任何单位和个人不得非法干涉。"一般情况下，招标人的委托范围都包括约定招标代理机构的异议答复权。因此，招标代理机构可以答复投标人就开标提出的异议。

（7）异议的提出和答复原则上口头进行。由于开标时间的限制，要求书面提出异议和书面答复不现实，在《招标投标法实施条例》中，并未要求以书面形式提出异议和答复。因此，通常情况就是口头提出和口头答复。

（8）虽然可以口头提出异议和口头答复异议，但需书面记录存档。此处的书面记录，包含书面记录异议内容和书面记录答复内容。

16.3.3　开标质疑与异议的区别

异议与质疑是具有同一含义的不同措辞。《招标投标法》法律体系称之为"异议"，《政府采购法》法律体系则称之为"质疑"。应该注意的是两法对其答复的规定有明显的区别：

（1）提出主体：异议提出人必须为投标人，即已经提交了投标文件且参加投标竞争的投标人；政府采购法规定的质疑提出人是政府采购供应商。

（2）提出时间：开标异议必须在开标结束之前进行，而政府采购的质疑在知道或者应知其权益受到损害之日起7个工作日内提出。

（3）提出的地点：建设工程开标异议在开标现场提出；政府采购的质疑却未加以限制。

（4）提出方式：建设工程异议可以口头方式提出；政府采购的质疑必须为书面形式递交。

（5）答复时间：建设工程的开标异议必须在开标当场答复，政府采购的质疑在收到供应商的书面质疑后7个工作日内作出答复。

（6）答复方式：建设工程开标异议可以口头答复，但需书面记录，且签字确认后存档；政府采购的质疑答复必须是书面形式进行。

（7）答复内容：建设工程开标异议答复应当限制在开标范围内，而政府采购质疑答复的内容限于质疑提出的问题。两者均规定答复不得涉及商业秘密。

（8）答复通知：建设工程开标异议答复不必通知其他投标人（即使答复时其他投标人在开标现场），而政府采购的质疑答复应当以书面形式通知其他有关供应商

（9）对答复投诉的时间：建设工程开标异议对答复投诉的时间是在开标之日起10日内；而政府采购对质疑答复的投诉的时间是在答复期满后15个工作日内。

异议答复与质疑答复的区别如表16-1所示。

异议答复与质疑答复的区别　　　　　　　　　　　　　　　　表 16-1

		建设工程开标异议	政府采购开标质疑
1	提出主体	投标人即已经提交了投标文件且参加投标竞争的投标人	政府采购供应商
2	提出时间	开标异议必须在开标结束之前进行	在知道或者应知其权益受到损害之日起7个工作日内提出
3	提出地点	在开标现场提出	未加以限制
4	提出方式	可以口头方式提出	必须为书面形式递交
5	答复时间	必须在开标当场答复	在收到供应商的书面质疑后7个工作日内作出答复
6	答复方式	可以口头答复，但需书面记录，且签字确认后存档	必须是书面形式进行
7	答复内容	答复应当限制在开标范围内。答复不得涉及商业秘密	限于质疑提出的问题。答复不得涉及商业秘密
8	答复通知	不必通知其他投标人（即使答复时其他投标人在开标现场）	答复应当以书面形式通知其他有关供应商
9	对答复投诉的时间	在开标之日起10日内	在答复期满后15个工作日内

16.3.4 异议答复的注意事项

（1）在开标结束前，应当增加一个"异议与答复"程序。此程序要求：如果投标人对开标有异议必须在开标现场提出，一旦开标结束，投标人离开了开标现场则不再有对开标提出异议的权利；招标人必须在开标现场当场答复，并记录存档。

（2）异议可以口头提出，答复可以口头作出，但需书面记录存档。《招标投标法实施条例》第44条第3款并没有要求投标人书面提出异议，也没有不要求招标人作出书面答复。客观地说，由于开标时间有限，基本上不可能书面提出异议和书面答复异议。为了防止口头异议和口头答复可能出现的问题，招标代理机构应当在开标现场单独制作异议和答复的书面记录，并在答复结束后由异议提出人和答复人签字确认。

（3）招标人应指派专门的"异议答复人"而不应由开标主持人兼任。开标结束后再答复或者在开标现场外答复均是违法和无效的，招标人有必要由专人在开标现场答复投标人的异议，开标主持人往往不了解项目情况，很难胜任答复异议的工作。现场的"异议答复人"应当是熟悉和了解项目情况的负责人，应当全程参加开标现场，掌握开标现场情况，熟悉招标投标法律法规和有关规定，并具备快速及时答复投标人异议的能力。

（4）当场答复即为有效，无需再做书面异议答复书，也不得在开标现场当场答复后再用书面异议答复书的形式改变当场答复的内容。

（5）对于开标以外的异议（如对开标前事项的异议）应告知投标人另行提出，开标现场不予答复。

（6）招标人对于非投标人提出的异议不予答复，并告知其可按照有关规定提出意见、反映问题或者投诉。

（7）按照《招标投标法实施条例》第36条的规定，被拒收投标文件的投标人不能对开标提出异议，告知其可按照有关规定提出意见、反映问题或者投诉。

16.4 弄虚作假行为处理的认识

投标作为一种重要的交易方式，招标投标制度作为市场经济条件下的一种制度，随着《招标投标法》、《招标投标法实施条例》及相关配套法规的颁布实施，将发挥着日益重要的作用。但是，随着招标项目的日益增多，一些有违市场规律、背离招标投标实质的现象如串通投标，谋取中标；弄虚作假，骗取中标等也时有发生，不得不引起人们的思考。《招标投标法》、《招标投标法实施条例》等针对招标投标中的多种违法行为作出了追究相应的法律责任的规定，有相当大的处罚力度。这些规定是恰当的、有针对性的、也是有力的。

16.4.1 对违法行为的处罚

正确适用法律，才能使法律更有效地实施，更具权威性。《招标投标法》第54条规定，"投标人以他人名义投标或者以其他方式弄虚作假，骗取中标的，中标无效，给招标人造成损失的，依法承担赔偿责任；构成犯罪的，依法追究刑事责任"。"依法必须进行招标的项目的投标人有前款所列行为尚未构成犯罪的，处中标项目金额5‰以上10‰以下的罚款，对单位直接负责的主管人员和其他直接责任人员处单位罚款数额5%以上10%以下的罚款；有违法所得的，并处没收违法所得；情节严重的，取消其1年至3年内参加依法必须进行招标的项目的投标资格并予以公告,直至由工商行政管理机关吊销营业执照。"第54条款对投标人以他人名义投标或者以其他方式弄虚作假,骗取中标的行为,在追究的法律责任中分为民事责任、行政责任、刑事责任。

16.4.2 两种不同的认识

在工作实践中,对于《招标投标法》第54条款的适用上,出现了一些争议。应该说,投标人有弄虚作假、骗取中标行为,且其就是中标人时,其应承担行政责任是没有异议的。但投标人在投标中实施了弄虚作假行为,意图骗取中标,但并未中标,是否可适用《招标投标法》第54条,追究该投标人的行政责任。例如,某投标人以伪造项目经理资质证书的方式参与投标,意图骗取中标,但最终没有得逞。这种情况下,一种观点认为,不应追究投标人的行政责任。因为从该条款的字面理解,可以理解为中标是该投标人承担行政责任的前提。还有一种观点从合同法的角度分析,认为投标人参与投标,是一种要约,而中标通知书则是一种承诺。当投标人未成为中标人时,合同未成立,该投标人未对招标人造成实际的损失,故不应承担行政责任。但大多数人认为,该投标人应承担相应的行政责任。

16.4.3 对争议的法理分析

1. 从法律责任的种类上看。该条款确定了3种法律责任,即"给招标人造成损失的,依法承担赔偿责任"的民事责任;行政罚款、取消资格、没收违法所得、吊销营业执照的行政责任;构成犯罪的,追究刑事责任。如果从《合同法》的角度分析,认为投标人虽有实施了弄虚作假、意图骗取中标却未得逞的行为,但未成为中标人,合同未成立,该投标人未对招标人造成实际的损失,以此为由认为行为人不应承担行政责任,是不正确的。合同是平等民事主体之间设立、变更、终止民事权利义务关系的协议,合同是否成立,是否给招标人造成实际的损失,是行为人是否要承担民事责任判断的依据。民事责任与行政责任是两个不同的概念,并不能混同,更不能互相取代。

2. 从行为构成看。行政违法行为的构成不外乎4个要件:主观方面、客观方面、主体要件和客体要件。在这一条款中,主体是某投标人,客体是招标投标秩序,主观方面是骗取中标的故意,客观方面是实施弄虚作假的行为。应该说,"骗取中标"是行为人的行为目的和动机,是行为的主观要件,而并非是行为客观要件。如《中华人民共和国刑法》第232条规定:"故意杀人的,处死刑、无期徒刑……",即该罪的主观方面是具有杀人的故意,客观方面实施了杀人的行为,而被杀的人是否死亡并非该罪的构成要件。本文的案例中,行为人以伪造项目经理资质证书的方式参与投标,意图骗取中标,其行为特征已经符合该条款确定的行政违法行为的构成要件,应承担相应的行政责任。

3. 从立法本意看。《招标投标法》以及《招标投标法实施条例》的制定,旨在规范招标投标活动,保护国家利益、社会公共利益和招标投标活动当事人的合法权益,提高经济效益,保证项目质量。法律、法规明令禁止在投标中投标人的各种欺诈行为。投标活动中任何形式的弄虚作假行为都严重违背诚实信用的基本原则,严重破坏招标投标活动的正常秩序,必须予以禁止。投标人在参与招标投标活动中实施了弄虚作假行为,意图骗取中标,无论其中标与否,该行为都是对招标投标秩序的破坏,对国家利益社会公共利益和招标投标活动当事人合法权益的侵害，属《招标投标法》中明令禁止行为之一，应受到行政处罚。

4. 从相邻条款看。《招标投标法》第53条规定："投标人相互串通投标或者与招标人串通投标的，投标人以向招标人或者评标委员会成员行贿的手段谋取中标的，中标无效，处中标项目金额5‰以上10‰以下的罚款，对单位直接负责的主管人员和其他直接责任人员处单位罚款数额5%以上10%以下的罚款；有违法所得的，并处没收违法所得；情节严重的，取消其1年至2年内参加依法必须进行招标的项目的投标资格并予以公告，直至由工商行政管理机关吊销营业执照；构成犯罪的，依法追究刑事责任"。"给他人造成损失的，依法承担赔偿责任。"这个条款的句式与第54条的句式完全一致，只不过第53条对串标行为的故意表述为"谋取中标的"，第54条对弄虚作假行为的故意表述为"骗取中标的"。这时，不妨从对第53条中的刑事责任把握来看第54条中行政责任的认定，能使我们的思路更为清晰。《中华人民共和国刑法》第223条规定："投标人相互串通投标报价，损害招标人或者其他投标人利益，情节严重的，处3年以下有期徒刑或者拘役，并处或者单处罚金。"从刑法的规定来看，可以毫无歧义地得出一个结论，"谋取中标的"只是串标行为人的行为目的，而并非行政违法行为的构成要件，不是其承担行政责任的前提。

16.4.4 法律法规明确规定

2012年2月1日开始施行的《招标投标法实施条例》第67、68条对此进行了肯定。第67条："投标人相互串通投标或者与招标人串通投标的，投标人向招标人或者评标委员会成员行贿谋取中标的……投标人未中标的，对单位的罚款金额按照招标项目合同金额依照招标投标法规定的比例计算"。

《招标投标法实施条例》第68条："投标人以他人名义投标或者以其他方式弄虚作假骗取中标的……依法必须进行招标的项目的投标人未中标的，对单位的罚款金额按照招标项目合同金额依照招标投标法规定的比例计算。"

综上所述，在招标投标活动中，投标人若实施了弄虚作假行为，意图骗取中标，无论其中标与否，根据《招标投标法》、《招标投标法实施条例》的规定，都应承担相应的行政责任。

附录一 《中华人民共和国招标投标法》
（主席令第 21 号）

中华人民共和国招标投标法

（1999 年 8 月 30 日第九届全国人民代表大会常务委员会第十一次会议通过，中华人民共和国主席令第二十一号发布，2000 年 1 月 1 日起施行。）

目　　录

第一章　总　　则

第一条　为了规范招标投标活动，保护国家利益、社会公共利益和招标投标活动当事人的合法权益，提高经济效益，保证项目质量，制定本法。

第二条　在中华人民共和国境内进行招标投标活动，适用本法。

第三条　在中华人民共和国境内进行下列工程建设项目包括项目的勘察、设计、施工、监理以及与工程建设有关的重要设备、材料等的采购，必须进行招标：

（一）大型基础设施、公用事业等关系社会公共利益、公众安全的项目；

（二）全部或者部分使用国有资金投资或者国家融资的项目；

（三）使用国际组织或者外国政府贷款、援助资金的项目。

前款所列项目的具体范围和规模标准，由国务院发展计划部门会同国务院有关部门制订，报国务院批准。法律或者国务院对必须进行招标的其他项目的范围有规定的，依照其规定。

第四条　任何单位和个人不得将依法必须进行招标的项目化整为零或者以其他任何方式规避招标。

第五条　招标投标活动应当遵循公开、公平、公正和诚实信用的原则。

第六条　依法必须进行招标的项目，其招标投标活动不受地区或者部门的限制。任何单位和个人不得违法限制或者排斥本地区、本系统以外的法人或者其他组织参加投标，不得以任何方式非法干涉招标投标活动。

第七条 招标投标活动及其当事人应当接受依法实施的监督。

有关行政监督部门依法对招标投标活动实施监督，依法查处招标投标活动中的违法行为。

对招标投标活动的行政监督及有关部门的具体职权划分，由国务院规定。

第二章 招　　标

第八条 招标人是依照本法规定提出招标项目、进行招标的法人或者其他组织。

第九条 招标项目按照国家有关规定需要履行项目审批手续的，应当先履行审批手续，取得批准。招标人应当有进行招标项目的相应资金或者资金来源已经落实，并应当在招标文件中如实载明。

第十条 招标分为公开招标和邀请招标。公开招标，是指招标人以招标公告的方式邀请不特定的法人或者其他组织投标。邀请招标，是指招标人以投标邀请书的方式邀请特定的法人或者其他组织投标。

第十一条 国务院发展计划部门确定的国家重点项目和省、自治区、直辖市人民政府确定的地方重点项目不适宜公开招标的，经国务院发展计划部门或者省、自治区、直辖市人民政府批准，可以进行邀请招标。

第十二条 招标人有权自行选择招标代理机构，委托其办理招标事宜。任何单位和个人不得以任何方式为招标人指定招标代理机构。

招标人具有编制招标文件和组织评标能力的，可以自行办理招标事宜。任何单位和个人不得强制其委托招标代理机构办理招标事宜。

依法必须进行招标的项目，招标人自行办理招标事宜的应当向有关行政监督部门备案。

第十三条 招标代理机构是依法设立、从事招标代理业务并提供相关服务的社会中介组织。招标代理机构应当具备下列条件：

（一）有从事招标代理业务的营业场所和相应资金；

（二）有能够编制招标文件和组织评标的相应专业力量；

（三）有符合本法第三十七条第三款规定条件、可以作为评标委员会成员人选的技术、经济等方面的专家库。

第十四条 从事工程建设项目招标代理业务的招标代理机构，其资格由国务院或者省、自治区、直辖市人民政府的建设行政主管部门认定。具体办法由国务院建设行政主管部门会同国务院有关部门制定，从事其他招标代理业务的招标代理机构，其资格认定的主管部门由国务院规定。

招标代理机构与行政机关和其他国家机关不得存在隶属关系或者其他利益关系。

第十五条 招标代理机构应当在招标人委托的范围内办理招标事宜，并遵守本法关于招标人的规定。

第十六条 招标人采用公开招标方式的，应当发布招标公告，依法必须进行招标的项目的招标公告，应当通过国家指定的报刊、信息网络或者其他媒介发布。

招标公告应当载明招标人的名称和地址、招标项目的性质、数量、实施地点和时间以及获取招标文件的办法等事项。

第十七条　招标人采用邀请招标方式的，应当向三个以上具备承担招标项目的能力、资信良好的特定的法人或者其他组织发出投标邀请书。

投标邀请书应当载明本法第十六条第二款规定的事项。

第十八条　招标人可以根据招标项目本身的要求，在招标公告或者投标邀请书中，要求潜在投标人提供有关资质证明文件和业绩情况，并对潜在投标人进行资格审查；国家对投标人的资格条件有规定的，依照其规定。

招标人不得以不合理的条件限制或者排斥潜在投标人，不得对潜在投标人实行歧视待遇。

第十九条　招标人应当根据招标项目的特点和需要编制招标文件。招标文件应当包括招标项目的技术要求、对投标人资格审查的标准、投标报价要求和评标标准等所有实质性要求和条件以及拟签订合同的主要条款。

国家对招标项目的技术、标准有规定的，招标人应当按照其规定在招标文件中提出相应要求。

招标项目需要划分标段、确定工期的，招标人应当合理划分标段、确定工期并在招标文件中载明。

第二十条　招标文件不得要求或者标明特定的生产供应者以及含有倾向或者排斥潜在投标人的其他内容。

第二十一条　招标人根据招标项目的具体情况，可以组织潜在投标人踏勘项目现场。

第二十二条　招标人不得向他人透露已获取招标文件的潜在投标人的名称、数量以及可能影响公平竞争的有关招标投标的其他情况。

招标人设有标底的，标底必须保密。

第二十三条　招标人对已发出的招标文件进行必要的澄清或者修改的，应当在招标文件要求提交投标文件截止时间至少十五日前，以书面形式通知所有招标文件收受人。该澄清或者修改的内容为招标文件的组成部分。

第二十四条　招标人应当确定投标人编制投标文件所需要的合理时间；但是，依法必须进行招标的项目，自招标文件开始发出之日起至投标人提交投标文件截止之日止最短不得少于二十日。

第三章　投　　标

第二十五条　投标人是响应招标、参加投标竞争的法人或者其他组织。依法招标的科研项目允许个人参加投标的，投标的个人适用本法有关投标人的规定。

第二十六条　投标人应当具备承担招标项目的能力；国家有关规定对投标人资格条件或者招标文件对投标人资格条件有规定的，投标人应当具备规定的资格条件。

第二十七条　投标人应当按照招标文件的要求编制投标文件。投标文件应当对招标文件提出的实质性要求和条件作出响应。

招标项目属于建设施工的，投标文件的内容应当包括拟派出的项目负责人与主要技术人员的简历、业绩和拟用于完成招标项目的机械设备等。

第二十八条　投标人应当在招标文件要求提交投标文件的截止时间前，将投标文件送达投标地点。招标人收到投标文件后，应当签收保存，不得开启。投标人少于三个的，招标人应当依照本法重新招标。

在招标文件要求提交投标文件的截止时间后送达的投标文件，招标人应当拒收。

第二十九条　投标人在招标文件要求提交投标文件的截止时间前，可以补充、修改或者撤回已提交的投标文件，并书面通知招标人。补充、修改的内容为投标文件的组成部分。

第三十条　投标人根据招标文件载明的项目实际情况，拟在中标后将中标项目的部分非主体、非关键性工作进行分包的应当在投标文件中载明。

第三十一条　两个以上法人或者其他组织可以组成一个联合体，以一个投标人的身份共同投标。

联合体各方均应当具备承担招标项目的相应能力；国家有关规定或者招标文件对投标人资格条件有规定的，联合体各方均应当具备规定的相应资格条件。由同一专业的单位组成联合体，按照资质等级较低的单位确定资质等级。

联合体各方应当签订共同投标协议，明确约定各方拟承担的工作和责任并将共同投标协议连同投标文件一并提交招标人。联合体中标的联合体各方应当共同与招标人签订合同，就中标项目向招标人承担连带责任。

招标人不得强制投标人组成联合体共同投标，不得限制投标人之间的竞争。

第三十二条　投标人不得相互串通投标报价，不得排挤其他投标人的公平竞争，损害招标人或者其他投标人的合法权益。

投标人不得与招标人串通投标，损害国家利益、社会公共利益或者他人的合法权益。

禁止投标人以向招标人或者评标委员会成员行贿的手段谋取中标。

第三十三条　投标人不得以低于成本的报价竞标，也不得以他人名义投标或者以其他方式弄虚作假，骗取中标。

第四章　开标、评标和中标

第三十四条　开标应当在招标文件确定的提交投标文件截止时间的同一时间公开进行；开标地点应当为招标文件中预先确定的地点。

第三十五条　开标由招标人主持，邀请所有投标人参加。

第三十六条　开标时，由投标人或者其推选的代表检查投标文件的密封情况，也可以由招标人委托的公证机构检查并公证；经确认无误后，由工作人员当众拆封，宣读投标人名称、投标价格和投标文件的其他主要内容。

招标人在招标文件要求提交投标文件的截止时间前收到的所有投标文件，开标时都应当当众予以拆封、宣读。

开标过程应当记录，并存档备查。

第三十七条　评标由招标人依法组建的评标委员会负责。

依法必须进行招标的项目，其评标委员会由招标人的代表和有关技术、经济等方面的专家组成，成员人数为五人以上单数，其中技术、经济等方面的专家不得少于成员总数的三分之二。

前款专家应当从事相关领域工作满八年并具有高级职称或者具有同等专业水平，由招标人从国务院有关部门或者省、自治区、直辖市人民政府有关部门提供的专家名册或者招标代理机构的专家库内的相关专业的专家名单中确定；一般招标项目可以采取随机抽取方式，特殊招标项目可以由招标人直接确定。

与投标人有利害关系的人不得进入相关项目的评标委员会；已经进入的应当更换。

评标委员会成员的名单在中标结果确定前应当保密。

第三十八条 招标人应当采取必要的措施。保证评标在严格保密的情况下进行。

任何单位和个人不得非法干预、影响评标的过程和结果。

第三十九条 评标委员会可以要求投标人对投标文件中含义不明确的内容作必要的澄清或者说明，但是澄清或者说明不得超出投标文件的范围或者改变投标文件的实质性内容。

第四十条 评标委员会应当按照招标文件确定的评标标准和方法，对投标文件进行评审和比较；没有标底的，应当参考标底。评标委员会完成评标后，应当向招标人提出书面评标报告，并推荐合格的中标候选人。

招标人根据评标委员会提出的书面评标报告和推荐的中标候选人确定中标人。招标人也可以授权评标委员会直接确定中标人。

国务院对特定招标项目的评标有特别规定的，从其规定。

第四十一条 中标人的投标应当符合下列条件之一：

（一）能够最大限度地满足招标文件中规定的各项综合评价标准；

（二）能够满足招标文件的实质性要求，并且经评审的投标价格最低；但是投标价格低于成本的除外。

第四十二条 评标委员会经评审，认为所有投标都不符合招标文件要求的，可以否决所有投标。

依法必须进行招标的项目的所有投标被否决的，招标人应当依照本法重新招标。

第四十三条 在确定中标人前，招标人不得与投标人就投标价格、投标方案等实质性内容进行谈判。

第四十四条 评标委员会成员应当客观、公正地履行职务，遵守职业道德，对所提出的评审意见承担个人责任。

评标委员会成员不得私下接触投标人，不得收受投标人的财物或者其他好处。

评标委员会成员和参与评标的有关工作人员不得透露对投标文件的评审和比较、中标候选人的推荐情况以及与评标有关的其他情况。

第四十五条 中标人确定后，招标人应当向中标人发出中标通知书，并同时将中标结果通知所有未中标的投标人。

中标通知书对招标人和中标人具有法律效力。中标通知书发出后，招标人改变中标结果的，或者中标人放弃中标项目的，应当依法承担法律责任。

第四十六条 招标人和中标人应当自中标通知书发出之日起 30 日内，按照招标文件和中标人的投标文件订立书面合同。招标人和中标人不得再行订立背离合同实质性内容的其他协议。

招标文件要求中标人提交履约保证金的，中标人应当提交。

第四十七条 依法必须进行招标的项目，招标人应当自确定中标人之日起 15 日内，向有关行政监督部门提交招标投标情况的书面报告。

第四十八条 中标人应当按照合同约定履行义务完成中标项目，中标人不得向他人转让中标项目，也不得将中标项目肢解后分别向他人转让。

中标人按照合同约定或者经招标人同意，可以将中标项目的部分非主体、非关键性工作分包给他人完成。接受分包的人应当具备相应的资格条件，并不得再次分包。

中标人应当就分包项目向招标人负责，接受分包的人就分包项目承担连带责任。

第五章 法 律 责 任

第四十九条 违反本法规定，必须进行招标的项目而不招标的，将必须进行招标的项目化整为零或者以其他任何方式规避招标的，责令限期改正。可以处项目合同金额 5‰以上 10‰以下的罚款；对全部或者部分使用国有资金的项目，可以暂停项目执行或者暂停资金拨付；对单位直接负责的主管人员和其他直接责任人员依法给予处分。

第五十条 招标代理机构违反本法规定，泄露应当保密的与招标投标活动有关的情况和资料的，或者与招标人、投标人串通损害国家利益、社会公共利益或者他人合法权益的，处 5 万元以上 25 万元以下的罚款，对单位直接负责的主管人员和其他直接责任人员处单位罚款数额 5%以上 10%以下的罚款；有违法所得的，并处没收违法所得；情节严重的，暂停直至取消招标代理资格；构成犯罪的，依法追究刑事责任。给他人造成损失的。依法承担赔偿责任。

前款所列行为影响中标结果的，中标无效。

第五十一条 招标人以不合理的条件限制或者排斥潜在投标人的，对潜在投标人实行歧视待遇的，强制要求投标人组成联合体共同投标的，或者限制投标人之间竞争的，责令改正，可以处一万元以上五万元以下的罚款。

第五十二条 依法必须进行招标的项目的招标人向他人透露已获取招标文件的潜在投标人的名称、数量或者可能影响公平竞争的有关招标投标的其他情况的，或者泄露标底的，给予警告，可以并处一万元以上十万元以下的罚款；对单位直接负责的主管人员和其他直接责任人员依法给予处分；构成犯罪的，依法追究刑事责任。

前款所列行为影响中标结果的，中标无效。

第五十三条 投标人相互串通投标或者与招标人串通投标的，投标人以向招标人或者评标委员会成员行贿的手段谋取中标的，中标无效，处中标项目金额千分之五以上千分之十以下的罚款，对单位直接负责的主管人员和其他直接责任人员处单位罚款数额百分之五以上百分之十以下的罚款；有违法所得的，并处没收违法所得；情节严重的，取消其一年至二年内参加依法必须进行招标的项目的投标资格并予以公告，直至由工商行政管理机关吊销营业执照；构成犯罪的，依法追究刑事责任。给他人造成损失的，依法承担赔偿责任。

第五十四条 投标人以他人名义投标或者以其他方式弄虚作假，骗取中标的，中标无效，给招标人造成损失的，依法承担赔偿责任；构成犯罪的，依法追究刑事责任。

依法必须进行招标的项目的投标人有前款所列行为尚未构成犯罪的，处中标项目金额 5‰以上 10‰以下的罚款，对单位直接负责的主管人员和其他直接责任人员处单位罚款数额百分之五以上百分之十以下的罚款；有违法所得的，并处没收违法所得；情节严重的，取消其一年至三年内参加依法必须进行招标的项目的投标资格并予以公告，直至由工商行政管理机关吊销营业执照。

第五十五条　依法必须进行招标的项目，招标人违反本法规定，与投标人就投标价格、投标方案等实质性内容进行谈判的，给予警告，对单位直接负责的主管人员和其他直接责任人员依法给予处分。

前款所列行为影响中标结果的，中标无效。

第五十六条　评标委员会成员收受投标人的财物或者其他好处的，评标委员会成员或者参加评标的有关工作人员向他人透露对投标文件的评审和比较、中标候选人的推荐以及与评标有关的其他情况的，给予警告，没收收受的财物，可以并处三千元以上五万元以下的罚款，对有所列违法行为的评标委员会成员取消担任评标委员会成员的资格，不得再参加任何依法必须进行招标的项目的评标；构成犯罪的，依法追究刑事责任。

第五十七条　招标人在评标委员会依法推荐的中标候选人以外确定中标人的，依法必须进行招标的项目在所有投标被评标委员会否决后自行确定中标人的，中标无效，责令改正，可以处中标项目金额千分之五以上千分之十以下的罚款；对单位直接负责的主管人员和其他直接责任人员依法给予处分。

第五十八条　中标人将中标项目转让给他人的，将中标项目肢解后分别转让给他人的，违反本法规定将中标项目的部分主体、关键性工作分包给他人的，或者分包人再次分包的，转让、分包无效，处转让、分包项目金额千分之五以上千分之十以下的罚款；有违法所得的，并处没收违法所得；可以责令停业整顿；情节严重的，由工商行政管理机关吊销营业执照。

第五十九条　招标人与中标人不按照招标文件和中标人的投标文件订立合同的，或者招标人、中标人订立背离合同实质性内容的协议的，责令改正；可以处中标项目金额千分之五以上千分之十以下的罚款。

第六十条　中标人不履行与招标人订立的合同的，履约保证金不予退还，给招标人造成的损失超过履约保证金数额的，还应当对超过部分予以赔偿；没有提交履约保证金的，应当对招标人的损失承担赔偿责任。

中标人不按照与招标人订立的合同履行义务，情节严重的，取消其二年至五年内参加依法进行招标的项目投标资格并予以公告，直至由工商行政管理机关吊销营业执照。

因不可抗力不能履行合同的，不适用前款规定。

第六十一条　本章规定的行政处罚，由国务院规定的有关行政监督部门决定。本法已对实施行政处罚的机关作出规定的除外。

第六十二条　任何单位违反本法规定，限制或者排斥本地区、本系统以外的法人或者其他组织参加投标的，为招标人指定招标代理机构的，强制招标人委托招标代理机构办理招标事宜的，或者以其他方式干涉招标投标活动的，责令改正；对单位直接负责的主管人员和其他直接责任人员依法给予警告、记过、记大过的处分，情节较重的，依法给予降级、撤职、开除的处分。

个人利用职权进行前款违法行为的，依照前款规定追究责任。

第六十三条　对招标投标活动依法负有行政监督职责的国家机关工作人员徇私舞弊、滥用职权或者玩忽职守，构成犯罪的，依法追究刑事责任；不构成犯罪的，依法给予行政处分。

第六十四条　依法必须进行招标的项目违反本法规定，中标无效的，应当依照本法规定的中标条件从其余投标人中重新确定中标人或者依照本法重新进行招标。

第六章 附 则

第六十五条 投标人和其他利害关系人认为招标投标活动不符合本法有关规定的,有权向招标人提出异议或者依法向有关行政监督部门投诉。

第六十六条 涉及国家安全、国家秘密、抢险救灾或者属于利用扶贫资金实行以工代赈、需要使用农民工等特殊情况,不适宜进行招标的项目,按照国家有关规定可以不进行招标。

第六十七条 使用国际组织或者外国政府贷款、援助资金的项目进行招标,贷款方、资金提供方对招标投标的具体条件和程序有不同规定的,可以适用其规定,但违背中华人民共和国的社会公共利益的除外。

第六十八条 本法自 2000 年 1 月 1 日起施行。

附录二 《中华人民共和国招标投标法实施条例》
（国务院令第 613 号）

中华人民共和国招标投标法实施条例
中华人民共和国国务院令第 613 号

《中华人民共和国招标投标法实施条例》已经 2011 年 11 月 30 日国务院第 183 次常务会议通过，现予公布，自 2012 年 2 月 1 日起施行。

总理　温家宝

二〇一一年十二月二十日

中华人民共和国招标投标法实施条例

第一章　总　　则

第一条　为了规范招标投标活动，根据《中华人民共和国招标投标法》（以下简称招标投标法），制定本条例。

第二条　招标投标法第三条所称工程建设项目，是指工程以及与工程建设有关的货物、服务。

前款所称工程，是指建设工程，包括建筑物和构筑物的新建、改建、扩建及其相关的装修、拆除、修缮等；所称与工程建设有关的货物，是指构成工程不可分割的组成部分，且为实现工程基本功能所必需的设备、材料等；所称与工程建设有关的服务，是指为完成工程所需的勘察、设计、监理等服务。

第三条　依法必须进行招标的工程建设项目的具体范围和规模标准，由国务院发展改革部门会同国务院有关部门制订，报国务院批准后公布施行。

第四条　国务院发展改革部门指导和协调全国招标投标工作，对国家重大建设项目的工程招标投标活动实施监督检查。国务院工业和信息化、住房城乡建设、交通运输、铁道、水利、商务等部门，按照规定的职责分工对有关招标投标活动实施监督。

县级以上地方人民政府发展改革部门指导和协调本行政区域的招标投标工作。县级以上地方人民政府有关部门按照规定的职责分工，对招标投标活动实施监督，依法查处招标投标活动中的违法行为。县级以上地方人民政府对其所属部门有关招标投标活动的监督职责分工另有规定的，从其规定。

财政部门依法对实行招标投标的政府采购工程建设项目的预算执行情况和政府采购政

策执行情况实施监督。

监察机关依法对与招标投标活动有关的监察对象实施监察。

第五条 设区的市级以上地方人民政府可以根据实际需要，建立统一规范的招标投标交易场所，为招标投标活动提供服务。招标投标交易场所不得与行政监督部门存在隶属关系，不得以营利为目的。

国家鼓励利用信息网络进行电子招标投标。

第六条 禁止国家工作人员以任何方式非法干涉招标投标活动。

第二章 招　　　标

第七条 按照国家有关规定需要履行项目审批、核准手续的依法必须进行招标的项目，其招标范围、招标方式、招标组织形式应当报项目审批、核准部门审批、核准。项目审批、核准部门应当及时将审批、核准确定的招标范围、招标方式、招标组织形式通报有关行政监督部门。

第八条 国有资金占控股或者主导地位的依法必须进行招标的项目，应当公开招标；但有下列情形之一的，可以邀请招标：

（一）技术复杂、有特殊要求或者受自然环境限制，只有少量潜在投标人可供选择；

（二）采用公开招标方式的费用占项目合同金额的比例过大。

有前款第二项所列情形，属于本条例第七条规定的项目，由项目审批、核准部门在审批、核准项目时作出认定；其他项目由招标人申请有关行政监督部门作出认定。

第九条 除招标投标法第六十六条规定的可以不进行招标的特殊情况外，有下列情形之一的，可以不进行招标：

（一）需要采用不可替代的专利或者专有技术；

（二）采购人依法能够自行建设、生产或者提供；

（三）已通过招标方式选定的特许经营项目投资人依法能够自行建设、生产或者提供；

（四）需要向原中标人采购工程、货物或者服务，否则将影响施工或者功能配套要求；

（五）国家规定的其他特殊情形。

招标人为适用前款规定弄虚作假的，属于招标投标法第四条规定的规避招标。

第十条 招标投标法第十二条第二款规定的招标人具有编制招标文件和组织评标能力，是指招标人具有与招标项目规模和复杂程度相适应的技术、经济等方面的专业人员。

第十一条 招标代理机构的资格依照法律和国务院的规定由有关部门认定。

国务院住房城乡建设、商务、发展改革、工业和信息化等部门，按照规定的职责分工对招标代理机构依法实施监督管理。

第十二条 招标代理机构应当拥有一定数量的取得招标职业资格的专业人员。取得招标职业资格的具体办法由国务院人力资源社会保障部门会同国务院发展改革部门制定。

第十三条 招标代理机构在其资格许可和招标人委托的范围内开展招标代理业务，任何单位和个人不得非法干涉。

招标代理机构代理招标业务，应当遵守招标投标法和本条例关于招标人的规定。招标代理机构不得在所代理的招标项目中投标或者代理投标，也不得为所代理的招标项目的投标人提供咨询。

招标代理机构不得涂改、出租、出借、转让资格证书。

第十四条　招标人应当与被委托的招标代理机构签订书面委托合同，合同约定的收费标准应当符合国家有关规定。

第十五条　公开招标的项目，应当依照招标投标法和本条例的规定发布招标公告、编制招标文件。

招标人采用资格预审办法对潜在投标人进行资格审查的，应当发布资格预审公告、编制资格预审文件。

依法必须进行招标的项目的资格预审公告和招标公告，应当在国务院发展改革部门依法指定的媒介发布。在不同媒介发布的同一招标项目的资格预审公告或者招标公告的内容应当一致。指定媒介发布依法必须进行招标的项目的境内资格预审公告、招标公告，不得收取费用。

编制依法必须进行招标的项目的资格预审文件和招标文件，应当使用国务院发展改革部门会同有关行政监督部门制定的标准文本。

第十六条　招标人应当按照资格预审公告、招标公告或者投标邀请书规定的时间、地点发售资格预审文件或者招标文件。资格预审文件或者招标文件的发售期不得少于 5 日。

招标人发售资格预审文件、招标文件收取的费用应当限于补偿印刷、邮寄的成本支出，不得以营利为目的。

第十七条　招标人应当合理确定提交资格预审申请文件的时间。依法必须进行招标的项目提交资格预审申请文件的时间，自资格预审文件停止发售之日起不得少于 5 日。

第十八条　资格预审应当按照资格预审文件载明的标准和方法进行。

国有资金占控股或者主导地位的依法必须进行招标的项目，招标人应当组建资格审查委员会审查资格预审申请文件。资格审查委员会及其成员应当遵守招标投标法和本条例有关评标委员会及其成员的规定。

第十九条　资格预审结束后，招标人应当及时向资格预审申请人发出资格预审结果通知书。未通过资格预审的申请人不具有投标资格。

通过资格预审的申请人少于 3 个的，应当重新招标。

第二十条　招标人采用资格后审办法对投标人进行资格审查的，应当在开标后由评标委员会按照招标文件规定的标准和方法对投标人的资格进行审查。

第二十一条　招标人可以对已发出的资格预审文件或者招标文件进行必要的澄清或者修改。澄清或者修改的内容可能影响资格预审申请文件或者投标文件编制的，招标人应当在提交资格预审申请文件截止时间至少 3 日前，或者投标截止时间至少 15 日前，以书面形式通知所有获取资格预审文件或者招标文件的潜在投标人；不足 3 日或者 15 日的，招标人应当顺延提交资格预审申请文件或者投标文件的截止时间。

第二十二条　潜在投标人或者其他利害关系人对资格预审文件有异议的，应当在提交资格预审申请文件截止时间 2 日前提出；对招标文件有异议的，应当在投标截止时间 10 日前提出。招标人应当自收到异议之日起 3 日内作出答复；作出答复前，应当暂停招标投标活动。

第二十三条　招标人编制的资格预审文件、招标文件的内容违反法律、行政法规的强制性规定，违反公开、公平、公正和诚实信用原则，影响资格预审结果或者潜在投标人投标的，依法必须进行招标的项目的招标人应当在修改资格预审文件或者招标文件后重新招标。

第二十四条 招标人对招标项目划分标段的，应当遵守招标投标法的有关规定，不得利用划分标段限制或者排斥潜在投标人。依法必须进行招标的项目的招标人不得利用划分标段规避招标。

第二十五条 招标人应当在招标文件中载明投标有效期。投标有效期从提交投标文件的截止之日起算。

第二十六条 招标人在招标文件中要求投标人提交投标保证金的，投标保证金不得超过招标项目估算价的2%。投标保证金有效期应当与投标有效期一致。

依法必须进行招标的项目的境内投标单位，以现金或者支票形式提交的投标保证金应当从其基本账户转出。

招标人不得挪用投标保证金。

第二十七条 招标人可以自行决定是否编制标底。一个招标项目只能有一个标底。标底必须保密。

接受委托编制标底的中介机构不得参加受托编制标底项目的投标，也不得为该项目的投标人编制投标文件或者提供咨询。

招标人设有最高投标限价的，应当在招标文件中明确最高投标限价或者最高投标限价的计算方法。招标人不得规定最低投标限价。

第二十八条 招标人不得组织单个或者部分潜在投标人踏勘项目现场。

第二十九条 招标人可以依法对工程以及与工程建设有关的货物、服务全部或者部分实行总承包招标。以暂估价形式包括在总承包范围内的工程、货物、服务属于依法必须进行招标的项目范围且达到国家规定规模标准的，应当依法进行招标。

前款所称暂估价，是指总承包招标时不能确定价格而由招标人在招标文件中暂时估定的工程、货物、服务的金额。

第三十条 对技术复杂或者无法精确拟定技术规格的项目，招标人可以分两阶段进行招标。

第一阶段，投标人按照招标公告或者投标邀请书的要求提交不带报价的技术建议，招标人根据投标人提交的技术建议确定技术标准和要求，编制招标文件。

第二阶段，招标人向在第一阶段提交技术建议的投标人提供招标文件，投标人按照招标文件的要求提交包括最终技术方案和投标报价的投标文件。

招标人要求投标人提交投标保证金的，应当在第二阶段提出。

第三十一条 招标人终止招标的，应当及时发布公告，或者以书面形式通知被邀请的或者已经获取资格预审文件、招标文件的潜在投标人。已经发售资格预审文件、招标文件或者已经收取投标保证金的，招标人应当及时退还所收取的资格预审文件、招标文件的费用，以及所收取的投标保证金及银行同期存款利息。

第三十二条 招标人不得以不合理的条件限制、排斥潜在投标人或者投标人。

招标人有下列行为之一的，属于以不合理条件限制、排斥潜在投标人或者投标人：

（一）就同一招标项目向潜在投标人或者投标人提供有差别的项目信息；

（二）设定的资格、技术、商务条件与招标项目的具体特点和实际需要不相适应或者与合同履行无关；

（三）依法必须进行招标的项目以特定行政区域或者特定行业的业绩、奖项作为加分条件或者中标条件；

（四）对潜在投标人或者投标人采取不同的资格审查或者评标标准；

（五）限定或者指定特定的专利、商标、品牌、原产地或者供应商；

（六）依法必须进行招标的项目非法限定潜在投标人或者投标人的所有制形式或者组织形式；

（七）以其他不合理条件限制、排斥潜在投标人或者投标人。

第三章 投 标

第三十三条 投标人参加依法必须进行招标的项目的投标，不受地区或者部门的限制，任何单位和个人不得非法干涉。

第三十四条 与招标人存在利害关系可能影响招标公正性的法人、其他组织或者个人，不得参加投标。

单位负责人为同一人或者存在控股、管理关系的不同单位，不得参加同一标段投标或者未划分标段的同一招标项目投标。

违反前两款规定的，相关投标均无效。

第三十五条 投标人撤回已提交的投标文件，应当在投标截止时间前书面通知招标人。招标人已收取投标保证金的，应当自收到投标人书面撤回通知之日起 5 日内退还。

投标截止后投标人撤销投标文件的，招标人可以不退还投标保证金。

第三十六条 未通过资格预审的申请人提交的投标文件，以及逾期送达或者不按照招标文件要求密封的投标文件，招标人应当拒收。

招标人应当如实记载投标文件的送达时间和密封情况，并存档备查。

第三十七条 招标人应当在资格预审公告、招标公告或者投标邀请书中载明是否接受联合体投标。

招标人接受联合体投标并进行资格预审的，联合体应当在提交资格预审申请文件前组成。资格预审后联合体增减、更换成员的，其投标无效。

联合体各方在同一招标项目中以自己名义单独投标或者参加其他联合体投标的，相关投标均无效。

第三十八条 投标人发生合并、分立、破产等重大变化的，应当及时书面告知招标人。投标人不再具备资格预审文件、招标文件规定的资格条件或者其投标影响招标公正性的，其投标无效。

第三十九条 禁止投标人相互串通投标。

有下列情形之一的，属于投标人相互串通投标：

（一）投标人之间协商投标报价等投标文件的实质性内容；

（二）投标人之间约定中标人；

（三）投标人之间约定部分投标人放弃投标或者中标；

（四）属于同一集团、协会、商会等组织成员的投标人按照该组织要求协同投标；

（五）投标人之间为谋取中标或者排斥特定投标人而采取的其他联合行动。

第四十条 有下列情形之一的，视为投标人相互串通投标：

（一）不同投标人的投标文件由同一单位或者个人编制；

（二）不同投标人委托同一单位或者个人办理投标事宜；

（三）不同投标人的投标文件载明的项目管理成员为同一人；

（四）不同投标人的投标文件异常一致或者投标报价呈规律性差异；

（五）不同投标人的投标文件相互混装；

（六）不同投标人的投标保证金从同一单位或者个人的账户转出。

第四十一条 禁止招标人与投标人串通投标。

有下列情形之一的，属于招标人与投标人串通投标：

（一）招标人在开标前开启投标文件并将有关信息泄露给其他投标人；

（二）招标人直接或者间接向投标人泄露标底、评标委员会成员等信息；

（三）招标人明示或者暗示投标人压低或者抬高投标报价；

（四）招标人授意投标人撤换、修改投标文件；

（五）招标人明示或者暗示投标人为特定投标人中标提供方便；

（六）招标人与投标人为谋求特定投标人中标而采取的其他串通行为。

第四十二条 使用通过受让或者租借等方式获取的资格、资质证书投标的，属于招标投标法第三十三条规定的以他人名义投标。

投标人有下列情形之一的，属于招标投标法第三十三条规定的以其他方式弄虚作假的行为：

（一）使用伪造、变造的许可证件；

（二）提供虚假的财务状况或者业绩；

（三）提供虚假的项目负责人或者主要技术人员简历、劳动关系证明；

（四）提供虚假的信用状况；

（五）其他弄虚作假的行为。

第四十三条 提交资格预审申请文件的申请人应当遵守招标投标法和本条例有关投标人的规定。

第四章 开标、评标和中标

第四十四条 招标人应当按照招标文件规定的时间、地点开标。

投标人少于 3 个的，不得开标；招标人应当重新招标。

投标人对开标有异议的，应当在开标现场提出，招标人应当当场作出答复，并制作记录。

第四十五条 国家实行统一的评标专家专业分类标准和管理办法。具体标准和办法由国务院发展改革部门会同国务院有关部门制定。

省级人民政府和国务院有关部门应当组建综合评标专家库。

第四十六条 除招标投标法第三十七条第三款规定的特殊招标项目外，依法必须进行招标的项目，其评标委员会的专家成员应当从评标专家库内相关专业的专家名单中以随机抽取方式确定。任何单位和个人不得以明示、暗示等任何方式指定或者变相指定参加评标委员会的专家成员。

依法必须进行招标的项目的招标人非因招标投标法和本条例规定的事由，不得更换依法确定的评标委员会成员。更换评标委员会的专家成员应当依照前款规定进行。

评标委员会成员与投标人有利害关系的，应当主动回避。

有关行政监督部门应当按照规定的职责分工，对评标委员会成员的确定方式、评标专家的抽取和评标活动进行监督。行政监督部门的工作人员不得担任本部门负责监督项目的评标委员会成员。

第四十七条 招标投标法第三十七条第三款所称特殊招标项目，是指技术复杂、专业性强或者国家有特殊要求，采取随机抽取方式确定的专家难以保证胜任评标工作的项目。

第四十八条 招标人应当向评标委员会提供评标所必需的信息，但不得明示或者暗示其倾向或者排斥特定投标人。

招标人应当根据项目规模和技术复杂程度等因素合理确定评标时间。超过三分之一的评标委员会成员认为评标时间不够的，招标人应当适当延长。

评标过程中，评标委员会成员有回避事由、擅离职守或者因健康等原因不能继续评标的，应当及时更换。被更换的评标委员会成员作出的评审结论无效，由更换后的评标委员会成员重新进行评审。

第四十九条 评标委员会成员应当依照招标投标法和本条例的规定，按照招标文件规定的评标标准和方法，客观、公正地对投标文件提出评审意见。招标文件没有规定的评标标准和方法不得作为评标的依据。

评标委员会成员不得私下接触投标人，不得收受投标人给予的财物或者其他好处，不得向招标人征询确定中标人的意向，不得接受任何单位或者个人明示或者暗示提出的倾向或者排斥特定投标人的要求，不得有其他不客观、不公正履行职务的行为。

第五十条 招标项目设有标底的，招标人应当在开标时公布。标底只能作为评标的参考，不得以投标报价是否接近标底作为中标条件，也不得以投标报价超过标底上下浮动范围作为否决投标的条件。

第五十一条 有下列情形之一的，评标委员会应当否决其投标：

（一）投标文件未经投标单位盖章和单位负责人签字；

（二）投标联合体没有提交共同投标协议；

（三）投标人不符合国家或者招标文件规定的资格条件；

（四）同一投标人提交两个以上不同的投标文件或者投标报价，但招标文件要求提交备选投标的除外；

（五）投标报价低于成本或者高于招标文件设定的最高投标限价；

（六）投标文件没有对招标文件的实质性要求和条件作出响应；

（七）投标人有串通投标、弄虚作假、行贿等违法行为。

第五十二条 投标文件中有含义不明确的内容、明显文字或者计算错误，评标委员会认为需要投标人作出必要澄清、说明的，应当书面通知该投标人。投标人的澄清、说明应当采用书面形式，并不得超出投标文件的范围或者改变投标文件的实质性内容。

评标委员会不得暗示或者诱导投标人作出澄清、说明，不得接受投标人主动提出的澄清、说明。

第五十三条 评标完成后，评标委员会应当向招标人提交书面评标报告和中标候选人名单。中标候选人应当不超过 3 个，并标明排序。

评标报告应当由评标委员会全体成员签字。对评标结果有不同意见的评标委员会成员应当以书面形式说明其不同意见和理由，评标报告应当注明该不同意见。评标委员会成员拒绝在评标报告上签字又不书面说明其不同意见和理由的，视为同意评标结果。

第五十四条 依法必须进行招标的项目，招标人应当自收到评标报告之日起 3 日内公示中标候选人，公示期不得少于 3 日。

投标人或者其他利害关系人对依法必须进行招标的项目的评标结果有异议的，应当在中标候选人公示期间提出。招标人应当自收到异议之日起 3 日内作出答复；作出答复前，应当暂停招标投标活动。

第五十五条 国有资金占控股或者主导地位的依法必须进行招标的项目，招标人应当确定排名第一的中标候选人为中标人。排名第一的中标候选人放弃中标、因不可抗力不能履行合同、不按照招标文件要求提交履约保证金，或者被查实存在影响中标结果的违法行为等情形，不符合中标条件的，招标人可以按照评标委员会提出的中标候选人名单排序依次确定其他中标候选人为中标人，也可以重新招标。

第五十六条 中标候选人的经营、财务状况发生较大变化或者存在违法行为，招标人认为可能影响其履约能力的，应当在发出中标通知书前由原评标委员会按照招标文件规定的标准和方法审查确认。

第五十七条 招标人和中标人应当依照招标投标法和本条例的规定签订书面合同，合同的标的、价款、质量、履行期限等主要条款应当与招标文件和中标人的投标文件的内容一致。招标人和中标人不得再行订立背离合同实质性内容的其他协议。

招标人最迟应当在书面合同签订后 5 日内向中标人和未中标的投标人退还投标保证金及银行同期存款利息。

第五十八条 招标文件要求中标人提交履约保证金的，中标人应当按照招标文件的要求提交。履约保证金不得超过中标合同金额的 10％。

第五十九条 中标人应当按照合同约定履行义务，完成中标项目。中标人不得向他人转让中标项目，也不得将中标项目肢解后分别向他人转让。

中标人按照合同约定或者经招标人同意，可以将中标项目的部分非主体、非关键性工作分包给他人完成。接受分包的人应当具备相应的资格条件，并不得再次分包。

中标人应当就分包项目向招标人负责，接受分包的人就分包项目承担连带责任。

第五章 投诉与处理

第六十条 投标人或者其他利害关系人认为招标投标活动不符合法律、行政法规规定的，可以自知道或者应当知道之日起 10 日内向有关行政监督部门投诉。投诉应当有明确的请求和必要的证明材料。

就本条例第二十二条、第四十四条、第五十四条规定事项投诉的，应当先向招标人提出异议，异议答复期间不计算在前款规定的期限内。

第六十一条 投诉人就同一事项向两个以上有权受理的行政监督部门投诉的，由最先收到投诉的行政监督部门负责处理。

行政监督部门应当自收到投诉之日起 3 个工作日内决定是否受理投诉，并自受理投诉之日起 30 个工作日内作出书面处理决定；需要检验、检测、鉴定、专家评审的，所需时间不计算在内。

投诉人捏造事实、伪造材料或者以非法手段取得证明材料进行投诉的，行政监督部门应当予以驳回。

第六十二条 行政监督部门处理投诉，有权查阅、复制有关文件、资料，调查有关情况，相关单位和人员应当予以配合。必要时，行政监督部门可以责令暂停招标投标活动。

行政监督部门的工作人员对监督检查过程中知悉的国家秘密、商业秘密，应当依法予以保密。

第六章 法 律 责 任

第六十三条 招标人有下列限制或者排斥潜在投标人行为之一的，由有关行政监督部门依照招标投标法第五十一条的规定处罚：

（一）依法应当公开招标的项目不按照规定在指定媒介发布资格预审公告或者招标公告；

（二）在不同媒介发布的同一招标项目的资格预审公告或者招标公告的内容不一致，影响潜在投标人申请资格预审或者投标。

依法必须进行招标的项目的招标人不按照规定发布资格预审公告或者招标公告，构成规避招标的，依照招标投标法第四十九条的规定处罚。

第六十四条 招标人有下列情形之一的，由有关行政监督部门责令改正，可以处 10 万元以下的罚款：

（一）依法应当公开招标而采用邀请招标；

（二）招标文件、资格预审文件的发售、澄清、修改的时限，或者确定的提交资格预审申请文件、投标文件的时限不符合招标投标法和本条例规定；

（三）接受未通过资格预审的单位或者个人参加投标；

（四）接受应当拒收的投标文件。

招标人有前款第一项、第三项、第四项所列行为之一的，对单位直接负责的主管人员和其他直接责任人员依法给予处分。

第六十五条 招标代理机构在所代理的招标项目中投标、代理投标或者向该项目投标人提供咨询的，接受委托编制标底的中介机构参加受托编制标底项目的投标或者为该项目的投标人编制投标文件、提供咨询的，依照招标投标法第五十条的规定追究法律责任。

第六十六条 招标人超过本条例规定的比例收取投标保证金、履约保证金或者不按照规定退还投标保证金及银行同期存款利息的，由有关行政监督部门责令改正，可以处 5 万元以下的罚款；给他人造成损失的，依法承担赔偿责任。

第六十七条 投标人相互串通投标或者与招标人串通投标的，投标人向招标人或者评标委员会成员行贿谋取中标的，中标无效；构成犯罪的，依法追究刑事责任；尚不构成犯罪的，依照招标投标法第五十三条的规定处罚。投标人未中标的，对单位的罚款金额按照招标项目合同金额依照招标投标法规定的比例计算。

投标人有下列行为之一的，属于招标投标法第五十三条规定的情节严重行为，由有关行政监督部门取消其 1 年至 2 年内参加依法必须进行招标的项目的投标资格：

（一）以行贿谋取中标；

（二）3年内2次以上串通投标；

（三）串通投标行为损害招标人、其他投标人或者国家、集体、公民的合法利益，造成直接经济损失30万元以上；

（四）其他串通投标情节严重的行为。

投标人自本条第二款规定的处罚执行期限届满之日起3年内又有该款所列违法行为之一的，或者串通投标、以行贿谋取中标情节特别严重的，由工商行政管理机关吊销营业执照。

法律、行政法规对串通投标报价行为的处罚另有规定的，从其规定。

第六十八条　投标人以他人名义投标或者以其他方式弄虚作假骗取中标的，中标无效；构成犯罪的，依法追究刑事责任；尚不构成犯罪的，依照招标投标法第五十四条的规定处罚。依法必须进行招标的项目的投标人未中标的，对单位的罚款金额按照招标项目合同金额依照招标投标法规定的比例计算。

投标人有下列行为之一的，属于招标投标法第五十四条规定的情节严重行为，由有关行政监督部门取消其1年至3年内参加依法必须进行招标的项目的投标资格：

（一）伪造、变造资格、资质证书或者其他许可证件骗取中标；

（二）3年内2次以上使用他人名义投标；

（三）弄虚作假骗取中标给招标人造成直接经济损失30万元以上；

（四）其他弄虚作假骗取中标情节严重的行为。

投标人自本条第二款规定的处罚执行期限届满之日起3年内又有该款所列违法行为之一的，或者弄虚作假骗取中标情节特别严重的，由工商行政管理机关吊销营业执照。

第六十九条　出让或者出租资格、资质证书供他人投标的，依照法律、行政法规的规定给予行政处罚；构成犯罪的，依法追究刑事责任。

第七十条　依法必须进行招标的项目的招标人不按照规定组建评标委员会，或者确定、更换评标委员会成员违反招标投标法和本条例规定的，由有关行政监督部门责令改正，可以处10万元以下的罚款，对单位直接负责的主管人员和其他直接责任人员依法给予处分；违法确定或者更换的评标委员会成员作出的评审结论无效，依法重新进行评审。

国家工作人员以任何方式非法干涉选取评标委员会成员的，依照本条例第八十一条的规定追究法律责任。

第七十一条　评标委员会成员有下列行为之一的，由有关行政监督部门责令改正；情节严重的，禁止其在一定期限内参加依法必须进行招标的项目的评标；情节特别严重的，取消其担任评标委员会成员的资格：

（一）应当回避而不回避；

（二）擅离职守；

（三）不按照招标文件规定的评标标准和方法评标；

（四）私下接触投标人；

（五）向招标人征询确定中标人的意向或者接受任何单位或者个人明示或者暗示提出的倾向或者排斥特定投标人的要求；

（六）对依法应当否决的投标不提出否决意见；

（七）暗示或者诱导投标人作出澄清、说明或者接受投标人主动提出的澄清、说明；

（八）其他不客观、不公正履行职务的行为。

第七十二条 评标委员会成员收受投标人的财物或者其他好处的，没收收受的财物，处3000元以上5万元以下的罚款，取消担任评标委员会成员的资格，不得再参加依法必须进行招标的项目的评标；构成犯罪的，依法追究刑事责任。

第七十三条 依法必须进行招标的项目的招标人有下列情形之一的，由有关行政监督部门责令改正，可以处中标项目金额10‰以下的罚款；给他人造成损失的，依法承担赔偿责任；对单位直接负责的主管人员和其他直接责任人员依法给予处分：

（一）无正当理由不发出中标通知书；

（二）不按照规定确定中标人；

（三）中标通知书发出后无正当理由改变中标结果；

（四）无正当理由不与中标人订立合同；

（五）在订立合同时向中标人提出附加条件。

第七十四条 中标人无正当理由不与招标人订立合同，在签订合同时向招标人提出附加条件，或者不按照招标文件要求提交履约保证金的，取消其中标资格，投标保证金不予退还。对依法必须进行招标的项目的中标人，由有关行政监督部门责令改正，可以处中标项目金额10‰以下的罚款。

第七十五条 招标人和中标人不按照招标文件和中标人的投标文件订立合同，合同的主要条款与招标文件、中标人的投标文件的内容不一致，或者招标人、中标人订立背离合同实质性内容的协议的，由有关行政监督部门责令改正，可以处中标项目金额5‰以上10‰以下的罚款。

第七十六条 中标人将中标项目转让给他人的，将中标项目肢解后分别转让给他人的，违反招标投标法和本条例规定将中标项目的部分主体、关键性工作分包给他人的，或者分包人再次分包的，转让、分包无效，处转让、分包项目金额5‰以上10‰以下的罚款；有违法所得的，并处没收违法所得；可以责令停业整顿；情节严重的，由工商行政管理机关吊销营业执照。

第七十七条 投标人或者其他利害关系人捏造事实、伪造材料或者以非法手段取得证明材料进行投诉，给他人造成损失的，依法承担赔偿责任。

招标人不按照规定对异议作出答复，继续进行招标投标活动的，由有关行政监督部门责令改正，拒不改正或者不能改正并影响中标结果的，依照本条例第八十二条的规定处理。

第七十八条 取得招标职业资格的专业人员违反国家有关规定办理招标业务的，责令改正，给予警告；情节严重的，暂停一定期限内从事招标业务；情节特别严重的，取消招标职业资格。

第七十九条 国家建立招标投标信用制度。有关行政监督部门应当依法公告对招标人、招标代理机构、投标人、评标委员会成员等当事人违法行为的行政处理决定。

第八十条 项目审批、核准部门不依法审批、核准项目招标范围、招标方式、招标组织形式的，对单位直接负责的主管人员和其他直接责任人员依法给予处分。

有关行政监督部门不依法履行职责，对违反招标投标法和本条例规定的行为不依法查处，或者不按照规定处理投诉、不依法公告对招标投标当事人违法行为的行政处理决定的，对直接负责的主管人员和其他直接责任人员依法给予处分。

项目审批、核准部门和有关行政监督部门的工作人员徇私舞弊、滥用职权、玩忽职守，构成犯罪的，依法追究刑事责任。

第八十一条 国家工作人员利用职务便利，以直接或者间接、明示或者暗示等任何方式非法干涉招标投标活动，有下列情形之一的，依法给予记过或者记大过处分；情节严重的，依法给予降级或者撤职处分；情节特别严重的，依法给予开除处分；构成犯罪的，依法追究刑事责任：

（一）要求对依法必须进行招标的项目不招标，或者要求对依法应当公开招标的项目不公开招标；

（二）要求评标委员会成员或者招标人以其指定的投标人作为中标候选人或者中标人，或者以其他方式非法干涉评标活动，影响中标结果；

（三）以其他方式非法干涉招标投标活动。

第八十二条 依法必须进行招标的项目的招标投标活动违反招标投标法和本条例的规定，对中标结果造成实质性影响，且不能采取补救措施予以纠正的，招标、投标、中标无效，应当依法重新招标或者评标。

第七章　附　　则

第八十三条 招标投标协会按照依法制定的章程开展活动，加强行业自律和服务。

第八十四条 政府采购的法律、行政法规对政府采购货物、服务的招标投标另有规定的，从其规定。

第八十五条 本条例自 2012 年 2 月 1 日起施行。

参 考 文 献

［1］ 叶芳芳．建设工程项目施工招标中的废标现象浅析［J］．建筑施工，2007，29(10)：825-827．

［2］ 柯招办．"废标"现象背后的猫腻［J］．施工企业管理，2006，(01)．

［3］ 翁谙．浅议废标条件的设立［J］．中国招标，2007，(45)．

［4］ 陈贝力．招标人擅定中标人无效——从一起建设工程纠纷案件看招标投标法的适用范围［J］．中国招标，2006，(9-1)．

［5］ 陈晓云．中标通知发出后还能废标吗？兼议"海之贝"方案被废是否违法［J］．中国招标，2008，(22)．

［6］ 高子正．法定的拒绝投标文件只有一种情况——兼对"废标"的概念初步辨异［J］．机电信息，2008，(2)．

［7］ 欧新黔．招标投标案例［M］．北京：中国经济出版社，2004．

［8］ 梁毅诗．减少废标，营造招标投标双方的共赢［J］．决策与信息，2010，(02)．

［9］ 卞耀武．中华人民共和国招标投标法释义［M］．北京：法律出版社，2001．

［10］ 张英，许阳富．法定代表人签名引发的投诉［J］．中国招标，2011，(34)．

［11］ 蔡作斌．建设工程项目施工过程中的废标认定与处理［J］．建筑经济，2005，(05)．

［12］ 徐江．建设工程招标投标过程中废标风险的预防［J］．中国招标，2009，(38)．

［13］ 蔡作斌．建设工程项目施工招标投标过程中废标的认定与处理［J］．建筑经济，2005，(05)．

［14］ 郑传海．哪些隐忧催生了串标［J］．施工企业管理，2007，(10)．

［15］ 何红锋．工程建设中的合同法与招标投标法［M］．北京：中国计划出版社，2002．

［16］ 陈守愚．招标投标理论研究与实务［M］．北京：中国经济出版社，1998．

［17］ 曾文弘．郑慧轩．加强工程招标投标管理的思考［J］．中国科技信息，2005，(14)．

［18］ 鲁业鸿，陈建平．加强工程招标投标的监督管理［J］．基建优化，2005，26(05)．

［19］ 郑军，郑淑华．工程建设招标投标中的问题及对策［J］．西部探矿工程，2005，(01)．

［20］ 何伟．工程招标投标有关问题浅析［J］．中国工程咨询，2005，(09)．

［21］ 毛泽华．现有工程招标评标的不规范现象及对策［J］．工业建筑，2005，(35)．